人参皂苷
NMR
标准图谱
（2013 — 2023）

李平亚 主编 ｜ 林美妤 刘金平 副主编

NMR Standard Spectrum
of Ginsenosides (2013—2023)

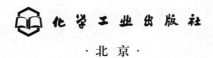

化学工业出版社

·北京·

内 容 简 介

本书收集了 2013—2023 年人参皂苷（元）新发现、结构修饰及 NMR 特征图谱领域的研究成果，共收集国内外人参皂苷（元）标准 NMR 图谱及数据共 160 个，其中达玛烷型原人参二醇型皂苷 62 个，原人参三醇型皂苷 87 个；奥克梯隆型人参皂苷 9 个；齐墩果烷型人参皂苷 2 个。

本书中人参皂苷（元）分别以中文名、英文名、分子式、结构式、分子量、^{1}H NMR、^{13}C NMR 以及部分 HMQC 和 HMBC 加以描述。为深入解释人参（西洋参）的功效，从作用物质基础方面给予了更全面的说明。

本书适用于从事人参及新药研发的相关研究人员。

图书在版编目（CIP）数据

人参皂苷 NMR 标准图谱：2013—2023/李平亚主编；林美妤，刘金平副主编. —北京：化学工业出版社，2024.1
ISBN 978-7-122-44279-6

Ⅰ.①人… Ⅱ.①李… ②林… ③刘… Ⅲ.①人参属-图谱 Ⅳ.①Q949.763.2-64

中国国家版本馆 CIP 数据核字（2023）第 189824 号

责任编辑：杨燕玲　　　　　　　　　　　　文字编辑：朱　允
责任校对：王鹏飞　　　　　　　　　　　　装帧设计：史利平

出版发行：化学工业出版社（北京市东城区青年湖南街 13 号　邮政编码 100011）
印　　装：河北鑫兆源印刷有限公司
787mm×1092mm　1/16　印张 25¼　字数 653 千字　2024 年 3 月北京第 1 版第 1 次印刷

购书咨询：010-64518888　　　　　　　　　售后服务：010-64518899
网　　址：http://www.cip.com.cn
凡购买本书，如有缺损质量问题，本社销售中心负责调换。

定　价：198.00 元

编写人员名单

主　　编　李平亚

副 主 编　林美好　刘金平

编写人员　李平亚　俄罗斯自然科学院外籍院士　教授
　　　　　　　　　吉林大学药学院　lipy@jlu.edu.cn

　　　　　　林美好　讲师　湖南中医药大学药学院
　　　　　　　　　004607@hnucm.edu.cn

　　　　　　刘金平　教授　吉林大学药学院　liujp@jlu.edu.cn

　　　　　　王翠竹　副教授　吉林大学药学院　wangcuizhu@jlu.edu.cn

　　　　　　李　卓　博士后　吉林大学药学院　lizh0205@jlu.edu.cn

　　　　　　冯　浩　讲师　吉林大学基础医学院
　　　　　　　　　haofeng@jlu.edu.cn

　　　　　　王　放　教授　吉林大学基础医学院
　　　　　　　　　wangfang@jlu.edu.cn

　　　　　　杨秀伟　教授　北京大学药学院　xwyang@bjmu.edu.cn

　　　　　　赵余庆　教授　沈阳药科大学　zyq4885@126.com

　　　　　　张　凯　教授　吉林大学第二临床医院
　　　　　　　　　zhangkai0628@126.com

　　　　　　李春生　教授　吉林大学第三临床医院　csli@jlu.edu.cn

　　　　　　钟芳丽　教授　吉林化工学院　zhongfl@jlct.edu.cn

　　　　　　李　宁　教授　沈阳药科大学　liningsypharm@163.com

　　　　　　李　生　高级工程师　吉林华康药业股份有限公司
　　　　　　　　　251572444@qq.com

　　　　　　林红强　讲师　吉林大学基础医学院　linhq@jlu.edu.cn

　　　　　　王宝山　邹平市盛禾实业投资有限公司　wjybbd@126.com

　　　　　　赵天一　副研究员　吉林大学天然药物研究中心　zhaoty@jlu.edu.cn

　　　　　　王恩鹏　研究员　长春中医药大学　wangep@ccum.edu.cn

人参皂苷（ginsenoside）是人参（西洋参）的主要营养成分及功能因子，越来越受到人们青睐，尤其是得到了世界范围内广大天然药物科研工作者的关注。随着科技的不断进步，天然产物基础理论研究及产业化应用与开发不断向着纵深发展，取得了十分可喜的成就，为揭示人参（西洋参）"百草之王"的奥秘提供了条件，为充分发挥人参（西洋参）保护人类健康提供了科技支撑。

在《人参皂苷 NMR 标准图谱》（2012）中，首次总结了存在于人参、西洋参及三七中的人参皂苷（元）及结构修饰或转化的人参皂苷 100 个标准 NMR 图谱，其中达玛烷型、齐墩果烷型及奥克梯隆型人参皂苷的 NMR 图谱特征均有描述。

《人参皂苷 NMR 标准图谱（2013—2023）》收集了自 2013 年以来广大科研工作者在人参皂苷（元）新发现、结构修饰及 NMR 特征图谱领域的研究成果。共收集国内外人参皂苷（元）标准 NMR 图谱及数据共 160 个，其中达玛烷型原人参二醇型皂苷 62 个，原人参三醇型皂苷 87 个；奥克梯隆型人参皂苷 9 个；齐墩果烷型人参皂苷 2 个。为深入阐明人参（西洋参）的功效，从作用物质基础方面给予了更全面的说明。

本书中人参皂苷（元）分别以中文名、英文名、分子式、结构式、分子量、^{1}H NMR、^{13}C NMR 以及部分 HMQC 和 HMBC 加以描述，数据严格遵照参考文献，并对谱进行了科学处理。

在编著的过程中，十分遗憾的是个别人参皂苷缺少 NMR 原图，另外书中可能还有许多不足之处，敬请广大同行予以斧正！

编　者
2023 年 5 月

Preface

Ginsenosides are the main nutritional and functional components of *Panax ginseng* (*Panax quinquefolius*) and are increasingly favored by people worldwide, especially by natural medicine researchers and practitioners. With the continuous advancement of technology, theoretical research and industrial application and development have made remarkable achievements, providing scientific research to uncover the mystery of ginseng as the "king of herbs" and technological support for fully realizing the magical effect of *Panax ginseng* (*Panax quinquefolius*) on human health.

In the "*Standard NMR Spectrum of Ginsenosides*" (2012), a total of 100 standard NMR spectra of ginsenosides present in *Panax ginseng*, *Panax quinquefolius*, and *Panax notoginseng*, as well as their structural modifications or transformations, were summarized, including the NMR spectrum characteristics of dammarane-type, oleanane type, and ocotillol-type ginsenosides.

This book, "*Standard NMR Spectrum of Ginsenosides*" (2013—2023), collects the research results of newly discovered ginsenosides and panaxsapogenol, structural modification, and NMR spectral features of ginsenosides in the last decade or so. A total of 160 standard NMR spectra and data of ginsenosides from China and abroad are included in the book, including 62 protopanaxadiol-type ginsenosides, 87 protopanaxatriol-type ginsenosides, 9 ocotillol-type ginsenosides and 2 oleanane-type ginsenosides. This provides a more comprehensive understanding of the material basis for the magical efficacy of *Panax ginseng* (*Panax quinquefolius*).

Each ginsenoside is described with its Chinese name, English name, molecular formula, structural formula, molecular weight, ^{1}H NMR, ^{13}C NMR, and some HMQC and HMBC spectra in the book. The authors of the reference literature are respected and acknowledged with gratitude.

During the compilation process, it is regrettable that some ginsenosides lack original NMR spectra. Additionally, there may be many deficiencies in the book, so feedback and corrections from colleagues and scholars are welcome.

目录

第1章

达玛烷型三萜皂苷（元）

1.1 原人参二醇型三萜皂苷（元）

001 （20S，25S）-达玛-20，25-环氧-3β，12β，26-三醇
（20S，25S）-Dammar-20，25-epoxy-3β，12β，26-triol

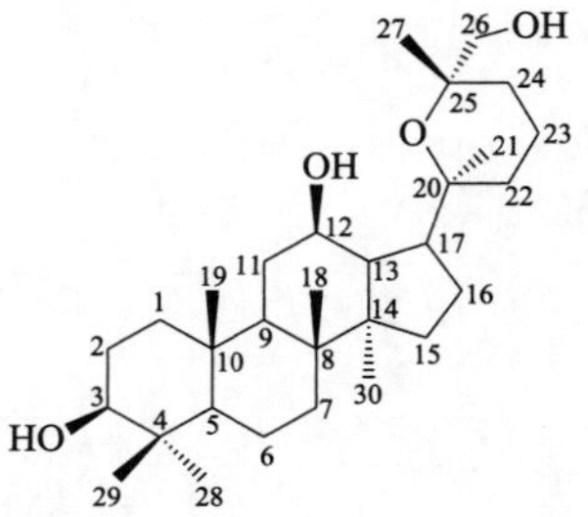

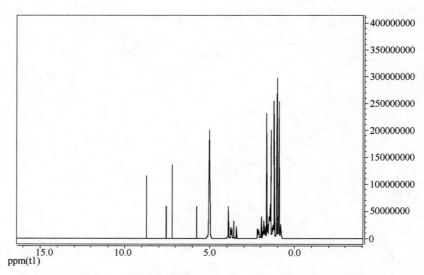

【中文名】　（20S,25S)-达玛-20,25-环氧-3β,12β,26-三醇

【英文名】　（20S,25S)-Dammar-20,25-epoxy-3β,12β,26-triol

【分子式】　$C_{30}H_{52}O_4$

【分子量】　476.4

【参考文献】　Han L，Li Z，Zheng Q，et al. A new triterpenoid compound from stems and leaves of American ginseng ［J］. Natural Product Research. 2016，30（1）：13-19.

（20S,25S)-达玛-20,25-环氧-3β,12β,26-三醇[1]H NMR 谱

^{1}H NMR of （20S,25S)-dammar-20,25-epoxy-3β,12β,26-triol

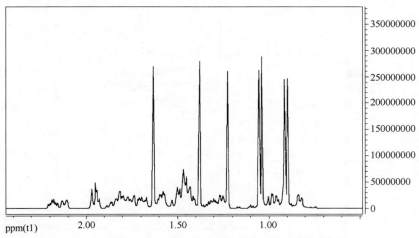

（20S,25S）-达玛-20,25-环氧-3β,12β,26-三醇[1]H NMR 谱局部放大图

Partial enlargement of ^{1}H NMR of （20S,25S）-dammar-20,25-epoxy-3β,12β,26-triol

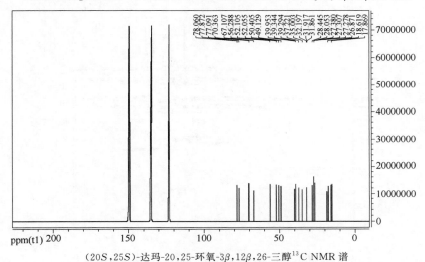

（20S,25S）-达玛-20,25-环氧-3β,12β,26-三醇[13]C NMR 谱

^{13}C NMR of （20S,25S）-dammar-20,25-epoxy-3β,12β,26-triol

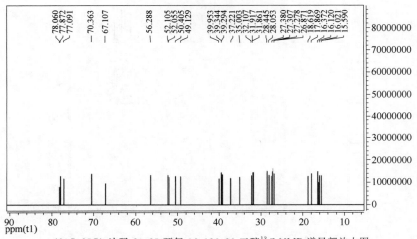

（20S,25S）-达玛-20,25-环氧-3β,12β,26-三醇[13]C NMR 谱局部放大图

Partial enlargement of ^{13}C NMR of （20S,25S）-dammar-20,25-epoxy-3β,12β,26-triol

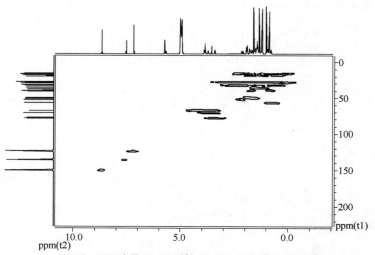

（20S，25S）-达玛-20，25-环氧-3β，12β，26-三醇 HMQC 谱

HMQC of dammar-（20S，25S）-dammar-20，25-epoxy-3β，12β，26-triol

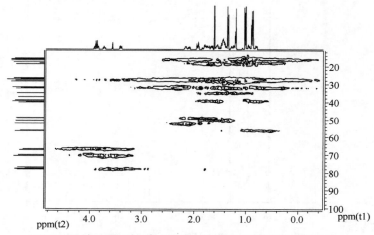

（20S，25S）-达玛-20，25-环氧-3β，12β，26-三醇 HMQC 谱局部放大图

Partial enlargement of HMQC of （20S，25S）-dammar-20，25-epoxy-3β，12β，26-triol

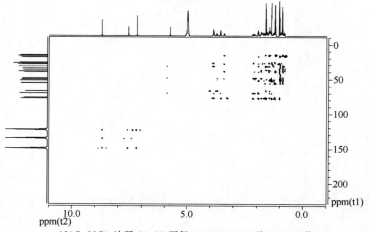

（20S，25S）-达玛-20，25-环氧-3β，12β，26-三醇 HMBC 谱

HMBC of （20S，25S）-dammar-20，25-epoxy-3β，12β，26-triol

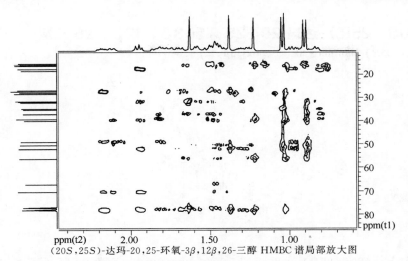

（20S，25S）-达玛-20，25-环氧-3β，12β，26-三醇 HMBC 谱局部放大图

Partial enlargement of HMBC of（20S，25S）-dammar-20,25-epoxy-3β,12β,26-triol

（20S，25S）-达玛-20，25-环氧-3β，12β，26-三醇的^{1}H NMR 和^{13}C NMR 数据

^{1}H NMR and ^{13}C NMR data of（20S，25S）-dammar-20,25-epoxy-3β,12β,26-triol

序号	^{1}H NMR(δ)	^{13}C NMR(δ)
1	1.64(1H,m),0.90(1H,m)	39.3
2	1.25(1H,m),1.16(1H,m)	28.4
3	3.42(1H,m)	78.1
4		40.0
5	0.80(1H,m)	56.2
6	1.54(1H,m),1.44(1H,m)	18.6
7	1.44(1H,m),1.23(1H,m)	35.0
8		39.3
9	1.47(1H,m)	50.4
10		37.2
11	2.00(1H,m),1.02(1H,m)	32.1
12	3.75(1H,td,$J=10.5,4.5$Hz)	70.4
13	1.93(1H,m)	49.1
14		52.1
15	1.47(1H,m),1.02(1H,m)	31.9
16	1.66(1H,m),1.50(1H,m)	27.4
17	2.16(1H,m)	52.0 ❶
18	1.05(3H,s)	16.0
19	0.91(3H,s)	16.4
20		77.9
21	1.38(3H,s)	27.2
22	1.46(1H,m),1.38(1H,m)	27.3
23	1.65(1H,m),1.05(1H,m)	15.6
24	1.92(1H,m),1.47(1H,m)	31.9
25		77.1
26	3.92(1H,dd,$J=11.5$Hz),3.90(1H,dd,$J=11.5$Hz)	67.1
27	1.63(3H,s)	26.9
28	1.23(3H,s)	28.1
29	1.03(3H,s)	16.1
30	0.90(3H,s)	17.9

注：^{1}H NMR（500MHz，pyridine-d_5）；^{13}C NMR（125.8MHz，pyridine-d_5）。

❶ 本书中数据严格参照原参考文献，图谱和表格中偶有差异，原文献亦如此。

002 （20S，25R）-达玛-20，25-环氧-3β，12β，26-三醇

(20S,25R)-Dammar-20,25-epoxy-3β,12β,26-triol

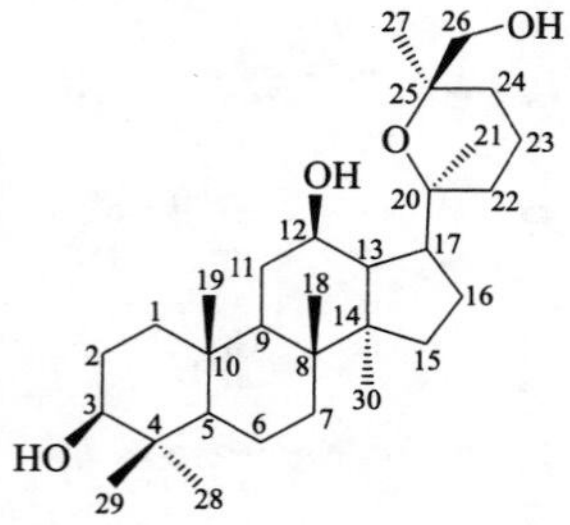

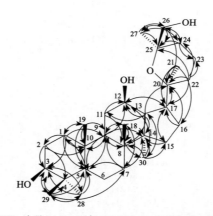

【中文名】 （20S,25R）-达玛-20,25-环氧-3β,12β,26-三醇;26-羟基-人参二醇

【英文名】 （20S,25R）-Dammar-20,25-epoxy-3β,12β,26-triol;26-Hydroxy-panaxadiol

【分子式】 $C_{30}H_{52}O_4$

【分子量】 476.4

【参考文献】 任媛媛. 拟人参皂苷元 DQ 合成工艺及其相关物质的研究 [D]. 长春：吉林大学. 2012，38-41.

（20S,25R）-达玛-20,25-环氧-3β,12β,26-三醇主要 HMBC 相关

Key HMBC correlations of （20S,25R）-dammar-20,25-epoxy-3β,12β,26-triol

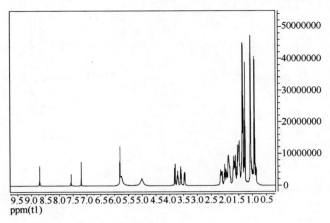

（20S,25R）-达玛-20,25-环氧-3β,12β,26-三醇 ^{1}H NMR 谱

^{1}H NMR of （20S,25R）-dammar-20,25-epoxy-3β,12β,26-triol

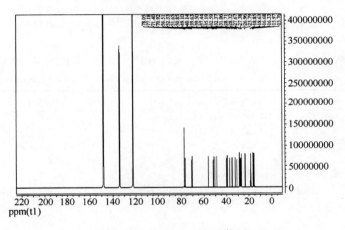

（20S,25R）-达玛-20,25-环氧-3β,12β,26-三醇 ^{13}C NMR 谱

^{13}C NMR of （20S,25R）-dammar-20,25-epoxy-3β,12β,26-triol

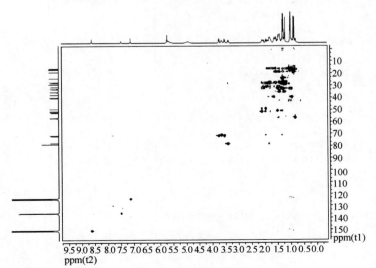

（20S,25R）-达玛-20,25-环氧-3β,12β,26-三醇 HMQC 谱

HMQC of （20S,25R）-dammar-20,25-epoxy-3β,12β,26-triol

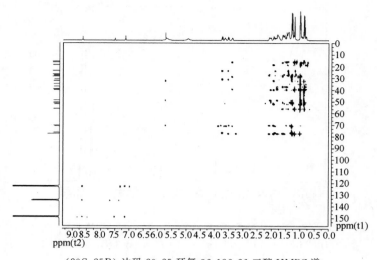

（20S,25R）-达玛-20,25-环氧-3β,12β,26-三醇 HMBC 谱

HMBC of（20S,25R）-dammar-20,25-epoxy-3β,12β,26-triol

（20S,25R）-达玛-20,25-环氧-3β,12β,26-三醇的¹H NMR 和¹³C NMR 数据及 HMBC 的主要相关信息

¹H NMR and ¹³C NMR data and HMBC correlations of（20S,25R）-dammar-20,25-epoxy-3β,12β,26-triol

序号	¹H NMR(δ)	¹³C NMR(δ)	HMBC
1	1.62(1H,m),0.93(1H,m)	39.5	C-19,2,10,9,5,3
2	1.90(1H,m),1.80(1H,m)	28.3	C-4,10,3
3	3.42(1H,m)	78.0	C-28,29
4		39.6	
5	0.82(1H,m)	56.5	C-9
6	1.60(1H,m),1.40(1H,m)	18.9	
7	1.42(1H,m),1.23(1H,m)	35.2	C-18,14,5,9
8		40.1	
9	1.48(1H,m)	50.9	C-12,5,14,8,10,18
10		37.4	
11	2.04(1H,m),1.25(1H,m)	32.4	C-8,12
12	3.67(1H,m)	70.9	C-17
13	1.95(1H,m)	49.1	C-30,11,8,14,12,20
14		52.3	
15	1.45(2H,m)	27.4	C-17,14
16	1.56(1H,m),1.44(1H,m)	27.7	C-20,17
17	2.10(1H,m)	51.6	C-12,20,15
18	1.00(3H,s)	16.0	C-7,8,9,14,30
19	0.86(3H,s)	16.7	C-1,5,9,10
20		78.0	
21	1.29(3H,s)	27.0	C-16,17,20
22	1.39(1H,m),0.96(1H,m)	32.6	C-20,25,24,23,17
23		15.8	
24	1.90(1H,m),1.45(1H,m)	31.1	C-27,26,25,23
25		77.2	
26	3.76(1H,d,J=11.5Hz),3.56(1H,d,J=11.5Hz)	71.4	C-20,24,25,27
27	1.31(3H,s)	23.8	C-24,26,25
28	1.21(3H,s)	28.7	C-29,1,5,3
29	1.01(3H,s)	16.3	C-3,4,5,7,28
30	0.88(3H,s)	18.6	C-8,12,13,14,15

注：¹H NMR（500MHz，pyridine-d_5）；¹³C NMR（125.8MHz，pyridine-d_5）。

003 （20S，25R）-达玛-20，25-环氧-3β，12β，24β，26-四醇

（20S，25R）-Dammar-20，25-epoxy-3β，12β，24β，26-tetraol

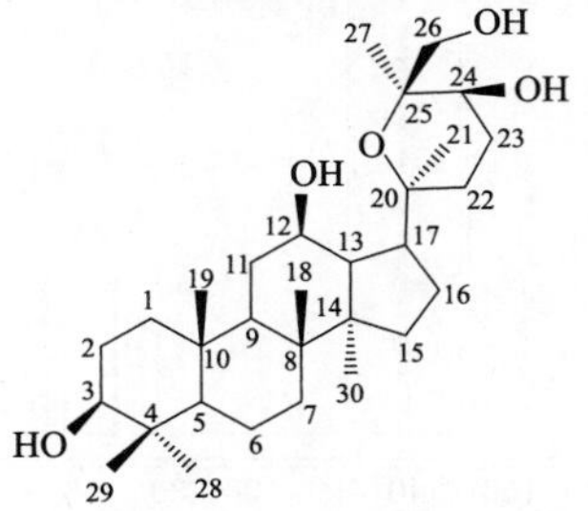

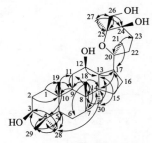

【中文名】　（20S，25R）-达玛-20，25-环氧-3β，12β，24β，26-四醇；24，26-二羟基-人参二醇

【英文名】　（20S，25R）-Dammar-20，25-epoxy-3β，12β，24β，26-tetraol；24，26-Dihydroxy-panaxdiol

【分子式】　$C_{30}H_{52}O_5$

【分子量】　492.4

【参考文献】　Zheng Q，Li Z，Liu J，et al．Two new dammarane-type triterpene sapogenins from Chinese red ginseng ［J］．Natural Product Research，2016，30（1）：95-99．

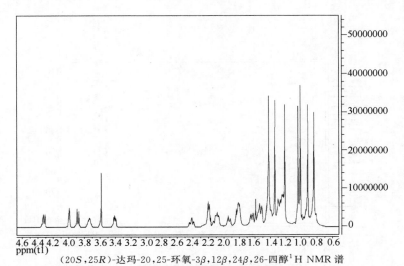

（20S，25R）-达玛-20，25-环氧-3β，12β，24β，26-四醇主要 HMBC 相关

Key HMBC correlations of （20S，25R）-dammar-20，25-epoxy-3β，12β，24β，26-tetraol

（20S，25R）-达玛-20，25-环氧-3β，12β，24β，26-四醇 ^{1}H NMR 谱

^{1}H NMR of （20S，25R）-dammar-20，25-epoxy-3β，12β，24β，26-tetraol

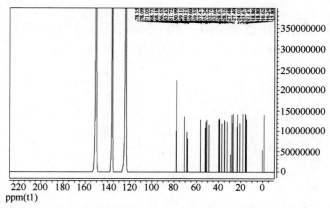

（20S,25R）-达玛-20,25-环氧-3β,12β,24β,26-四醇 ¹³C NMR 谱

¹³C NMR of（20S,25R）-dammar-20,25-epoxy-3β,12β,24β,26-tetraol

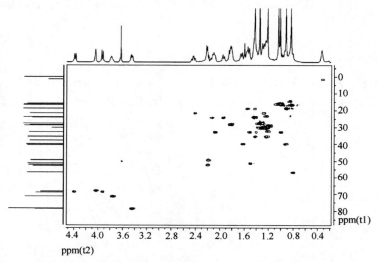

（20S,25R）-达玛-20,25-环氧-3β,12β,24β,26-四醇 HMQC 谱

HMQC of（20S,25R）-dammar-20,25-epoxy-3β,12β,24β,26-tetraol

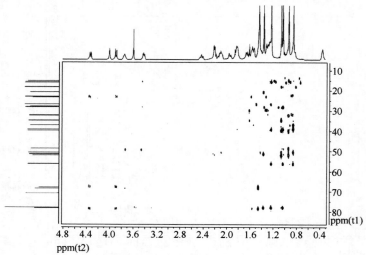

（20S,25R）-达玛-20,25-环氧-3β,12β,24β,26-四醇 HMBC 谱

HMBC of（20S,25R）-dammar-20,25-epoxy-3β,12β,24β,26-tetraol

（20*S*,25*R*)-达玛-20,25-环氧-3β,12β,24β,26-四醇的[1]H NMR 和[13]C NMR 数据及 HMBC 的主要相关信息

^{1}H NMR and ^{13}C NMR data and HMBC correlations of (20*S*,25*R*)-dammar-20,25-epoxy-3β,12β,24β,26-tetraol

序号	^{1}H NMR(δ)	^{13}C NMR(δ)	HMBC
1	0.95(1H,m),1.59(1H,m)	39.6	C-19
2	1.61(1H,m),1.95(1H,m)	28.3	C-10
3	3.42(1H,dd,*J*=10.3,5.7Hz)	78.4	C-28
4		39.6	
5	0.81(1H,m)	56.6	C-4,28
6	1.54(1H,m),1.42(1H,m)	18.9	
7	1.25(1H,m),1.39(1H,m)	35.2	C-11,14
8		40.2	
9	1.54(1H,m)	51.0	C-10
10		37.5	
11	2.11(1H,m),1.24(1H,m)	32.7	C-9
12	3.76(1H,s)	71.1	C-13
13	2.21(1H,m)	49.1	C-17
14		52.4	
15	0.99(1H,m),1.54(1H,m)	32.6	C-13,30,17
16	1.30(1H,m),1.61(1H,m)	27.5	
17	2.21(1H,m)	51.7	C-14
18	1.04(3H,s)	15.8	C-7,8,14,9,6
19	0.83(3H,s)	16.6	C-11,10,4,9
20		78.1	
21	1.34(3H,s)	27.4	C-23,17,20
22	2.11(1H,m),1.95(1H,m)	24.0	
23	1.25(1H,m),2.43(1H,m)	21.5	
24	4.01(1H,s)	68.2	
25		78.1	
26	4.34(1H,d,*J*=10.8Hz) 3.90(1H,d,*J*=11.1Hz)	68.7	C-27,24,25 C-27,24,25
27	1.43(3H,s)	23.7	C-26,25,24
28	1.21(3H,s)	28.7	C-29,4,5,3
29	1.01(3H,s)	16.2	C-4,5,3,28
30	0.91(3H,s)	18.8	C-28,8,13,14

注：^{1}H NMR（500MHz, pyridine-*d*₅）；^{13}C NMR（125.8MHz, pyridine-*d*₅）。

004 20（S）-达玛-20，25-环氧-3β，12β，24α-三醇

20(*S*)-Dammar-20,25-epoxy-3β,12β,24α-triol

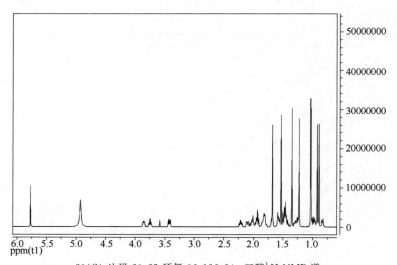

【中文名】	20(S)-达玛-20,25-环氧-3β,12β,24α-三醇；24-羟基-人参二醇
【英文名】	20(S)-Dammar-20,25-epoxy-3β,12β,24α-triol；24-Hydroxy-panaxdiol
【分子式】	$C_{30}H_{52}O_4$
【分子量】	476.4

【参考文献】　Zheng Q，Li Z，Liu J，et al. Two new dammarane-type triterpene sapogenins from Chinese red ginseng [J]. Natural Product Research. 2016，30（1）：95-99.

20(S)-达玛-20,25-环氧-3β,12β,24α-三醇[1]H NMR 谱

^{1}H NMR of 20(*S*)-dammar-20,25-epoxy-3β,12β,24α-triol

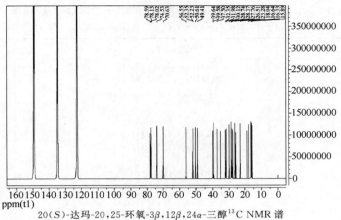

20(S)-达玛-20,25-环氧-3β,12β,24α-三醇 ^{13}C NMR 谱

^{13}C NMR of 20(S)-dammar-20,25-epoxy-3β,12β,24α-triol

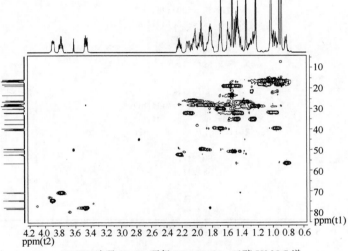

20(S)-达玛-20,25-环氧-3β,12β,24α-三醇 HMQC 谱

HMQC of 20(S)-dammar-20,25-epoxy-3β,12β,24α-triol

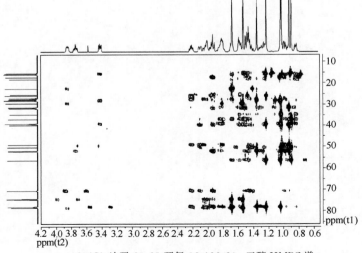

20(S)-达玛-20,25-环氧-3β,12β,24α-三醇 HMBC 谱

HMBC of 20(S)-dammar-20,25-epoxy-3β,12β,24α-triol

20(S)-达玛-20,25-环氧-3β,12β,24α-三醇的 ^{1}H NMR 和 ^{13}C NMR 数据

^{1}H NMR and ^{13}C NMR data of 20(S)-dammar-20,25-epoxy-3β,12β,24α-triol

序号	^{1}H NMR(δ)	^{13}C NMR(δ)
1	0.97(1H,m),1.70(1H,m)	39.6
2	1.82(1H,m),1.94(1H,m)	28.4
3	3.43(1H,dd,J=10.9,5.3Hz)	78.0
4		39.6
5	0.83(1H,m)	56.6
6	1.56(1H,m),1.48(1H,m)	18.9
7	1.48(1H,m),1.24(1H,m)	35.3
8		40.2
9	1.50(1H,m)	50.6
10		37.5
11	2.10(1H,m),1.45(1H,m)	32.4
12	3.76(1H,td,J=10.1,4.9Hz)	70.6
13	1.93(1H,m)	49.4
14		52.2
15	1.48(1H,m),1.01(1H,m)	32.0
16	1.82(1H,m),1.26(1H,m)	27.8
17	2.21(1H,m)	52.4
18	1.02(3H,s)	15.9
19	0.89(3H,s)	16.6
20		78.1
21	1.35(3H,s)	26.5
22	1.59(1H,m),1.95(1H,m)	28.2
23	2.01(1H,m),1.94(1H,m)	26.0
24	3.87(1H,dd,J=10.6,4.9Hz)	74.5
25		78.6
26	1.53(3H,s)	23.3
27	1.68(3H,s)	30.1
28	1.23(3H,s)	28.7
29	1.03(3H,s)	16.3
30	0.92(3H,s)	18.0

注：^{1}H NMR（500MHz，pyridine-d_5）；^{13}C NMR（125.8MHz，pyridine-d_5）。

005 24β，29-二羟基-20（R）-人参二醇

24β，29-Dihydroxy-20（R）-panaxadiol

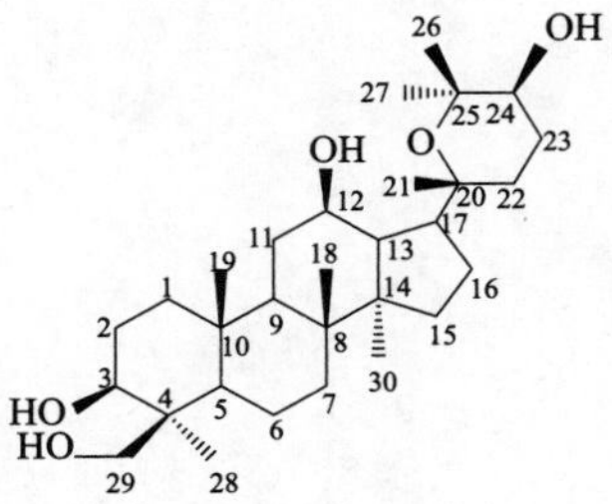

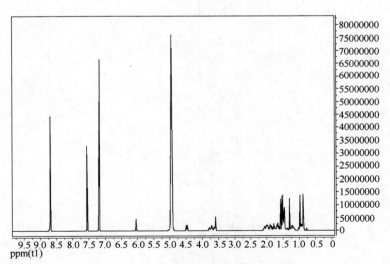

【中文名】　24β,29-二羟基-20（R）-人参二醇；20（R）-达玛-20,25-环氧-3β,12β,24β,
29-四醇

【英文名】　24β,29-Dihydroxy-20（R）-panaxadiol；20（R）-Dammar-20,25-epoxy-3β,
12β,24β,29-tetrol

【分子式】　$C_{30}H_{52}O_5$

【分子量】　492.4

【参考文献】　Lin X H，Cao M N，He W N，et al. Biotransformation of 20（R）-
panaxadiol by the fungus *Rhizopus chinensis*［J］. Phytochemistry，2014，105：129-134.

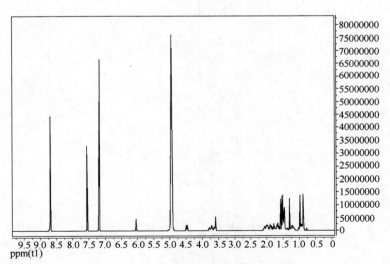

24β,29-二羟基-20(R)-人参二醇¹H NMR 谱

¹H NMR of 24β,29-dihydroxy-20(R)-panaxadiol

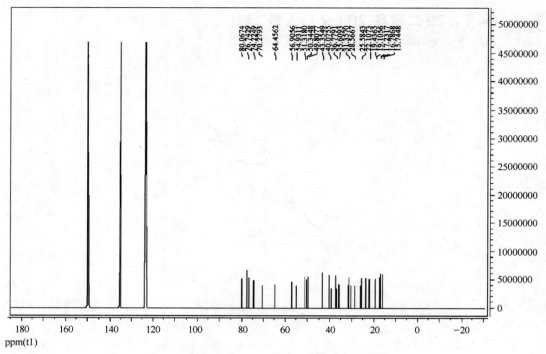

24β,29-二羟基-20(R)-人参二醇 13C NMR 谱

13C NMR of 24β,29-dihydroxy-20(R)-panaxadiol

24β,29-二羟基-20(R)-人参二醇的 1H NMR 和 13C NMR 数据

1H NMR and 13C NMR data of 24β,29-dihydroxy-20(R)-panaxadiol

序号	1H NMR(δ)	13C NMR(δ)
1	1.66(1H,m),0.94(1H,m)	39.0
2	1.90(2H,m)	28.7
3	3.62(1H,m)	80.1
4		43.4
5	0.92(1H,m)	56.9
6	1.68(1H,m),1.46(1H,m)	19.2
7	1.47(1H,m),1.22(1H,m)	35.4
8		40.1
9	1.46(1H,m)	50.3
10		37.0
11	2.08(1H,m),1.52(1H,m)	31.4
12	3.77(1H,m)	70.3
13	1.80(1H,m)	49.8
14		51.3
15	1.47(1H,m),0.99(1H,m)	31.4
16	1.76(1H,m),1.77(1H,m)	25.3
17	2.01(1H,m)	54.9
18	0.97(3H,s)	15.7
19	0.88(3H,s)	16.8
20		76.7
21	1.30(3H,s)	19.4
22	1.65(1H,m),1.47(1H,m)	36.6
23	2.01(1H,m),1.91(1H,m)	25.7
24	3.71(1H,m)	74.2
25		77.4
26	1.58(3H,s)	30.2
27	1.51(3H,s)	22.1
28	1.54(3H,s)	23.3
29	4.48(1H,d,$J=10.7$Hz),3.71(1H,m)	64.5
30	0.89(3H,s)	17.2

注：1H NMR（400MHz，pyridine-d_5）；13C NMR（100MHz，pyridine-d_5）。

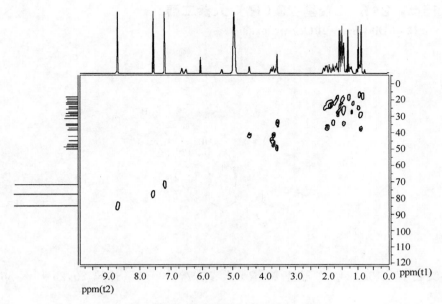

24β,29-二羟基-20(R)-人参二醇 HMQC 谱

HMQC of 24β,29-dihydroxy-20(R)-panaxadiol

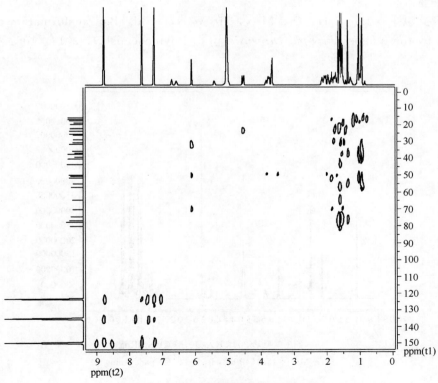

24β,29-二羟基-20(R)-人参二醇 HMBC 谱

HMBC of 24β,29-dihydroxy-20(R)-panaxadiol

006　15α，24β-二羟基-20（R）-人参二醇

15α,24β-Dihydroxy-20(R)-panaxadiol

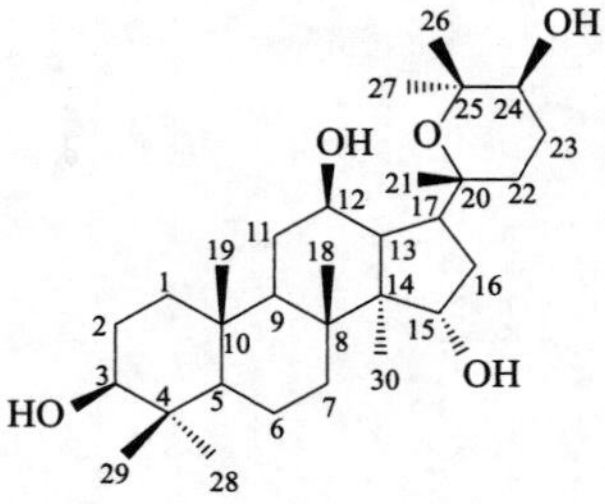

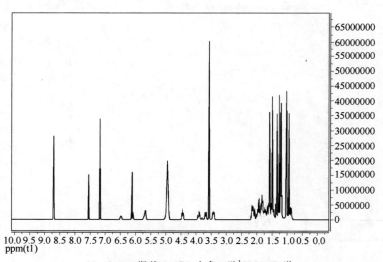

【中文名】　15α,24β-二羟基-20（R）-人参二醇；20（R）-达玛-20,25-环氧-3β,12β,15α,24β-四醇

【英文名】　15α,24β-Dihydroxy-20（R）-panaxadiol；20（R）-Dammar-20,25-epoxy-3β,12β,15α,24β-tetrol

【分子式】　$C_{30}H_{52}O_5$

【分子量】　492.4

【参考文献】　Lin X H，Cao M N，He W N，et al. Biotransformation of 20（R）-panaxadiol by the fungus *Rhizopus chinensis* [J]. Phytochemistry，2014，105：129-134.

15α,24β-二羟基-20（R）-人参二醇 ^{1}H NMR 谱

^{1}H NMR of 15α,24β-dihydroxy-20（R）-panaxadiol

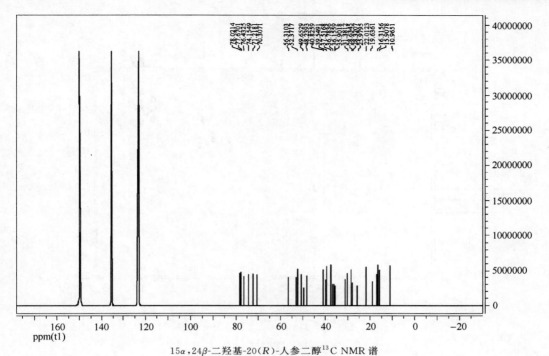

15α,24β-二羟基-20(R)-人参二醇[13]C NMR 谱

^{13}C NMR of 15α,24β-dihydroxy-20(R)-panaxadiol

15α,24β-二羟基-20(R)-人参二醇的[1]H NMR 和[13]C NMR 数据

^{1}H NMR and ^{13}C NMR data of 15α,24β-dihydroxy-20(R)-panaxadiol

序号	^{1}H NMR(δ)	^{13}C NMR(δ)
1	1.74(1H,m),1.00(1H,m)	39.6
2	1.84(2H,m)	28.3
3	3.45(1H,dd,$J=5.3,10.7$Hz)	77.7
4		39.5
5	0.93(1H,m)	56.3
6	1.61(2H,m)	18.8
7	1.79(2H,m)	36.2
8		40.8
9	1.56(1H,m)	49.7
10		37.5
11	2.15(2H,m)	31.4
12	3.91(1H,td,$J=5.2,10.0$Hz)	70.3
13	1.94(1H,m)	48.2
14		52.4
15	4.46(1H,m)	72.2
16	1.98(2H,m)	35.9
17	2.16(1H,m)	52.9
18	1.23(3H,s)	15.9
19	0.95(3H,s)	16.7
20		76.4
21	1.34(3H,s)	19.6
22	1.67(1H,m),1.45(1H,m)	36.8
23	1.97(2H,m)	26.0
24	3.69(1H,dd,$J=4.6,9.6$Hz)	74.2
25		78.0
26	1.59(3H,s)	30.4
27	1.50(3H,s)	22.0
28	1.21(3H,s)	28.6
29	1.03(3H,s)	16.3
30	1.27(3H,s)	11.0

注：^{1}H NMR（400MHz, pyridine-d_5）；^{13}C NMR（100MHz, pyridine-d_5）。

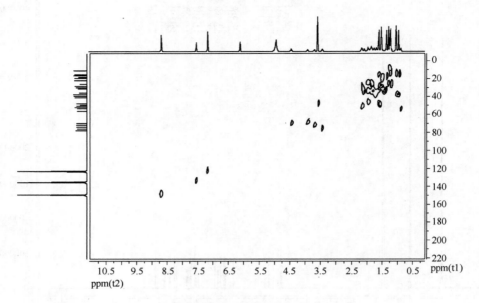

15α,24β-二羟基-20(R)-人参二醇 HMQC 谱
HMQC of 15α,24β-dihydroxy-20(R)-panaxadiol

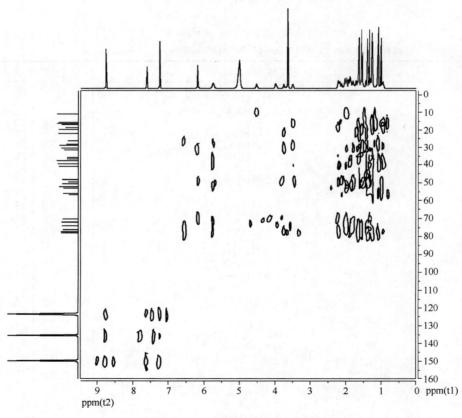

15α,24β-二羟基-20(R)-人参二醇 HMBC 谱
HMBC of 15α,24β-dihydroxy-20(R)-panaxadiol

007 15β，24β-二羟基-20（R）-人参二醇

15β,24β-Dihydroxy-20(R)-panaxadiol

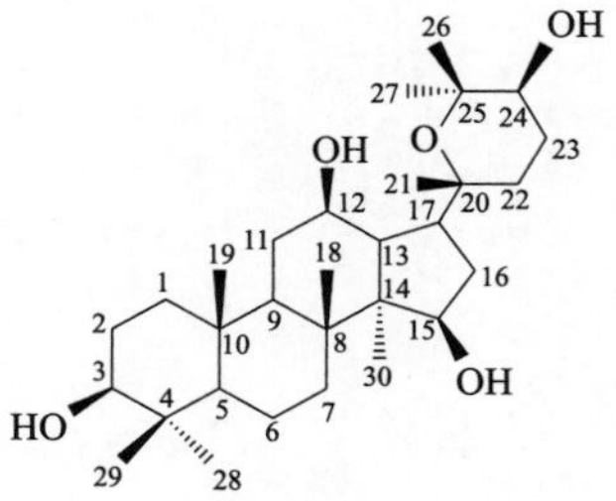

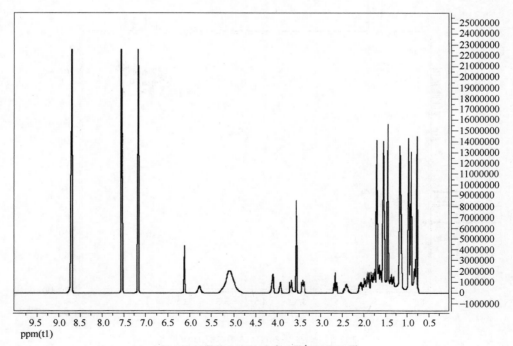

【中文名】 15β,24β-二羟基-20（R）-人参二醇；20（R）-达玛-20,25-环氧-3β,12β,15β, 24β-四醇

【英文名】 15β,24β-Dihydroxy-20（R）-panaxadiol；20（R）-Dammar-20,25-epoxy-3β, 12β,15β,24β-tetrol

【分子式】 $C_{30}H_{52}O_5$

【分子量】 492.4

【参考文献】 Lin X H, Cao M N, He W N, et al. Biotransformation of 20（R）-panaxadiol by the fungus *Rhizopus chinensis* [J]. Phytochemistry，2014，105：129-134.

15β,24β-二羟基-20(R)-人参二醇[1]H NMR 谱

^{1}H NMR of 15β,24β-dihydroxy-20(R)-panaxadiol

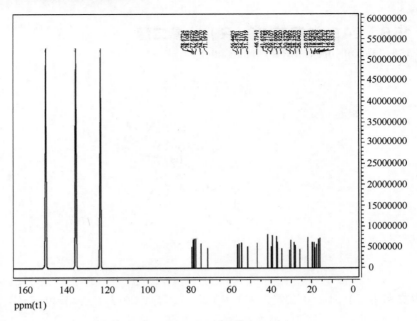

15β,24β-二羟基-20(R)-人参二醇¹³C NMR 谱
¹³C NMR of 15β,24β-dihydroxy-20(R)-panaxadiol

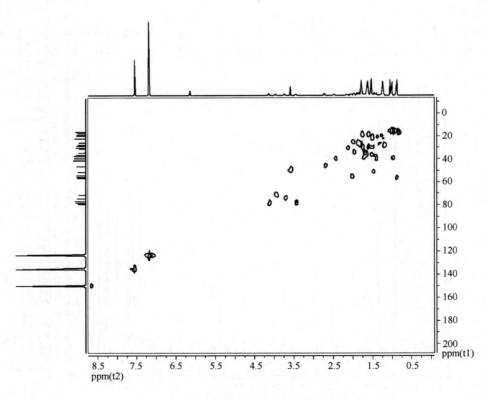

15β,24β-二羟基-20(R)-人参二醇 HMQC 谱
HMQC of 15β,24β-dihydroxy-20(R)-panaxadiol

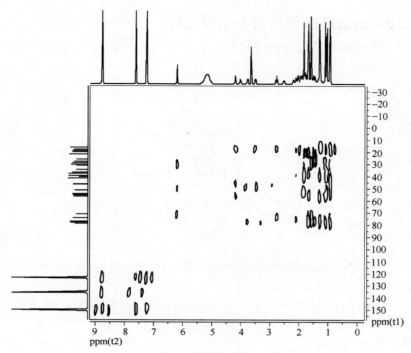

15β,24β-二羟基-20(R)-人参二醇 HMBC 谱

HMBC of 15β,24β-dihydroxy-20(R)-panaxadiol

15β,24β-二羟基-20(R)-人参二醇的[1]H NMR 和[13]C NMR 数据

^{1}H NMR and ^{13}C NMR data of 15β,24β-dihydroxy-20(R)-panaxadiol

序号	^{1}H NMR(δ)	^{13}C NMR(δ)
1	1.74(1H,m),0.98(1H,m)	39.6
2	1.83(2H,m)	28.3
3	3.51(1H,dd,$J=4.7,10.8$Hz)	78.1
4		40.2
5	0.88(1H,m)	56.4
6	1.63(2H,m)	18.7
7	1.97(2H,m)	34.9
8		41.7
9	1.50(1H,m)	51.3
10		37.5
11	2.15(1H,m),1.53(1H,m)	31.0
12	3.97(1H,m)	71.2
13	2.72(1H,m)	46.7
14		54.3
15	4.13(1H,d,$J=5.5$Hz)	78.7
16	2.46(1H,m),1.43(1H,m)	39.7
17	2.04(1H,m)	55.5
18	1.77(3H,s)	19.0
19	0.99(3H,s)	16.8
20		76.9
21	1.61(3H,s)	19.8
22	1.70(1H,m),1.52(1H,m)	37.0
23	2.01(1H,m),1.89(1H,m)	26.0
24	3.79(1H,dd,$J=4.3,11.3$Hz)	74.3
25		77.6
26	1.62(3H,s)	30.5
27	1.53(3H,s)	22.1
28	1.25(3H,s)	28.8
29	1.04(3H,s)	16.4
30	0.87(3H,s)	17.9

注：^{1}H NMR（400MHz，pyridine-d_5）；^{13}C NMR（100MHz，pyridine-d_5）。

008 15α，24α-二羟基-20（R）-人参二醇

15α,24α-Dihydroxy-20(R)-panaxadiol

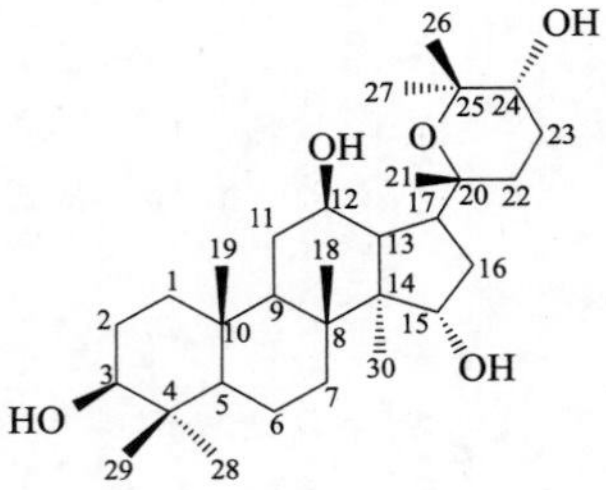

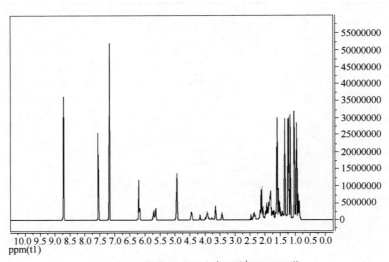

【中文名】 15α,24α-二羟基-20(R)-人参二醇；20(R)-达玛-20,25-环氧-3β,12β,15α,24α-四醇

【英文名】 15α,24α-Dihydroxy-20(R)-panaxadiol；20(R)-Dammar-20,25-epoxy-3β,12β,15α,24α-tetrol

【分子式】 $C_{30}H_{52}O_5$

【分子量】 492.4

【参考文献】 Lin X H，Cao M N，He W N，et al. Biotransformation of 20(R)-panaxadiol by the fungus *Rhizopus chinensis* ［J］. Phytochemistry，2014，105：129-134.

15α,24α-二羟基-20(R)-人参二醇 ^{1}H NMR 谱

^{1}H NMR of 15α,24α-dihydroxy-20(R)-panaxadiol

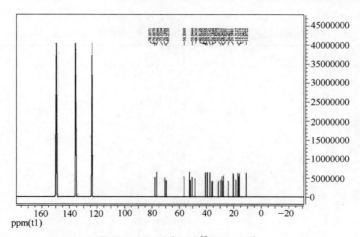

15α,24α-二羟基-20(R)-人参二醇¹³C NMR 谱
¹³C NMR of 15α,24α-dihydroxy-20(R)-panaxadiol

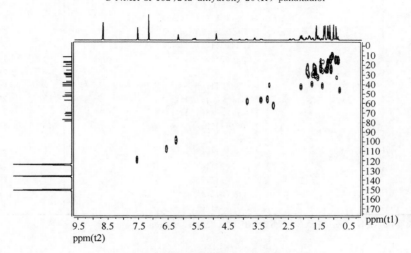

15α,24α-二羟基-20(R)-人参二醇 HMQC 谱
HMQC of 15α,24α-dihydroxy-20(R)-panaxadiol

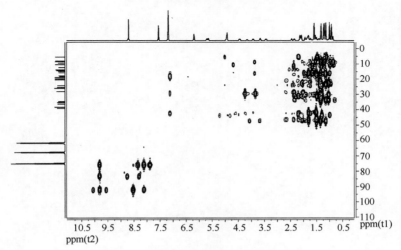

15α,24α-二羟基-20(R)-人参二醇 HMBC 谱
HMBC of 15α,24α-dihydroxy-20(R)-panaxadiol

15α,24α-二羟基-20(R)-人参二醇的 ^{1}H NMR 和 ^{13}C NMR 数据

^{1}H NMR and ^{13}C NMR data of 15α,24α-dihydroxy-20(R)-panaxadiol

序号	^{1}H NMR(δ)	^{13}C NMR(δ)
1	1.74(1H,m),1.00(1H,m)	39.6
2	1.84(2H,m)	28.3
3	3.44(1H,brs)	78.0
4		39.6
5	0.89(1H,m)	56.3
6	1.61(1H,m),1.52(1H,m)	18.9
7	1.82(2H,m)	36.2
8		40.1
9	1.55(1H,m)	50.7
10		37.2
11	2.15(1H,m),1.55(1H,m)	31.5
12	3.92(1H,m)	70.2
13	1.95(1H,m)	48.4
14		51.8
15	4.45(1H,m)	72.2
16	2.09(1H,m),1.92(1H,m)	36.1
17	2.38(1H,m)	52.1
18	1.24(3H,s)	15.9
19	0.94(3H,s)	16.8
20		76.6
21	1.34(3H,s)	20.6
22	1.54(1H,m),1.41(1H,m)	29.9
23	2.12(1H,m),1.88(1H,m)	24.5
24	3.66(1H,brs)	69.2
25		76.7
26	1.61(3H,s)	27.8
27	1.37(3H,s)	28.0
28	1.22(3H,s)	28.8
29	1.03(3H,s)	16.3
30	1.17(3H,s)	11.1

注：^{1}H NMR （400MHz, pyridine-d_5）；^{13}C NMR （100MHz, pyridine-d_5）。

009 24-酮-15α-羟基-20（R）-人参二醇

24-One-15α-hydroxy-20(R)-panaxadiol

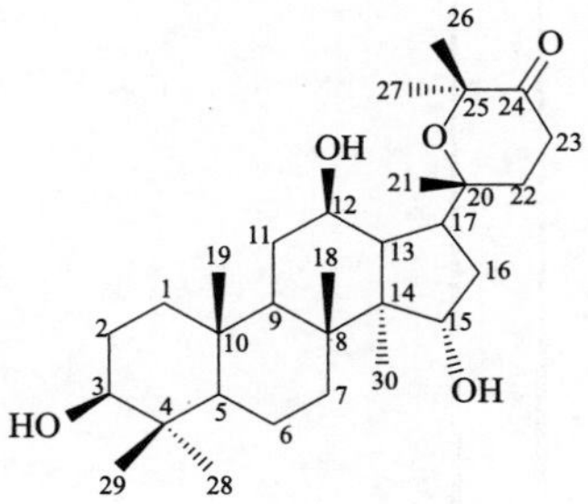

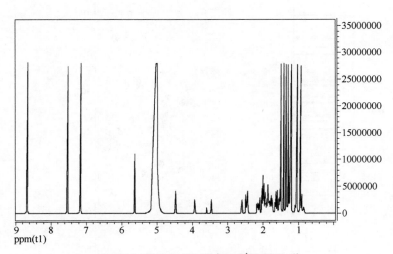

【中文名】 24-酮-15α-羟基-20（R）-人参二醇；20（R）-达玛-20,25-环氧-24-酮-3β,12β,15α-三醇

【英文名】 24-One-15α-hydroxy-20（R）-panaxadiol；20（R）-dammar-20,25-epoxy-24-one-3β,12β,15α-triol

【分子式】 $C_{30}H_{50}O_5$

【分子量】 490.4

【参考文献】 Lin X H，Cao M N，He W N，et al. Biotransformation of 20（R）-panaxadiol by the fungus *Rhizopus chinensis* [J]. Phytochemistry，2014，105：129-134.

24-酮-15α-羟基-20（R）-人参二醇[1]H NMR 谱

^{1}H NMR of 24-one-15α-hydroxy-20（R）-panaxadiol

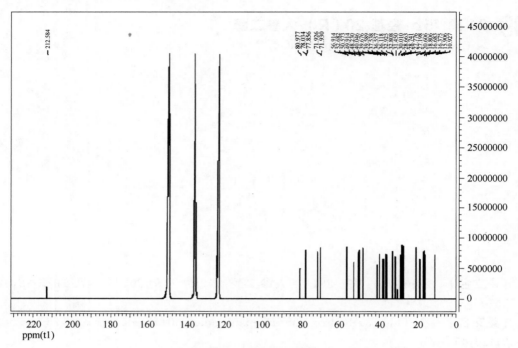

24-酮-15α-羟基-20(R)-人参二醇^{13}C NMR 谱

^{13}C NMR of 24-one-15α-hydroxy-20(R)-panaxadiol

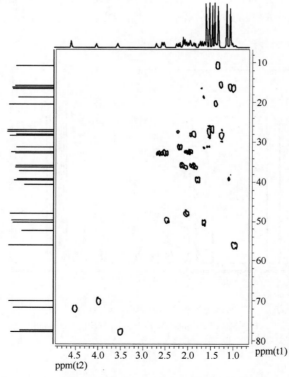

24-酮-15α-羟基-20(R)-人参二醇 HMQC 谱

HMQC of 24-one-15α-hydroxy-20(R)-panaxadiol

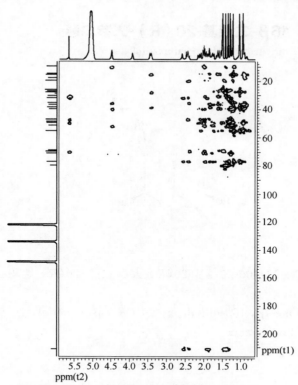

24-酮-15α-羟基-20(R)-人参二醇 HMBC 谱

HMBC of 24-one-15α-hydroxy-20(R)-panaxadiol

24-酮-15α-羟基-20(R)-人参二醇的 ^{1}H NMR 和 ^{13}C NMR 数据

^{1}H NMR and ^{13}C NMR data of 24-one-15α-hydroxy-20(R)-panaxadiol

序号	^{1}H NMR(δ)	^{13}C NMR(δ)
1	1.76(1H,m),1.08(1H,m)	39.7
2	1.88(2H,m)	28.3
3	3.45(1H,dd,J=5.0,10.5Hz)	78.0
4		39.6
5	0.92(1H,m)	56.3
6	1.62(2H,m)	18.8
7	2.10(1H,m),1.85(1H,m)	36.1
8		40.8
9	1.62(1H,m)	50.6
10		37.5
11	2.18(1H,m),1.52(1H,m)	31.5
12	3.93(1H,td,J=5.0,10.0Hz)	70.3
13	2.02(1H,m)	48.2
14		52.7
15	4.48(1H,t,J=8.5Hz)	71.9
16	2.04(1H,m),1.80(1H,m)	36.6
17	2.44(1H,m)	49.9
18	1.22(3H,s)	15.9
19	0.94(3H,s)	16.7
20		77.9
21	1.34(3H,s)	20.6
22	2.46(1H,m),2.02(1H,m)	32.8
23	2.60(1H,m),1.92(1H,m)	32.9
24		212.6
25		81.0
26	1.49(3H,s)	27.7
27	1.41(3H,s)	27,1
28	1.21(3H,s)	28.7
29	1.04(3H,s)	16.4
30	1.29(3H,s)	10.9

注：^{1}H NMR（500MHz, pyridine-d_5）；^{13}C NMR（125MHz, pyridine-d_5）。

010 24-酮-7β，16β-二羟基-20（R）-人参二醇

24-One-7β,16β-dihydroxy-20(R)-panaxadiol

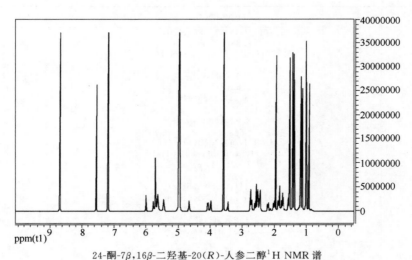

【中文名】 24-酮-7β,16β-二羟基-20(R)-人参二醇；20(R)-达玛-20,25-环氧-24-酮-3β,7β,12β,16β-四醇

【英文名】 24-One-7β,16β-dihydroxy-20（R）-panaxadiol；20（R）-Dammar-20,25-epoxy-24-one-3β,7β,12β,16β-tetrol

【分子式】 $C_{30}H_{50}O_6$

【分子量】 506.4

【参考文献】 Lin X H，Cao M N，He W N，et al. Biotransformation of 20（R）-panaxadiol by the fungus *Rhizopus chinensis*〔J〕. Phytochemistry，2014，105：129-134.

24-酮-7β,16β-二羟基-20(R)-人参二醇[1]H NMR 谱

^{1}H NMR of 24-one-7β,16β-dihydroxy-20(R)-panaxadiol

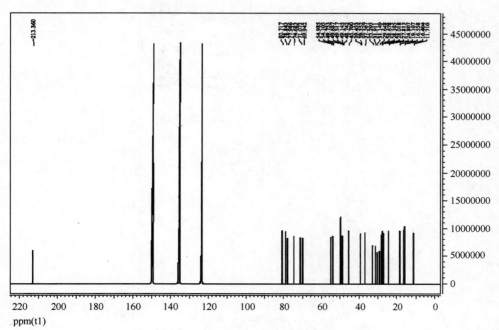

24-酮-7β,16β-二羟基-20(R)-人参二醇 ^{13}C NMR 谱

^{13}C NMR of 24-one-7β,16β-dihydroxy-20(R)-panaxadiol

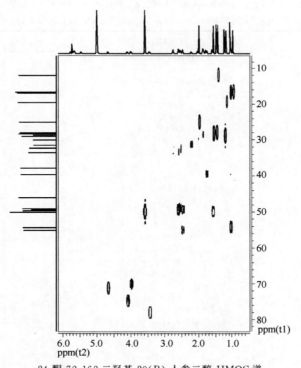

24-酮-7β,16β-二羟基-20(R)-人参二醇 HMQC 谱

HMQC of 24-one-7β,16β-dihydroxy-20(R)-panaxadiol

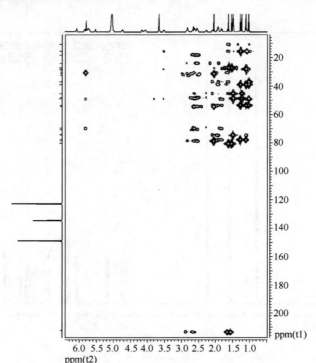

24-酮-7β,16β-二羟基-20(R)-人参二醇 HMBC 谱

HMBC of 24-one-7β,16β-dihydroxy-20(R)-panaxadiol

24-酮-7β,16β-二羟基-20(R)-人参二醇的 ^{1}H NMR 和 ^{13}C NMR 数据

^{1}H NMR and ^{13}C NMR data of 24-one-7β,16β-dihydroxy-20(R)-panaxadiol

序号	^{1}H NMR(δ)	^{13}C NMR(δ)
1	1.74(1H,m),1.02(1H,m)	39.5
2	1.85(2H,m)	28.4
3	3.44(1H,brt)	78.0
4		39.4
5	1.02(1H,m)	54.1
6	2.02(2H,m)	29.6
7	4.08(1H,brt)	74.7
8		45.7
9	1.57(1H,m)	49.7
10		37.6
11	2.19(2H,m)	31.1
12	3.98(1H,td,$J=5.0,10.0$Hz)	69.9
13	2.56(1H,m)	48.7
14		49.3
15	2.45(2H,m)	49.1
16	4.66(1H,m)	71.1
17	2.46(1H,m)	55.0
18	1.41(3H,s)	11.7
19	0.95(3H,s)	16.4
20		78.8
21	1.97(3H,s)	24.8
22	2.70(1H,m),2.48(1H,m)	31.9
23	2.74(1H,m),2.56(1H,m)	33.2
24		213.4
25		80.7
26	1.54(3H,s)	28.0
27	1.45(3H,s)	27.8
28	1.20(3H,s)	28.7
29	1.03(3H,s)	16.6
30	1.16(3H,s)	19.1

注：^{1}H NMR（500MHz, pyridine-d_5）；^{13}C NMR（125MHz, pyridine-d_5）。

011 24-酮-7β-羟基-20（R）-人参二醇
24-One-7β-hydroxy-20(R)-panaxadiol

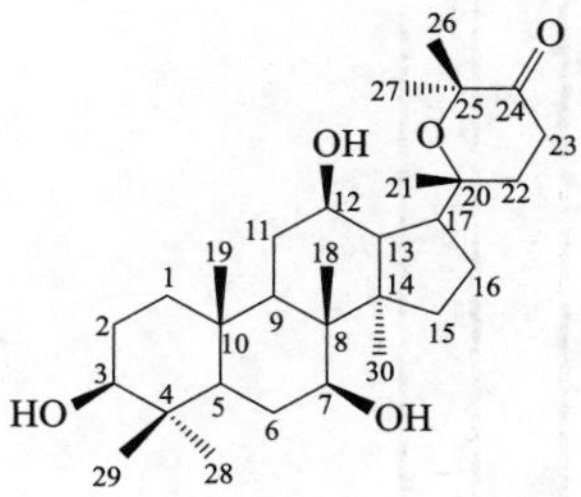

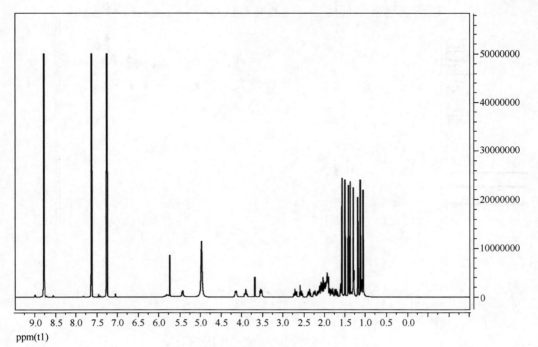

【中文名】　　24-酮-7β-羟基-20(R)-人参二醇；20(R)-达玛-20,25-环氧-24-酮-3β,7β,12β-三醇

【英文名】　　24-One-7β-hydroxy-20(R)-panaxadiol；20(R)-Dammar-20,25-epoxy-24-one-3β,7β,12β-triol

【分子式】　　$C_{30}H_{50}O_5$

【分子量】　　490.4

【参考文献】　　Lin X H，Cao M N，He W N，et al. Biotransformation of 20(R)-panaxadiol by the fungus *Rhizopus chinensis* [J]. Phytochemistry，2014，105：129-134.

24-酮-7β-羟基-20(R)-人参二醇[1]H NMR 谱

^{1}H NMR of 24-one-7β-hydroxy-20(R)-panaxadiol

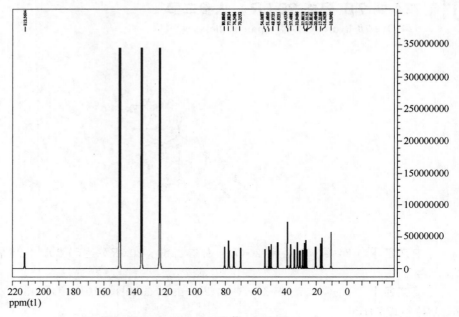

24-酮-7β-羟基-20(R)-人参二醇 ^{13}C NMR 谱

^{13}C NMR of 24-one-7β-hydroxy-20(R)-panaxadiol

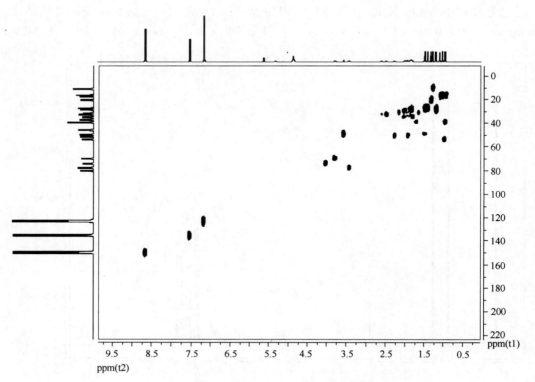

24-酮-7β-羟基-20(R)-人参二醇 HMQC 谱

HMQC of 24-one-7β-hydroxy-20(R)-panaxadiol

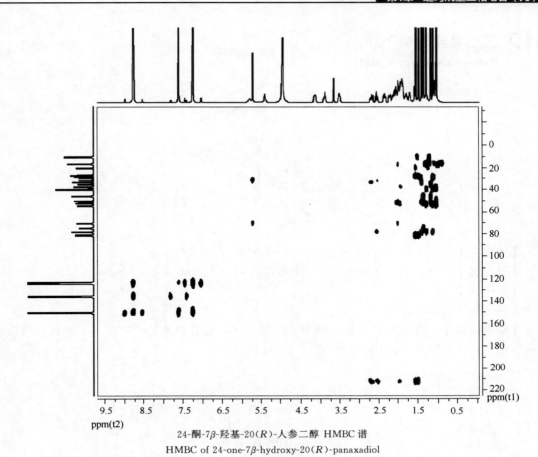

24-酮-7β-羟基-20(R)-人参二醇 HMBC 谱

HMBC of 24-one-7β-hydroxy-20(R)-panaxadiol

24-酮-7β-羟基-20(R)-人参醇的¹H NMR 和¹³C NMR 数据

¹H NMR and ¹³C NMR data of 24-one-7β-hydroxy-20(R)-panaxadiol

序号	¹H NMR(δ)	¹³C NMR(δ)
1	1.75(1H,m),1.00(1H,m)	39.5
2	1.87(2H,m)	28.1
3	3.45(1H,dd,J=5.3,10.8Hz)	78.0
4		39.5
5	1.03(1H,m)	54.1
6	2.03(2H,m)	29.6
7	4.07(1H,brd)	74.5
8		45.9
9	1.53(1H,m)	50.0
10		37.5
11	2.19(1H,m),1.68(1H,m)	31.4
12	3.82(1H,td,J=5.0,10.1Hz)	70.3
13	1.96(1H,m)	50.8
14		51.7
15	2.08(1H,m),1.83(1H,m)	34.8
16	1.85(2H,m)	26.8
17	2.31(1H,m)	51.2
18	1.30(3H,s)	10.6
19	0.98(3H,s)	16.7
20		78.3
21	1.34(3H,s)	20.5
22	2.47(1H,m),1.93(1H,m)	32.9
23	2.64(1H,m),2.01(1H,m)	32.9
24		212.6
25		80.9
26	1.50(3H,s)	27.8
27	1.43(3H,s)	27.3
28	1.22(3H,s)	28.7
29	1.05(3H,s)	16.7
30	1.11(3H,s)	17.2

注：¹H NMR（500MHz，pyridine-d_5）；¹³C NMR（125MHz，pyridine-d_5）。

012 三七皂苷元 MPD

Notoginsengaglycone MPD

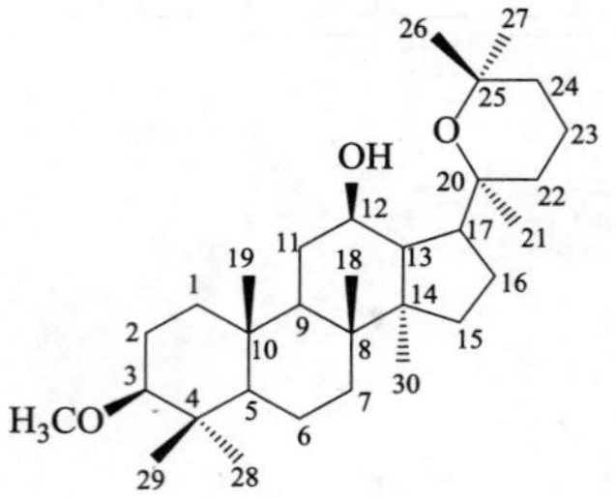

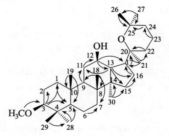

【中文名】 三七皂苷元 MPD；20(S)-3-甲氧基-人参二醇

【英文名】 Notoginsengaglycone MPD；20(S)-3-Methoxy-panaxadiol

【分子式】 $C_{31}H_{54}O_3$

【分子量】 474.4

【参考文献】 曹家庆，符鹏，赵余庆. 三七茎叶皂苷酸水解产物中一个新化合物的分离和鉴定 [J]. 中草药，2013，44（02）：137-140.

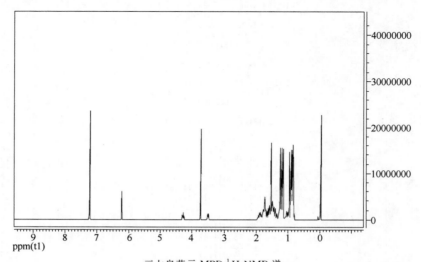

三七皂苷元 MPD 主要 HMBC 相关

Key HMBC correlations of notoginsengaglycone MPD

三七皂苷元 MPD ^{1}H NMR 谱

^{1}H NMR of notoginsengaglycone MPD

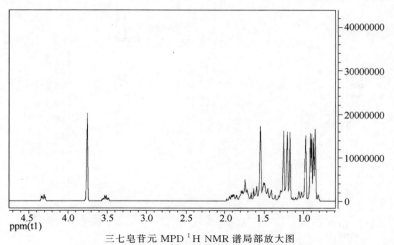

三七皂苷元 MPD ^{1}H NMR 谱局部放大图

Partial enlargement of ^{1}H NMR of notoginsengaglycone MPD

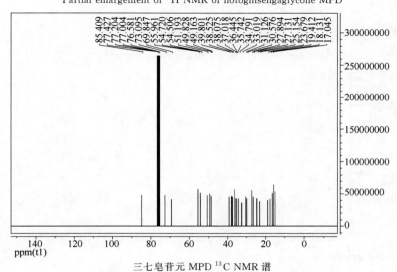

三七皂苷元 MPD ^{13}C NMR 谱

^{13}C NMR of notoginsengaglycone MPD

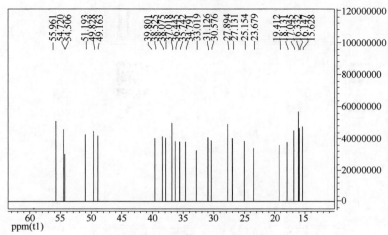

三七皂苷元 MPD ^{13}C NMR 谱局部放大图

Partial enlargement of ^{13}C NMR of notoginsengaglycone MPD

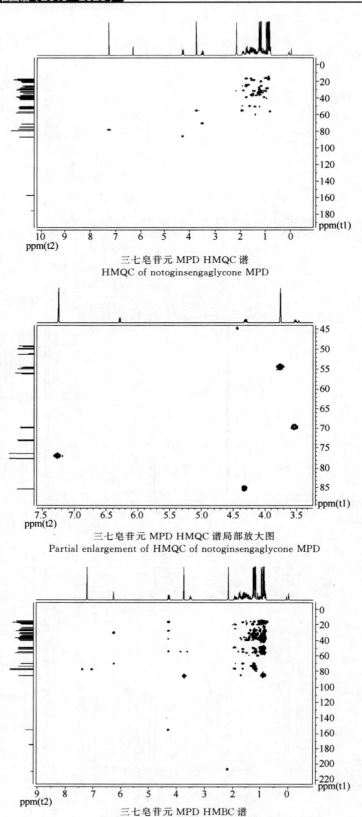

三七皂苷元 MPD HMQC 谱
HMQC of notoginsengaglycone MPD

三七皂苷元 MPD HMQC 谱局部放大图
Partial enlargement of HMQC of notoginsengaglycone MPD

三七皂苷元 MPD HMBC 谱
HMBC of notoginsengaglycone MPD

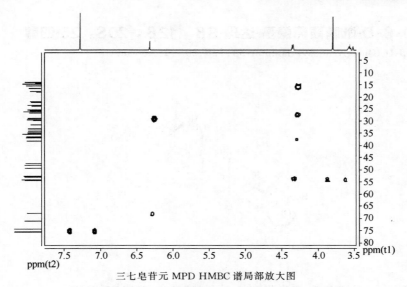

三七皂苷元 MPD HMBC 谱局部放大图

Partial enlargement of HMBC of notoginsengaglycone MPD

三七皂苷元 MPD 的[1]H NMR 和[13]C NMR 数据及 HMBC 的主要相关信息

^{1}H NMR and ^{13}C NMR data and HMBC correlations of notoginsengaglycone MPD

序号	^{1}H NMR(δ)	^{13}C NMR(δ)	HMBC
1	1.08(1H,m),1.79(1H,m)	38.1	C-3,5,10
2	1.28(1H,m),1.29(1H,m)	27.1	C-3
3	4.33(1H,dd,$J=12.6,4.2$Hz)	85.4	C-1,2,5,28,29
4		38.5	
5	0.85(1H,m)	56.0	C-3,7,9,10
6	1.48(1H,m),1.55(1H,m)	18.1	C-4,7,10
7	1.54(1H,m),1.28(1H,m)	34.8	C-6,14
8		39.8	
9	1.45(1H,m)	49.8	C-1,10,11,14
10		37.0	
11	1.07(1H,m),1.52(1H,m)	31.1	C-12,13
12	3.51(1H,m)	70.0	C-9,13,17
13	1.66(1H,m)	49.2	C-14,15,16
14		51.2	
15	1.26(1H,m),1.01(1H,m)	30.6	C-16,17
16	1.75(1H,m),1.14(1H,m)	23.8	C-17,20
17	1.94(1H,m)	54.5	C-16,20
18	0.89(3H,s)	16.3	C-1,5,10
19	0.92(3H,s)	16.3	C-6,7,9
20		76.6	
21	1.19(3H,s)	19.4	C-20
22	1.61(1H,m),1.26(1H,m)	35.7	C-20,21,23
23	1.56(1H,m),1.58(1H,m)	16.1	C-22,24
24	1.54(1H,m),1.39(1H,m)	36.4	C-23,25
25		73.1	
26	1.28(3H,s)	33.0	C-25,27
27	0.93(3H,s)	25.2	C-25,26
28	1.19(3H,s)	27.9	C-29
29	0.99(3H,s)	15.6	C-4,28
30	0.84(3H,s)	17.0	C-8,14
31	3.75(3H,s)	54.7	C-3

注：^{1}H NMR（600MHz，pyridine-d_5）；^{13}C NMR（150MHz，pyridine-d_5）。

013 3-O-β-D-吡喃葡萄糖基-达玛-3β，12β，20S，25-四醇

3-O-β-D-Glucopyranosyl-dammar-3β,12β,20S,25-tetrol

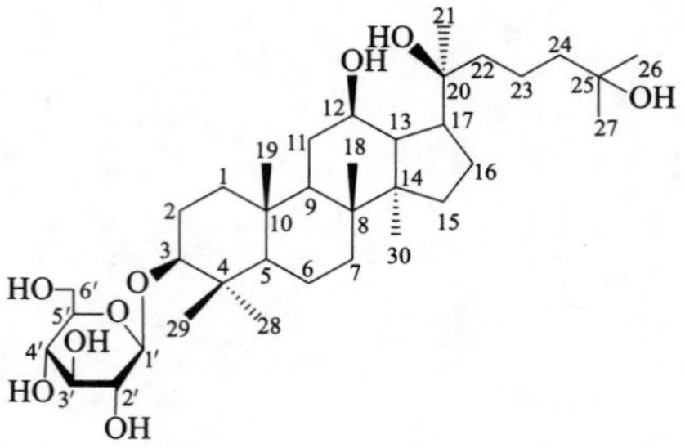

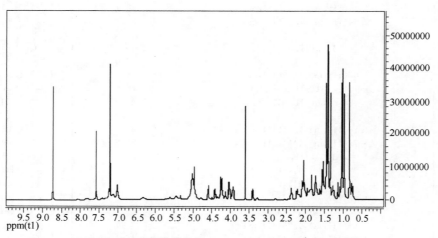

【中文名】 3-O-β-D-吡喃葡萄糖基-达玛-3β,12β,20S,25-四醇

【英文名】 3-O-β-D-Glucopyranosyl-dammar-3β,12β,20S,25-tetrol

【分子式】 $C_{36}H_{64}O_9$

【分子量】 640.4

【参考文献】 Heejung Y，Guijae Y，Hye S K，et al. Implication of the stereoisomers of gins enoside derivatives in the antiproliferative effect of HSC-T6 cells [J]. Journal of Agricultural and Food Chemistry，2012，60 (47)：11759-11764.

3-O-β-D-吡喃葡萄糖基-达玛-3β,12β,20S,25-四醇[1]H NMR 谱

^{1}H NMR of 3-O-β-D-glucopyranosyl-dammar-3β,12β,20S,25-tetrol

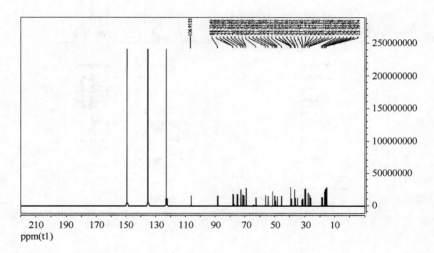

3-O-β-D-吡喃葡萄糖基-达玛-3β,12β,20S,25-四醇¹³C NMR 谱

¹³C NMR of 3-O-β-D-glucopyranosyl-dammar-3β,12β,20S,25-tetraol

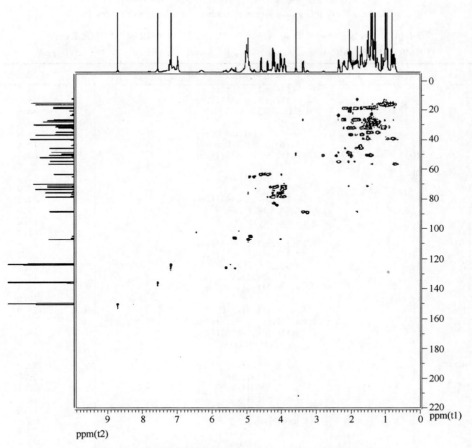

3-O-β-D-吡喃葡萄糖基-达玛-3β,12β,20S,25-四醇 HMQC 谱

HMQC of 3-O-β-D-glucopyranosyl-dammar-3β,12β,20S,25-tetraol

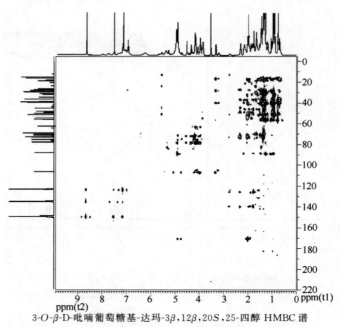

3-O-β-D-吡喃葡萄糖基-达玛-3β,12β,20S,25-四醇 HMBC 谱

HMBC of 3-O-β-D-glucopyranosyl-dammar-3β,12β,20S,25-tetrarol

3-O-β-D-吡喃葡萄糖基-达玛-3β,12β,20S,25-四醇的 ^{1}H NMR 和 ^{13}C NMR 数据

^{1}H NMR and ^{13}C NMR data of 3-O-β-D-glucopyranosyl-dammar-3β,12β,20S,25-tetrarol

序号	^{1}H NMR(δ)	^{13}C NMR(δ)
1	1.49(1H,m),0.75(1H,m)	39.1
2	2.20(1H,m),1.38(1H,m)	26.7
3	3.36(1H,dd,$J=4.4,11.7$Hz)	88.8
4		39.7
5	0.73(1H,m)	56.4
6	1.58~1.32(2H,m)	18.4
7	1.47(1H,m),1.22(1H,m)	35.2
8		40.0
9	1.41(1H,m)	50.4
10		37.0
11	2.05(1H,m),1.54(1H,m)	32.1
12	3.90(1H,m)	71.0
13	2.06(1H,m)	48.6
14		51.7
15	1.58(1H,m),1.02(1H,m)	31.4
16	1.92(1H,m),1.81(1H,m)	27.2
17	2.34(1H,m)	54.7
18	0.80(3H,s)	16.8
19	1.01(3H,s)	15.8
20		73.3
21	1.41(3H,s)	26.9
22	2.00(1H,m),1.63(1H,m)	36.5
23	2.16(1H,m),1.82(1H,m)	19.1
24	1.71(2H,m)	45.7
25		69.6
26	1.37(3H,s)	30.2
27	1.38(3H,s)	29.9
28	1.30(3H,s)	28.1
29	0.98(3H,s)	16.4
30	0.94(3H,s)	17.0
3-glc-1$'$	4.93(1H,d,$J=7.8$Hz)	106.9
2$'$	4.02(1H,m)	75.8
3$'$	4.25(1H,m)	78.7
4$'$	4.20(1H,m)	71.9
5$'$	3.99(1H,m)	78.3
6$'$	4.57(1H,dd,$J=2.2,11.7$Hz),4.37(1H,dd,$J=5.4,11.7$Hz)	63.1

注：^{1}H NMR（500MHz，pyridine-d_5）；^{13}C NMR（125MHz，pyridine-d_5）。

014　3-O-β-D-吡喃葡萄糖基-达玛-3β，12β，20R，25-四醇

3-O-β-D-Glucopyranosyl-dammar-3β,12β,20R,25-tetraol

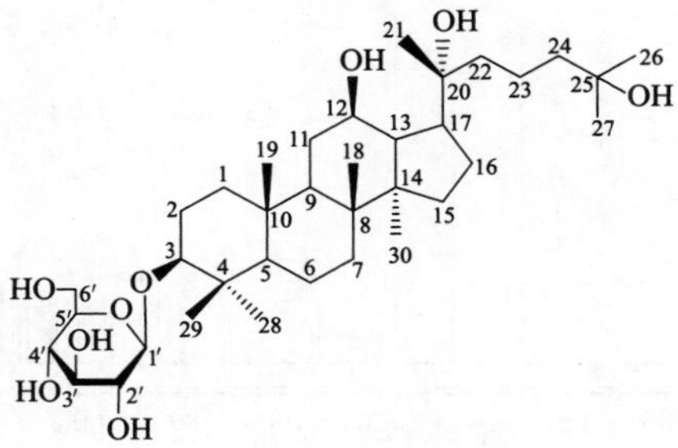

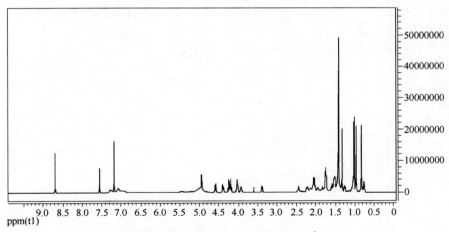

【中文名】　3-O-β-D-吡喃葡萄糖基-达玛-3β,12β,20R,25-四醇

【英文名】　3-O-β-D-Glucopyranosyl-dammar-3β,12β,20R,25-tetraol

【分子式】　$C_{36}H_{64}O_9$

【分子量】　640.5

【参考文献】　Heejung Y，Guijae Y，Hye S K，et al. Implication of the stereoisomers of ginsenoside derivatives in the antiproliferative effect of HSC-T6 cells ［J］. Journal of Agricultural and Food Chemistry，2012，60（47）：11759-11764.

3-O-β-D-吡喃葡萄糖基-达玛-3β,12β,20R,25-四醇[1]H NMR 谱

^{1}H NMR of 3-O-β-D-glucopyranosyl-dammar-3β,12β,20R,25-tetraol

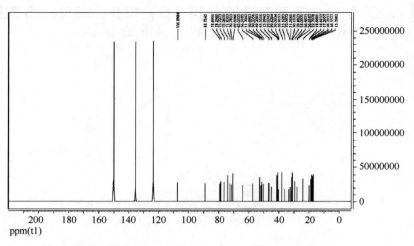

3-*O*-β-D-吡喃葡萄糖基-达玛-3β,12β,20*R*,25-四醇 ^{13}C NMR 谱
^{13}C NMR of 3-*O*-β-D-glucopyranosyl-dammar-3β,12β,20*R*,25-tetraol

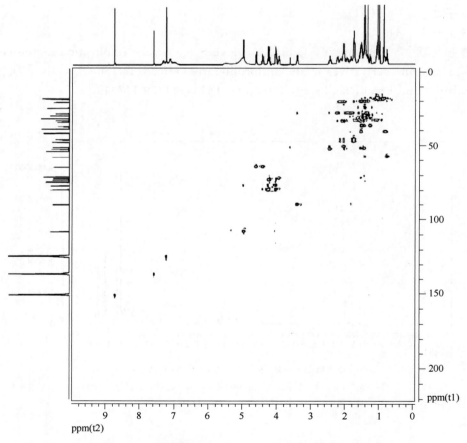

3-*O*-β-D-吡喃葡萄糖基-达玛-3β,12β,20*R*,25-四醇 HMQC 谱
HMQC of 3-*O*-β-D-glucopyranosyl-dammar-3β,12β,20*R*,25-tetraol

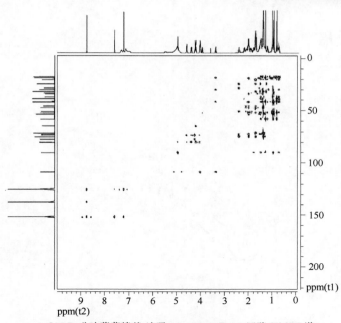

3-O-β-D-吡喃葡萄糖基-达玛-3β,12β,20R,25-四醇 HMBC 谱

HMBC of 3-O-β-D-glucopyranosyl-dammar-3β,12β,20R,25-tetraol

3-O-β-D-吡喃葡萄糖基-达玛-3β,12β,20R,25-四醇的¹H NMR 谱和¹³C NMR 谱数据

¹H NMR and ¹³C NMR data of 3-O-β-D-glucopyranosyl-dammar-3β,12β,20R,25-tetraol

序号	¹H NMR(δ)	¹³C NMR(δ)
1	1.49(1H,m),0.75(1H,m)	39.1
2	2.18(1H,m),1.36(1H,m)	26.7
3	3.35(1H,dd,J=4.4,11.7Hz)	88.7
4		39.6
5	0.71(1H,m)	56.3
6	1.52~1.36(2H,m)	18.4
7	1.48(1H,m),1.22(1H,m)	35.1
8		40.0
9	1.41(1H,m)	50.3
10		36.9
11	2.03(1H,m),1.52(1H,m)	32.1
12	3.90(1H,m)	70.8
13	2.00(1H,m)	49.2
14		51.7
15	1.57(1H,m),1.02(1H,m)	31.4
16	1.91(1H,m),1.80(1H,m)	26.6
17	2.40(1H,m)	50.7
18	0.81(3H,s)	16.7
19	1.00(3H,s)	15.8
20		73.3
21	1.38(3H,s)	22.8
22	1.71(2H,m)	44.0
23	2.12~1.97(2H,m)	18.7
24	1.71(2H,m)	45.5
25		69.7
26	1.40(3H,s)	30.1
27	1.40(3H,s)	29.9
28	1.30(3H,s)	28.1
29	0.98(3H,s)	16.3
30	0.94(3H,s)	17.3
3-glc-1′	4.91(1H,d,J=7.8Hz)	106.9
2′	4.01(1H,m)	75.7
3′	4.22(1H,t,J=8.8Hz)	78.7
4′	4.18(1H,t,J=8.8Hz)	71.8
5′	3.98(1H,m)	78.3
6′	4.56(1H,dd,J=1.9,11.7Hz),4.37(1H,dd,J=5.4,11.7Hz)	63.0

注：¹H NMR（500MHz，pyridine-d_5）；¹³C NMR（125MHz，pyridine-d_5）。

015　人参皂苷 I

Ginsenoside Ⅰ

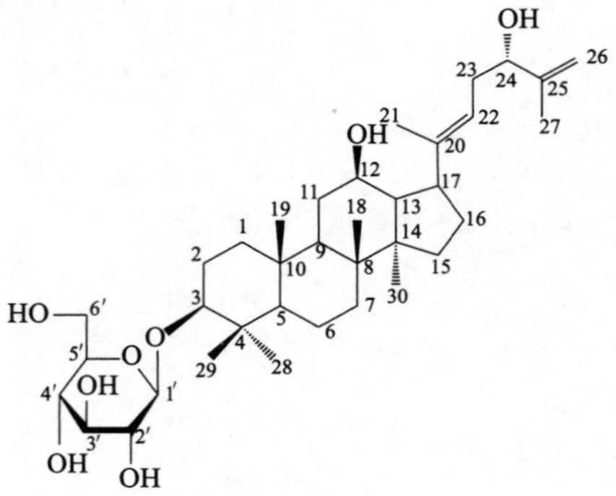

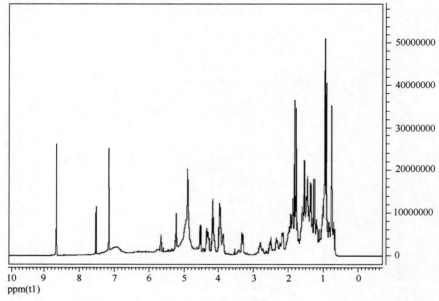

【中文名】　人参皂苷 I；（E）-3-O-β-D-吡喃葡萄糖基-达玛-20（22），25-二烯-3β，12β，24S-三醇

【英文名】　Ginsenoside Ⅰ；（E）-3-O-β-D-Glucopyranosyl-dammar-20（22），25-diene-3β，12β，24S-triol

【分子式】　$C_{36}H_{60}O_8$

【分子量】　620.4

【参考文献】　Ma L Y, Zhou Q L, Yang X W. New SIRT1 activator from alkaline hydrolysate of total saponins in the stems-leaves of *Panax ginseng* [J]. Bioorganic & Medicinal Chemistry Letters，2015，25 （22）：5321-5325.

人参皂苷 I ^{1}H NMR 谱

^{1}H NMR of ginsenoside Ⅰ

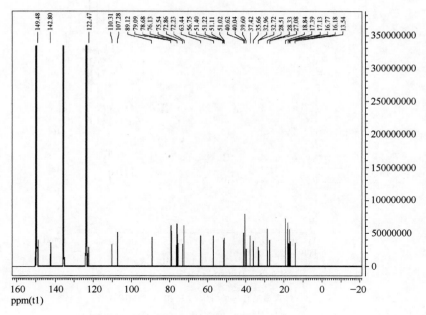

人参皂苷 I ¹³C NMR 谱

¹³C NMR of ginsenoside I

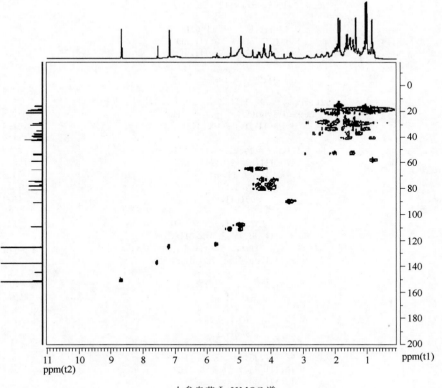

人参皂苷 I HMQC 谱

HMQC of ginsenoside I

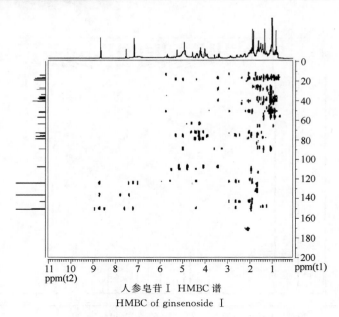

人参皂苷 Ⅰ HMBC 谱

HMBC of ginsenoside Ⅰ

人参皂苷 Ⅰ 的 ^{1}H NMR 和 ^{13}C NMR 数据

^{1}H NMR and ^{13}C NMR data of ginsenoside Ⅰ

序号	^{1}H NMR(δ)	^{13}C NMR(δ)
1	0.80(1H,m),1.52(1H,m)	39.6
2	1.87(1H,m),2.21(1H,m)	27.1
3	3.32(1H,dd,J=12.0,3.9Hz)	89.1
4		40.0
5	0.69(1H,brd,J=11.0Hz)	56.8
6	1.54(1H,m),1.30(1H,m)	18.8
7	1.45(1H,m),1.18(1H,m)	35.7
8		40.6
9	1.45(1H,dd,J=10.5,3.7Hz)	51.0
10		37.4
11	1.52(1H,m),1.92(1H,dd,J=10.5,5.0Hz)	33.0
12	3.91(1H,brdd,J=10.5,5.2Hz)	72.9
13	1.99(1H,t,J=10.5Hz)	51.1
14		51.2
15	1.04(1H,t,J=10.0Hz),1.42(1H,m)	32.7
16	1.70(1H,m),2.04(1H,m)	28.5
17	2.88(1H,m)	51.4
18	0.76(3H,s)	16.8
19	0.95(3H,s)	17.1
20		142.8
21	1.75(3H,s)	13.5
22	5.65(1H,dd,J=8.7,5.3Hz)	122.5
23	2.33(1H,dt,J=13.8,5.3Hz),2.52(1H,dt,J=13.8,8.7Hz)	35.7
24	4.29(1H,dd,J=8.7,5.3Hz)	75.5
25		149.5
26	4.90(1H,brs),5.22(1H,brs)	110.3
27	1.82(3H,s)	17.4
28	1.27(3H,s)	28.3
29	0.91(3H,s)	16.2
30	0.96(3H,s)	16.8
3-glc-1′	4.87(1H,d,J=7.7Hz)	107.3
2′	3.95(1H,dd,J=8.3,7.7Hz)	76.1
3′	4.19(1H,dd,J=8.7,8.3Hz)	79.1
4′	4.14(1H,dd,J=8.8,8.7Hz)	72.2
5′	4.00(1H,brdd,J=8.8,8.7Hz)	78.7
6′	4.34(1H,dd,J=11.4,5.0Hz),4.53(1H,brd,J=11.4Hz)	63.4

注：^{1}H NMR（400MHz，pyridine-d_5）；^{13}C NMR（100MHz，pyridine-d_5）。

016 20-O-β-D-吡喃葡萄糖基-达玛-12，23-环氧-24-烯-3β，20S-二醇

20-*O*-β-D-Glucopyranosyl-dammar-12,23-epoxy-24-ene-3β,20S-diol

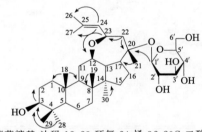

【中文名】 20-*O*-β-D-吡喃葡萄糖基-达玛-12,23-环氧-24-烯-3β,20S-二醇
【英文名】 20-*O*-β-D-Glucopyranosyl-dammar-12,23-epoxy-24-ene-3β,20S-diol
【分子式】 $C_{36}H_{60}O_8$
【分子量】 620.4
【参考文献】 Tran T L，Kim Y R，Yang J L，et al. Dammarane triterpenes from the leaves of *Panax ginseng* enhance cellular immunity ［J］. Bioorganic & Medicinal Chemistry，2014，22（1）：499-504.

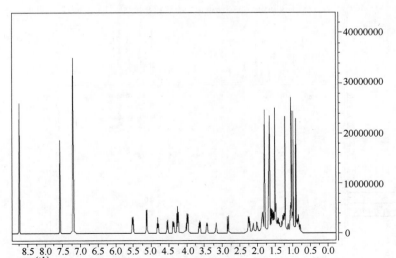

20-*O*-β-D-吡喃葡萄糖基-达玛-12,23-环氧-24-烯-3β,20S-二醇主要 HMBC 相关
Key HMBC correlations of 20-*O*-β-D-glucopyranosyl-dammar-12,23-epoxy-24-ene-3β,20S-diol

20-*O*-β-D-吡喃葡萄糖基-达玛-12,23-环氧-24-烯-3β,20S-二醇 ¹H NMR 谱
¹H NMR of 20-*O*-β-D-glucopyranosyl-dammar-12,23-epoxy-24-ene-3β,20S-diol

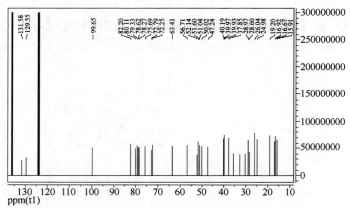

20-O-β-D-吡喃葡萄糖基-达玛-12,23-环氧-24-烯-3β,20S-二醇 ^{13}C NMR 谱

^{13}C NMR of 20-O-β-D-glucopyranosyl-dammar-12,23-epoxy-24-ene-3β,20S-diol

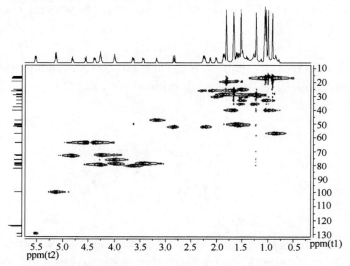

20-O-β-D-吡喃葡萄糖基-达玛-12,23-环氧-24-烯-3β,20S-二醇 HMQC 谱

HMQC of 20-O-β-D-glucopyranosyl-dammar-12,23-epoxy-24-ene-3β,20S-diol

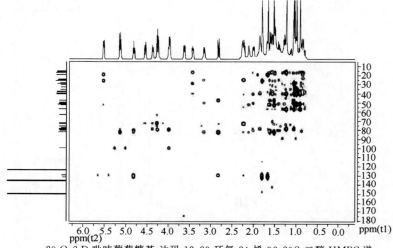

20-O-β-D-吡喃葡萄糖基-达玛-12,23-环氧-24-烯-3β,20S-二醇 HMBC 谱

HMBC of 20-O-β-D-glucopyranosyl-dammar-12,23-epoxy-24-ene-3β,20S-diol

20-*O*-β-D-吡喃葡萄糖基-达玛-12,23-环氧-24-烯-3β,20S-二醇的 ¹H NMR 和 ¹³C NMR 数据及 HMBC 的主要相关信息

¹H NMR and ¹³C NMR data and HMBC correlations of 20-*O*-β-D-glucopyranosyl-dammar-12,23-epoxy-24-ene-3β,20S-diol

序号	¹H NMR(δ)	¹³C NMR(δ)	HMBC
1	1.58(1H,overlap),0.85(1H,m)	40.0	
2	2.52(1H,m),1.85(1H,m)	28.6	
3	3.42(1H,dd,J=11.6,4.2Hz)	78.3	C-2
4		40.0	
5	0.79(1H,m)	56.7	
6	1.54(1H,m),1.39(1H,m)	19.2	
7	1.48(1H,overlap),1.25(1H,m)	35.7	
8		40.2	
9	1.50(1H,m)	51.6	
10		37.9	
11	1.93(1H,overlap),1.32(1H,m)	30.6	
12	3.63(1H,td,J=10.0,3.2Hz)	80.1	
13	1.28(1H,m)	50.0	
14		51.6	
15	1.48(1H,m),1.10(1H,m)	33.0	
16	2.22(1H,m),2.11(1H,m)	25.1	
17	3.17(1H,m)	47.2	
18	0.99(3H,s)	15.9	C-1,9
19	0.90(3H,s)	16.7	C-8
20		82.2	
21	1.52(3H,s)	25.0	C-17
22	2.81(1H,d,J=16.0Hz),2.23(1H,brdd,J=16.0,9.0Hz)	52.1	C-20,23
23	4.82(1H,t,J=9.0Hz)	72.8	C-12
24	5.53(1H,d,J=9.0Hz)	129.5	C-26,27
25		131.5	
26	1.66(3H,s)	26.0	
27	1.80(3H,s)	19.2	
28	1.23(3H,s)	29.0	C-3
29	0.90(3H,s)	17.2	C-3
30	1.04(3H,s)	16.9	C-14
20-glc-1′	5.14(1H,d,J=8.0Hz)	99.7	C-20
2′	3.97(1H,t,J=8.0Hz)	75.7	
3′	4.26(1H,overlap)	79.3	
4′	4.25(1H,overlap)	72.3	
5′	3.99(1H,m)	78.6	
6′	4.36(1H,dd,J=11.0,2.0Hz),4.56(1H,dd,J=11.0,5.0Hz)	63.4	

注：¹H NMR（500MHz, pyridine-d_5）；¹³C NMR（125MHz, pyridine-d_5）。

017 人参皂苷 Rh₁₅
Ginsenoside Rh₁₅

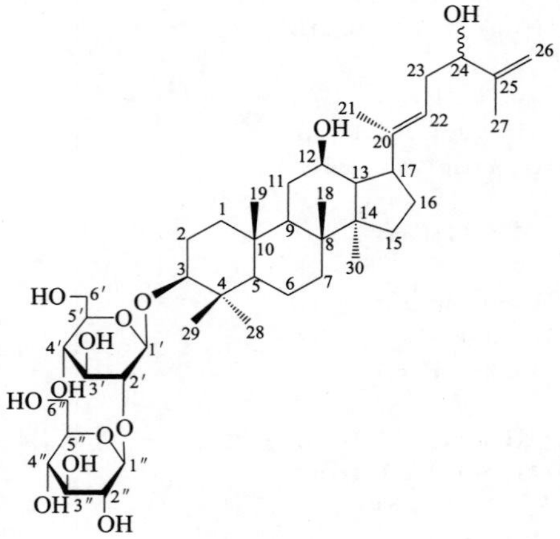

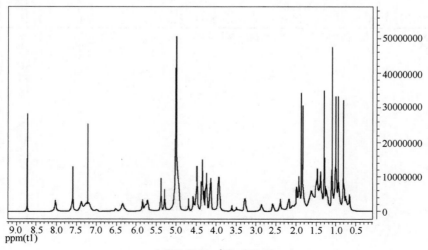

【中文名】　人参皂苷 Rh₁₅；3-O-[β-D-吡喃葡萄糖基-(1-2)-β-D-吡喃葡萄糖基]-达玛-20(22),25 二烯-3β,12β,24ξ-三醇

【英文名】　Ginsenoside Rh₁₅；3-O-[β-D-Glucopyranosyl-(1-2)-β-D-glucopyranosyl]-dammar-20(22),25-diene-3β,12β,24ξ-triol

【分子式】　$C_{42}H_{70}O_{13}$

【分子量】　782.5

【参考文献】　Li K K，Yao C M，Yang X W. Four new dammarane-type triterpene saponins from the stems and leaves of *Panax ginseng* and their cytotoxicity on HL-60 cells [J]. Planta Medica，2012，78（2）：189-192.

人参皂苷 Rh₁₅ ¹H NMR 谱
¹H NMR of ginsenoside Rh₁₅

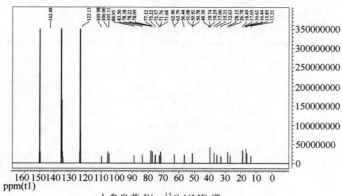

人参皂苷 Rh$_{15}$ ^{13}C NMR 谱
^{13}C NMR of ginsenoside Rh$_{15}$

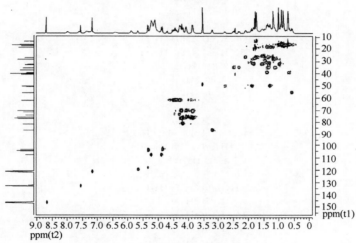

人参皂苷 Rh$_{15}$ HMQC 谱
HMQC of ginsenoside Rh$_{15}$

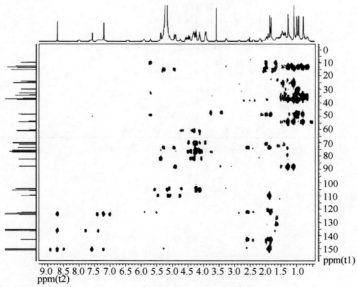

人参皂苷 Rh$_{15}$ HMBC 谱
HMBC of ginsenoside Rh$_{15}$

人参皂苷 Rh$_{15}$ 的 ^{1}H NMR 和 ^{13}C NMR 数据

^{1}H NMR and ^{13}C NMR data of ginsenoside Rh$_{15}$

序号	^{1}H NMR(δ)	^{13}C NMR(δ)
1	0.75(1H,m),1.49(1H,m)	39.3
2	1.82(1H,m),2.17(1H,m)	26.8
3	3.26(1H,m)	89.0
4		39.7
5	0.65(1H,m)	56.4
6	1.47(1H,m),1.38(1H,m)	18.5
7	1.43(1H,m),1.21(1H,m)	35.3
8		40.3
9	1.35(1H,m)	50.2
10		37.1
11	1.36(1H,m),1.92(1H,m)	32.6
12	3.93(1H,m)	72.6
13	1.97(1H,m)	50.8
14		50.9
15	1.05(1H,m),1.61(1H,m)	32.5
16	1.55(1H,m),1.92(1H,m)	28.2
17	2.84(1H,m)	51.1
18	0.80(3H,s)	16.4
19	1.00(3H,s)	15.9
20		142.5
21	1.82(3H,s)	13.2
22	5.64(1H,t like,$J=14.6$Hz)	122.1
23	2.37(1H,m),2.56(1H,m)	35.3
24	4.32(1H,m)	75.2
25		149.2
26	4.93(1H,brs),5.27(1H,brs)	110.0
27	1.87(3H,s)	18.5
28	1.29(3H,s)	28.2
29	1.10(3H,s)	16.6
30	0.94(3H,s)	17.1
3-glc-1′	4.90(2H,d,$J=7.5$Hz)	105.1
2′	4.22(1H,m)	83.5
3′	4.23(1H,m)	78.1
4′	4.14(1H,t,$J=8.8$Hz)	71.7
5′	3.93(1H,m)	78.4
6′	4.47,4.54(2H,brd,$J=11.2$Hz)	62.9
2′-glc-1″	5.36(2H,d,$J=7.6$Hz)	106.1
2″	4.06(1H,t,$J=8.8$Hz)	77.1
3″	4.29(1H,m)	78.2
4″	4.32(1H,m)	71.8
5″	3.93(1H,m)	78.4
6″	4.36(1H,brd,$J=9.2$Hz),4.50(1H)	62.8

注：^{1}H NMR（400MHz，pyridine-d_5）；^{13}C NMR（100MHz，pyridine-d_5）。

018 20（S）-甲氧基人参皂苷 Rg₃

20(*S*)-Methoxy ginsenoside Rg₃

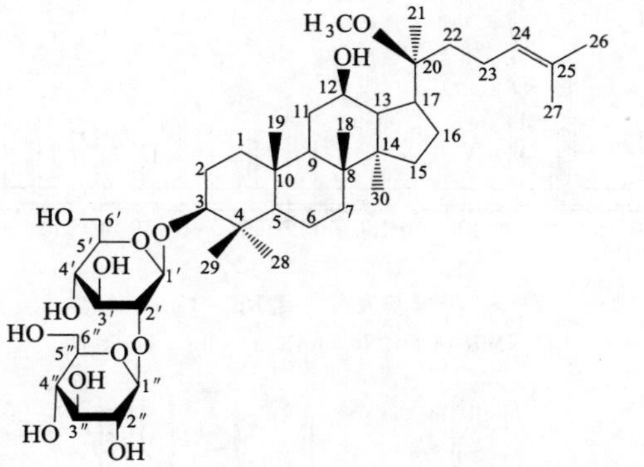

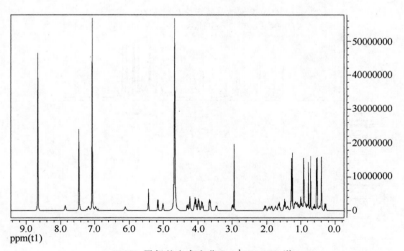

【中文名】 20(S)-甲氧基人参皂苷 Rg₃；3-O-[β-D-吡喃葡萄糖基-(1-2)-β-D-吡喃葡萄糖基]-达玛-20S-甲氧基-24-烯-3β,12β-二醇

【英文名】 20(*S*)-Methoxy ginsenoside Rg₃；3-*O*-[β-D-Glucopyranosyl-(1-2)-β-D-glucopyranosyl]-dammar-20S-methoxy-24-ene-3β,12β-diol

【分子式】 $C_{43}H_{74}O_{13}$

【分子量】 798.5

【参考文献】 李莎莎. 人参花蕾中化学成分及其稀有皂苷分离工艺的研究［D］. 大连：大连大学，2017，30-33.

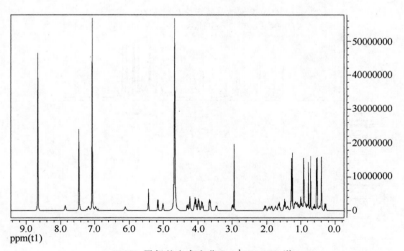

20(S)-甲氧基人参皂苷 Rg₃ ¹H NMR 谱

¹H NMR of 20(*S*)-methoxy ginsenoside Rg₃

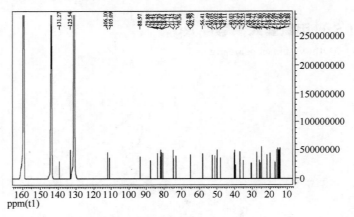

20(*S*)-甲氧基人参皂苷 Rg₃ ¹³C NMR 谱
¹³C NMR of 20(*S*)-methoxy ginsenoside Rg₃

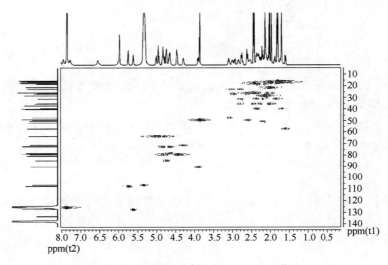

20(*S*)-甲氧基人参皂苷 Rg₃ HMQC 谱
HMQC of 20(*S*)-methoxy ginsenoside Rg₃

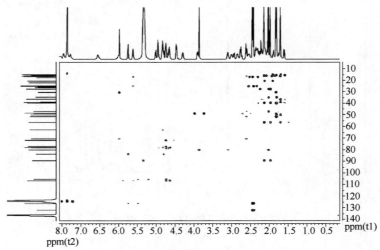

20(*S*)-甲氧基人参皂苷 Rg₃ HMBC 谱
HMBC of 20(*S*)-methoxy ginsenoside Rg₃

20(S)-甲氧基人参皂苷 Rg₃ ¹H NMR 和 ¹³C NMR 数据

¹H NMR and ¹³C NMR data of 20(S)-methoxy ginsenoside Rg₃

序号	¹H NMR(δ)	¹³C NMR(δ)
1	1.58(1H,m),0.88(1H,m)	39.2
2	1.86(1H,m),1.24(1H,m)	26.3
3	3.32(1H,dd,J=12.0,4.5Hz)	89.0
4		39.7
5	0.73(1H,d,J=12Hz)	56.4
6	1.48(1H,m),1.33(1H,m)	8.5
7	1.51(1H,m),1.22(1H,m)	35.1
8		40.0
9	1.42(1H,m)	50.0
10		37.0
11	2.04(1H,m),1.38(1H,m)	31.2
12	3.77(1H,m)	70.4
13	1.87(1H,t,J=10.5Hz)	49.0
14		51.5
15	1.57(1H,m),1.04(1H,t,J=10Hz)	30.9
16	2.23(1H,m),1.73(1H,m)	26.7
17	2.42(1H,m)	47.1
18	0.95(3H,s)	15.9
19	0.83(3H,s)	16.3
20		80.0
21	1.19(3H,s)	21.2
22	2.04(1H,m),1.67(1H,m)	35.2
23	2.31(1H,m),2.05(1H,m)	22.8
24	5.26(1H,m)	125.5
25		131.3
26	1.67(3H,s)	25.8
27	1.63(3H,s)	17.7
28	1.32(3H,s)	28.2
29	1.13(3H,s)	16.7
30	0.96(3H,s)	17.1
3-glc-1′	4.95(1H,d,J=7.5Hz)	105.1
2′	4.27(1H,m)	83.5
3′	4.23(1H,m)	78.0
4′	4.19(1H,m)	71.7
5′	4.00(1H,m)	78.3
6′	4.58(1H,m),4.53(1H,m)	62.9
2′-glc-1″	5.39(1H,d,J=7.5Hz)	106.1
2″	4.16(1H,m)	77.2
3″	4.34(1H,m)	78.4
4″	4.36(1H,m)	71.8
5″	3.96(1H,m)	78.1
6″	4.50(1H,m),4.46(1H,m)	62.8
OCH₃	3.27(3H,s)	48.8

注：¹H NMR (500MHz, pyridine-d_5)；¹³C NMR (125MHz, pyridine-d_5)。

019 20（Z）-人参皂苷 Rs₄
20(*Z*)-Ginsenoside Rs₄

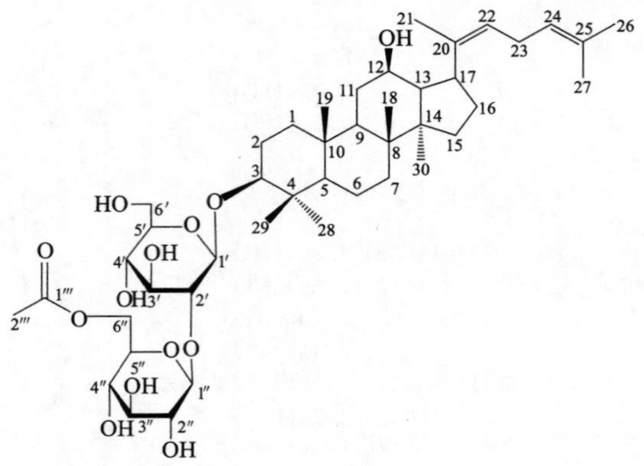

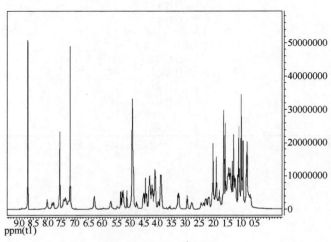

【中文名】 20(*Z*)-人参皂苷 Rs₄；(*Z*)-3-*O*-［(6-*O*-乙酰基)-*β*-D-吡喃葡萄糖基-(1-2)-*β*-D-吡喃葡萄糖基］-达玛-20(22),24-二烯-3*β*,12*β*-二醇

【英文名】 20(*Z*)-Ginsenoside Rs₄；(*Z*)-3-*O*-［(6-*O*-Acetyl)-*β*-D-glucopyranosyl-(1-2)-*β*-D-glucopyranosyl］-dammar-20(22),24-diene-3*β*,12*β*-diol

【分子式】 $C_{44}H_{72}O_{13}$

【分子量】 808.5

【参考文献】 Zhou Q L，Yang X W. Four new ginsenosides from red ginseng with inhibitory activity on melanogenesis in melanoma cells ［J］. Bioorganic & Medicinal Chemistry Letters，2015，25（16）：3112-3116.

20(*Z*)-人参皂苷 Rs₄ ¹H NMR 谱

¹H NMR of 20(*Z*)-ginsenoside Rs₄

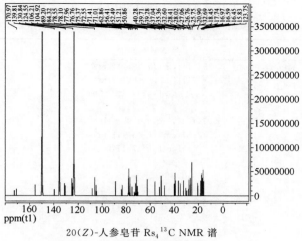

20(*Z*)-人参皂苷 Rs₄ ¹³C NMR 谱
¹³C NMR of 20(*Z*)-ginsenoside Rs₄

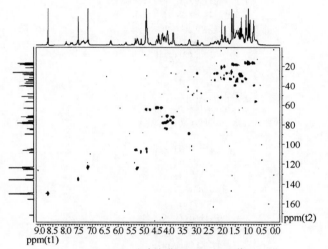

20(*Z*)-人参皂苷 Rs₄ HMQC 谱
HMQC of 20(*Z*)-ginsenoside Rs₄

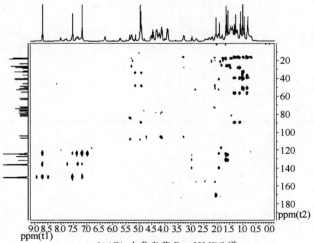

20(*Z*)-人参皂苷 Rs₄ HMBC 谱
HMBC of 20(*Z*)-ginsenoside Rs₄

20(*Z*)-人参皂苷 Rs$_4$ 的 ^{1}H NMR 和 ^{13}C NMR 数据

^{1}H NMR and ^{13}C NMR data of 20(*Z*)-ginsenoside Rs$_4$

序号	^{1}H NMR(δ)	^{13}C NMR(δ)
1	1.52(1H,m),0.78(1H,m)	39.3
2	1.83(1H,m),2.19(1H,m)	26.8
3	3.28(1H,dd,J=11.6,4.4Hz)	89.2
4		39.8
5	0.71(1H,brd,J=11.5Hz)	56.4
6	1.32(1H,m),1.46(1H,m)	18.5
7	1.22(1H,m),1.47(1H,m)	35.4
8		40.3
9	1.56(1H,m)	50.9
10		37.1
11	1.69(1H,m),1.93(1H,m)	32.6
12	3.92(1H,m)	72.5
13	2.06(1H,m)	50.9
14		51.2
15	1.09(1H,m),1.42(1H,m)	32.7
16	1.70(1H,m),2.04(1H,m)	28.4
17	2.06(1H,m)	50.2
18	1.13(3H,s)	15.8
19	1.05(3H,s)	16.5
20		139.8
21	1.90(3H,s)	19.9
22	5.25(1H,t,J=7.0Hz)	123.7
23	2.92(2H,t,J=7.0Hz)	27.1
24	5.26(1H,t,J=6.9Hz)	124.6
25		130.8
26	1.63(3H,s)	25.7
27	1.59(3H,s)	17.7
28	1.34(3H,s)	28.0
29	0.85(3H,s)	16.5
30	0.97(3H,s)	17.0
6-glc-1′	4.89(1H,d,J=7.3Hz)	104.9
2′	4.15(1H,m)	84.3
3′	4.21(1H,m)	78.1
4′	4.12(1H,m)	71.0
5′	3.90(1H,m)	78.0
6′	4.50(1H,brd,J=11.0),4.34(1H,m,ov.)	62.9
2′-glc-1″	5.31(1H,d,J=7.7Hz)	106.2
2″	4.12(1H,m)	76.8
3″	4.27(1H,m)	78.6
4″	4.32(1H,m)	71.4
5″	4.00(1H,m)	75.4
6″	4.92(1H,m),4.78(1H,dd,J=11.6,4.6Hz)	64.8
—CO—		171.0
—CH$_3$	2.05(3H,s)	

注：^{1}H NMR （400MHz, pyridine-d_5）；^{13}C NMR （100MHz, pyridine-d_5）。

020 23-*O*-甲基人参皂苷 Rg₁₁

23-*O*-Methylginsenoside Rg₁₁

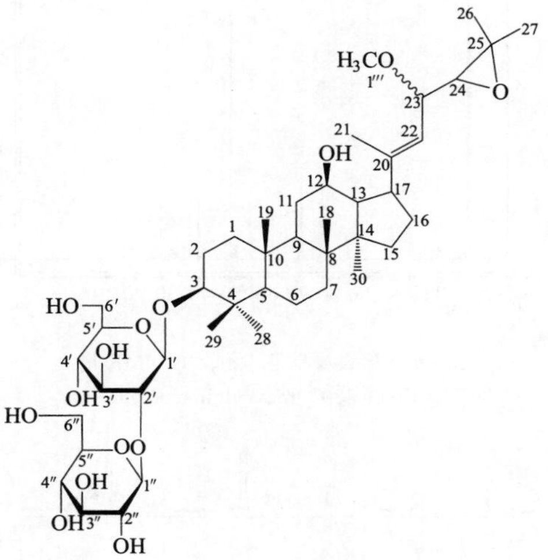

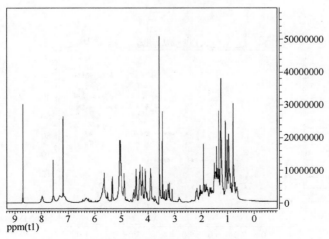

【中文名】 23-*O*-甲基人参皂苷 Rg₁₁；（*E*）-3-*O*-[β-D-吡喃葡萄糖基-(1-2)-β-D-吡喃葡萄糖基]-达玛-20(22)-烯-24,25-环氧-23-甲氧基-3β,12β-二醇

【英文名】 23-*O*-Methylginsenoside Rg₁₁；（*E*）-3-*O*-[β-D-Glucopyranosyl-(1-2)-β-D-glucopyranosyl]-dammar-20(22)-ene-24,25-epoxy-23-methoxy-3β,12β-diol

【分子式】 $C_{43}H_{72}O_{14}$

【分子量】 812.5

【参考文献】 Zhou Q L, Yang X W. Four new ginsenosides from red ginseng with inhibitory activity on melanogenesis in melanoma cells [J]. Bioorganic & Medicinal Chemistry Letters, 2015, 25 (16): 3112-3116.

23-*O*-甲基人参皂苷 Rg₁₁ ¹H NMR 谱

¹H NMR of 23-*O*-methylginsenoside Rg₁₁

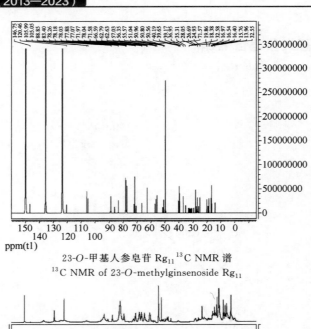

23-*O*-甲基人参皂苷 Rg$_{11}$ ^{13}C NMR 谱
^{13}C NMR of 23-*O*-methylginsenoside Rg$_{11}$

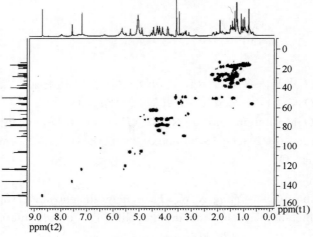

23-*O*-甲基人参皂苷 Rg$_{11}$ HMQC 谱
HMQC of 23-*O*-methylginsenoside Rg$_{11}$

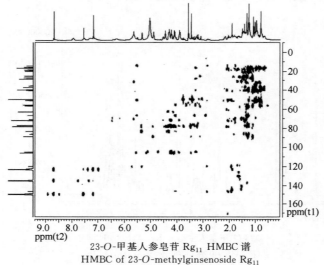

23-*O*-甲基人参皂苷 Rg$_{11}$ HMBC 谱
HMBC of 23-*O*-methylginsenoside Rg$_{11}$

23-O-甲基人参皂苷 Rg$_{11}$ 的 ^{1}H NMR 和 ^{13}C NMR 数据

^{1}H NMR and ^{13}C NMR data of 23-O-methylginsenoside Rg$_{11}$

序号	^{1}H NMR(δ)	^{13}C NMR(δ)
1	1.52(1H,m),0.79(1H,m)	39.2
2	1.95(1H,m),1.53(1H,m)	29.3
3	3.27(1H,dd,J=11.4,4.4Hz)	88.9
4		39.7
5	0.68(1H,brd,J=11.0Hz)	56.3
6	1.33(1H,m),1.45(1H,m)	18.4
7	1.22(1H,m),1.45(1H,m)	35.3
8		40.2
9	1.40(1H,m)	50.8
10		37.0
11	1.68(1H,m),1.92(1H,m)	32.6
12	3.91(1H,m)	72.0
13	2.05(1H,m)	51.0
14		51.0
15	1.08(1H,m),1.42(1H,m)	32.8
16	1.81(1H,m),2.19(1H,m)	26.7
17	2.83(1H,m)	50.6
18	1.03(3H,s)	15.8
19	0.85(3H,s)	16.4
20		146.8
21	1.91(3H,s)	14.0
22	5.52(1H,d,J=9.6Hz)	120.5
23	4.05(1H,dd,J=9.6,7.8Hz)	77.9
24	3.11(1H,d,J=7.8Hz)	66.6
25		57.0
26	1.27(3H,s)	24.9
27	1.34(3H,s)	19.9
28	1.28(3H,s)	28.1
29	1.10(3H,s)	16.5
30	0.96(3H,s)	17.0
6-glc-1′	4.91(1H,d,J=7.6Hz)	105.1
2′	4.22(1H,m)	83.4
3′	4.30(1H,m)	78.2
4′	4.32(1H,m)	71.6
5′	4.05(1H,m)	78.0
6′	4.34(1H,m),4.46(1H,m,ov.)	62.6
2′-glc-1″	5.35(1H,d,J=7.6Hz)	106.0
2″	4.09(1H,m)	77.1
3″	3.91(1H,m)	78.3
4″	4.12(1H,m)	71.6
5″	4.12(1H,m)	78.0
6″	4.55(1H,brd,J=10.5Hz),4.46(1H,m,ov.)	62.8
—O—CH$_3$	3.46(3H,s)	55.6

注：^{1}H NMR（400MHz, pyridine-d_5）；^{13}C NMR（100MHz, pyridine-d_5）。

021 拟人参皂苷 C

Pseudoginsenoside C

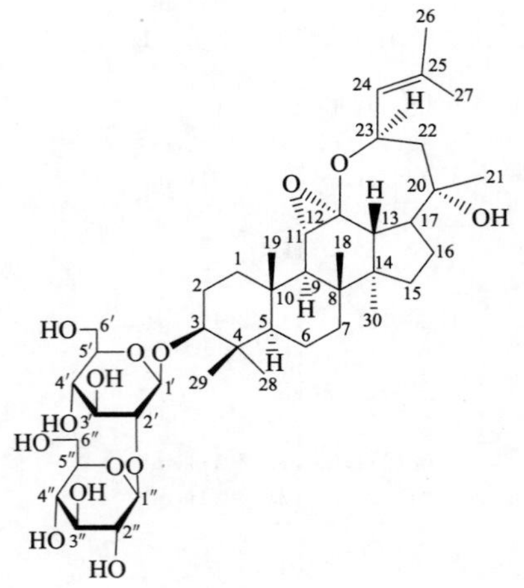

【中文名】 拟人参皂苷 C；3-O-[β-吡喃葡萄糖基-(1-2)-β-吡喃葡萄糖基]-达玛-24-烯-11α(12),12(23R)-二环氧-3β,20S-二醇

【英文名】 Pseudoginsenoside C；3-O-[β-Glucopyranosyl-(1-2)-β-glucopyranosyl]-dammar-24-ene-11α(12),12(23R)-diepoxy-3β,20S-diol

【分子式】 $C_{42}H_{68}O_{14}$

【分子量】 796.5

【参考文献】 Hanh T T H，Cham P T，Anh D H，et al. Dammarane-type triterpenoid saponins from the flower buds of *Panax pseudoginseng* with cytotoxic activity [J]. Natural Product Research，2022，36 (17)：4349-4357.

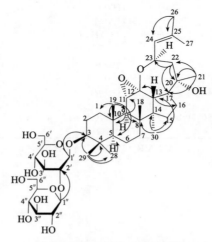

拟人参皂苷 C 主要 HMBC 相关

Key HMBC correlations of pseudoginsenoside C

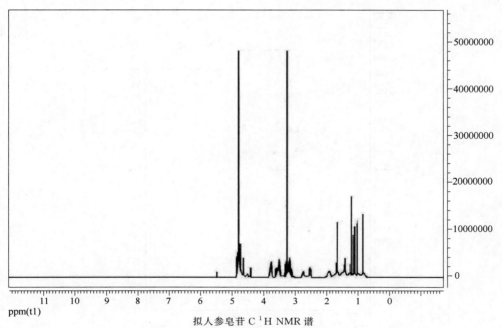

拟人参皂苷 C ^{1}H NMR 谱

^{1}H NMR of pseudoginsenoside C

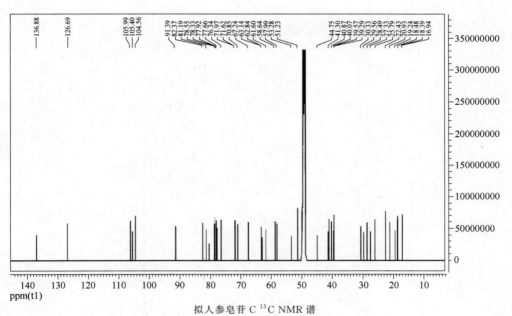

拟人参皂苷 C ^{13}C NMR 谱

^{13}C NMR of pseudoginsenoside C

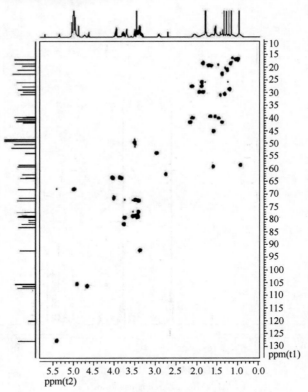

拟人参皂苷 C HMQC 谱

HMQC of pseudoginsenoside C

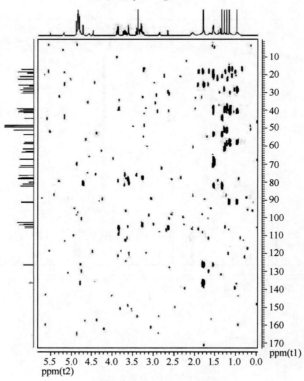

拟人参皂苷 C HMBC 谱

HMBC of pseudoginsenoside C

拟人参皂苷 C 的 ^{1}H NMR 和 ^{13}C NMR 数据及 HMBC 的主要相关信息

^{1}H NMR and ^{13}C NMR data and HMBC correlations of pseudoginsenoside C

序号	^{1}H NMR(δ)	^{13}C NMR(δ)	HMBC
1	1.27(1H,m),2.02(1H,m)	41.3	
2	1.75(1H,m),2.00(1H,m)	27.3	
3	3.20(1H,m)	91.4	
4		40.9	
5	0.84(1H,m)	58.0	
6	1.55(2H,m)	19.2	
7	1.42(1H,m),1.58(1H,m)	39.3	
8		40.0	
9	1.48(1H,m)	58.6	C-8,10,11
10		39.0	
11	3.83(1H,t,J=7.5Hz)	70.9	
12		106.0	
13	2.59(1H,d,J=9.5Hz)	61.6	C-12,16
14		51.2	
15	1.36(1H,m),1.98(1H,m)	39.6	
16	1.72(1H,m),1.80(1H,m)	29.6	
17	2.81(1H,m)	53.3	
18	1.15(3H,s)	20.9	
19	1.07(3H,s)	18.5	C-1,5,9,10
20		82.4	
21	1.27(3H,s)	22.4	C-17,20,22
22	1.48(2H,m)	44.8	C-17,20,23
23	4.76(1H,m)	67.4	
24	5.17(1H,td,J=1.5,8.0Hz)	126.7	
25		136.9	
26	1.72(3H,s)	18.4	C-24,25
27	1.75(3H,s)	25.8	
28	1.10(3H,s)	28.5	
29	0.90(3H,s)	16.9	C-3,4,5,28
30	1.21(3H,s)	30.3	C-8,13,14,15
3-glc-1′	4.45(1H,d,J=7.5Hz)	105.4	C-3
2′	3.58(1H,m)	81.2	
3′	3.23(1H,m)	77.7	
4′	3.23(1H,m)	72.0	
5′	3.38(1H,m)	77.9	
6′	3.66(1H,m),3.86(1H,m)	62.8	
2′-glc-1″	4.69(1H,d,J=8.0Hz)	104.6	C-2′
2″	3.23(1H,m)	76.3	
3″	3.23(1H,m)	77.9	
4″	3.30(1H,m)	71.6	
5″	3.58(1H,m)	78.3	
6″	3.66(1H,m),3.86(1H,m)	63.1	

注：^{1}H NMR (500MHz, methanol-d_4)；^{13}C NMR (125MHz, methanol-d_4)。

022 7β-羟基-人参皂苷 Rd
7β-Hydroxy-ginsenoside Rd

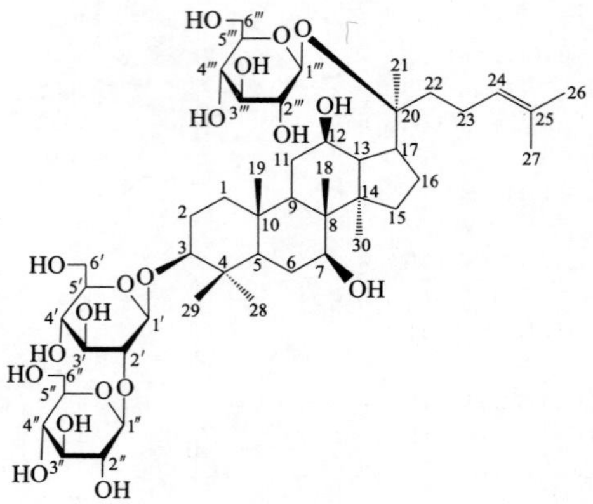

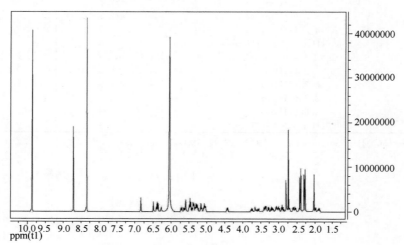

【中文名】　7β-羟基-人参皂苷 Rd；3-O-[β-D-吡喃葡萄糖基-(1-2)-β-D-吡喃葡萄糖基]-20-O-β-D-吡喃葡萄糖基-达玛-24-烯-3β,7β,12β,20S-四醇

【英文名】　7β-Hydroxy-ginsenoside Rd；3-O-[β-D-Glucopyranosyl-(1-2)-β-D-gluco-pyranosyl]-20-O-β-D-glucopyranosyl-dammar-24-ene-3β,7β,12β,20S-tetraol

【分子式】　$C_{48}H_{82}O_{19}$

【分子量】　962.5

【参考文献】　李莎莎. 人参花蕾中化学成分及其稀有皂苷分离工艺的研究 [D]. 大连：大连大学，2017，24-26.

7β-羟基-人参皂苷 Rd ^{1}H NMR 谱

^{1}H NMR of 7β-hydroxy-ginsenoside Rd

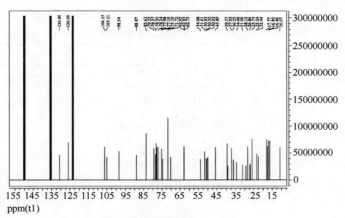

7β-羟基-人参皂苷 Rd ^{13}C NMR 谱

^{13}C NMR of 7β-hydroxy-ginsenoside Rd

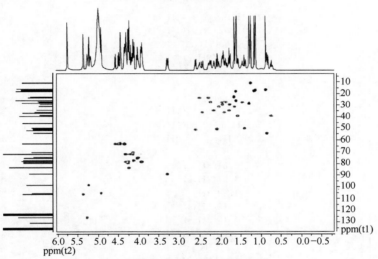

7β-羟基-人参皂苷 Rd HMQC 谱

HMQC of 7β-hydroxy-ginsenoside Rd

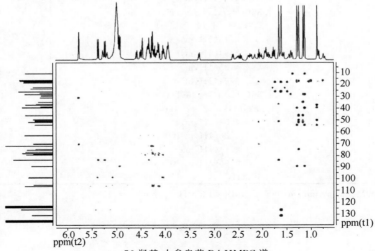

7β-羟基-人参皂苷 Rd HMBC 谱

HMBC of 7β-hydroxy-ginsenoside Rd

7β-羟基-人参皂苷 Rd 的^{1}H NMR 和^{13}C NMR 数据

^{1}H NMR and ^{13}C NMR data of 7β-hydroxy-ginsenoside Rd

序号	^{1}H NMR(δ)	^{13}C NMR(δ)
1	0.74(1H,m),1.56(1H,m)	39.2
2	1.84(1H,m),2.23(1H,m)	26.9
3	3.30(1H,dd,$J=12.0,4.5$Hz)	88.9
4		39.6
5	0.84(1H,d,$J=12.5$Hz)	54.1
6	1.75(1H,m),1.93(1H,m)	29.2
7	4.02(1H,m)	74.6
8		45.9
9	1.39(1H,m)	50.0
10		37.0
11	1.65(1H,m),2.03(1H,m)	31.0
12	4.15(1H,m)	70.2
13	2.07(1H,m)	50.5
14		51.6
15	1.77(1H,m),2.15(1H,m)	34.5
16	1.46(1H,m),1.94(1H,m)	27.2
17	2.60(1H,m)	50.9
18	1.26(3H,s)	10.7
19	0.88(3H,s)	16.5
20		83.6
21	1.66(3H,s)	22.4
22	1.90(1H,m),2.45(1H,m)	36.3
23	2.28(1H,m),2.52(1H,m)	23.2
24	5.27(1H,t,$J=7.0$Hz)	126.0
25		130.9
26	1.61(3H,s)	25.8
27	1.61(3H,s)	17.8
28	1.29(3H,s)	28.1
29	1.13(3H,s)	16.8
30	1.17(3H,s)	17.4
3-glc-1'	4.93(1H,d,$J=7.5$Hz)	105.1
2'	4.24(1H,m)	83.6
3'	4.25(1H,m)	78.0
4'	4.14(1H,m)	71.7
5'	4.32(1H,m)	78.3
6'	4.36(1H,m),4.58(1H,m)	62.9
2'-glc-1″	5.37(1H,d,$J=7.5$Hz)	106.2
2″	4.13(1H,m)	77.2
3″	3.94(1H,m)	78.2
4″	4.33(1H,m)	71.7
5″	3.94(1H,m)	78.1
6″	4.36(1H,m),4.46(1H,m)	62.9
20-glc-1‴	5.23(1H,d,$J=7.5$Hz)	98.3
2‴	4.04(1H,m)	75.2
3‴	4.26(1H,m)	79.3
4‴	4.14(1H,m)	71.7
5‴	3.95(1H,m)	78.3
6‴	4.36(1H,m),4.46(1H,m)	62.7

注：^{1}H NMR（500MHz, pyridine-d_5）；^{13}C NMR（125MHz, pyridine-d_5）。

023 C12-差向异构-人参皂苷 Rd

C12-Epimer-ginsenoside Rd

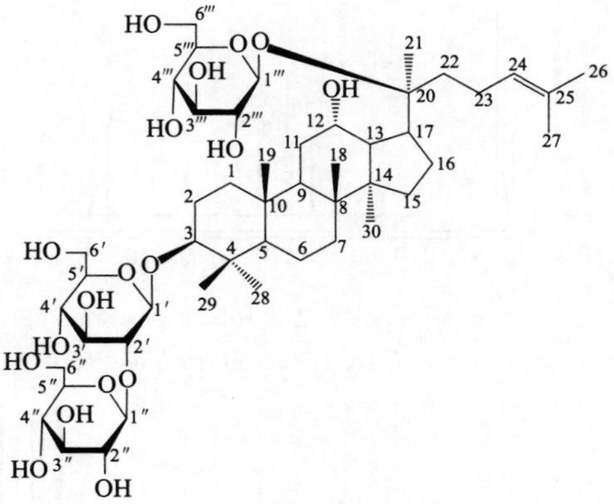

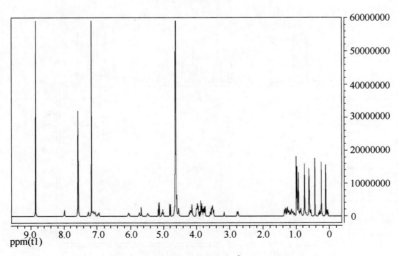

【中文名】　C12-差向异构-人参皂苷 Rd；3-*O*-[*β*-D-吡喃葡萄糖基-(1-2)-*β*-D-吡喃葡萄糖基]-20-*O*-*β*-D-吡喃葡萄糖基-达玛-24-烯-3*β*,12*α*,20S-三醇

【英文名】　C12-Epimer-ginsenoside Rd；3-*O*-[*β*-D-Glucopyranosyl-(1-2)-*β*-D-glucopyranosyl]-20-*O*-*β*-D-glucopyranosyl-dammar-24-ene-3*β*,12*α*,20S-triol

【分子式】　$C_{48}H_{82}O_{18}$

【分子量】　946.6

【参考文献】　李莎莎. 人参花蕾中化学成分及其稀有皂苷分离工艺的研究［D］. 大连：大连大学，2017，33-34.

C12-差向异构-人参皂苷 Rd ^{1}H NMR 谱

^{1}H NMR of C12-epimer-ginsenoside Rd

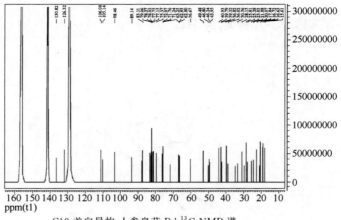

C12-差向异构-人参皂苷 Rd ^{13}C NMR 谱

^{13}C NMR of C12-epimer-ginsenoside Rd

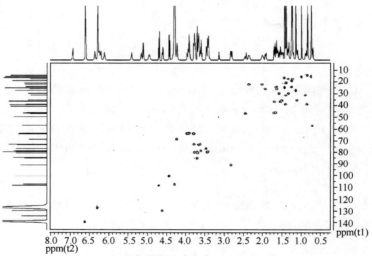

C12-差向异构-人参皂苷 Rd HMQC 谱

HMQC of C12-epimer-ginsenoside Rd

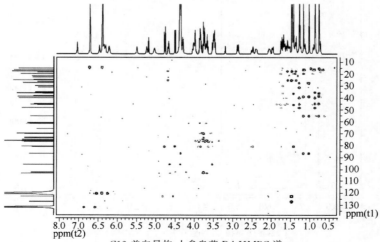

C12-差向异构-人参皂苷 Rd HMBC 谱

HMBC of C12-epimer-ginsenoside Rd

C12-差向异构-人参皂苷 Rd 的^{1}H NMR 和^{13}C NMR 数据

^{1}H NMR and ^{13}C NMR data of C12-epimer-ginsenoside Rd

序号	^{1}H NMR(δ)	^{13}C NMR(δ)
1	0.99(1H,m),1.64(1H,m)	39.3
2	1.89(1H,m),2.23(1H,m)	26.8
3	3.25(1H,dd,J=12.0,4.5Hz)	89.1
4		39.8
5	0.82(1H,d,J=11.0Hz)	56.7
6	1.41(1H,m),1.55(1H,m)	18.6
7	1.28(1H,m),1.73(1H,m)	36.0
8		40.9
9	1.92(1H,m)	46.0
10		36.8
11	1.54(1H,m),1.80(1H,m)	30.6
12	4.86(1H,m)	67.7
13	1.97(1H,m)	46.2
14		49.5
15	1.02(1H,m),1.61(1H,m)	32.0
16	1.44(1H,m),1.89(1H,m)	25.3
17	2.82(1H,m)	46.8
18	0.98(3H,s)	15.6
19	0.87(3H,s)	16.6
20		83.1
21	1.61(3H,s)	21.9
22	1.79(1H,m),1.95(1H,m)	37.2
23	2.32(1H,m),2.72(1H,m)	23.0
24	5.29(1H,t,J=7.0Hz)	126.3
25		130.8
26	1.66(3H,s)	25.8
27	1.70(3H,s)	17.8
28	1.32(3H,s)	28.2
29	1.16(3H,s)	16.7
30	1.44(3H,s)	20.1
3-glc-1′	4.92(1H,d,J=7.5Hz)	105.1
2′	4.26(1H,m)	83.5
3′	4.27(1H,m)	77.8
4′	4.16(1H,m)	71.7
5′	4.33(1H,m)	78.4
6′	4.35(1H,m),4.51(1H,m)	63.3
2′-glc-1″	5.40(1H,d,J=7.5Hz)	106.1
2″	4.15(1H,m)	77.2
3″	3.94(1H,m)	78.3
4″	4.35(1H,m)	71.7
5″	3.94(1H,m)	78.0
6″	4.35(1H,m),4.51(1H,m)	63.0
20-glc-1‴	5.10(1H,d,J=7.5Hz)	98.5
2‴	3.99(1H,m)	75.4
3‴	4.24(1H,m)	79.1
4‴	4.18(1H,m)	72.1
5‴	4.33(1H,m)	78.4
6‴	4.35(1H,m),4.51(1H,m)	62.8

注：^{1}H NMR（500MHz, pyridine-d_5）；^{13}C NMR（125MHz, pyridine-d_5）。

024 拟人参皂苷 A
Pseudoginsenoside A

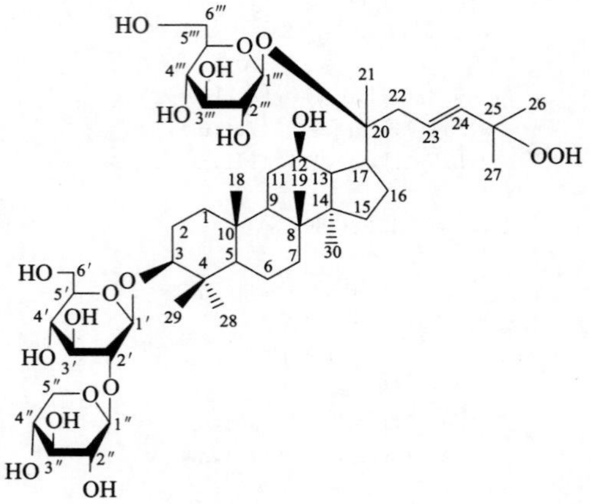

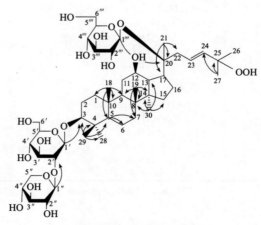

【中文名】 拟人参皂苷 A；3-*O*-[β-D-吡喃木糖基-(1-2)-β-D-吡喃葡萄糖基]-20-*O*-β-D-吡喃葡萄糖基-达玛-23-烯-25-过氧羟基-3β,12β,20S-三醇

【英文名】 Pseudoginsenoside A；3-*O*-[β-D-Xylopyranosyl-(1-2)-β-D-glucopyranosyl]-20-*O*-β-D-glucopyranosyl-dammar-23-ene-25-hydroperoxyl-3β,12β,20S-triol

【分子式】 $C_{47}H_{80}O_{19}$

【分子量】 948.5

【参考文献】 Hanh T T H，Cham P T，Anh D H，et al. Dammarane-type triterpenoid saponins from the flower buds of *Panax pseudoginseng* with cytotoxic activity [J]. Natural Product Research，2022，36 (17)：4349-4357.

拟人参皂苷 A 主要 HMBC 相关
Key HMBC correlations of pseudoginsenoside A

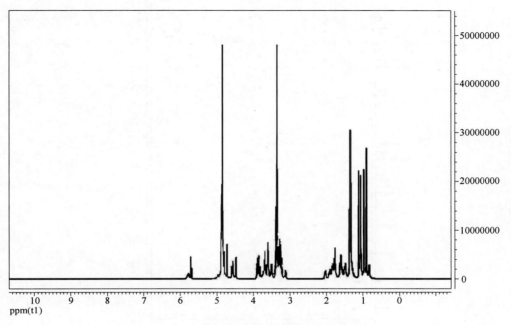

拟人参皂苷 A ^{1}H NMR 谱

^{1}H NMR of pseudoginsenoside A

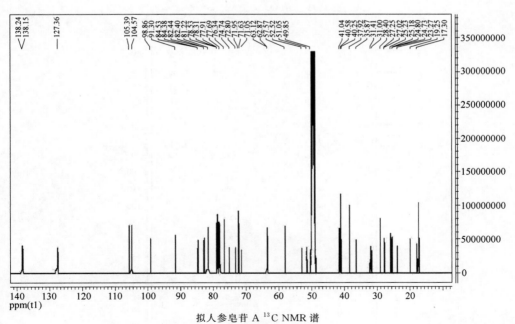

拟人参皂苷 A ^{13}C NMR 谱

^{13}C NMR of pseudoginsenoside A

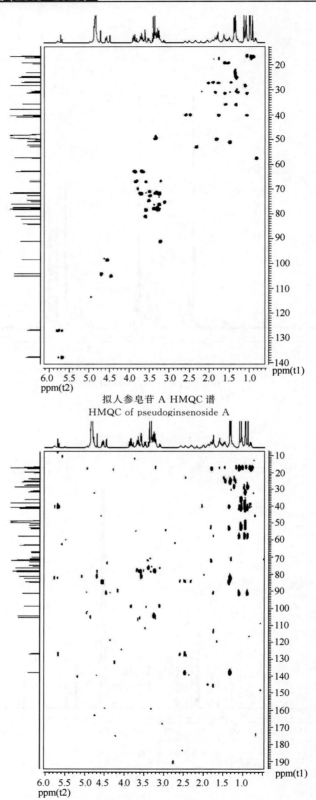

拟人参皂苷 A HMQC 谱
HMQC of pseudoginsenoside A

拟人参皂苷 A HMBC 谱
HMBC of pseudoginsenoside A

拟人参皂苷 A 的 ¹H NMR 和 ¹³C NMR 数据及 HMBC 的主要相关信息

¹H NMR and ¹³C NMR data and HMBC correlations of pseudoginsenoside A

序号	¹H NMR(δ)	¹³C NMR(δ)	HMBC
1	1.03(1H,m),1.75(1H,m)	40.3	
2	1.42(1H,m),1.88(1H,m)	27.0	
3	3.20(1H,m)	91.3	
4		40.6	
5	0.80(1H,d,$J=11.0$Hz)	57.6	C-6,7
6	1.50(1H,m),1.58(1H,m)	19.3	
7	1.30(1H,m),1.58(1H,m)	35.9	
8		41.0	
9	1.47(1H,m)	51.1	
10		37.9	
11	1.30(1H,m),1.82(1H,m)	31.0	
12	3.70(1H,m)	71.6	
13	1.80(1H,m)	49.9	
14		52.5	
15	1.03(1H,m),1.60(1H,m)	31.4	
16	1.76(1H,m),2.00(1H,m)	27.3	
17	2.30(1H,m)	53.0	
18	1.05(3H,s)	16.4	C-1,5,9,10
19	0.95(3H,s)	16.7	C-7,8,9,14
20		84.4	
21	1.35(3H,s)	23.3	C-17,20,22
22	2.47(1H,m),2.58(1H,m)	40.3	
23	5.77(1H,m)	127.4	
24	5.69(1H,d,$J=17.0$Hz)	138.2	
25		82.4	
26	1.32(3H,s)	25.2	
27	1.32(3H,s)	25.2	C-24,25
28	1.09(3H,s)	28.4	
29	0.88(3H,s)	16.7	C-3,4,5,28
30	0.94(3H,s)	17.2	C-8,13,14,15
3-glc-1′	4.45(1H,d,$J=7.5$Hz)	105.4	C-3
2′	3.58(1H,m)	81.2	
3′	3.30(1H,m)	78.3	
4′	3.30(1H,m)	71.1	
5′	3.58(1H,m)	78.5	
6′	3.67(1H,m),3.85(1H,m)	63.1	
2′-xyl-1″	4.69(1H,d,$J=8.0$Hz)	104.6	C-2′
2″	3.23(1H,m)	76.3	
3″	3.58(1H,m)	78.5	
4″	3.45(1H,m)	72.8	
5″	3.58(1H,m),3.83(1H,m)	67.2	
20-glc-1‴	4.54(1H,d,$J=8.0$Hz)	98.9	C-20
2‴	3.10(1H,m)	75.2	
3‴	3.30(1H,m)	77.9	
4‴	3.24(1H,m)	71.9	
5‴	3.30(1H,m)	77.7	
6‴	3.67(1H,m),3.85(1H,m)	62.9	

注：¹H NMR (500MHz, methanol-d_4)；¹³C NMR (125MHz, methanol-d_4)。

025 人参皂苷 Rh₂₃
Ginsenoside Rh₂₃

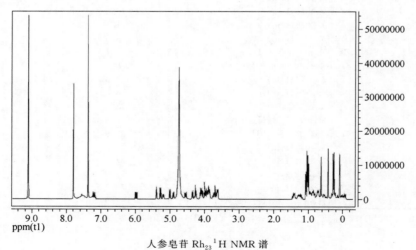

【中文名】　　人参皂苷 Rh₂₃；3-O-[β-D-吡喃葡萄糖基-(1-2)6-O-(E)-2-丁烯酰基-β-D-吡喃葡萄糖基]-20-O-β-D-吡喃葡萄糖基-达玛-24-烯-3β,12β,20S-三醇

【英文名】　　Ginsenoside Rh₂₃；3-O-[β-D-Glucopyranosyl-(1-2)-6-O-(E)-2-butenyl-β-D-glucopyranosyl]-20-O-β-D-glucopyranosyl-dammar-24-ene-3β,12β,20S-triol

【分子式】　　$C_{52}H_{86}O_{19}$

【分子量】　　1014.6

【参考文献】　　李莎莎. 人参花蕾中化学成分及其稀有皂苷分离工艺的研究 [D]. 大连：大连大学，2017，28-30.

人参皂苷 Rh₂₃ ¹H NMR 谱

¹H NMR of ginsenoside Rh₂₃

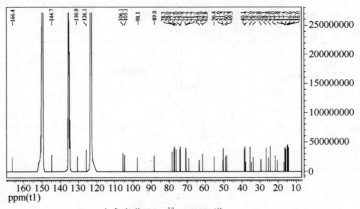

人参皂苷 Rh$_{23}$ ^{13}C NMR 谱

^{13}C NMR of ginsenoside Rh$_{23}$

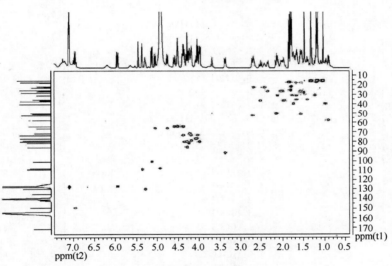

人参皂苷 Rh$_{23}$ HMQC 谱

HMQC of ginsenoside Rh$_{23}$

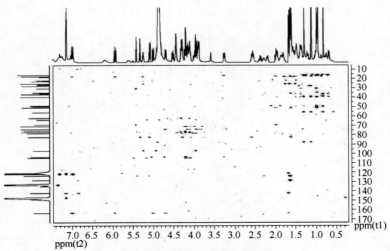

人参皂苷 Rh$_{23}$ HMBC 谱

HMBC of ginsenoside Rh$_{23}$

人参皂苷 Rh$_{23}$ 的^{1}H NMR 和^{13}C NMR 数据

^{1}H NMR and ^{13}C NMR data of ginsenoside Rh$_{23}$

序号	^{1}H NMR(δ)	^{13}C NMR(δ)
1	0.76(1H,m),1.58(1H,m)	39.2
2	1.87(1H,m),2.22(1H,m)	26.8
3	3.30(1H,dd,J=11.5,4.0Hz)	89.0
4		39.7
5	0.69(1H,d,J=11.5Hz)	56.4
6	1.40(1H,m),1.51(1H,m)	18.5
7	1.23(1H,m),1.49(1H,m)	35.2
8		40.1
9	1.40(1H,m)	50.2
10		36.9
11	1.03(1H,m),1.61(1H,m)	30.7
12	4.20(1H,m)	70.1
13	2.01(1H,m)	49.6
14		51.5
15	1.51(1H,m),1.98(1H,m)	31.0
16	1.39(1H,m),1.87(1H,m)	26.7
17	2.61(1H,m)	51.6
18	0.96(3H,s)	16.0
19	0.84(3H,s)	16.3
20		83.5
21	1.63(3H,s)	22.0
22	1.81(1H,m),2.41(1H,m)	36.1
23	2.31(1H,m),2.58(1H,m)	23.0
24	5.31(1H,t,J=7.5Hz)	126.1
25		130.9
26	1.65(3H,s)	25.8
27	1.68(3H,s)	17.8
28	1.31(3H,s)	28.1
29	1.14(3H,s)	16.6
30	1.00(3H,s)	17.5
3-glc-1'	4.9(1H,d,J=7.5Hz)	105.1
2'	4.25(1H,m)	83.6
3'	4.26(1H,m)	78.0
4'	4.16(1H,m)	71.7
5'	4.02(1H,m)	75.0
6'	4.75(1H,dd,J=11.5,7.0Hz),5.06(1H,dd,J=11.5,2.0Hz)	64.4
2'-glc-1''	5.38(1H,d,J=7.5Hz)	106.1
2''	4.14(1H,m)	77.2
3''	3.94(1H,m)	78.1
4''	3.99(1H,m)	71.7
5''	3.94(1H,m)	78.3
6''	4.58(1H,d,J=7.5Hz),4.36(1H,m)	62.9
20-glc-1'''	5.15(1H,d,J=7.5Hz)	98.1
2'''	4.02(1H,m)	75.0
3'''	4.21(1H,m)	79.2
4'''	4.35(1H,m)	71.7
5'''	4.33(1H,m)	78.4
6'''	4.43(1H,m),4.50(1H,m)	62.8
6'-butenoyl-1''''		166.4
2''''	6.01(1H,dd,J=15.5,1.5Hz)	123.2
3''''	7.06(1H,m)	144.8
4''''	1.68(3H,dd,J=7.0,1.5Hz)	17.7

注：^{1}H NMR （500MHz, pyridine-d_5）；^{13}C NMR （125MHz, pyridine-d_5）。

026 三七皂苷 NL-I
Notoginsenoside NL-I

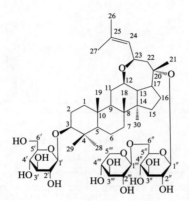

【中文名】 三七皂苷 NL-I；（20*S*,23*R*)-3-*O*-β-D-吡喃葡萄糖基-20-*O*-[β-D-吡喃木糖基-(1-6)-β-D-吡喃葡萄糖基]-达玛-12β,23-环氧-24-烯-3β,20-二醇

【英文名】 Notoginsenoside NL-I；（20*S*,23*R*)-3-*O*-β-D-Glucopyranosyl-20-*O*-[β-D-xylopyranosyl-(1-6)-β-D-glucopyranosyl]-dammar-12β,23-epoxy-24-ene-3β,20-diol

【分子式】 $C_{47}H_{78}O_{17}$

【分子量】 914.5

【参考文献】 Ruan J，Zhang Y，Zhao W，et al. New 12,23-epoxydammarane type saponins obtained from *Panax notoginseng* leaves and their anti-inflammatory activity [J]. Molecules，2020，25（17）：3784.

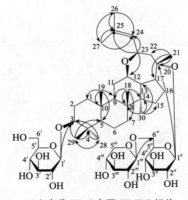

三七皂苷 NL-I 主要 HMBC 相关

Key HMBC correlations of notoginsenoside NL-I

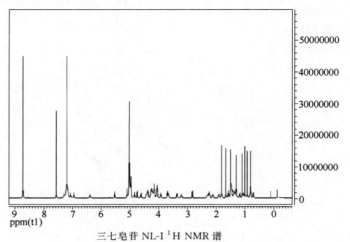

三七皂苷 NL-I ^{1}H NMR 谱

^{1}H NMR of notoginsenoside NL-I

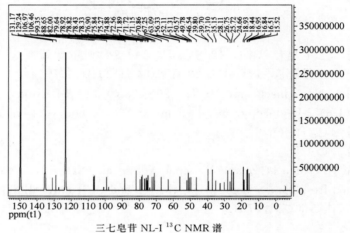

三七皂苷 NL-I ^{13}C NMR 谱

^{13}C NMR of notoginsenoside NL-I

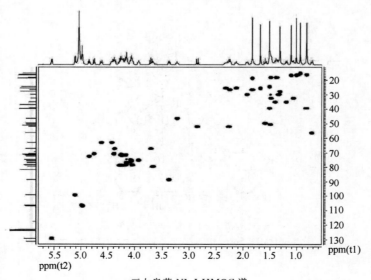

三七皂苷 NL-I HMQC 谱

HMQC of notoginsenoside NL-I

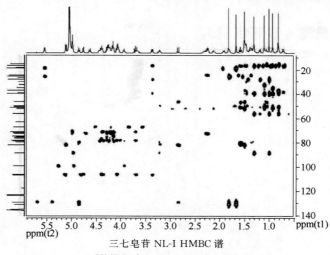

三七皂苷 NL-I HMBC 谱

HMBC of notoginsenoside NL-I

三七皂苷 NL-I 的 ^{1}H NMR 和 ^{13}C NMR 数据及 HMBC 的主要相关信息

^{1}H NMR and ^{13}C NMR data and HMBC correlations of notoginsenoside NL-I

序号	^{1}H NMR(δ)	^{13}C NMR(δ)	HMBC
1	0.82(1H,m),1.50(1H,m)	39.4	
2	1.83(1H,m),2.25(1H,m)	26.8	
3	3.37(1H,dd,J=4.5,11.5Hz)	88.7	
4		39.7	
5	0.72(1H,brd,ca.J=12Hz)	56.3	
6	1.35(1H,m),1.49(1H,m)	18.4	
7	1.19(1H,m),1.39(1H,m)	35.2	
8		39.8	
9	1.49(1H,m)	50.6	
10		37.1	
11	1.35(1H,m),1.93(1H,m)	30.1	
12	3.67(1H,m)	79.6	
13	1.59(1H,dd,J=11.0,11.0Hz)	49.8	
14		51.3	
15	1.06(1H,m),1.48(1H,m)	32.6	
16	2.13(1H,m),2.32(1H,m)	25.6	
17	3.22(1H,dt,J=4.0,11.0 Hz)	46.5	
18	0.94(3H,s)	15.5	C-7,8,9,14
19	0.82(3H,s)	16.5	C-1,5,9,10
20		82.0	
21	1.51(3H,s)	24.7	
22	2.26(1H,dd,J=10.0Hz),1.78(1H,dd,J=16.0Hz)	52.1	C-17,20,22
23	4.86(1H,dd,J=8.0,10.0Hz)	72.6	C-12,24,25
24	5.55(1H,d,J=8.0Hz)	129.2	
25		131.2	
26	1.68(3H,s)	25.7	C-24,25,27
27	1.83(3H,s)	18.9	C-24,25,26
28	1.31(3H,s)	28.1	C-3,4,5
29	1.01(3H,s)	16.8	C-3,4,5,28
30	1.11(3H,s)	17.0	C-8,13,14,15
3-glc-1′	4.97(1H,d,J=8.0Hz)	107.0	C-3
2′	4.06(1H,dd,J=7.5,8.0Hz)	75.8	
3′	4.28(1H,dd,J=7.5,9.0Hz)	78.9	
4′	4.25(1H,m)	71.9	
5′	4.05(1H,m)	78.4	
6′	4.43(1H,m),4.63(1H,brd,ca.J=12.0Hz)	63.1	
20-glc-1″	5.12(1H,d,J=8.0Hz)	99.4	C-20
2″	3.94(1H,dd,J=8.0,8.0Hz)	75.3	
3″	3.90(1H,dd,J=8.0,9.0Hz)	78.8	
4″	4.17(1H,J=9.0,9.0Hz)	71.7	
5″	4.15(1H,m)	76.9	
6″	4.77(2H,brd,ca.J=11.0Hz)	70.9	
6″-xyl(p)-1‴	4.99(1H,d,J=7.5Hz)	106.5	C-6″
2‴	4.09(1H,dd,J=7.5,8.5Hz)	74.9	
3‴	4.16(1H,dd,J=8.5,9.0Hz)	78.3	
4‴	4.26(1H,m)	71.2	
5‴	3.71(1H,dd,J=11.0,11.0Hz),4.38(1H,dd,J=5.0,11.0Hz)	67.3	

注：^{1}H NMR（500MHz，pyridine-d_5）；^{13}C NMR（125MHz，pyridine-d_5）。

027 丙二酸单酰基人参皂苷 Rd₁

Malonylginsenoside Rd₁

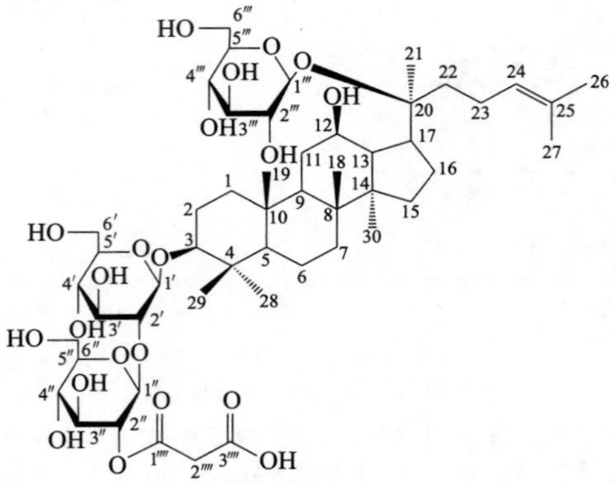

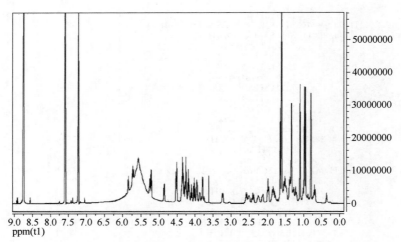

【中文名】　丙二酸单酰基人参皂苷 Rd₁；3-O-[(2-O-丙二酸单酰基)-β-D-吡喃葡萄糖基-(1-2)-β-D-吡喃葡萄糖基]-20-O-β-D-吡喃葡萄糖基-达玛-24-烯-3β，12β，20S-三醇

【英文名】　Malonylginsenoside Rd₁；3-O-[(2-O-Malonyl)-β-D-glucopyranosyl-(1-2)-β-D-glucopyranosyl]-20-O-β-D-glucopyranosyl-dammar-24-ene-3β,12β,20S-triol

【分子式】　$C_{51}H_{84}O_{21}$

【分子量】　1032.6

【参考文献】　Qiu S，Yang W Z，Yao C L，et al. Malonylginsenosides with potential antidiabetic activities from the flower buds of *Panax ginseng* [J]. Journal of Natural Products，2017，80：899-908.

丙二酸单酰基人参皂苷 Rd₁ ¹H NMR 谱

¹H NMR of malonylginsenoside Rd₁

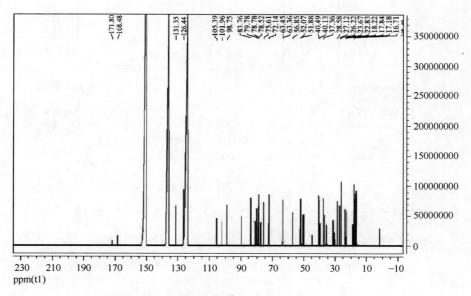

丙二酸单酰基人参皂苷 Rd₁ ¹³C NMR 谱
¹³C NMR of Malonylginsenoside Rd₁

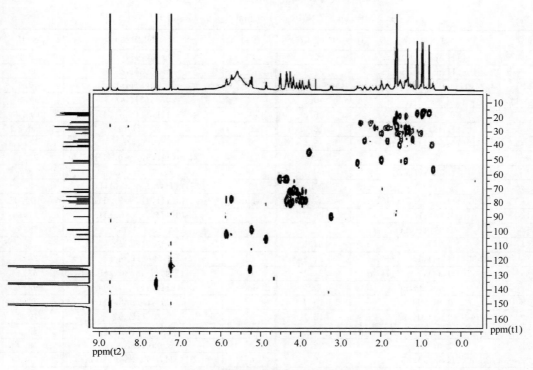

丙二酸单酰基人参皂苷 Rd₁ HMQC 谱
HMQC of Malonylginsenoside Rd₁

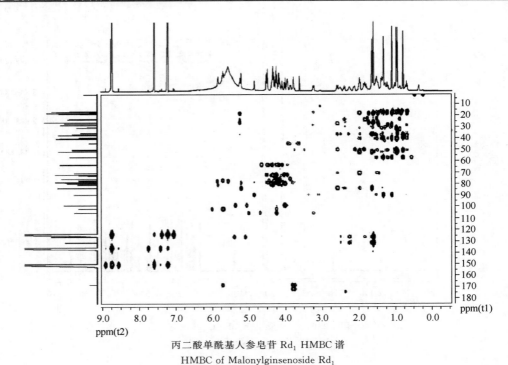

丙二酸单酰基人参皂苷 Rd$_1$ HMBC 谱

HMBC of Malonylginsenoside Rd$_1$

丙二酸单酰基人参皂苷 Rd$_1$ 的 ^{1}H NMR 和 ^{13}C NMR 数据

^{1}H NMR and ^{13}C NMR data of Malonylginsenoside Rd$_1$

序号	^{1}H NMR(δ)	^{13}C NMR(δ)	序号	^{1}H NMR(δ)	^{13}C NMR(δ)
1	1.53(1H,m),0.73(1H,m)	39.6	27	1.60(3H,s)	18.2
2	2.15(1H,m),1.85(1H,m)	27.1	28	1.33(3H,s)	28.6
3	3.24(1H,dd,J=11.5,4.4Hz)	89.6	29	1.10(3H,s)	17.2
4		40.5	30	0.94(3H,s)	17.8
5	0.69(1H,m)	56.8	3-glc-1′	4.85(1H,d,J=7.5Hz)	105.4
6	1.52(1H,m),1.36(1H,m)	18.9	2′	4.26(1H,m)	80.8
7	1.49(1H,m),1.21(1H,m)	35.6	3′	4.35(1H,m)	78.5
8		40.1	4′	4.10(1H,d,J=9.4Hz)	72.1
9	1.38(1H,m)	50.6	5′	3.88(1H,m)	78.5
10		37.4	6′	4.51(1H,m),4.37(1H,m)	63.5
11	1.97(1H,m),1.55(1H,m)	31.4	2′-glc-1″	5.83(1H,d,J=7.9Hz)	102.0
12	4.18(1H,m)	70.6	2″	5.73(1H,t,J=8.8Hz)	77.5
13	1.99(1H,m)	50.0	3″	4.33(1H,m)	76.9
14		51.9	4″	4.26(1H,m)	72.6
15	1.55(1H,m),1.00(1H,m)	31.2	5″	3.95(1H,m)	78.7
16	1.87(1H,m),1.37(1H,m)	27.1	6″	4.51(1H,m),4.36(1H,m)	63.4
17	2.59(1H,m)	51.9	20-glc-1‴	5.21(1H,d,J=7.7Hz)	98.7
18	0.97(3H,s)	16.4	2‴	4.03(1H,t,J=8.2Hz)	75.6
19	0.79(3H,s)	16.7	3‴	4.27(1H,m)	79.8
20		83.8	4‴	4.09(1H,m)	72.1
21	1.64(3H,s)	22.8	5‴	3.95(1H,m)	78.9
22	2.40(1H,m),1.83(1H,m)	36.6	6‴	4.51(1H,m),4.36(1H,m)	63.3
23	2.50(1H,m),2.25(1H,m)	23.7	2″-mal-1⁗		168.5
24	5.25(1H,t,J=7.0Hz)	126.4	2⁗	3.79(2H,dd,J=21.4,15.2Hz)	44.7
25		131.3	3⁗		171.8
26	1.60(3H,s)	26.2			

注：^{1}H NMR（500MHz，pyridine-d_5）；^{13}C NMR（125MHz，pyridine-d_5）。

028 丙二酸单酰基人参皂苷 Rd₂

Malonylginsenoside Rd₂

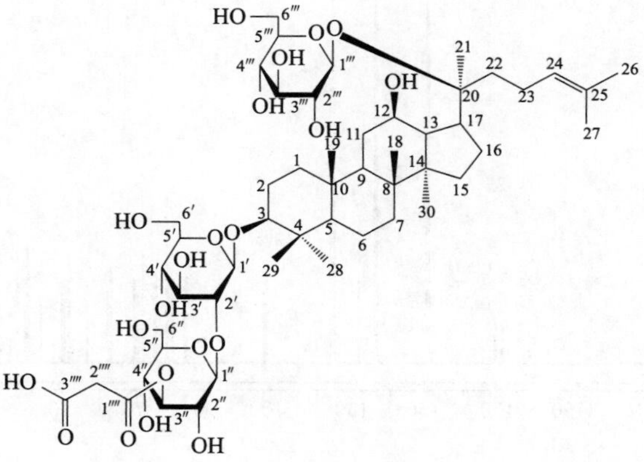

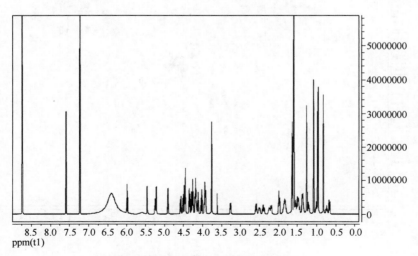

【中文名】 丙二酸单酰基人参皂苷 Rd₂；3-O-[(3-O-丙二酸单酰基)-β-D-吡喃葡萄糖基-(1-2)-β-D-吡喃葡萄糖基]-20-O-β-D-吡喃葡萄糖基-达玛-24-烯-3β,12β,20S-三醇

【英文名】 Malonylginsenoside Rd₂；3-O-[(3-O-Malonyl)-β-D-glucopyranosyl-(1-2)-β-D-glucopyranosyl]-20-O-β-D-glucopyranosyl-dammar-24-ene-3β,12β,20S-triol

【分子式】 $C_{51}H_{84}O_{21}$

【分子量】 1032.6

【参考文献】 Qiu S, Yang W Z, Yao C L, et al. Malonylginsenosides with potential antidiabetic activities from the flower buds of *Panax ginseng* [J]. Journal of Natural Products, 2017, 80: 899-908.

丙二酸单酰基人参皂苷 Rd₂ ¹H NMR 谱

¹H NMR of Malonylginsenoside Rd₂

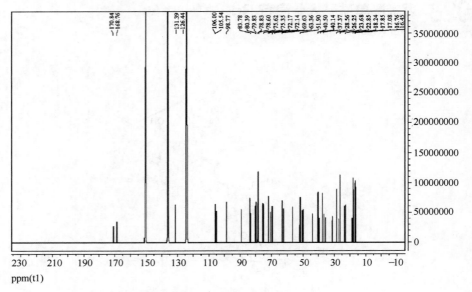

丙二酸单酰基人参皂苷 Rd$_2$ ^{13}C NMR 谱

^{13}C NMR of Malonylginsenoside Rd$_2$

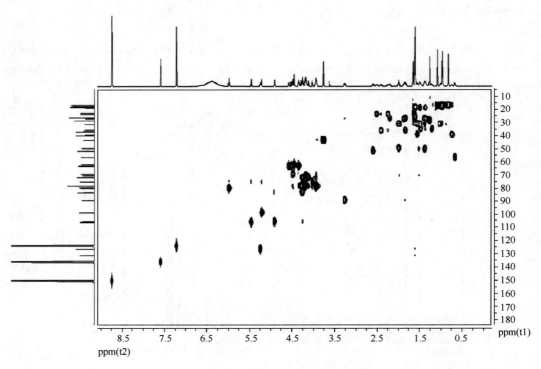

丙二酸单酰基人参皂苷 Rd$_2$ HMQC 谱

HMQC of Malonylginsenoside Rd$_2$

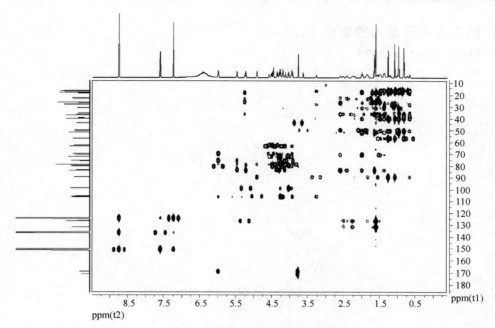

丙二酸单酰基人参皂苷 Rd₂ HMBC 谱

HMBC of Malonylginsenoside Rd₂

丙二酸单酰基人参皂苷 Rd₂ 的 ¹H NMR 和 ¹³C NMR 数据

¹H NMR and ¹³C data of Malonylginsenoside Rd₂

序号	¹H NMR(δ)	¹³C NMR(δ)	序号	¹H NMR(δ)	¹³C NMR(δ)
1	1.56(1H,m),0.73(1H,m)	39.5	27	1.60(3H,s)	18.1
2	2.20(1H,m),1.85(1H,m)	27.0	28	1.27(3H,s)	28.4
3	3.27(1H,dd,J=11.7,4.4Hz)	89.2	29	1.08(3H,s)	16.9
4		40.4	30	0.96(3H,s)	17.7
5	0.67(1H,m)	56.7	3-glc-1′	4.91(1H,d,J=7.4Hz)	105.4
6	1.48(1H,m),1.36(1H,m)	18.8	2′	4.26(1H,m)	83.6
7	1.47(1H,m),1.21(1H,m)	35.5	3′	4.29(1H,m)	78.5
8		40.0	4′	4.12(1H,t,J=9.3Hz)	72.0
9	1.38(1H,m)	50.5	5′	3.93(1H,m)	78.5
10		37.2	6′	4.57(1H,dd,J=11.7,2.2Hz), 4.35(1H,m)	63.2
11	1.97(1H,m),1.55(1H,m)	31.2	2′-glc-1″	5.46(1H,d,J=7.6Hz)	105.8
12	4.18(1H,m)	70.5	2″	4.20(1H,m)	75.2
13	1.99(1H,m)	49.8	3″	5.98(1H,t,J=9.5Hz)	80.2
14		51.8	4″	4.48(1H,m)	69.5
15	1.55(1H,m),1.00(1H,m)	31.1	5″	3.94(1H,m)	78.5
16	1.85(1H,m),1.37(1H,m)	27.1	6″	4.52(1H,dd,J=11.7,2.5Hz), 4.36(1H,d,J=4.5Hz)	63.2
17	2.59(1H,m)	51.9	20-glc-1‴	5.22(1H,d,J=7.7Hz)	98.6
18	0.97(3H,s)	16.3	2‴	4.03(1H,t,J=8.3Hz)	75.5
19	0.83(3H,s)	16.6	3‴	4.26(1H,m)	79.7
20		83.2	4‴	4.18(1H,m)	72.0
21	1.65(3H,s)	22.7	5‴	3.93(1H,m)	78.7
22	2.41(1H,m),1.83(1H,m)	36.5	6‴	4.48(1H,d,J=11.0Hz), 4.45(1H,m)	62.2
23	2.51(1H,m),2.25(1H,m)	23.5	3″-mal-1⁗		168.6
24	5.25(1H,t,J=7.2Hz)	126.3	2⁗	3.77(2H,d,J=15.7Hz)	43.4
25		131.2	3⁗		170.7
26	1.60(3H,s)	26.1			

注：¹H NMR（500MHz, pyridine-d_5）；¹³C NMR（125MHz, pyridine-d_5）。

029 丙二酸单酰基人参皂苷 Rd₃

Malonylginsenoside Rd₃

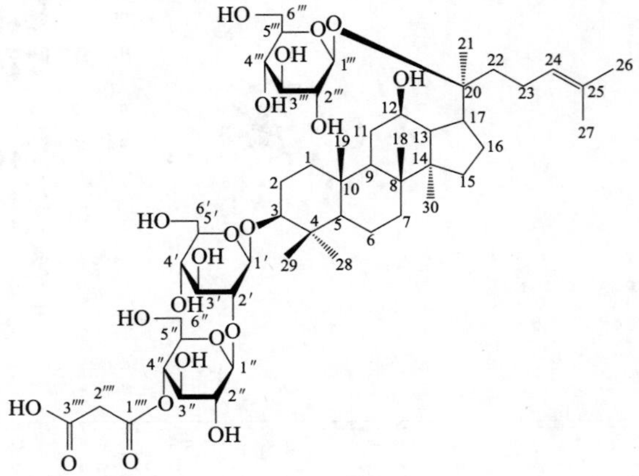

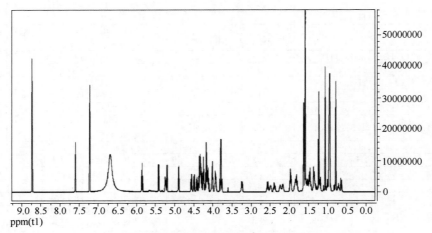

【中文名】 丙二酸单酰基人参皂苷 Rd₃；3-O-［（4-O-丙二酸单酰基）-β-D-吡喃葡萄糖基-（1-2）-β-D-吡喃葡萄糖基］-20-O-β-D-吡喃葡萄糖基-达玛-24-烯-3β,12β,20S-三醇

【英文名】 Malonylginsenoside Rd₃；3-O-［（4-O-Malonyl）-β-D-glucopyranosyl-（1-2）-β-D-glucopyranosyl］-20-O-β-D-glucopyranosyl-dammar-24-ene-3β,12β,20S-triol

【分子式】 $C_{51}H_{84}O_{21}$

【分子量】 1032.6

【参考文献】 Qiu S，Yang W Z，Yao C L，et al. Malonylginsenosides with potential antidiabetic activities from the flower buds of *Panax ginseng* ［J］. Journal of Natural Products，2017，80：899-908.

丙二酸单酰基人参皂苷 Rd₃ ¹H NMR 谱

¹H NMR of Malonylginsenoside Rd₃

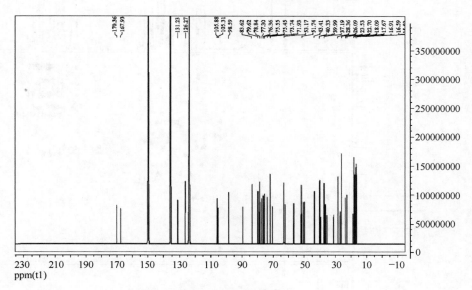

丙二酸单酰基人参皂苷 Rd$_3$ ^{13}C NMR 谱

^{13}C NMR of Malonylginsenoside Rd$_3$

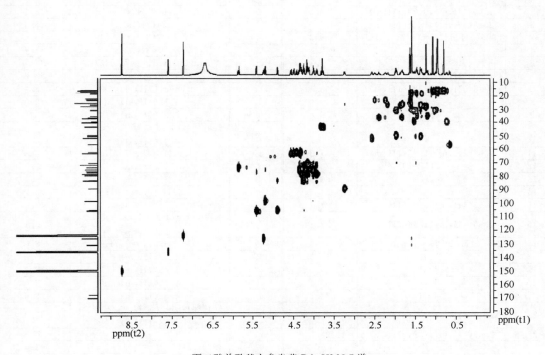

丙二酸单酰基人参皂苷 Rd$_3$ HMQC 谱

HMQC of Malonylginsenoside Rd$_3$

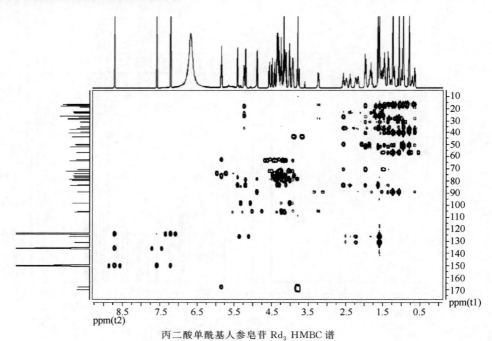

丙二酸单酰基人参皂苷 Rd₃ HMBC 谱

HMBC of Malonylginsenoside Rd₃

丙二酸单酰基人参皂苷 Rd₃ 的¹H NMR 和¹³C NMR 数据

¹H NMR and¹³C NMR data of malonylginsenoside Rd₃

序号	¹H NMR(δ)	¹³C NMR(δ)	序号	¹H NMR(δ)	¹³C NMR(δ)
1	1.54(1H,m),0.73(1H,m)	39.5	27	1.60(3H,s)	18.1
2	2.18(1H,m),1.85(1H,m)	27.0	28	1.24(3H,s)	28.4
3	3.25(1H,dd,J=11.7,4.5Hz)	89.3	29	1.07(3H,s)	16.9
4		40.3	30	0.95(3H,s)	17.7
5	0.66(1H,m)	56.7	3-glc-1′	4.90(1H,d,J=7.6Hz)	105.4
6	1.46(1H,m),1.34(1H,m)	18.7	2′	4.25(1H,m)	83.6
7	1.46(1H,m),1.21(1H,m)	35.4	3′	4.31(1H,m)	78.3
8		40.0	4′	4.12(1H,m)	72.0
9	1.37(1H,m)	50.5	5′	3.92(1H,m)	78.6
10		37.2	6′	4.57(1H,dd,J=11.8,2.2Hz), 4.34(1H,m)	63.1
11	1.96(1H,m),1.55(1H,m)	31.2	2′-glc-1″	5.42(1H,d,J=7.7Hz)	105.9
12	4.17(1H,m)	70.5	2″	4.17(1H,m)	77.3
13	1.98(1H,m)	50.0	3″	4.37(1H,m)	75.4
14		51.7	4″	5.86(1H,t,J=9.6Hz)	73.7
15	1.55(1H,m),0.99(1H,m)	31.1	5″	4.03(1H,m)	76.4
16	1.85(1H,m),1.36(1H,m)	27.1	6″	4.50(1H,dd,J=11.7,2.5Hz), 4.36(1H,m)	63.1
17	2.58(1H,dd,J=16.5,8.5Hz)	51.9	20-glc-1‴	5.21(1H,d,J=7.7Hz)	98.6
18	0.96(3H,s)	16.3	2‴	4.02(1H,m)	75.5
19	0.80(3H,s)	16.6	3‴	4.25(1H,m)	79.5
20		83.4	4‴	4.18(1H,m)	72.0
21	1.63(3H,s)	22.7	5‴	4.03(1H,m)	78.6
22	2.40(1H,m),1.83(1H,m)	36.4	6‴	4.42(1H,dd,J=11.7,2.5Hz), 4.33(1H,m)	62.3
23	2.50(1H,m),2.24(1H,m)	23.5	4″-mal-1⁗		167.9
24	5.25(1H,t,J=7.0Hz)	126.3	2⁗	3.79(2H,dd,J=22.1,15.4Hz)	43.4
25		131.2	3⁗		170.4
26	1.60(3H,s)	26.1			

注：¹H NMR （500MHz, pyridine-d_5）；¹³C NMR （125MHz, pyridine-d_5）。

030 丙二酸单酰基人参皂苷 Rd₄

Malonylginsenoside Rd₄

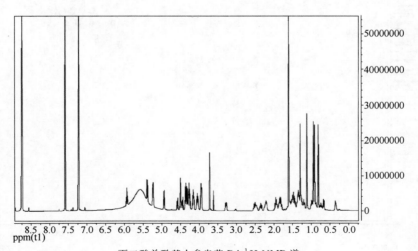

【中文名】　丙二酸单酰基人参皂苷 Rd₄；3-O-[β-D-吡喃葡萄糖基-(1-2)-β-D-吡喃葡萄糖基]-20-O-(3-O-丙二酸单酰基)-β-D-吡喃葡萄糖基-达玛-24-烯-3β,12β,20S-三醇

【英文名】　Malonylginsenoside Rd₄；3-O-[β-D-Glucopyranosyl-(1-2)-β-D-glucopyranosyl]-20-O-(3-O-malonyl)-β-D-glucopyranosyl-dammar-24-ene-3β,12β,20S-triol

【分子式】　$C_{51}H_{84}O_{21}$

【分子量】　1032.6

【参考文献】　Qiu S, Yang W Z, Yao C L, et al. Malonylginsenosides with potential antidiabetic activities from the flower buds of *Panax ginseng* [J]. Journal of Natural Products, 2017, 80：899-908.

丙二酸单酰基人参皂苷 Rd₄ ^{1}H NMR 谱

^{1}H NMR of Malonylginsenoside Rd₄

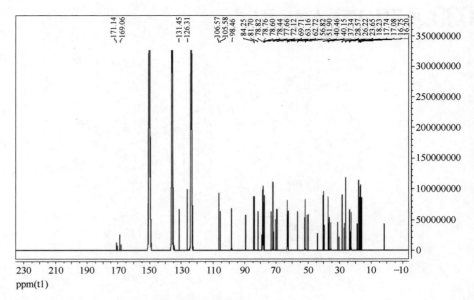

丙二酸单酰基人参皂苷 Rd$_4$ ^{13}C NMR 谱

^{13}C NMR of Malonylginsenoside Rd$_4$

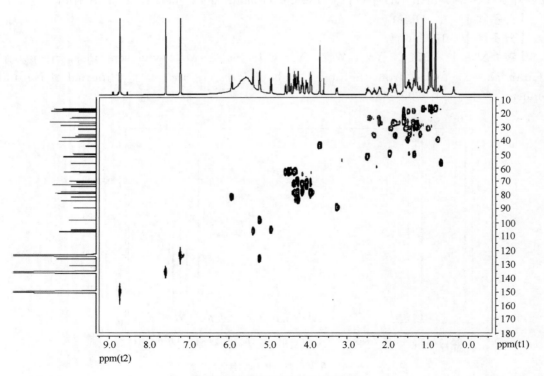

丙二酸单酰基人参皂苷 Rd$_4$ HMQC 谱

HMQC of Malonylginsenoside Rd$_4$

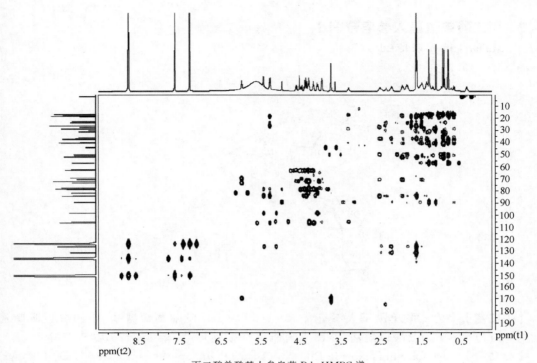

丙二酸单酰基人参皂苷 Rd₄ HMBC 谱

HMBC of Malonylginsenoside Rd₄

丙二酸单酰基人参皂苷 Rd₄ 的¹H NMR 和¹³C NMR 数据

¹H NMR and ¹³C NMR data of malonylginsenoside Rd₄

序号	¹H NMR(δ)	¹³C NMR(δ)	序号	¹H NMR(δ)	¹³C NMR(δ)
1	1.51(1H,m),0.76(1H,m)	39.6	27	1.61(3H,s)	18.2
2	2.23(1H,m),1.86(1H,m)	27.0	28	1.30(3H,s)	28.6
3	3.29(1H,dd,J=11.7,4.3Hz)	89.4	29	1.12(3H,s)	17.1
4		40.5	30	0.92(3H,s)	17.7
5	0.68(1H,m)	56.8	3-glc-1′	4.94(1H,d,J=7.6Hz)	105.6
6	1.50(1H,m),1.36(1H,m)	18.9	2′	4.27(1H,m)	84.2
7	1.45(1H,m),1.20(1H,m)	35.5	3′	4.30(1H,m)	78.8
8		40.1	4′	4.16(1H,m)	72.1
9	1.34(1H,m)	50.6	5′	3.94(1H,m)	78.8
10		37.3	6′	4.59(1H,dd,J=12.0,1.9Hz),4.36(1H,m)	63.4
11	1.94(1H,m),1.55(1H,m)	31.3	2′-glc-1″	5.40(1H,d,J=7.6Hz)	106.6
12	4.05(1H,m)	70.7	2″	4.17(1H,m)	77.7
13	1.95(1H,m)	49.8	3″	4.27(1H,m)	78.6
14		51.9	4″	4.37(1H,m)	72.1
15	1.55(1H,m),1.00(1H,m)	31.2	5″	3.95(1H,m)	78.8
16	1.87(1H,m),1.37(1H,m)	27.1	6″	4.51(1H,m),4.36(1H,m)	63.2
17	2.52(1H,m)	51.9	20-glc-1‴	5.24(1H,d,J=7.8Hz)	98.5
18	0.95(3H,s)	16.4	2‴	4.07(1H,m)	73.4
19	0.82(3H,s)	16.7	3‴	5.95(1H,t,J=9.2Hz)	81.7
20		84.0	4‴	4.29(1H,m)	69.7
21	1.60(3H,s)	22.8	5‴	3.98(1H,m)	78.4
22	2.36(1H,m),1.83(1H,m)	36.6	6‴	4.46(1H,m),4.33(1H,m)	62.7
23	2.46(1H,m),2.24(1H,m)	23.7	3‴-mal-1⁗		169.1
24	5.24(1H,m)	126.3	2⁗	3.72(2H,t,J=16.3Hz)	44.1
25		131.4	3⁗		171.3
26	1.61(3H,s)	26.2			

注：¹H NMR（500MHz, pyridine-d_5）；¹³C NMR（125MHz, pyridine-d_5）。

031 丙二酸单酰基人参皂苷 Rd₅

Malonylginsenoside Rd₅

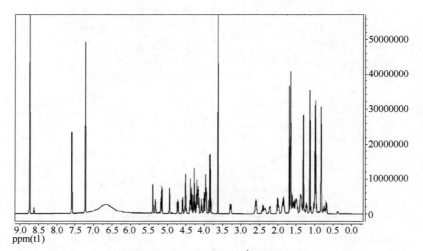

【中文名】 丙二酸单酰基人参皂苷 Rd₅；3-O-[β-D-吡喃葡萄糖基-（1-2）-β-D-吡喃葡萄糖基]-20-O-（6-O-丙二酸单酰基）-β-D-吡喃葡萄糖基-达玛-24-烯-3β,12β,20S-三醇

【英文名】 Malonylginsenoside Rd₅；3-O-[β-D-Glucopyranosyl-（1-2）-β-D-glucopyranosyl]-20-O-（6-O-malonyl）-β-D-glucopyranosyl-dammar-24-ene-3β,12β,20S-triol

【分子式】 $C_{51}H_{84}O_{21}$

【分子量】 1032.6

【参考文献】 Qiu S，Yang W Z，Yao C L，et al. Malonylginsenosides with potential antidiabetic activities from the flower buds of *Panax ginseng* [J]. Journal of Natural Products，2017，80：899-908.

丙二酸单酰基人参皂苷 Rd₅ ¹H NMR 谱

¹H NMR of Malonylginsenoside Rd₅

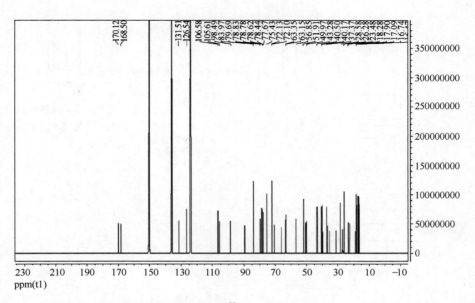

丙二酸单酰基人参皂苷 Rd$_5$ ^{13}C NMR 谱
^{13}C NMR of Malonylginsenoside Rd$_5$

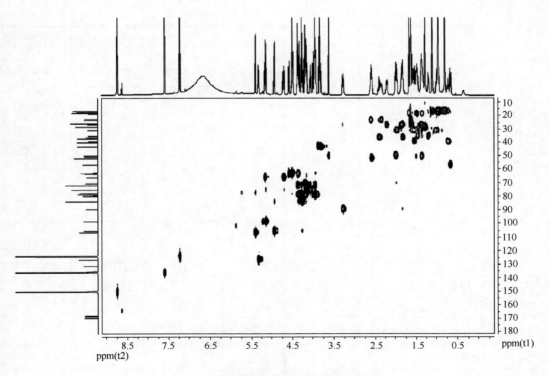

丙二酸单酰基人参皂苷 Rd$_5$ HMQC 谱
HMQC of Malonylginsenoside Rd$_5$

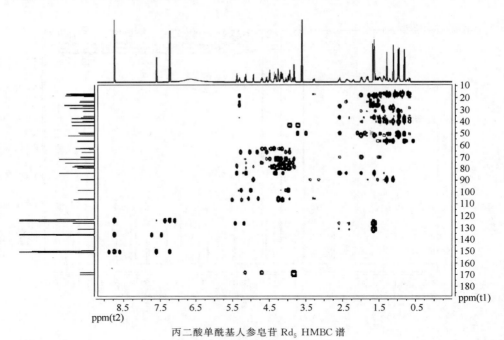

丙二酸单酰基人参皂苷 Rd$_5$ HMBC 谱

HMBC of Malonylginsenoside Rd$_5$

丙二酸单酰基人参皂苷 Rd$_5$ 的 ^{1}H NMR 和 ^{13}C NMR 数据

^{1}H NMR and ^{13}C NMR data of Malonylginsenoside Rd$_5$

序号	^{1}H NMR(δ)	^{13}C NMR(δ)	序号	^{1}H NMR(δ)	^{13}C NMR(δ)
1	1.56(1H,m),0.73(1H,m)	39.5	27	1.67(3H,s)	18.1
2	2.20(1H,m),1.85(1H,m)	27.0	28	1.29(3H,s)	28.4
3	3.27(1H,dd,J=11.9,4.4Hz)	89.3	29	1.12(3H,s)	16.9
4		40.3	30	0.96(3H,s)	17.7
5	0.67(1H,m)	56.7	3-glc-1′	4.94(1H,d,J=7.5Hz)	105.5
6	1.48(1H,m),1.36(1H,m)	18.7	2′	4.26(1H,m)	83.8
7	1.47(1H,m),1.20(1H,m)	35.4	3′	4.33(1H,m)	78.3
8		40.0	4′	4.16(1H,m)	72.0
9	1.38(1H,m)	50.5	5′	3.95(1H,m)	78.6
10		37.2	6′	4.58(1H,dd,J=11.8,2.2Hz), 4.37(1H,m)	63.2
11	1.95(1H,m),1.55(1H,m)	31.2	2′-glc-1″	5.39(1H,d,J=7.6Hz)	106.4
12	4.18(1H,m)	70.5	2″	4.15(1H,m)	77.6
13	2.00(1H,m)	50.0	3″	4.27(1H,m)	78.5
14		51.7	4″	4.37(1H,m)	72.0
15	1.56(1H,m),0.99(1H,m)	31.1	5″	3.95(1H,m)	78.7
16	1.85(1H,m),1.36(1H,m)	27.1	6″	4.52(1H,m),4.36(1H,m)	63.0
17	2.58(1H,m)	51.9	20-glc-1‴	5.14(1H,d,J=7.7Hz)	98.3
18	0.98(3H,s)	16.3	2‴	3.99(1H,m)	75.3
19	0.81(3H,s)	16.6	3‴	4.20(1H,m)	79.5
20		83.8	4‴	4.18(1H,m)	72.0
21	1.64(3H,s)	22.5	5‴	4.06(1H,m)	75.3
22	2.40(1H,m),1.82(1H,m)	36.5	6‴	5.16(1H,dd,J=11.6,1.8Hz), 4.71(1H,dd,J=11.7,7.6Hz)	65.9
23	2.59(1H,m),2.34(1H,m)	23.3	6‴-mal-1⁗		168.4
24	5.32(1H,t,J=7.1Hz)	126.4	2⁗	3.84(2H,dd,J=22.3,15.5Hz)	43.4
25		131.4	3⁗		170.0
26	1.64(3H,s)	26.1			

注：^{1}H NMR (500MHz, pyridine-d_5)；^{13}C NMR (125MHz, pyridine-d_5)。

032 丙二酸单酰基人参皂苷 Rd₆
Malonylginsenoside Rd₆

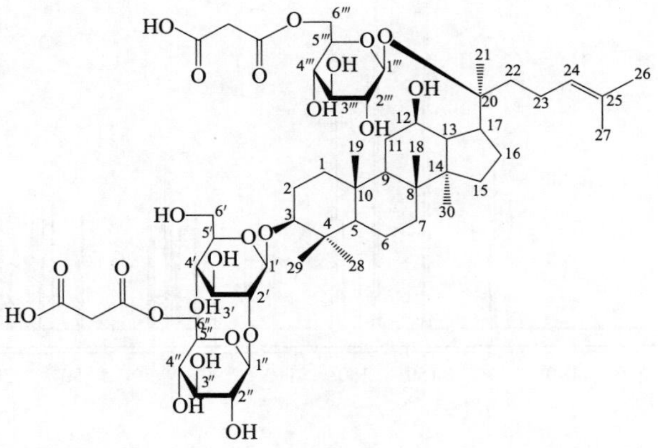

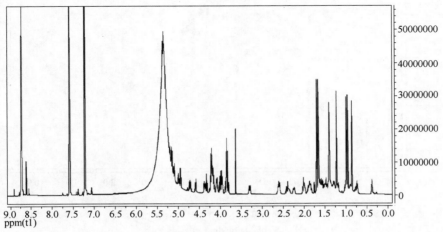

【中文名】 丙二酸单酰基人参皂苷 Rd₆；3-*O*-[（6-*O*-丙二酸单酰基）-β-D-吡喃葡萄糖基-（1-2）-β-D-吡喃葡萄糖基]-20-*O*-（6-*O*-丙二酸单酰基）-β-D-吡喃葡萄糖基-达玛-24-烯-3β，12β，20S-三醇

【英文名】 Malonylginsenoside Rd₆；3-*O*-[（6-*O*-Malonyl）-β-D-glucopyranosyl-（1-2）-β-D-glucopyranosyl]-20-*O*-（6-*O*-malonyl）-β-D-glucopyranosyl-dammar-24-ene-3β，12β，20S-triol

【分子式】 $C_{54}H_{86}O_{24}$

【分子量】 1118.6

【参考文献】 Qiu S，Yang W Z，Yao C L，et al. Malonylginsenosides with potential antidiabetic activities from the flower buds of *Panax ginseng* [J]. Journal of Natural Products，2017，80：899-908.

丙二酸单酰基人参皂苷 Rd₆ ¹H NMR 谱

¹H NMR of Malonylginsenoside Rd₆

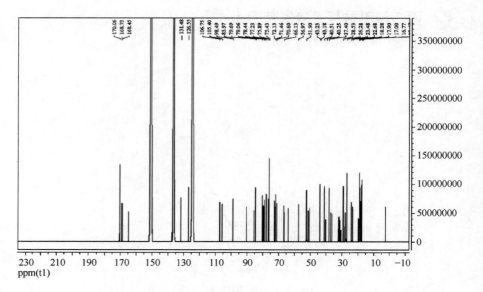

丙二酸单酰基人参皂苷 Rd$_6$ ^{13}C NMR 谱
^{13}C NMR of Malonylginsenoside Rd$_6$

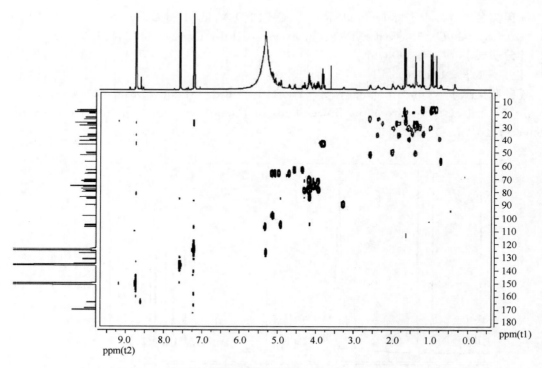

丙二酸单酰基人参皂苷 Rd$_6$ HMQC 谱
HMQC of Malonylginsenoside Rd$_6$

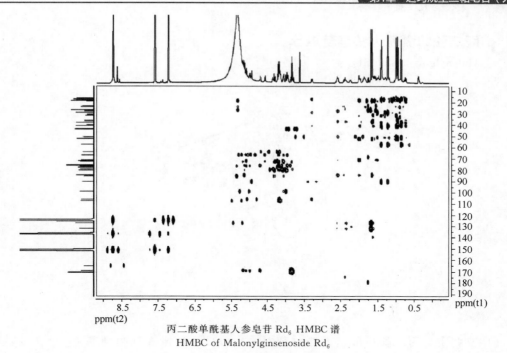

丙二酸单酰基人参皂苷 Rd$_6$ HMBC 谱

HMBC of Malonylginsenoside Rd$_6$

丙二酸单酰基人参皂苷 Rd$_6$ 的 ^{1}H NMR 和 ^{13}C NMR 数据

^{1}H NMR and ^{13}C NMR data of Malonylginsenoside Rd$_6$

序号	^{1}H NMR(δ)	^{13}C NMR(δ)	序号	^{1}H NMR(δ)	^{13}C NMR(δ)
1	1.55(1H,m),0.73(1H,m)	39.7	28	1.39(3H,s)	28.5
2	2.26(1H,m),1.88(1H,m)	27.2	29	1.21(3H,s)	17.0
3	3.29(1H,dd,J=11.6,4.4Hz)	89.8	30	0.95(3H,s)	17.9
4		40.5	3-glc-1′	4.94(1H,d,J=7.6Hz)	105.4
5	0.72(1H,m)	57.0	2′	4.19(1H,m)	84.9
6	1.46(1H,m),1.42(1H,m)	18.9	3′	4.32(1H,m)	78.6
7	1.46(1H,m),1.17(1H,m)	35.6	4′	4.17(1H,m)	71.9
8		40.2	5′	3.95(1H,m)	78.5
9	1.39(1H,m)	50.7	6′	4.58(1H,dd,J=11.8,2.0Hz), 4.36(1H,m)	63.2
10		37.4	2′-glc-1″	5.35(1H,d,J=7.6Hz)	106.7
11	1.98(1H,m),1.55(1H,m)	31.4	2″	4.15(1H,m)	77.2
12	4.19(1H,m)	70.6	3″	4.22(1H,m)	79.1
13	2.01(1H,m)	50.0	4″	4.33(1H,m)	71.5
14		51.9	5″	4.09(1H,m)	75.9
15	1.56(1H,m),1.00(1H,m)	31.2	6″	5.10(1H,dd,J=11.8,1.6Hz), 4.99(1H,dd,J=11.8,5.0Hz)	65.9
16	1.88(1H,m),1.42(1H,m)	27.3	20-glc-1‴	5.14(1H,d,J=7.8Hz)	98.5
17	2.59(1H,m)	51.9	2‴	4.01(1H,m)	75.4
18	0.98(3H,s)	16.5	3‴	4.21(1H,m)	79.7
19	0.85(3H,s)	16.8	4‴	4.18(1H,m)	72.1
20		84.0	5‴	4.07(1H,m)	75.9
21	1.64(3H,s)	22.6	6‴	5.17(1H,dd,J=11.8,1.9Hz), 4.72(1H,dd,J=11.6,7.4Hz)	66.1
22	2.39(1H,m),1.82(1H,m)	36.6	6″-mal-O-CO		168.4
23	2.60(1H,m),2.36(1H,m)	23.5	CH$_2$	3.83(2H,m)	43.4
24	5.32(1H,m)	126.5	COOH		170.1
25		131.5	6‴-mal-O-CO		168.7
26	1.64(3H,s)	26.3	CH$_2$	3.83(2H,m)	43.2
27	1.68(3H,s)	18.3	COOH		170.1

注：^{1}H NMR（500MHz，pyridine-d_5）；^{13}C NMR（125MHz，pyridine-d_5）。

033 丙二酸单酰基人参皂苷 Rb₁

Malonylginsenoside Rb₁

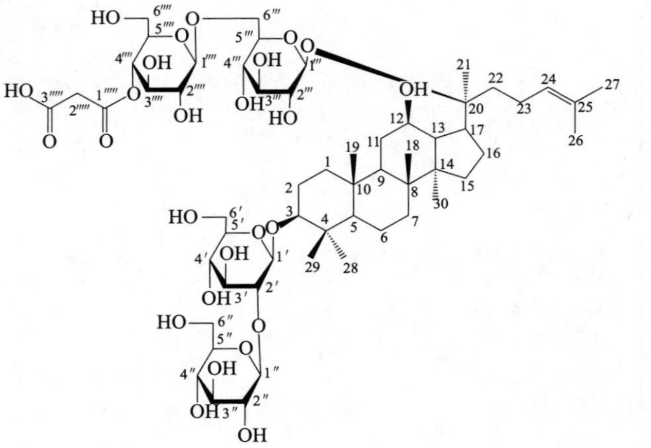

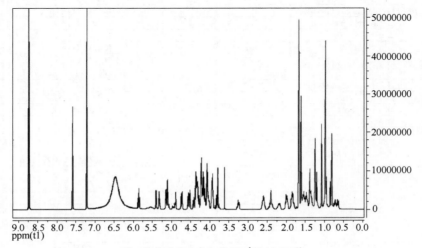

【中文名】 丙二酸单酰基人参皂苷 Rb₁；3-O-[β-D-吡喃葡萄糖基-(1-2)-β-D-吡喃葡萄糖基]-20-O-[β-D-吡喃葡萄糖基-(1-6)-(4-O-丙二酸单酰基)-β-D-吡喃葡萄糖基]-达玛-24-烯-3β,12β,20S-三醇

【英文名】 Malonylginsenoside Rb₁；3-O-[β-D-Glucopyranosyl-(1-2)-β-D-glucopyranosyl]-20-O-[β-D-glucopyranosyl-(1-6)-(4-O-malonyl)-β-D-glucopyranosyl]-dammar-24-ene-3β,12β,20S-triol

【分子式】 $C_{57}H_{94}O_{26}$

【分子量】 1194.6

【参考文献】 Qiu S, Yang W Z, Yao C L, et al. Malonylginsenosides with potential antidiabetic activities from the flower buds of *Panax ginseng* [J]. Journal of Natural Products，2017，80：899-908.

丙二酸单酰基人参皂苷 Rb₁ ¹H NMR 谱

¹H NMR of Malonylginsenoside Rb₁

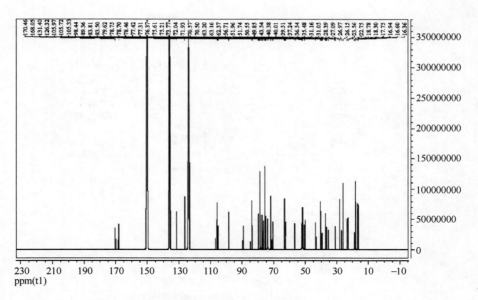

丙二酸单酰基人参皂苷 Rb$_1$ ^{13}C NMR 谱

^{13}C NMR of Malonylginsenoside Rb$_1$

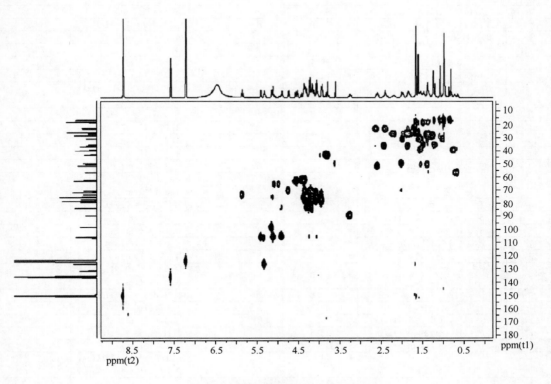

丙二酸单酰基人参皂苷 Rb$_1$ HMQC 谱

HMQC of Malonylginsenoside Rb$_1$

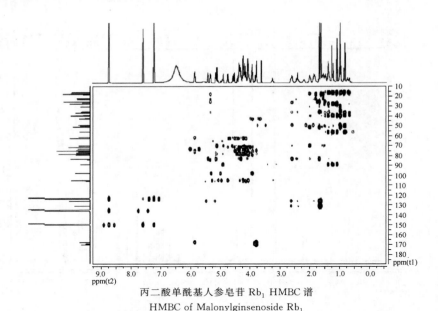

丙二酸单酰基人参皂苷 Rb₁ HMBC谱

HMBC of Malonylginsenoside Rb₁

丙二酸单酰基人参皂苷 Rb₁ 的¹H NMR 和¹³C NMR 数据

¹H NMR and ¹³C NMR data of Malonylginsenoside Rb₁

序号	¹H NMR(δ)	¹³C NMR(δ)	序号	¹H NMR(δ)	¹³C NMR(δ)
1	1.57(1H,m),0.75(1H,m)	39.5	30	0.97(3H,s)	17.7
2	2.16(1H,m),1.83(1H,m)	27.0	3-glc-1′	4.91(1H,d,J=7.6Hz)	105.3
3	3.26(1H,dd,J=11.5,4.4Hz)	89.4	2′	4.25(1H,m)	83.5
4		40.0	3′	4.30(1H,m)	78.5
5	0.67(1H,m)	56.7	4′	4.14(1H,m)	71.9
6	1.48(1H,m),1.36(1H,m)	18.8	5′	3.95(1H,m)	78.7
7	1.47(1H,m),1.22(1H,m)	35.5	6′	4.56(1H,dd,J=12.0,1.9Hz),4.37(1H,m)	63.2
8		39.5	2′-glc-1″	5.41(1H,d,J=7.6Hz)	106.0
9	1.38(1H,m)	50.3	2″	4.17(1H,m)	77.5
10		37.2	3″	4.23(1H,m)	78.7
11	1.98(1H,m),1.57(1H,m)	31.0	4″	4.35(1H,m)	72.0
12	4.20(1H,m)	70.6	5″	3.95(1H,m)	78.7
13	1.98(1H,m)	49.8	6″	4.53(1H,dd,J=12.0,2.6Hz),4.35(1H,m)	63.3
14		52.0	20-glc-1‴	5.15(1H,d,J=7.7Hz)	98.4
15	1.57(1H,m),1.01(1H,m)	31.2	2‴	3.94(1H,m)	75.6
16	1.83(1H,m),1.34(1H,m)	27.1	3‴	4.19(1H,m)	79.6
17	2.59(1H,m)	51.7	4‴	4.08(1H,m)	72.0
18	0.97(3H,s)	16.4	5‴	4.07(1H,m)	77.3
19	0.81(3H,s)	16.6	6‴	4.75(1H,d,J=10.9Hz),4.35(1H,m)	70.5
20		83.8	6‴-glc-1⁗	5.12(1H,d,J=7.7Hz)	105.7
21	1.67(3H,s)	22.7	2⁗	4.07(1H,m)	75.6
22	2.43(1H,m),1.85(1H,m)	36.6	3⁗	4.37(1H,m)	75.2
23	2.62(1H,m),2.41(1H,m)	23.6	4⁗	5.86(1H,t,J=9.7Hz)	73.8
24	5.33(1H,m)	126.3	5⁗	4.04(1H,m)	76.4
25		131.4	6⁗	4.43(1H,dd,J=12.0,2.7Hz),4.34(1H,m)	62.3
26	1.62(3H,s)	26.1	4⁗-mal-1⁗′		168.0
27	1.67(3H,s)	18.3	2⁗′	3.79(2H,m)	43.5
28	1.25(3H,s)	28.4	3⁗′		170.5
29	1.08(3H,s)	16.9			

注：¹H NMR（500MHz，pyridine-d₅）；¹³C NMR（125MHz，pyridine-d₅）。

034 丙二酸单酰基人参皂苷 Rb₂

Malonylginsenoside Rb₂

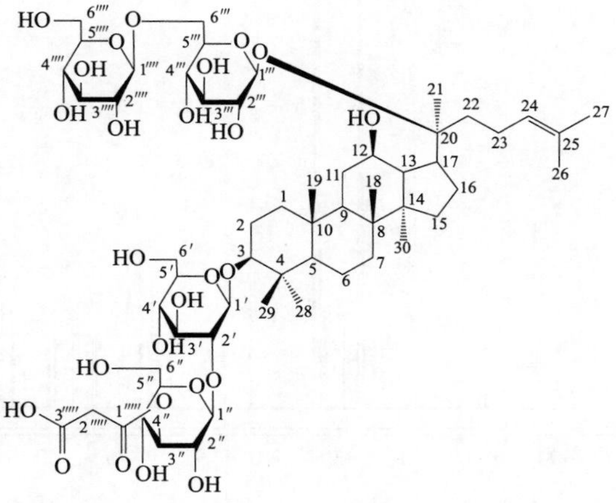

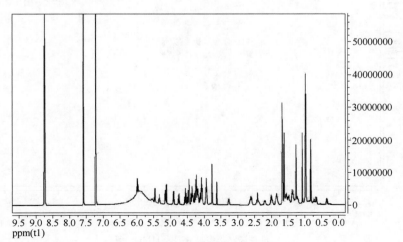

【中文名】 丙二酸单酰基人参皂苷 Rb₂；3-O-[（3-O-丙二酸单酰基）-β-D-吡喃葡萄糖基-（1-2）-β-D-吡喃葡萄糖基]-20-O-[β-D-吡喃葡萄糖基-（1-6）-β-D-吡喃葡萄糖基]-达玛-24-烯-3β,12β,20S-三醇

【英文名】 Malonylginsenoside Rb₂； 3-O-[（3-O-Malonyl）-β-D-glucopyranosyl-（1-2）-β-D-glucopyranosyl]-20-O-[β-D-glucopyranosyl-（1-6）-β-D-glucopyranosyl]-dammar-24-ene-3β,12β,20S-triol

【分子式】 $C_{57}H_{94}O_{26}$

【分子量】 1194.6

【参考文献】 Qiu S，Yang W Z，Yao C L，et al. Malonylginsenosides with potential antidiabetic activities from the flower buds of *Panax ginseng* [J]. Journal of Natural Products，2017，80：899-908.

丙二酸单酰基人参皂苷 Rb₂ ^{1}H NMR 谱

^{1}H NMR of Malonylginsenoside Rb₂

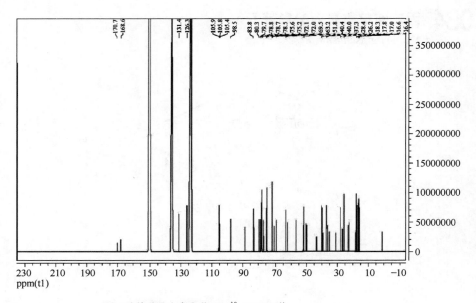

丙二酸单酰基人参皂苷 Rb$_2$ ^{13}C NMR 谱

^{13}C NMR of Malonylginsenoside Rb$_2$

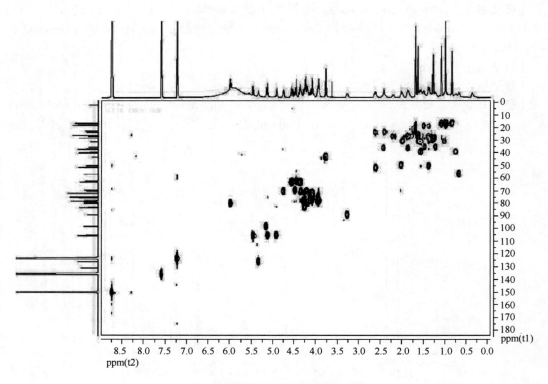

丙二酸单酰基人参皂苷 Rb$_2$ HMQC 谱

HMQC of Malonylginsenoside Rb$_2$

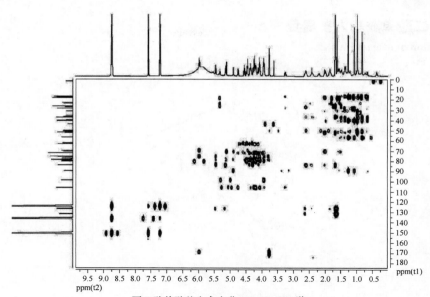

丙二酸单酰基人参皂苷 Rb₂ HMBC 谱
HMBC of Malonylginsenoside Rb₂

丙二酸单酰基人参皂苷 Rb₂ 的 ¹H NMR 和 ¹³C NMR 数据
¹H NMR and ¹³C NMR data of Malonylginsenoside Rb₂

序号	¹H NMR(δ)	¹³C NMR(δ)	序号	¹H NMR(δ)	¹³C NMR(δ)
1	1.55(1H,m),0.75(1H,m)	39.5	30	0.98(3H,s)	17.8
2	2.20(1H,m),1.85(1H,m)	27.0	3-glc-1′	4.97(1H,d,J=7.4Hz)	105.4
3	3.27(1H,dd,J=11.7,4.5Hz)	89.2	2′	4.25(1H,m)	83.3
4		40.0	3′	4.31(1H,m)	78.5
5	0.68(1H,m)	56.7	4′	4.12(1H,m)	72.1
6	1.49(1H,m),1.36(1H,m)	18.8	5′	3.94(1H,m)	78.7
7	1.48(1H,m),1.22(1H,m)	35.5	6′	4.56(1H,m),4.36(1H,m)	63.2
8		39.5	2′-glc-1″	5.46(1H,d,J=9.6Hz)	105.9
9	1.37(1H,m)	50.6	2″	4.21(1H,m)	75.2
10		37.3	3″	5.98(1H,t,J=7.6Hz)	80.2
11	1.98(1H,m),1.57(1H,m)	31.1	4″	4.49(1H,m)	69.5
12	4.21(1H,m)	70.6	5″	3.95(1H,m)	78.7
13	2.02(1H,m)	49.9	6″	4.53(1H,m),4.38(1H,t,J=5.3Hz)	63.2
14		52.0	20-glc-1‴	5.15(1H,d,J=7.6Hz)	98.5
15	1.57(1H,m),1.00(1H,m)	31.2	2‴	3.95(1H,m)	75.2
16	1.86(1H,m),1.37(1H,m)	27.1	3‴	4.19(1H,m)	79.6
17	2.60(1H,m)	51.7	4‴	4.09(1H,m)	72.0
18	0.98(3H,s)	16.4	5‴	4.10(1H,m)	77.4
19	0.83(3H,s)	16.6	6‴	4.76(1H,d,J=10.7Hz),4.34(1H,m)	70.5
20		83.8	6‴-glc-1⁗	5.12(1H,d,J=7.7Hz)	105.8
21	1.68(3H,s)	22.8	2⁗	4.08(1H,m)	75.6
22	2.42(1H,m),1.85(1H,m)	36.6	3⁗	4.18(1H,m)	78.5
23	2.62(1H,m),2.41(1H,m)	23.6	4⁗	4.25(1H,m)	72.0
24	5.33(1H,m)	126.3	5⁗	3.95(1H,m)	78.7
25		131.4	6⁗	4.48(1H,t,J=9.4Hz),4.45(1H,m)	62.2
26	1.62(3H,s)	26.2	3″-glc-1⁗′		168.6
27	1.67(3H,s)	18.3	2⁗′	3.76(2H,m)	43.6
28	1.23(3H,s)	28.4	3⁗′		170.7
29	1.08(3H,s)	16.9			

注：¹H NMR（500MHz, pyridine-d_5）；¹³C NMR（125MHz, pyridine-d_5）。

035 丙二酸单酰基人参皂苷 Rc₁

Malonylginsenoside Rc₁

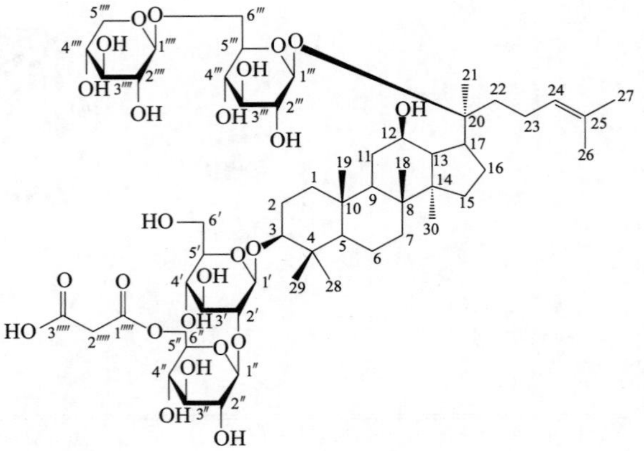

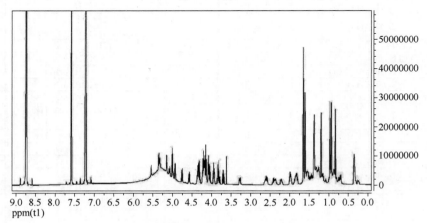

【中文名】 丙二酸单酰基人参皂苷 Rc₁；3-O-[(6-O-丙二酸单酰基)-β-D-吡喃葡萄糖基-(1-2)-β-D-吡喃葡萄糖基]-20-O-[β-D-吡喃木糖基-(1-6)-β-D-吡喃葡萄糖基]-达玛-24-烯-3β,12β,20S-三醇

【英文名】 Malonylginsenoside Rc₁；3-O-[(6-O-Malonyl)-β-D-glucopyranosyl-(1-2)-β-D-glucopyranoyl]-20-O-[β-D-xylopyranosyl-(1-6)-β-D-glucopyranosyl]-dammar-24-ene-3β,12β,20S-triol

【分子式】 $C_{56}H_{92}O_{25}$

【分子量】 1164.6

【参考文献】 Qiu S，Yang W Z，Yao C L，et al. Malonylginsenosides with potential antidiabetic activities from the flower buds of *Panax ginseng* [J]. Journal of Natural Products，2017，80：899-908.

丙二酸单酰基人参皂苷 Rc₁ ¹H NMR 谱

¹H NMR of Malonylginsenoside Rc₁

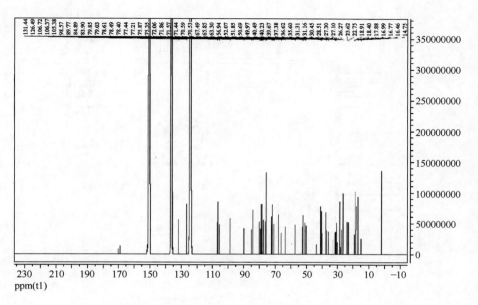

丙二酸单酰基人参皂苷 Rc₁ ¹³C NMR 谱
¹³C NMR of Malonylginsenoside Rc₁

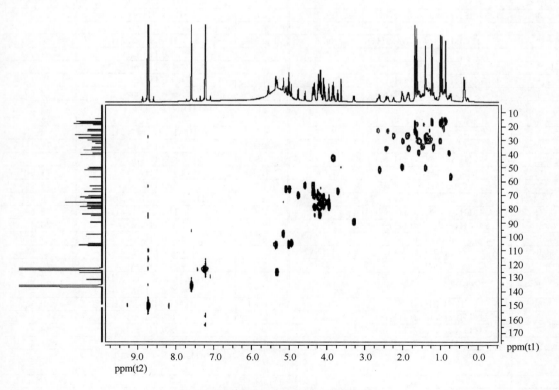

丙二酸单酰基人参皂苷 Rc₁ HMQC 谱
HMQC of Malonylginsenoside Rc₁

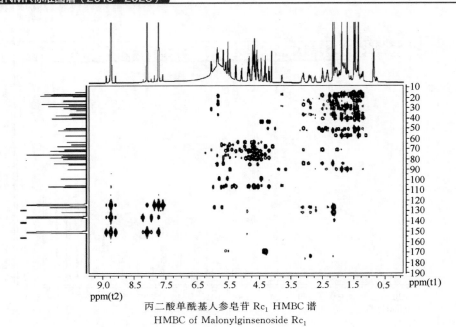

丙二酸单酰基人参皂苷 Rc₁ HMBC 谱
HMBC of Malonylginsenoside Rc₁

丙二酸单酰基人参皂苷 Rc₁ 的 ¹H NMR 和 ¹³C NMR 数据
¹H NMR and ¹³C NMR data of Malonylginsenoside Rc₁

序号	¹H NMR(δ)	¹³C NMR(δ)	序号	¹H NMR(δ)	¹³C NMR(δ)
1	1.56(1H,m),0.75(1H,m)	39.7	29	1.20(3H,s)	17.0
2	2.22(1H,m),1.84(1H,m)	27.3	30	0.97(3H,s)	17.9
3	3.27(1H,dd,J=11.5,4.2Hz)	89.8	3-glc-1′	4.93(1H,d,J=7.5Hz)	105.4
4		40.5	2′	4.19(1H,m)	84.9
5	0.70(1H,m)	56.9	3′	4.32(1H,m)	78.6
6	1.47(1H,m),1.41(1H,m)	18.9	4′	4.17(1H,m)	72.1
7	1.47(1H,m),1.16(1H,m)	35.6	5′	3.94(1H,m)	78.5
8		40.2	6′	4.57(1H,dd,J=12.1,2.3Hz),4.37(1H,m)	63.2
9	1.39(1H,m)	50.7	2′-glc-1″	5.35(1H,d,J=7.7Hz)	106.7
10		37.4	2″	4.15(1H,m)	77.4
11	1.98(1H,m),1.54(1H,m)	31.2	3″	4.22(1H,m)	78.5
12	4.21(1H,m)	70.6	4″	4.27(1H,m)	71.9
13	2.00(1H,m)	50.0	5″	4.06(1H,m)	75.9
14		51.8	6″	5.07(1H,d,J=11.2Hz),4.99(1H,m)	65.8
15	1.54(1H,m),0.99(1H,m)	31.3	20-glc-1‴	5.15(1H,d,J=7.6Hz)	98.6
16	1.84(1H,m),1.34(1H,m)	27.1	2‴	3.95(1H,m)	75.4
17	2.60(1H,m)	52.1	3‴	4.19(1H,m)	79.8
18	0.94(3H,s)	16.5	4‴	4.08(1H,m)	71.6
19	0.85(3H,s)	16.8	5‴	4.09(1H,m)	77.2
20		83.9	6‴	4.76(1H,d,J=10.8Hz),4.33(1H,m)	70.5
21	1.66(3H,s)	22.7	6‴-xyl-1⁗	5.01(1H,d,J=7.4Hz)	106.4
22	2.41(1H,m),1.82(1H,m)	36.6	2⁗	4.05(1H,m)	75.3
23	2.64(1H,m),2.37(1H,m)	23.6	3⁗	4.20(1H,m)	78.6
24	5.32(1H,t,J=7.0Hz)	126.5	4⁗	4.23(1H,m)	71.4
25		131.4	5⁗	4.35(1H,dd,J=11.1,10.1Hz),3.70(1H,m)	67.5
26	1.61(3H,s)	26.3	6″-mal-1⁗		169.4
27	1.66(3H,s)	18.4	2⁗	3.82(2H,dd,J=26.4,15.7Hz)	43.5
28	1.38(3H,s)	28.5	3⁗		174.2

注：¹H NMR（500MHz, pyridine-d_5）；¹³C NMR（125MHz, pyridine-d_5）。

036 丙二酸单酰基人参皂苷 Rc₂

Malonylginsenoside Rc₂

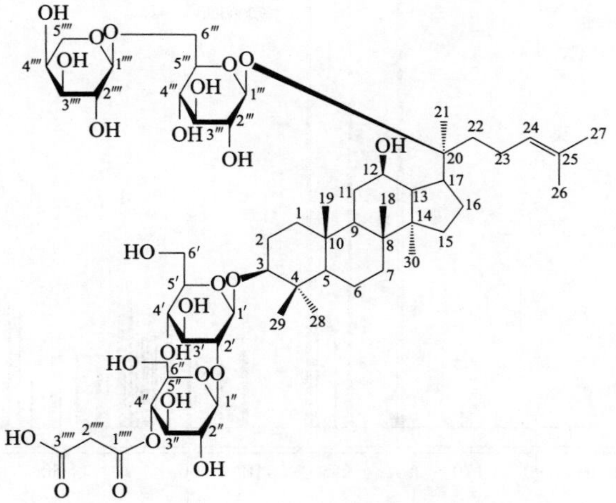

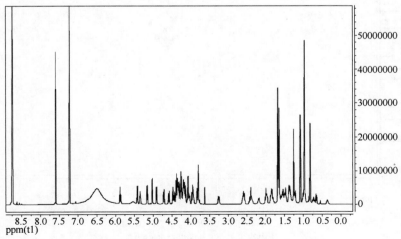

【中文名】　丙二酸单酰基人参皂苷 Rc₂；3-O-[(4-O-丙二酸单酰基)-β-D-吡喃葡萄糖基-(1-2)-β-D-吡喃葡萄糖基]-20-O-[α-L-吡喃阿拉伯糖基-(1-6)-β-D-吡喃葡萄糖基]-达玛-24-烯-3β,12β,20S-三醇

【英文名】　Malonylginsenoside Rc₂；3-O-[(4-O-Malonyl)-β-D-glucopyranosyl-(1-2)-β-D-glucopyranosyl]-20-O-[α-L-arabinopyranosyl-(1-6)-β-D-glucopyranosyl]-dammar-24-ene-3β,12β,20S-triol

【分子式】　$C_{56}H_{92}O_{25}$

【分子量】　1164.6

【参考文献】　Qiu S，Yang W Z，Yao C L，et al. Malonylginsenosides with potential antidiabetic activities from the flower buds of *Panax ginseng* [J]. Journal of Natural Products，2017，80：899-908.

丙二酸单酰基人参皂苷 Rc₂ ¹H NMR 谱

¹H NMR of Malonylginsenoside Rc₂

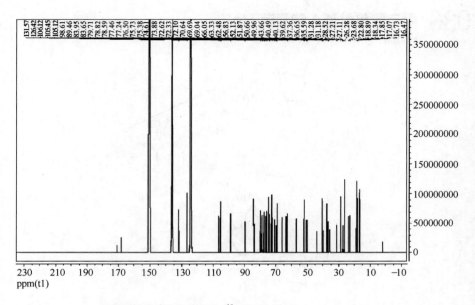

丙二酸单酰基人参皂苷 Rc₂ ^{13}C NMR 谱

^{13}C NMR of Malonylginsenoside Rc₂

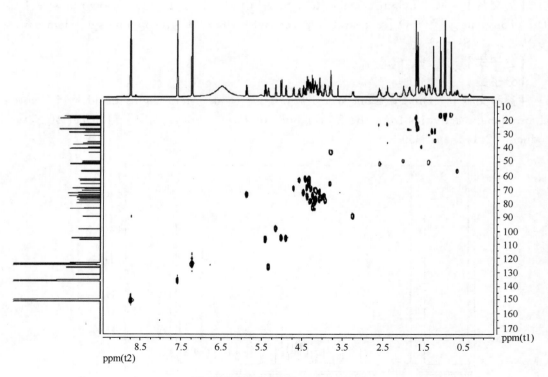

丙二酸单酰基人参皂苷 Rc₂ HMQC 谱

HMQC of Malonylginsenoside Rc₂

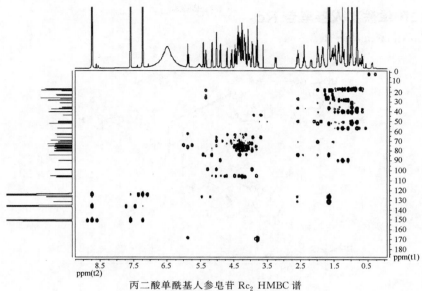

丙二酸单酰基人参皂苷 Rc₂ HMBC 谱
HMBC of Malonylginsenoside Rc₂

丙二酸单酰基人参皂苷 Rc₂ 的¹H NMR 和¹³C NMR 数据
¹H NMR and ¹³C NMR data of malonylginsenoside Rc₂

序号	¹H NMR(δ)	¹³C NMR(δ)	序号	¹H NMR(δ)	¹³C NMR(δ)
1	1.54(1H,m),0.73(1H,m)	39.6	29	1.07(3H,s)	17.1
2	2.21(1H,m),1.81(1H,m)	27.2	30	0.96(3H,s)	17.8
3	3.24(1H,dd,J=11.5,4.2Hz)	89.5	3-glc-1′	4.90(1H,d,J=7.5Hz)	105.4
4		40.5	2′	4.24(1H,m)	83.7
5	0.65(1H,m)	56.8	3′	4.31(1H,m)	78.8
6	1.47(1H,m),1.35(1H,m)	18.9	4′	4.15(1H,m)	72.3
7	1.46(1H,m),1.21(1H,m)	35.6	5′	3.93(1H,m)	78.6
8		40.1	6′	4.57(1H,dd,J=11.9,2.1Hz), 4.37(1H,m)	63.3
9	1.35(1H,m)	50.7	2′-glc-1″	5.41(1H,d,J=7.7Hz)	106.1
10		37.4	2″	4.17(1H,m)	77.5
11	1.99(1H,m),1.58(1H,m)	31.2	3″	4.37(1H,m)	75.7
12	4.17(1H,m)	70.6	4″	5.87(1H,t,J=9.6Hz)	73.9
13	1.97(1H,m)	50.0	5″	4.03(1H,m)	76.5
14		51.9	6″	4.42(1H,m),4.33(1H,m)	62.5
15	1.58(1H,m),1.03(1H,m)	31.3	20-glc-1‴	5.15(1H,d,J=7.7Hz)	98.6
16	1.86(1H,m),1.38(1H,m)	27.1	2‴	3.95(1H,m)	75.4
17	2.58(1H,m)	52.1	3‴	4.19(1H,m)	79.7
18	0.96(3H,s)	16.5	4‴	4.07(1H,m)	72.1
19	0.82(3H,s)	16.7	5‴	4.04(1H,m)	77.2
20		83.9	6‴	4.71(1H,d,J=10.8Hz), 4.27(1H,m)	69.7
21	1.66(3H,s)	22.8	6‴- ara(p)-1⁗	5.02(1H,d,J=6.0Hz)	105.1
22	2.38(1H,m),1.86(1H,m)	36.6	2⁗	4.47(1H,dd,J=7.7,6.2Hz)	72.6
23	2.59(1H,m),2.39(1H,m)	23.7	3⁗	4.24(1H,m)	74.6
24	5.34(1H,m)	126.4	4⁗	4.39(1H,m)	69.0
25		131.6	5⁗	4.33(1H,m),3.82(1H,m)	66.0
26	1.63(3H,s)	26.3	4″-mal-1⁗′		168.2
27	1.67(3H,s)	18.3	2⁗′	3.79(2H,dd,J=26.4,15.7Hz)	43.7
28	1.29(3H,s)	28.5	3⁗′		170.6

注：¹H NMR（500MHz, pyridine-d_5）；¹³C NMR（125MHz, pyridine-d_5）。

037 丙二酸单酰基人参皂苷 Rc₃

Malonylginsenoside Rc₃

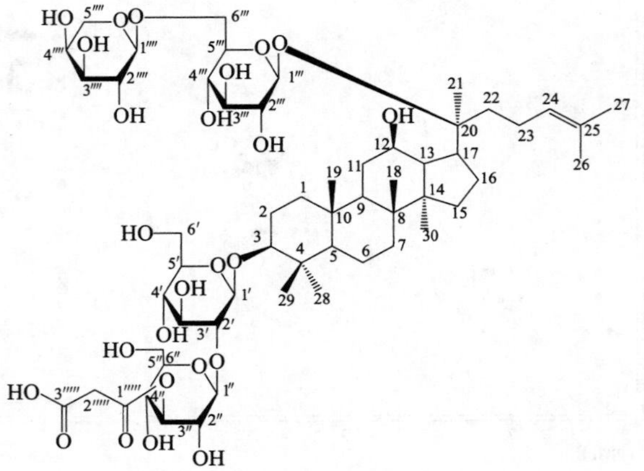

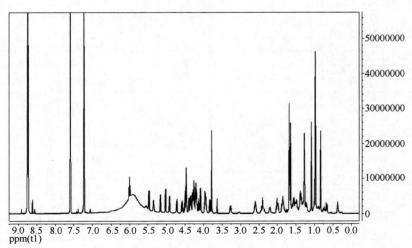

【中文名】 丙二酸单酰基人参皂苷 Rc₃；3-O-[(3-O-丙二酸单酰基)-β-D-吡喃葡萄糖基-(1-2)-β-D-吡喃葡萄糖基]-20-O-[α-L-吡喃阿拉伯糖基-(1-6)-β-D-吡喃葡萄糖基]-达玛-24-烯-3β,12β,20S-三醇

【英文名】 Malonylginsenoside Rc₃；3-O-[(3-O-Malonyl)-β-D-glucopyranosyl-(1-2)-β-D-glucopyranosyl]-20-O-[α-L-arabinopyranosyl-(1-6)-β-D-glucopyranosyl]-dammar-24-ene-3β,12β,20S-triol

【分子式】 $C_{56}H_{92}O_{25}$

【分子量】 1164.6

【参考文献】 Qiu S，Yang W Z，Yao C L，et al. Malonylginsenosides with potential antidiabetic activities from the flower buds of *Panax ginseng* [J]. Journal of Natural Products，2017，80：899-908.

丙二酸单酰基人参皂苷 Rc₃ ¹H NMR 谱

¹H NMR of Malonylginsenoside Rc₃

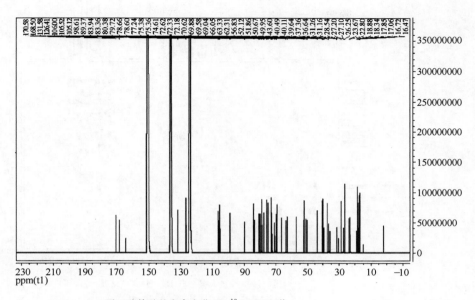

丙二酸单酰基人参皂苷 Rc₃ ¹³C NMR 谱

¹³C NMR of Malonylginsenoside Rc₃

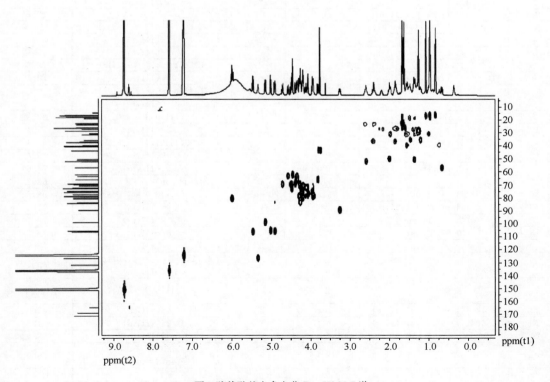

丙二酸单酰基人参皂苷 Rc₃ HMQC 谱

HMQC of Malonylginsenoside Rc₃

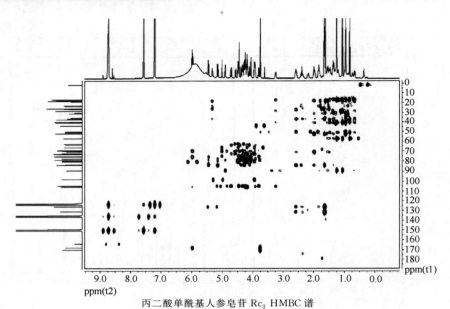

丙二酸单酰基人参皂苷 Rc₃ HMBC 谱

HMBC of Malonylginsenoside Rc₃

丙二酸单酰基人参皂苷 Rc₃ 的 ^{1}H NMR 和 ^{13}C NMR 数据

^{1}H NMR and ^{13}C NMR data of malonylginsenoside Rc₃

序号	^{1}H NMR(δ)	^{13}C NMR(δ)	序号	^{1}H NMR(δ)	^{13}C NMR(δ)
1	1.56(1H,m),0.73(1H,m)	39.6	29	1.07(3H,s)	17.1
2	2.20(1H,m),1.81(1H,m)	27.2	30	0.97(3H,s)	17.8
3	3.26(1H,dd,J=11.6,4.3Hz)	89.4	3-glc-1′	4.91(1H,d,J=7.4Hz)	105.5
4		40.5	2′	4.26(1H,m)	83.4
5	0.67(1H,m)	56.8	3′	4.27(1H,m)	78.8
6	1.47(1H,m),1.36(1H,m)	18.9	4′	4.12(1H,t,J=9.2Hz)	72.3
7	1.47(1H,m),1.22(1H,m)	35.6	5′	3.94(1H,m)	78.7
8		40.1	6′	4.57(1H,dd,J=12.1,2.1Hz),4.35(1H,m)	63.3
9	1.37(1H,m)	50.7	2′-glc-1″	5.46(1H,d,J=7.6Hz)	106.0
10		37.4	2″	4.20(1H,m)	75.4
11	1.97(1H,m),1.58(1H,m)	31.1	3″	5.99(1H,t,J=9.6Hz)	80.4
12	4.19(1H,m)	70.6	4″	4.49(1H,m)	69.6
13	2.00(1H,m)	50.0	5″	3.94(1H,m)	78.6
14		51.9	6″	4.46(1H,m),4.33(1H,m)	62.2
15	1.58(1H,m),1.00(1H,m)	31.3	20-glc-1‴	5.15(1H,d,J=7.6Hz)	98.6
16	1.85(1H,m),1.40(1H,m)	27.1	2‴	3.96(1H,m)	75.4
17	2.59(1H,m)	52.1	3‴	4.19(1H,m)	79.7
18	0.97(3H,s)	16.5	4‴	4.07(1H,m)	72.2
19	0.83(3H,s)	16.7	5‴	4.07(1H,m)	77.2
20		83.9	6‴	4.72(1H,d,J=11.0Hz),4.28(1H,m)	69.7
21	1.64(3H,s)	22.8	6‴-ara(p)-1⁗	5.02(1H,d,J=6.1Hz)	105.1
22	2.42(1H,m),1.85(1H,m)	36.6	2⁗	4.48(1H,m)	72.6
23	2.60(1H,m),2.40(1H,m)	23.7	3⁗	4.25(1H,m)	74.6
24	5.34(1H,m)	126.4	4⁗	4.38(1H,m)	69.0
25		131.6	5⁗	4.33(1H,m),3.82(1H,dd,J=11.8,2.0Hz)	66.0
26	1.67(3H,s)	26.2	3″-mal-1⁗		168.5
27	1.67(3H,s)	18.3	2⁗	3.77(2H,s)	43.6
28	1.26(3H,s)	28.5	3⁗		170.6

注：^{1}H NMR（500MHz，pyridine-d_5）；^{13}C NMR（125MHz，pyridine-d_5）。

038 丙二酸单酰基人参皂苷 Rc₄

Malonylginsenoside Rc₄

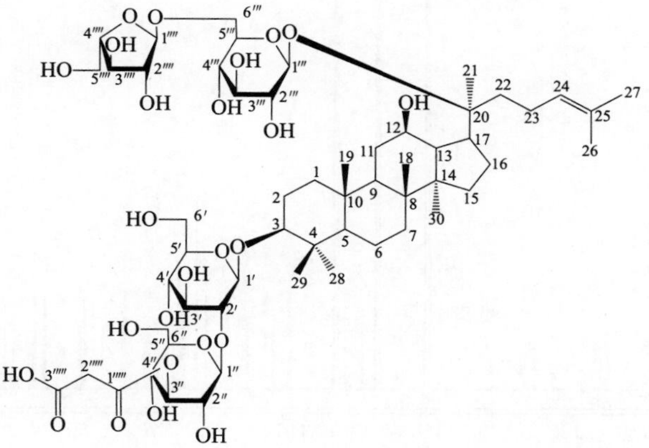

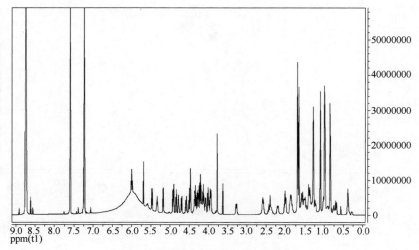

【中文名】　丙二酸单酰基人参皂苷 Rc₄；3-O-[（3-O-丙二酸单酰基）-β-D-吡喃葡萄糖基-（1-2）-β-D-吡喃葡萄糖基]-20-O-[α-L-呋喃阿拉伯糖基-（1-6）-β-D-吡喃葡萄糖基]-达玛-24-烯-3β,12β,20S-三醇

【英文名】　Malonylginsenoside Rc₄；3-O-[（3-O-Malonyl）-β-D-glucopyranosyl-（1-2）-β-D-glucopyranosyl]-20-O-[α-L-arabinofuranosyl-（ 1-6 ）-β-D-glucopyranosyl]-dammar-24-ene-3β,12β,20S-triol

【分子式】　$C_{56}H_{92}O_{25}$

【分子量】　1164.6

【参考文献】　Qiu S, Yang W Z, Yao C L, et al. Malonylginsenosides with potential antidiabetic activities from the flower buds of *Panax ginseng* [J]. Journal of Natural Products, 2017, 80: 899-908.

丙二酸单酰基人参皂苷 Rc₄ ¹H NMR 谱

¹H NMR of Malonylginsenoside Rc₄

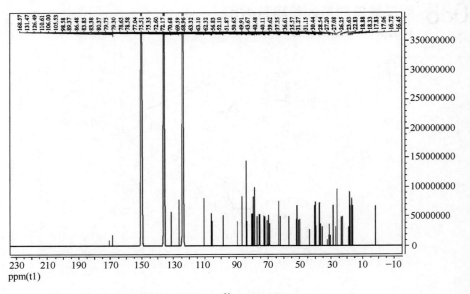

丙二酸单酰基人参皂苷 Rc₄ ¹³C NMR 谱
¹³C NMR of Malonylginsenoside Rc₄

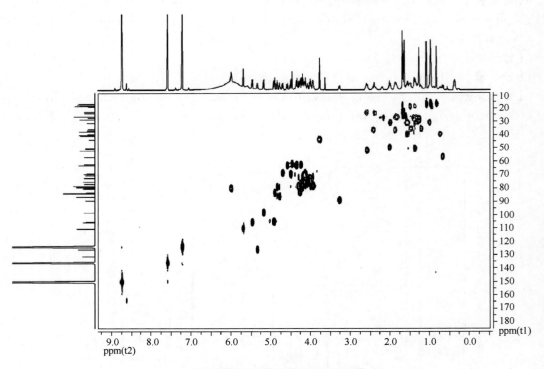

丙二酸单酰基人参皂苷 Rc₄ HMQC 谱
HMQC of Malonylginsenoside Rc₄

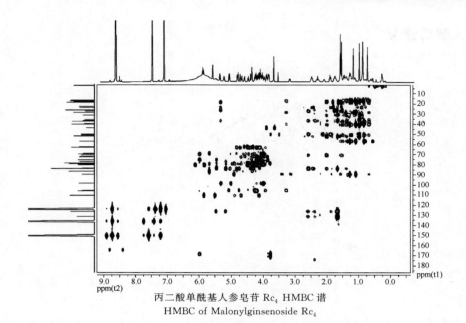

丙二酸单酰基人参皂苷 Rc₄ HMBC 谱
HMBC of Malonylginsenoside Rc₄

丙二酸单酰基人参皂苷 Rc₄ 的 ^{1}H NMR 和 ^{13}C NMR 数据

^{1}H NMR and ^{13}C NMR data of Malonylginsenoside Rc₄

序号	^{1}H NMR(δ)	^{13}C NMR(δ)	序号	^{1}H NMR(δ)	^{13}C NMR(δ)
1	1.56(1H,m),0.73(1H,m)	39.6	29	1.07(3H,s)	17.1
2	2.19(1H,m),1.82(1H,m)	27.2	30	0.96(3H,s)	17.8
3	3.26(1H,dd,J=11.7,4.3Hz)	89.4	3-glc-1′	4.91(1H,d,J=7.4Hz)	105.5
4		40.5	2′	4.26(1H,m)	83.4
5	0.66(1H,m)	56.8	3′	4.27(1H,m)	78.6
6	1.48(1H,m),1.36(1H,m)	18.9	4′	4.12(1H,t,J=9.2Hz)	72.2
7	1.46(1H,m),1.21(1H,m)	35.6	5′	3.93(1H,m)	78.6
8		40.1	6′	4.57(1H,dd,J=11.8,2.1Hz),4.34(1H,m)	63.3
9	1.37(1H,m)	50.6	2′-glc-1″	5.46(1H,d,J=7.6Hz)	106.0
10		37.3	2″	4.20(1H,m)	75.3
11	1.98(1H,m),1.55(1H,m)	31.1	3″	5.99(1H,t,J=9.5Hz)	80.4
12	4.17(1H,m)	70.7	4″	4.49(1H,t,J=9.4Hz)	69.6
13	2.00(1H,m)	49.9	5″	3.94(1H,m)	78.6
14		51.9	6″	4.45(1H,m),4.33(1H,m)	62.3
15	1.58(1H,m),0.99(1H,m)	31.3	20-glc-1‴	5.16(1H,d,J=7.8Hz)	98.6
16	1.87(1H,m),1.40(1H,m)	27.1	2‴	3.99(1H,m)	75.5
17	2.57(1H,m)	52.1	3‴	4.20(1H,m)	79.7
18	0.97(3H,s)	16.4	4‴	4.06(1H,m)	72.6
19	0.82(3H,s)	16.7	5‴	4.06(1H,m)	77.0
20		83.9	6‴	4.69(1H,dd,J=10.7,2.0Hz),4.13(1H,m)	69.0
21	1.63(3H,s)	22.8	6‴-ara(f)-1⁗	5.68(1H,d,J=1.2Hz)	110.6
22	2.41(1H,m),1.85(1H,m)	36.6	2⁗	4.90(1H,m)	83.9
23	2.57(1H,m),2.39(1H,m)	23.6	3⁗	4.83(1H,m)	79.3
24	5.32(1H,m)	126.5	4⁗	4.77(1H,m)	86.5
25		131.5	5⁗	4.35(1H,m),4.24(1H,m)	63.1
26	1.67(3H,s)	26.2	3″-mal-1⁗		168.6
27	1.67(3H,s)	18.3	2⁗	3.74(2H,s)	43.7
28	1.26(3H,s)	28.5	3⁗		170.7

注：^{1}H NMR（500MHz，pyridine-d_5）；^{13}C NMR（125MHz，pyridine-d_5）。

039 人参皂苷 V

Ginsenoside V

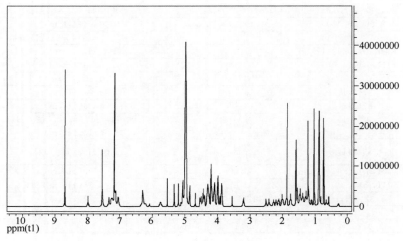

【中文名】 人参皂苷 V；3-O-[β-D-吡喃葡萄糖基-(1-2)-β-D-吡喃葡萄糖基]-20-O-[β-D-吡喃葡萄糖基-(1-6)-β-D-吡喃葡萄糖基]-达玛-25-烯-3β,12β,20S,24R-四醇

【英文名】 Ginsenoside V；3-O-[β-D-Glucopyranosyl-(1-2)-β-D-glucopyranosyl]-20-O-[β-D-glucopyranosyl-(1-6)-β-D-glucopyranosyl]-dammar-25-ene-3β,12β,20S,24R-tetraol

【分子式】 $C_{54}H_{92}O_{24}$

【分子量】 1124.6

【参考文献】 Yang W Z，Ye M，Qiao X，et al. A strategy for efficient discovery of new natural compounds by integrating orthogonal column chromatography and liquid chromatography/mass spectrometry analysis：its application in *Panax ginseng*，*Panax quinquefolium* and *Panax notoginseng* to characterize 437 potential new ginsenosides [J]. Analytica Chimica Acta，2012，739：56-66.

人参皂苷 V ^{1}H NMR 谱

^{1}H NMR of ginsenoside V

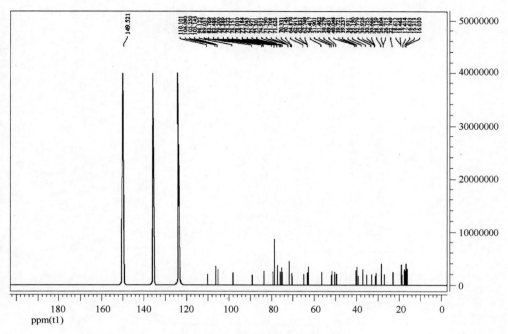

人参皂苷 V ^{13}C NMR 谱

^{13}C NMR of ginsenoside V

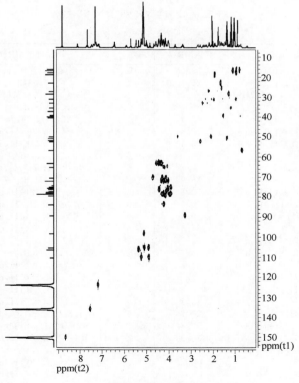

人参皂苷 V HMQC 谱

HMQC of ginsenoside V

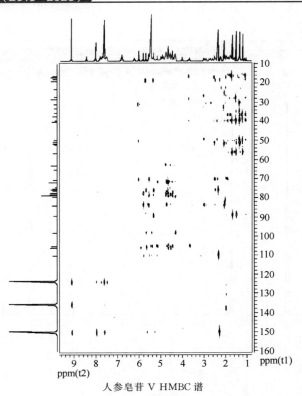

人参皂苷 V HMBC 谱

HMBC of ginsenoside V

人参皂苷 V 的 ^{1}H NMR 和 ^{13}C NMR 数据

^{1}H NMR and ^{13}C NMR data of ginsenoside V

序号	^{1}H NMR(δ)	^{13}C NMR(δ)	序号	^{1}H NMR(δ)	^{13}C NMR(δ)
1	0.70(1H,m),1.51(1H,m)	39.2	28	1.26(3H,s)	28.1
2	1.79(1H,m),2.16(1H,m)	26.8	29	1.08(3H,s)	16.6
3	3.24(1H,dd,$J=4.0,11.2$Hz)	89.0	30	0.93(3H,s)	17.4
4		39.7	3-glc-1′	4.90(1H,d,$J=7.6$Hz)	104.9
5	0.63(1H,d,$J=10.4$Hz)	56.4	2′	4.22(1H,brd,$J=5.4$Hz)	83.5
6	1.32(1H,m),1.44(1H,m)	18.4	3′	4.29(1H,m)	78.3
7	1.15(1H,m),1.41(1H,m)	35.1	4′	4.13(1H,m)	71.6
8		40.0	5′	3.91(1H,m)	78.1
9	1.33(1H,m)	50.2	6′	4.32(1H,m),4.50(1H,m)	62.8
10		36.9	2′-glc-1″	5.36(1H,d,$J=7.6$Hz)	106.3
11	1.52(1H,m),1.94(1H,m)	30.6	2″	4.12(1H,m)	77.1
12	4.73(1H,d,$J=11.4$Hz)	70.3	3″	4.22(1H,m)	78.0
13	2.05(1H,m)	49.4	4″	4.13(1H,m)	71.7
14		51.4	5″	3.91(1H,m)	78.3
15	0.93(1H,m),1.49(1H,m)	30.7	6″	4.32(1H,m),4.46(1H,m)	62.7
16	1.34(1H,m),1.79(1H,m)	26.7	20-glc-1‴	5.12(1H,d,$J=8.0$Hz)	98.1
17	2.54(1H,m)	51.8	2‴	3.89(1H,m)	74.9
18	0.91(3H,s)	16.0	3‴	4.15(1H,m)	79.2
19	0.77(3H,s)	16.3	4‴	4.03(1H,m)	71.6
20		83.7	5‴	4.03(1H,m)	77.0
21	1.63(3H,s)	22.7	6‴	4.29(1H,m),4.73(1H,m)	70.1
22	2.24(1H,m),2.45(1H,m)	32.7	6‴-glc-1⁗	5.10(1H,d,$J=8.0$Hz)	105.4
23	2.03(1H,m),2.31(1H,m)	30.9	2⁗	4.03(1H,m)	75.2
24	4.43(1H,m)	75.9	3⁗	4.22(1H,m)	78.3
25		149.5	4⁗	4.33(1H,m)	71.6
26	4.88(1H,s),5.23(1H,s)	110.0	5⁗	3.96(1H,m)	78.3
27	1.91(3H,s)	18.5	6⁗	4.34(1H,m),4.49(1H,m)	62.9

注：^{1}H NMR（600MHz, pyridine-d_5）；^{13}C NMR（150MHz, pyridine-d_5）。

040 人参皂苷 Rh₂₁

Ginsenoside Rh₂₁

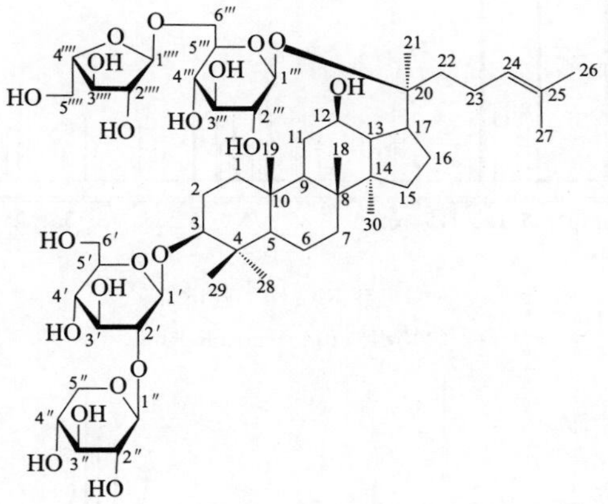

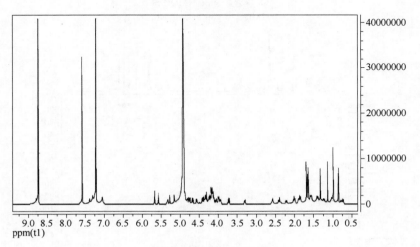

【中文名】 人参皂苷 Rh₂₁；3-*O*-[β-D-吡喃木糖基-(1-2)-β-D-吡喃葡萄糖基]-20-*O*-[α-L-呋喃阿拉伯糖基-(1-6)-β-D-吡喃葡萄糖基]-达玛-24-烯-3β,12β,20β-三醇

【英文名】 Ginsenoside Rh₂₁；3-*O*-[β-D-Xylopyranosyl-(1-2)-β-D-glucopyranosyl]-20-*O*-[α-L-arabinofuranosyl-(1-6)-β-D-glucopyranosyl]-dammar-24-ene-3β,12β,20β-triol

【分子式】 $C_{52}H_{88}O_{21}$

【分子量】 1048.6

【参考文献】 李莎莎. 人参花蕾中化学成分及其稀有皂苷分离工艺的研究 [D]. 大连：大连大学，2017，22-24.

人参皂苷 Rh₂₁ ¹H NMR 谱

¹H NMR of ginsenoside Rh₂₁

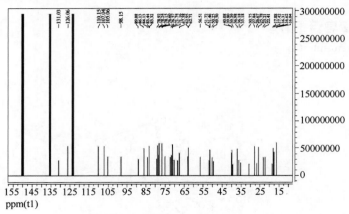

人参皂苷 Rh$_{21}$ ^{13}C NMR 谱
^{13}C NMR of ginsenoside Rh$_{21}$

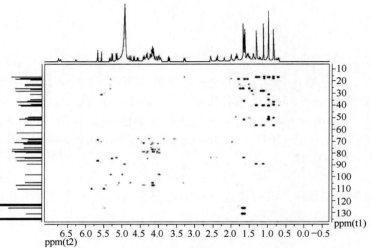

人参皂苷 Rh$_{21}$ HMQC 谱
HMQC of ginsenoside Rh$_{21}$

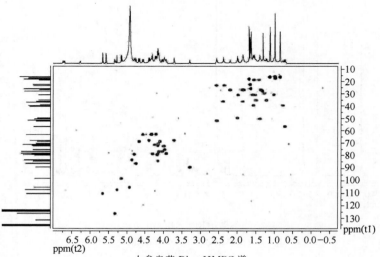

人参皂苷 Rh$_{21}$ HMBC 谱
HMBC of ginsenoside Rh$_{21}$

人参皂苷 Rh$_{21}$ 的^{1}H NMR 和^{13}C NMR 数据

^{1}H NMR and ^{13}C NMR data of ginsenoside Rh$_{21}$

序号	^{1}H NMR(δ)	^{13}C NMR(δ)
1	0.76(1H,m),1.57(1H,m)	39.3
2	1.37(1H,m),1.85(1H,m)	26.7
3	3.30(1H,dd,J=12.5,5.0Hz)	89.1
4		39.8
5	0.71(1H,d,J=11.0Hz)	56.5
6	1.41(1H,m),1.55(1H,m)	18.5
7	1.21(1H,m),1.49(1H,m)	35.2
8		40.1
9	1.40(1H,m)	50.3
10		37.0
11	1.99(1H,m),n.d	30.9
12	4.15(1H,m)	70.3
13	2.00(1H,t,J=11.0Hz)	49.5
14		51.5
15	1.01(1H,m),1.58(1H,m)	30.8
16	2.20(1H,m),n.d	26.9
17	2.56(1H,m)	51.7
18	0.98(3H,s)	16.0
19	0.84(3H,s)	16.3
20		83.4
21	1.65(3H,s)	22.4
22	1.85(1H,m),2.38(1H,m)	36.2
23	2.38(1H,m),2.57(1H,m)	23.2
24	5.32(1H,t,J=7.0Hz)	126.1
25		131.0
26	1.63(3H,s)	25.8
27	1.68(3H,s)	17.9
28	1.31(3H,s)	27.8
29	1.12(3H,s)	16.3
30	0.97(3H,s)	17.4
3-glc-1′	4.90(1H,d,J=7.5Hz)	105.1
2′	4.16(1H,m)	84.1
3′	4.31(1H,m)	78.5
4′	4.16(1H,m)	71.7
5′	3.93(1H,m)	78.2
6′	4.33(1H,m),4.56(1H,m)	63.0
2′-xyl(p)-1″	5.27(1H,d,J=7.0Hz)	107.0
2″	4.13(1H,m)	76.6
3″	4.16(1H,m)	78.2
4″	4.24(1H,m)	71.2
5″	3.71(1H,m),4.41(1H,dd,J=11.0,5.0Hz)	67.6
20-glc-1‴	5.15(1H,d,J=8.0Hz)	98.2
2‴	3.98(1H,m)	75.1
3‴	4.18(1H,m)	79.3
4‴	3.99(1H,m)	72.2
5‴	4.04(1H,m)	76.6
6‴	4.11(1H,m),4.67(1H,dd,J=11.0,2.5Hz)	68.5
6‴-ara(f)-1⁗	5.66(1H,d,J=1.5Hz)	110.2
2⁗	4.87(1H,m)	83.3
3⁗	4.80(1H,m)	78.9
4⁗	4.75(1H,m)	86.1
5⁗	4.22(1H,m),4.49(1H,m)	62.7

注：^{1}H NMR（500MHz, pyridine-d_5）；^{13}C NMR（125MHz, pyridine-d_5）。

041 拟人参皂苷 B

Pseudoginsenoside B

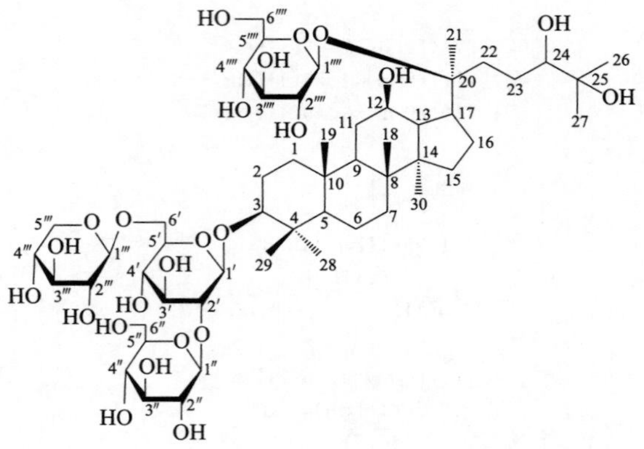

【中文名】　拟人参皂苷 B；3-O-β-D-吡喃葡萄糖基-(1-2)-[β-D-吡喃木糖基-(1-6)]-β-D-吡喃葡萄糖基-20-O-β-D-吡喃葡萄糖基-达玛-3β,12β,20S,24,25-五醇

【英文名】　Pseudoginsenoside B；3-O-β-D-Glucopyranosyl-(1-2)-[β-D-xylopyranosyl-(1-6)]-β-D-glucopyranosyl-20-O-β-D-glucopyranosyl-dammar-3β,12β,20S,24,25-pentaol

【分子式】　$C_{53}H_{92}O_{24}$

【分子量】　1112.6

【参考文献】　Hanh T T H, Cham P T, Anh D H, et al. Dammarane-type triterpenoid saponins from the flower buds of *Panax pseudoginseng* with cytotoxic activity [J]. Natural Product Research，2022，36 (17)：4349-4357.

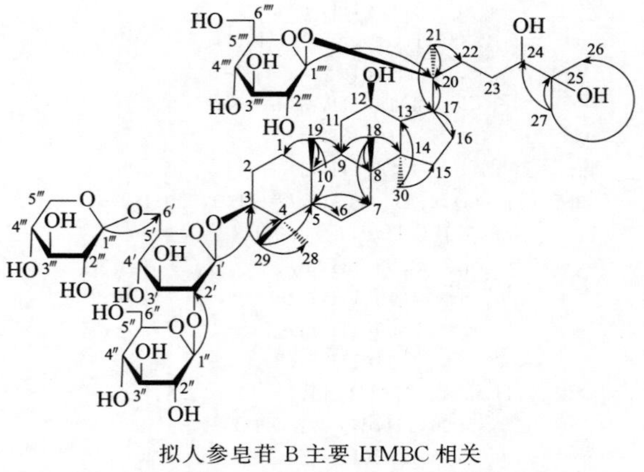

拟人参皂苷 B 主要 HMBC 相关

Key HMBC correlations of pseudoginsenoside B

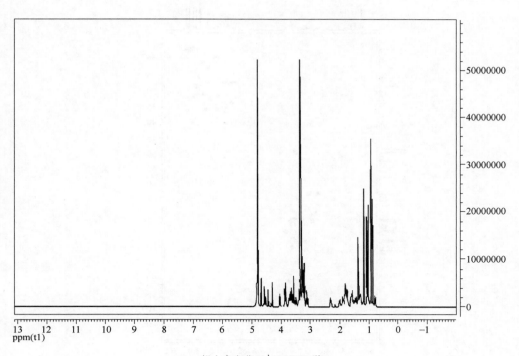

拟人参皂苷 B ^{1}H NMR 谱

^{1}H NMR of pseudoginsenoside B

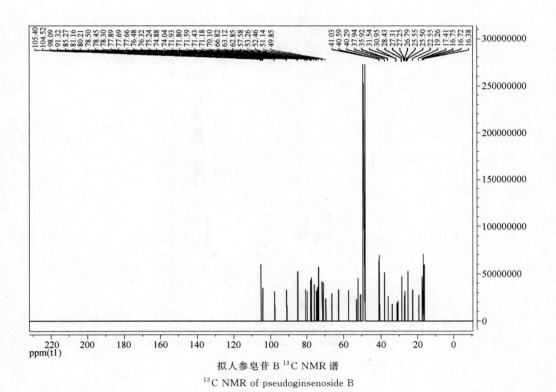

拟人参皂苷 B ^{13}C NMR 谱

^{13}C NMR of pseudoginsenoside B

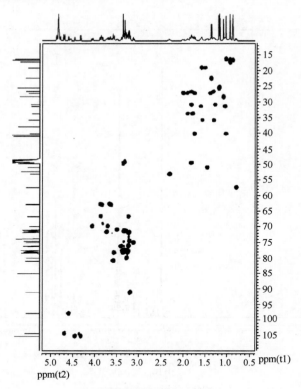

拟人参皂苷 B HMQC 谱

HMQC of pseudoginsenoside B

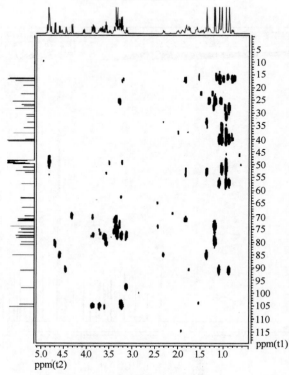

拟人参皂苷 B HMBC 谱

HMBC of pseudoginsenoside B

拟人参皂苷 B 的 ^{1}H NMR 和 ^{13}C NMR 数据及 HMBC 主要相关信息

^{1}H NMR and ^{13}C NMR data and HMBC correlations of pseudoginsenoside B

序号	^{1}H NMR(δ)	^{13}C NMR(δ)	HMBC
1	1.02(1H,m),1.94(1H,m)	40.3	
2	1.90(1H,m),2.00(1H,m)	27.3	
3	3.20(1H,m)	91.3	
4		40.6	
5	0.80(1H,d,J=11.5Hz)	56.7	C-6,7
6	1.50(1H,m),1.60(1H,m)	19.3	
7	1.31(1H,m),1.56(1H,m)	35.9	
8		41.0	
9	1.48(1H,m)	51.1	
10		37.9	
11	1.29(1H,m),1.81(1H,m)	30.9	
12	3.23(1H,m)	71.9	
13	1.50(1H,m)	49.9	
14		52.5	
15	1.05(1H,m),1.60(1H,m)	31.5	
16	1.40(1H,m),1.76(1H,m)	27.3	
17	2.31(1H,m)	53.3	C-16,20
18	1.04(3H,s)	16.4	C-7,8,9,14
19	0.95(3H,s)	16.7	C-1,5,9,10
20		83.5	
21	1.37(3H,s)	22.6	C-17,20,22
22	1.80(1H,m),1.90(1H,m)	33.9	
23	1.30(1H,m),1.80(1H,m)	26.8	
24	3.28(1H,m)	80.2	
25		74.0	
26	1.18(3H,s)	25.5	
27	1.20(3H,s)	25.6	C-24,25,26
28	1.09(3H,s)	28.4	
29	0.88(3H,s)	16.8	C-3,4,5,28
30	0.95(3H,s)	17.4	C-13,15
3-glc-1′	4.45(1H,d,J=7.5Hz)	105.4	C-3
2′	3.58(1H,m)	81.2	
3′	3.20~3.40(1H,m)	78.3	
4′	3.35(1H,m)	71.4	
5′	3.40(1H,m)	76.5	
6′	3.70(1H,m),4.06(1H,dd,J=2.0,11.5Hz)	70.1	
2′-glc-1″	4.69(1H,d,J=7.5Hz)	104.6	C-2′
2″	3.24(1H,m)	76.3	
3″	3.20~3.40(1H,m)	78.5	
4″	3.23(1H,m)	71.8	
5″	3.20~3.40(1H,m)	77.9	
6″	3.66(1H,m),3.87(1H,m)	63.1	
6′-xyl(p)-1‴	4.32(1H,d,J=7.5Hz)	105.4	C-6′
2‴	3.20(1H,m)	74.9	
3‴	3.20~3.40(1H,m)	77.7	
4‴	3.50(1H,m)	71.2	
5‴	3.23(1H,m),3.87(1H,m)	66.8	
20-glc-1⁗	4.59(1H,d,J=7.5Hz)	98.1	C-20
2⁗	3.13(1H,t,J=8.0Hz)	75.2	
3⁗	3.20~3.40(1H,m)	78.5	
4⁗	3.73(1H,m)	71.6	
5⁗	3.20~3.40(1H,m)	77.7	
6⁗	3.66(1H,m),3.87(1H,m)	62.9	

注：^{1}H NMR（500MHz，methanol-d_4）；^{13}C NMR（125MHz，methanol-d_4）。

042 人参皂苷Ⅳ
Ginsenoside Ⅳ

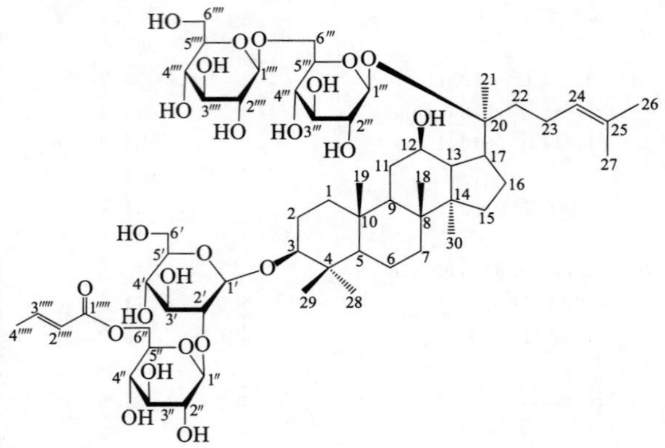

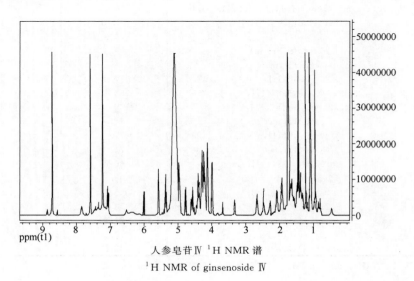

【中文名】　人参皂苷Ⅳ；3-*O*-[6-*O*-（*E*）-2-丁烯酰基-*β*-D-吡喃葡萄糖基-（1-2）-*β*-D-吡喃葡萄糖基]-20-*O*-[*β*-D-吡喃葡萄糖基-（1-6）-*β*-D-吡喃葡萄糖基]-达玛-24-烯-3*β*，12*β*，20S-三醇

【英文名】　Ginsenoside Ⅳ；3-*O*-[6-*O*-（*E*）-2-Butenoyl-*β*-D-glucopyranosyl-（1-2）-*β*-D-glucopyranosyl]-20-*O*-[*β*-D-glucopyranosyl-（1-6）-*β*-D-glucopyranosyl]-dammar-24-ene-3*β*，12*β*，20S-triol

【分子式】　$C_{58}H_{96}O_{24}$

【分子量】　1176.6

【参考文献】　Yang W Z，Ye M，Qiao X，et al. A strategy for efficient discovery of new natural compounds by integrating orthogonal column chromatography and liquid chromatography/mass spectrometry analysis：its application in *Panax ginseng*，*Panax quinquefolium* and *Panax notoginseng* to characterize 437 potential new ginsenosides [J]. Analytica Chimica Acta，2012，739：56-66.

人参皂苷Ⅳ ^{1}H NMR 谱
^{1}H NMR of ginsenoside Ⅳ

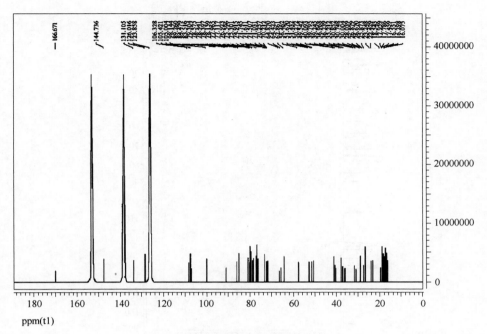

人参皂苷Ⅳ ¹³C NMR 谱
¹³C NMR of ginsenoside Ⅳ

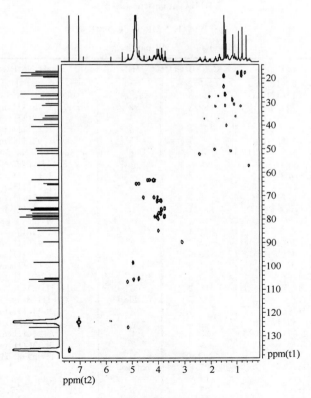

人参皂苷Ⅳ HMQC 谱
HMQC of ginsenoside Ⅳ

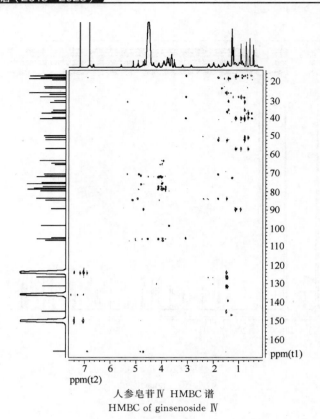

人参皂苷Ⅳ HMBC谱
HMBC of ginsenoside Ⅳ

人参皂苷Ⅳ的 ^{1}H NMR 和 ^{13}C NMR 数据
^{1}H NMR and ^{13}C NMR data of ginsenoside Ⅳ

序号	^{1}H NMR(δ)	^{13}C NMR(δ)	序号	^{1}H NMR(δ)	^{13}C NMR(δ)
1	0.72(1H,m),1.53(1H,m)	39.2	30	0.96(3H,s)	17.4
2	1.81(1H,m),2.18(1H,m)	26.8	3-glc-1′	4.89(1H,d,J=7.2Hz)	104.9
3	3.20(1H,dd,J=4.2,11.4Hz)	89.2	2′	4.15(1H,m)	84.3
4		39.7	3′	4.28(1H,m)	78.5
5	0.67(1H,brd,J=8.0Hz)	56.4	4′	4.13(1H,m)	71.4
6	1.36(1H,m),1.46(1H,m)	18.5	5′	3.92(1H,m)	78.1
7	1.19(1H,m),1.46(1H,m)	35.2	6′	4.32(1H,m),4.50(1H,m)	62.8
8		40.0	2′-glc-1″	5.32(1H,d,J=7.8Hz)	106.3
9	1.36(1H,m)	50.2	2″	4.13(1H,m)	76.9
10		36.9	3″	4.21(1H,m)	77.9
11	1.51(1H,m),1.97(1H,m)	30.7	4″	4.17(1H,m)	71.0
12	4.31(1H,m)	70.1	5″	4.03(1H,m)	75.5
13	1.96(1H,m)	49.5	6″	4.89(1H,m),4.98(1H,m)	64.4
14		51.4	20-glc-1‴	5.12(1H,d,J=7.8Hz)	98.1
15	0.97(1H,m),1.50(1H,m)	30.7	2‴	3.91(1H,m)	74.9
16	1.34(1H,m),1.82(1H,m)	26.6	3‴	4.15(1H,m)	79.2
17	2.56(1H,m)	51.6	4‴	4.19(1H,m)	71.5
18	0.95(3H,s)	16.0	5‴	4.05(1H,m)	77.1
19	0.81(3H,s)	16.2	6‴	4.31(1H,m),4.72(1H,m)	70.1
20		83.5	6‴-glc-1⁗	5.09(1H,d,J=7.8Hz)	105.4
21	1.64(3H,s)	22.4	2⁗	4.03(1H,m)	75.2
22	1.81(1H,m),2.39(1H,m)	36.2	3⁗	4.19(1H,m)	78.4
23	2.38(1H,m),2.57(1H,m)	23.2	4⁗	4.21(1H,m)	71.7
24	5.31(1H,m)	126.0	5⁗	3.92(1H,m)	78.3
25		131.0	6⁗	4.36(1H,m),4.54(1H,m)	62.9
26	1.58(3H,s)	25.8	6″-butenoyl-1″″′		166.7
27	1.64(3H,s)	17.9	2″″′	5.96(1H,dq,J=1.6,15.6Hz)	123.9
28	1.30(3H,s)	28.0	3″″′	7.03(1H,dq,J=7.0,15.6Hz)	144.7
29	1.10(3H,s)	16.5	4″″′	1.62(3H,dd,J=1.6,7.0Hz)	17.7

注：^{1}H NMR（600MHz，pyridine-d_5）；^{13}C NMR（150MHz，pyridine-d_5）。

043 三七皂苷 Ng₅

Notoginsenoside Ng₅

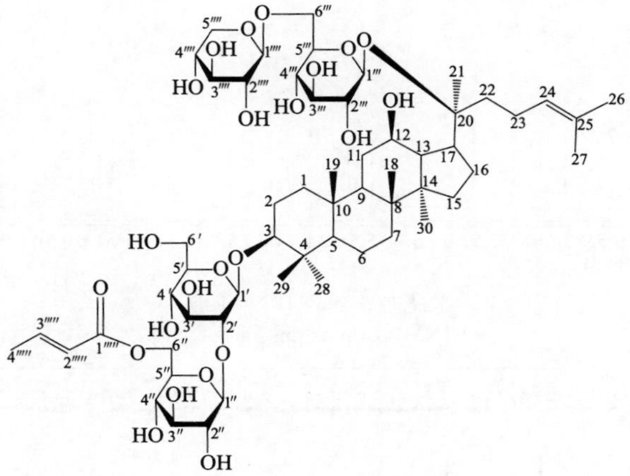

【**中文名**】　三七皂苷 Ng₅；3-O-{6-O-[(E)-2-丁烯酰基]-β-D-吡喃葡萄糖基-(1-2)-β-D-吡喃葡萄糖基}-20-O-[β-D-吡喃木糖基-(1-6)-β-D-吡喃葡萄糖基]-达玛-24-烯-3β,12β,20S-三醇

【**英文名**】　Notoginsenoside Ng₅；3-O-{6-O-[(E)-2-Butenoyl]-β-D-glucopyranosyl-(1-2)-β-D-glucopyranosyl}-20-O-[β-D-xylopyranosyl-(1-6)-β-D-glucopyranosyl]-dammar-24-ene-3β,12β,20S-triol

【**分子式**】　$C_{57}H_{94}O_{23}$

【**分子量**】　1146.6

【**参考文献**】　Huang J W，Du Y Q，Li C J，et al. Neuroprotective triterpene saponins from the leaves of *Panax notoginseng* [J]. Natural Product Research，2021，14（35）：2388-2394.

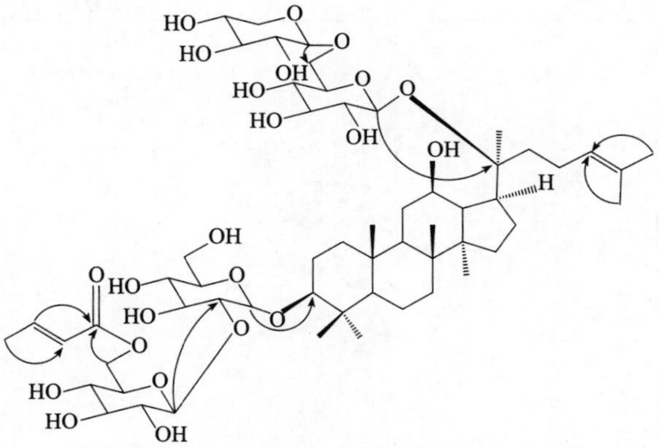

三七皂苷 Ng₅ 主要 HMBC 相关

Key HMBC correlations of notoginsenoside Ng₅

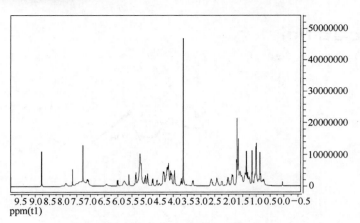

三七皂苷 Ng$_5$ ^{1}H NMR 谱
^{1}H NMR of notoginsenoside Ng$_5$

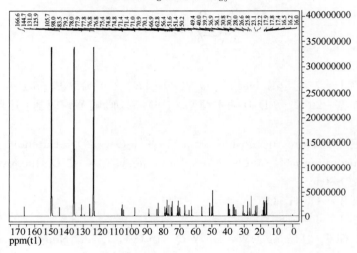

三七皂苷 Ng$_5$ ^{13}C NMR 谱
^{13}C NMR of notoginsenoside Ng$_5$

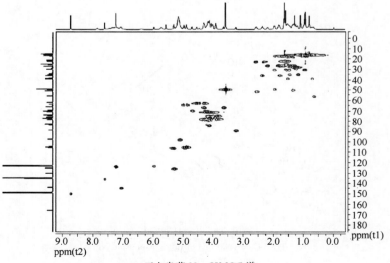

三七皂苷 Ng$_5$ HMQC 谱
HMQC of notoginsenoside Ng$_5$

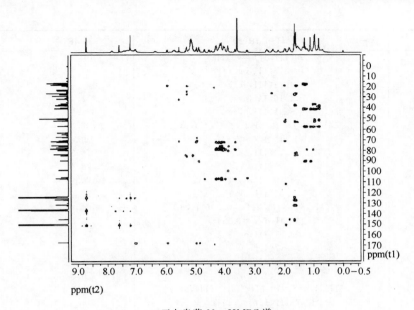

三七皂苷 Ng₅ HMBC 谱

HMBC of notoginsenoside Ng₅

三七皂苷 Ng₅ 的 ^{1}H NMR 和 ^{13}C NMR 数据及 HMBC 主要相关信息

^{1}H NMR and ^{13}C NMR data and HMBC correlations of notoginsenoside Ng₅

序号	^{1}H NMR(δ)	^{13}C NMR(δ)	HMBC
1	1.54(1H,ov.),0.75(1H,t,$J=12.0$Hz)	39.2	
2	1.84(1H,ov.),1.36(1H,ov.)	26.6	
3	3.26(1H,m)	89.2	
4		39.7	
5	0.69(1H,d,$J=12.0$Hz)	56.4	
6	1.56(1H,ov.),1.38(1H,ov.)	18.5	
7	1.49(1H,m),1.20(1H,m)	35.1	
8		40.0	
9	1.37(1H,ov.)	50.2	
10		36.9	
11	1.98(1H,ov.),1.54(1H,ov.)	30.8	
12	4.24(1H,ov.)	70.1	
13	1.99(1H,ov.)	49.4	
14		51.4	
15	1.54(1H,ov.),1.00(1H,m)	30.7	
16	2.20(1H,ov.),1.84(1H,ov.)	26.8	
17	2.58(1H,ov.)	51.6	
18	0.96(3H,s)	16.0	
19	0.83(3H,s)	16.2	
20		83.5	
21	1.64(3H,s)	22.2	
22	2.39(1H,ov.),1.81(1H,ov.)	36.1	
23	2.61(1H,ov.),2.34(1H,ov.)	23.1	
24	5.31(1H,ov.)	125.9	
25		131.0	
26	1.61(3H,s)	25.8	C-24
27	1.65(3H,ov.)	17.9	C-24
28	1.32(3H,s)	28.0	
29	1.11(3H,s)	16.5	
30	0.98(3H,s)	17.4	

续表

序号	^{1}H NMR(δ)	^{13}C NMR(δ)	HMBC
3-glc-1′	4.90(1H,d,J=7.2Hz)	104.9	C-3
2′	4.15(1H,ov.)	84.2	
3′	4.23(1H,ov.)	77.8	
4′	4.16(1H,ov.)	71.4	
5′	3.91(1H,ov.)	78.0	
6′	4.55(1H,d,J=10.8Hz),4.32(1H,ov.)	62.8	
2′-glc-1″	5.32(1H,d,J=7.8Hz)	106.2	C-2′
2″	4.14(1H,ov.)	76.8	
3″	4.30(1H,ov.)	78.4	
4″	4.19(1H,ov.)	70.9	
5″	4.03(1H,ov.)	75.4	
6″	4.99(1H,d,J=11.4Hz),4.88(1H,m)	64.3	C-1⁗
20-glc-1‴	5.12(1H,d,J=7.2Hz)	98.0	C-20
2‴	3.91(1H,ov.)	74.8	
3‴	4.17(1H,ov.)	79.2	
4‴	4.05(1H,ov.)	71.4	
5‴	4.05(1H,ov.)	76.8	
6‴	4.71(1H,d,J=10.8Hz),4.28(1H,ov.)	69.9	
6‴-xyl-1⁗	4.97(1H,d,J=7.2Hz)	105.7	C-6‴
2⁗	4.02(1H,ov.)	74.8	
3⁗	4.13(1H,ov.)	77.9	
4⁗	4.19(1H,ov.)	71.0	
5⁗	4.32(1H,ov.),3.67(1H,t,J=10.2Hz)	66.9	
6″-butenoyl-1⁗		166.6	
2⁗	5.97(1H,d,J=15.4Hz)	123.2	
3⁗	7.06(1H,dq,J=15.4,7.2Hz)	144.7	C-1⁗
4⁗	1.65(3H,ov.)	17.8	C-2⁗

注：^{1}H NMR（600MHz，pyridine-d_5）；^{13}C NMR（150MHz，pyridine-d_5）。

044 三七皂苷 Ng_6

Notoginsenoside Ng_6

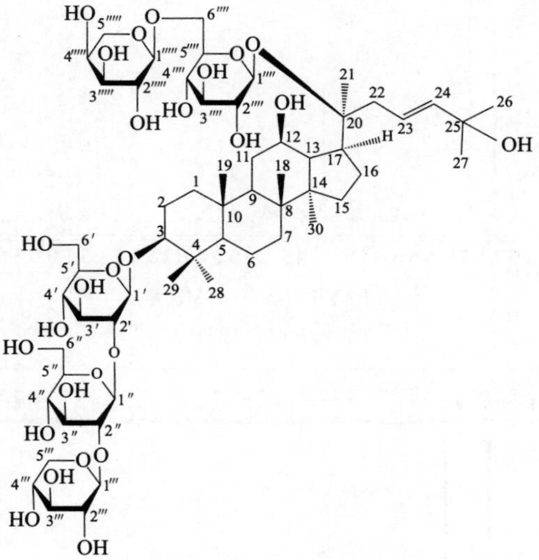

【中文名】 三七皂苷 Ng_6；3-*O*-[*β*-D-吡喃木糖基-(1-2)-*β*-D-吡喃葡萄糖基-(1-2)-*β*-D-吡喃葡萄糖基]-20-*O*-[*α*-L-吡喃阿拉伯糖基-(1-6)-*β*-D-吡喃葡萄糖基]-达玛-23-烯-3*β*，12*β*，20*S*，25-四醇

【英文名】 Notoginsenoside Ng_6；3-*O*-[*β*-D-Xylopyranosyl-(1-2)-*β*-D-glucopyranosyl-(1-2)-*β*-D-glucopyranosyl]-20-*O*-[*α*-L-arabinopyranosyl-(1-6)-*β*-D-glucopyranosyl]-dammar-23-ene-3*β*，12*β*，20*S*，25-tetraol

【分子式】 $C_{58}H_{98}O_{27}$

【分子量】 1226.6

【参考文献】 Huang J W，Du Y Q，Li C J，et al. Neuroprotective triterpene saponins from the leaves of *Panax notoginseng* [J]. Natural Product Research，2021，14 (35)：2388-2394.

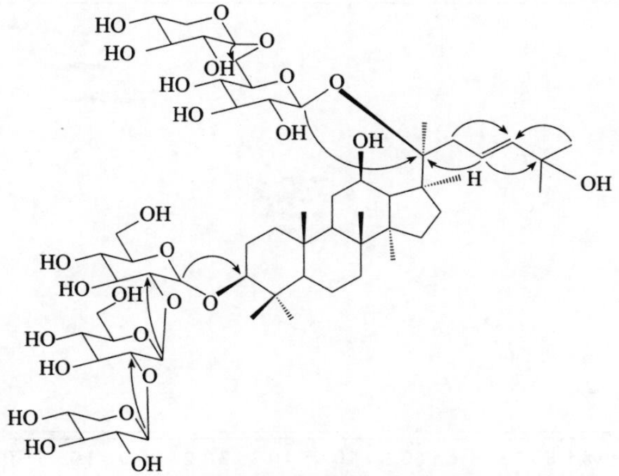

三七皂苷 Ng_6 主要 HMBC 相关

Key HMBC correlations of notoginsenoside Ng_6

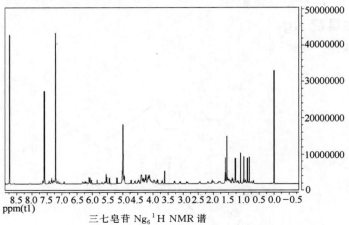

三七皂苷 Ng$_6$ ^{1}H NMR 谱

^{1}H NMR of notoginsenoside Ng$_6$

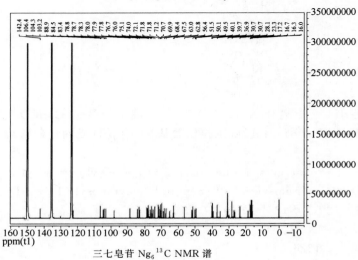

三七皂苷 Ng$_6$ ^{13}C NMR 谱

^{13}C NMR of notoginsenoside Ng$_6$

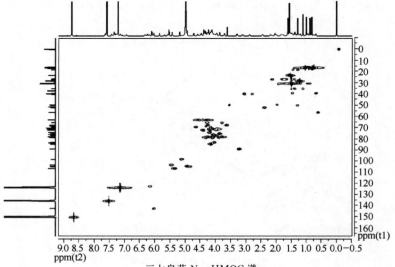

三七皂苷 Ng$_6$ HMQC 谱

HMQC of notoginsenoside Ng$_6$

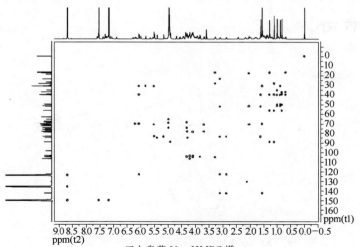

三七皂苷 Ng_6 HMBC 谱
HMBC of notoginsenoside Ng_6

三七皂苷 Ng_6 的 ^1H NMR 和 ^{13}C NMR 数据及 HMBC 主要相关信息
^1H NMR and ^{13}C NMR data and HMBC correlations of notoginsenoside Ng_6

序号	^1H NMR(δ)	^{13}C NMR(δ)	HMBC	序号	^1H NMR(δ)	^{13}C NMR(δ)	HMBC
1	1.53(1H,ov.), 0.76(1H,t, J=12.0Hz)	39.2		28	1.29(3H,s)	28.1	
				29	1.11(3H,s)	16.7	
				30	0.89(3H,s)	17.2	
2	2.18(1H,m), 1.83(1H,ov.)	26.8		3-glc-1′	4.95(1H,d, J=6.3Hz)	104.8	C-3
3	3.29(1H,dd, J=11.4,4.2Hz)	88.9		2′	4.11(1H,ov.)	83.0	
4		39.7		3′	4.37(1H,m)	78.7	
5	0.69(1H,d, J=11.4Hz)	56.4		4′	4.12(1H,ov.)	71.2	
6	1.52(1H,ov.), 1.37(1H,ov.)	18.5		5′	3.97(1H,ov.)	78.3	
7	1.46(1H,ov.),1.20(1H,d,J=12.0Hz)	35.1		6′	4.60(1H,d, J=11.4Hz), 4.37(1H,ov.)	63.0	
8		40.1		2′-glc-1″	5.54(1H,d, J=7.8Hz)	103.2	C-2′
9	1.37(1H,ov.)	50.1		2″	4.22(1H,ov.)	84.5	
10		36.9		3″	3.88(1H,m)	77.8	
11	2.01(1H,m), 1.86(1H,ov.)	30.9		4″	4.24(1H,ov.)	71.8	
12	4.02(1H,m)	70.5		5″	4.31(1H,ov.)	78.0	
13	2.04(1H,m)	49.5		6″	4.49(1H,ov.), 4.37(1H,ov.)	62.8	
14		51.5		2″-xyl-1‴	5.44(1H,d, J=6.3Hz)	106.4	C-2″
15	1.39(1H,ov.), 0.96(1H,m)	30.5		2‴	4.14(1H,ov.)	76.0	
16	1.78(1H,ov.), 1.47(1H,ov.)	26.4		3‴	4.14(1H,ov.)	77.9	
17	2.46(1H,m)	52.0		4‴	4.15(1H,ov.)	70.7	
18	1.00(3H,s)	16.0		5‴	4.32(1H,ov.), 3.70(1H,m)	67.5	
19	0.83(3H,s)	16.3		20-glc-1⁗	5.19(1H,d,J=7.8Hz)	98.3	C-20
20		83.4		2⁗	3.95(1H,ov.)	75.1	
21	1.61(3H,s)	23.3		3⁗	4.18(1H,m)	78.8	
22	3.11(1H,dd, J=14.4,8.4Hz), 2.88(1H,dd, J=14.4,8.4Hz)	39.8	C-24	4⁗	4.24(1H,ov.)	71.8	
				5⁗	4.08(1H,m)	76.7	
23	6.22(1H,m)	122.7	C-20	6⁗	4.72(1H,d, J=9.0Hz), 4.23(1H,ov.)	69.1	
24	6.10(1H,d, J=15.6Hz)	142.4	C-25	6⁗-arp(p)-1⁗′	5.01(1H,d,J=6.0Hz)	104.3	C-6⁗
25		69.9		2⁗′	4.46(1H,ov.)	72.1	
26	1.57(3H,s)	30.7	C-24	3⁗′	4.26(1H,ov.)	74.0	
27	1.57(3H,s)	30.7		4⁗′	4.38(1H,ov.)	68.4	
				5⁗′	4.34(1H,ov.), 3.85(1H,m)	65.3	

注：^1H NMR（600MHz, pyridine-d_5）；^{13}C NMR（150MHz, pyridine-d_5）。

045 人参皂苷 Rb₅
Ginsenoside Rb₅

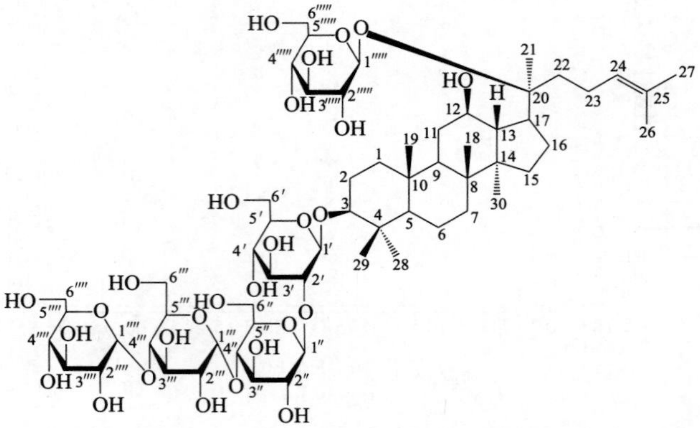

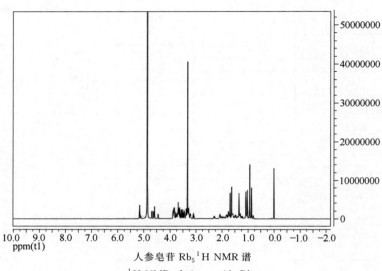

【中文名】　人参皂苷 Rb₅；3-*O*-[*α*-D-吡喃葡萄糖基-(1-4)-*α*-D-吡喃葡萄糖基-(1-4)-*β*-D-吡喃葡萄糖基-(1-2)-*β*-D-吡喃葡萄糖基]-20-*O*-*β*-D-吡喃葡萄糖基-达玛-24-烯-3*β*，12*β*，20S-三醇

【英文名】　Ginsenoside Rb₅；3-*O*-[*α*-D-Glucopyranosyl-（1-4）-*α*-D-glucopyranosyl-（1-4）-*β*-D-glucopyranosyl-（1-2）-*β*-D-glucopyranosyl]-20-*O*-*β*-D-glucopyranosyl-dammar-24-ene-3*β*，12*β*，20S-triol

【分子量】　$C_{60}H_{102}O_{28}$

【分子式】　1270.7

【参考文献】　Xu W，Zhang J H，Wang X W，et al. Two new triterpenoid saponins from ginseng medicinal fungal substance [J]. Journal of Asian Natural Products Research，2016，18（9）：865-870.

人参皂苷 Rb₅ ¹H NMR 谱

¹H NMR of ginsenoside Rb₅

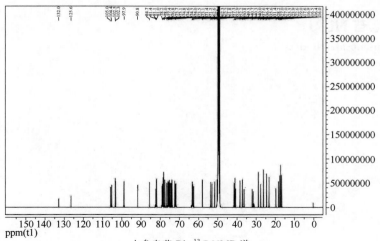

人参皂苷 Rb₅ ^{13}C NMR 谱
^{13}C NMR of ginsenoside Rb₅

人参皂苷 Rb₅ 的^{1}H NMR 和^{13}C NMR 数据
^{1}H NMR and ^{13}C NMR data of ginsenoside Rb₅

序号	^{1}H NMR(δ)	^{13}C NMR(δ)	序号	^{1}H NMR(δ)	^{13}C NMR(δ)
1	1.01~1.05(1H,m)，1.70~1.76(1H,m)	40.0	3-glc-1′	4.44(1H,d,J=7.5Hz)	105.0
2	1.36~1.40(1H,m)，1.90~1.94(1H,m)	27.0	2′	3.53~3.57(1H,m)	81.4
3	3.16~3.22(1H,m)	90.8	3′	3.53~3.57(1H,m)	78.2
4		40.3	4′	3.25~3.29(1H,m)	71.3
5	0.79(1H,d,J=11.0Hz)	57.3	5′	3.24~3.28(1H,m)	77.4
6	1.48~1.52(1H,m)，1.56~1.60(1H,m)	19.0	6′	3.82~3.86(1H,m)，3.84~3.88(1H,m)	62.5
7	1.30~1.34(1H,m)，1.55~1.59(1H,m)	35.6	2′-glc-1″	4.68(1H,d,J=7.5Hz)	104.4
8		40.7	2″	3.26~3.30(1H,m)	75.7
9	1.45~1.51(1H,m)	50.8	3″	3.60~3.66(1H,m)	77.3
10		37.6	4″	3.43~3.47(1H,m)	81.1
11	1.26~1.30(1H,m)，1.80~1.84(1H,m)	30.8	5″	3.33~3.37(1H,m)	76.8
12	3.64~3.70(1H,m)	71.7	6″	3.73~3.78(1H,m)，3.82~3.86(1H,m)	62.3
13	1.73~1.77(1H,m)	49.5	4″-glc-1‴	5.16(1H,d,J=3.5Hz)	102.3
14		52.2	2‴	3.46~3.50(1H,m)	73.5
15	1.05~1.09(1H,m)，1.56~1.62(1H,m)	31.4	3‴	3.83~3.87(1H,m)	74.4
16	1.35~1.41(1H,m)，1.73~1.77(1H,m)	27.0	4‴	3.48~3.52(1H,m)	81.0
17	2.25~2.31(1H,m)	52.9	5‴	3.72~3.76(1H,m)	73.1
18	1.02(3H,s)	16.0	6‴	3.78~3.82(1H,m)，3.82~3.86(1H,m)	61.8
19	0.93(3H,s)	16.5	4‴-glc-1‴′	5.15(1H,d,J=3.5Hz)	102.5
20		84.7	2‴′	3.42~3.46(1H,m)	74.0
21	1.35(3H,s)	22.6	3‴′	3.60~3.64(1H,m)	74.8
22	1.60~1.66(1H,m)，1.80~1.84(1H,m)	36.4	4‴′	3.26~3.30(1H,m)	71.4
23	1.67~1.71(1H,m)，2.05~2.09(1H,m)	23.9	5‴′	3.64~3.68(1H,m)	74.5
24	5.11(1H,t,J=7.0Hz)	125.6	6‴′	3.80~3.84(1H,m)，3.84~3.88(1H,m)	62.6
25		132.0	20-glc-1‴″	4.61(1H,d,J=7.5Hz)	97.9
26	1.69(3H,s)	25.5	2‴″	3.07~3.11(1H,m)	75.1
27	1.63(3H,s)	17.6	3‴″	3.31~3.35(1H,m)	78.0
28	1.08(3H,s)	28.2	4‴″	3.31~3.35(1H,m)	70.9
29	0.87(3H,s)	16.4	5‴″	3.18~3.22(1H,m)	77.7
30	0.93(3H,s)	16.9	6‴″	3.62~3.66(1H,m)，3.75~3.79(1H,m)	62.3

注：^{1}H NMR（500MHz，methanol-d_4）；^{13}C NMR（125MHz，methanol-d_4）。

046 三七皂苷 NL-J
Notoginsenoside NL-J

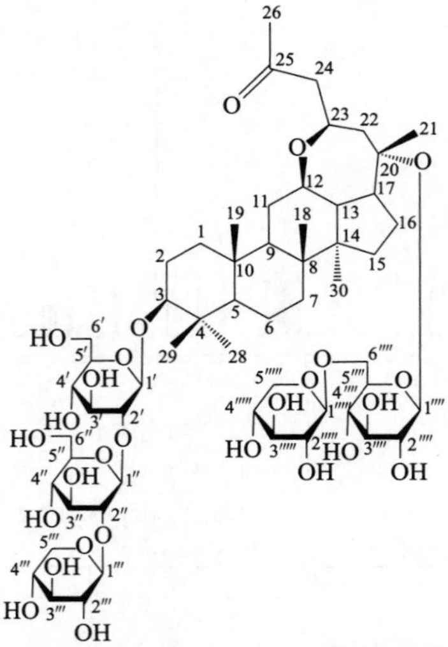

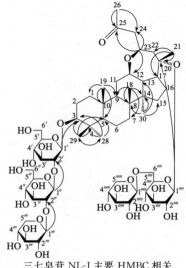

【中文名】　三七皂苷 NL-J；（20*S*,23*R*）-3-*O*-[β-D-吡喃木糖基-（1-2）-β-D-吡喃葡萄糖基-（1-2）-β-D-吡喃葡萄糖基]-20-*O*-[β-D-吡喃木糖基-（1-6）-β-D-吡喃葡萄糖基]-达玛-12β,23-环氧-25-酮-3β,20-二醇

【英文名】　Notoginsenoside NL-J；（20*S*,23*R*）-3-*O*-[β-D-Xylopyranosyl-（1-2）-β-D-glucopyranosyl-（1-2）-β-D-glucopyranosyl]-20-*O*-[β-D-xylopyranosyl-（1-6）-β-D-glucopyrano-syl]-dammar-12β,23-epoxy-25-one-3β,20-diol

【分子式】　$C_{57}H_{94}O_{27}$

【分子量】　1210.6

【参考文献】　Ruan J，Zhang Y，Zhao W，et al. New 12,23-epoxydammarane type saponins obtained from *Panax notoginseng* leaves and their anti-inflammatory activity ［J］. Molecules，2020，25（17）：3784.

三七皂苷 NL-J 主要 HMBC 相关
Key HMBC correlations of notoginsenoside NL-J

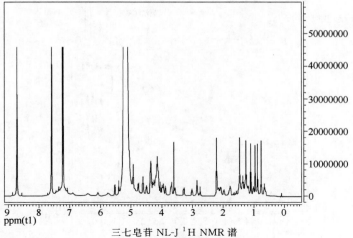

三七皂苷 NL-J ^{1}H NMR 谱
^{1}H NMR of notoginsenoside NL-J

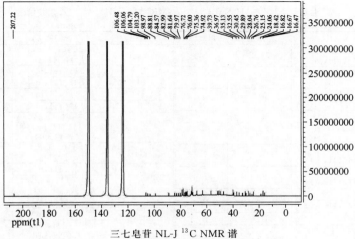

三七皂苷 NL-J ^{13}C NMR 谱
^{13}C NMR of notoginsenoside NL-J

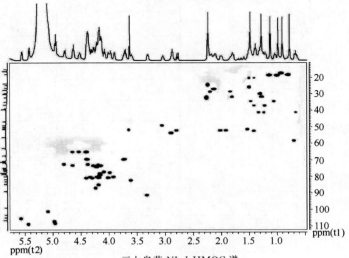

三七皂苷 NL-J HMQC 谱
HMQC of notoginsenoside NL-J

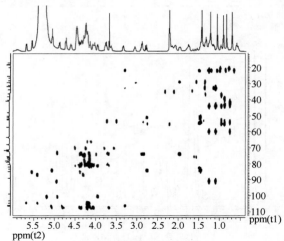

三七皂苷 NL-J HMBC 谱
HMBC of notoginsenoside NL-J

三七皂苷 NL-J 的 ^{1}H NMR 和 ^{13}C NMR 数据及 HMBC 主要相关信息
^{1}H NMR and ^{13}C NMR data and HMBC correlations of notoginsenoside NL-J

序号	^{1}H NMR(δ)	^{13}C NMR(δ)	HMBC	序号	^{1}H NMR(δ)	^{13}C NMR(δ)	HMBC
1	0.63(1H,m)，1.29(1H,m)	39.2		3-glc-1′	4.95(1H,d, $J=8.4$Hz)	104.8	C-3
2	1.80(1H,m)，2.15(1H,m)	26.8		2′	4.15(1H,m)	83.0	
3	3.29(1H,dd, $J=2.4,12.0$Hz)	88.8		3′	4.38(1H,m)	78.7	
4		39.7		4′	4.11(1H,m)	71.2	
5	0.66(1H,brd, ca. $J=10.0$Hz)	56.4		5′	3.99(1H,m)	78.4	
6	1.37(1H,m)，1.46(1H,m)	18.4		6′	4.38(1H,m)，4.61(1H,brd, ca. $J=11.0$Hz)	63.0	
7	1.19(1H,m)，1.37(1H,m)	35.1		2′-glc-1″	5.54(1H,d, $J=7.2$Hz)	103.2	C-2′
8		39.7		2″	4.21(1H,m)	84.6	
9	1.37(1H,m)	50.5		3″	4.30(1H,dd, $J=9.0,9.0$Hz)	78.0	
10		37.0		4″	4.20(1H,m)	71.8	
11	1.22(1H,m)，1.77(1H,m)	29.9		5″	3.89(1H,m)	77.8	
12	3.57(1H,m)	80.0		6″	4.37(1H,m)，4.51(1H,brd, ca. $J=11.0$Hz)	62.9	
13	1.49(1H,dd, $J=11.4,11.4$Hz)	49.4		2″-xyl(p)-1‴	5.41(1H,d, $J=7.2$Hz)	106.5	C-2″
14		51.2		2‴	4.12(1H,m)	76.0	
15	1.02(1H,m)，1.43(1H,m)	32.5		3‴	4.15(1H,m)	77.8	
16	2.09(2H,m)	25.2		4‴	4.16(1H,m)	70.8	
17	3.02(1H,dt, $J=3.6,11.4$Hz)	47.0		5‴	3.72(1H,dd, $J=10.2,10.2$Hz)，4.34(1H,m)	67.4	
18	0.89(3H,s)	15.4	C-7,8,9,14	20-glc-1⁗	5.06(1H,d, $J=7.8$Hz)	99.0	C-20
19	0.76(3H,s)	16.5	C-1,5,9,10	2⁗	3.96(1H,dd, $J=7.8,8.0$Hz)	75.4	
20		81.6		3⁗	4.26(1H,m)	78.7	
21	1.46(3H,s)	24.1		4⁗	4.20(1H,m)	71.6	
22	1.98(1H,dd, $J=9.0,15.0$Hz)，2.77(1H,brd, ca. $J=15.0$Hz)	50.2	C-17,20,22	5⁗	4.12(1H,m)	76.7	
23	4.62(1H,m)	71.0	C-12,24,25	6⁗	4.32(1H,m)，4.77(1H,brd, ca. $J=10.0$Hz)	70.5	
24	2.86(2H,m)	51.6		6⁗-xyl(p)-1⁗′	4.93(1H,d, $J=7.8$Hz)	106.1	C-6⁗
25		207.2		2⁗′	4.06(1H,dd, $J=7.8,9.0$Hz)	74.9	
26	2.21(3H,s)	30.5	C-24,25	3⁗′	4.17(1H,m)	78.4	
28	1.26(3H,s)	28.0	C-3,4,5,29	4⁗′	4.26(1H,m)	71.2	
29	1.10(3H,s)	16.7	C-3,4,5,28	5⁗′	3.70(1H,m)，4.37(1H,m)	67.2	
30	0.97(3H,s)	16.8	C-8,13,14,15				

注：^{1}H NMR（600MHz，pyridine-d_5）；^{13}C NMR（150MHz，pyridine-d_5）。

047 （20S，22S）-达玛-22，25-环氧-3β，12β，20-三醇

（20S，22S）-Dammar-22，25-epoxy-3β，12β，20-triol

【中文名】　（20S,22S)-达玛-22,25-环氧-3β,12β,20-三醇

【英文名】　（20S,22S)-Dammar-22,25-epoxy-3β,12β,20-triol

【分子式】　$C_{30}H_{52}O_4$

【分子量】　476.4

【参考文献】　Liu J，Yang Y，Yin J，et al. Structure of acid hydrolysate of total ginsenosides and their cytotoxic activity ［J］. Chemistry of Natural Compounds，2014，50 （4）：687-690.

（20S,22S)-达玛-22,25-环氧-3β,12β,20-三醇的[1]H NMR 和[13]C NMR 数据
^{1}H NMR and ^{13}C NMR data of （20S,22S)-dammar-22,25-epoxy-3β,12β,20-triol

序号	^{1}H NMR(δ)	^{13}C NMR(δ)
1	0.78(1H,m),1.49(1H,m)	39.5
2	1.67(1H,m),1.73(1H,m)	28.4
3	3.29(1H,dd,$J=12.0$Hz,12.0Hz)	78.1
4		39.7
5	0.70(1H,dd,$J=12.0$Hz,12.0Hz)	56.5
6	1.35(1H,m),1.47(1H,m)	18.9
7	1.12(1H,m),1.36(1H,m)	35.4
8		40.2
9	1.31(1H,m)	50.6
10		37.5
11	1.40(1H,m),1.94(1H,m)	31.9
12	3.66(1H,m)	70.7
13	1.87(1H,t,$J=12.0$Hz)	49.3
14		51.6
15	0.93(1H,m),1.49(1H,m)	31.4
16	1.35(1H,m),1.94(1H,m)	26.3
17	2.67(1H,m)	48.8
18	0.93(3H,s)	16.1
19	0.78(3H,s)	17.7
20		74.0
21	1.17(3H,s)	19.1
22	3.89(1H,t,$J=9.0$Hz)	83.9
23	2.22(1H,m),1.73(1H,m)	26.6
24	1.57(1H,m),1.64(1H,m)	38.9
25		80.7
26	1.17(3H,s)	28.3
27	1.17(3H,s)	29.1
28	1.12(3H,s)	28.8
29	0.92(3H,s)	16.4
30	0.80(3H,s)	16.5

注：^{1}H NMR（400MHz，pyridine-d_5）；^{13}C NMR（100MHz，pyridine-d_5）。

048 达玛-3-顺式阿魏酰氧基-20（29）-烯-3β，16β-二醇

Dammar-3-*cis*-feruloyloxy-20(29)-ene-3β,16β-diol

【中文名】　达玛-3-顺式阿魏酰氧基-20(29)-烯-3β,16β-二醇

【英文名】　Dammar-3-*cis*-feruloyloxy-20(29)-ene-3β,16β-diol

【分子式】　$C_{40}H_{58}O_5$

【分子量】　618.4

【参考文献】　Kim J A，Son J H，Yang S Y，et al. A new lupane-type triterpene from the seeds of *Panax ginseng* with its inhibition of NF-κB [J]. Archives of Pharmacal Research，2012，35（4）：647-651.

达玛-3-顺式阿魏酰氧基-20(29)-烯-3β,16β-二醇的 ^1H NMR 和 ^{13}C NMR 数据

^1H NMR and ^{13}C NMR data of dammar-3-*cis*-feruloyloxy-20(29)-ene-3β,16β-diol

序号	^1H NMR(δ)	^{13}C NMR(δ)
1	1.59(1H,m),1.93(1H,m)	38.7
2	1.73(1H,m),1.78(1H,m)	24.0
3	4.83(1H,dd,J=11.5,4.4Hz)	80.4
4		38.4
5	0.80(1H,m)	55.5
6	1.31(1H,m),1.43(1H,m)	18.3
7	1.40(2H,m)	34.3
8		41.0
9	1.29(1H,m)	50.0
10		37.7
11	1.18(1H,m),1.34(1H,m)	20.9
12	1.18(1H,m),1.82(1H,m)	25.1
13	1.75(1H,m)	37.1
14		44.0
15	0.98(1H,m),1.62(1H,m)	38.0
16	3.96(1H,dd,J=10.2,4.1Hz)	75.8
17		49.4
18	1.56(1H,m)	47.9
19	2.67(1H,ddd,J=11.2,11.2,5.4Hz)	48.1
20		150.5
21	1.54(1H,m),2.01(1H,m)	30.2
22	1.52(1H,m),1.97(1H,m)	37.5
23	0.94(3H,s)	27.9
24	0.93(3H,s)	16.7
25	1.10(3H,s)	16.1
26	0.82(3H,s)	16.0
27	1.05(3H,s)	16.3
28	1.13(3H,s)	12.2
29	4.93(1H,brs),4.77(1H,brs)	109.9
30	1.79(3H,s)	19.3
1'		126.8
2'	8.36(1H,d,J=1.7Hz)	115.1
3'		148.6
4'		150.2
5'	7.27(1H,d,J=8.2Hz)	115.9
6'	7.55(1H,dd,J=8.2,1.7Hz)	126.7
7'	7.02(1H,d,J=12.4Hz)	144.4
8'	6.06(1H,d,J=12.4Hz)	116.4
9'		166.6
3'-OCH$_3$	3.91(3H,s)	55.7

注：^1H NMR （pyridine-d_5）；^{13}C NMR （pyridine-d_5）。

049 达玛-1-烯-3-酮-7β，11β，19，21-四癸烷酰氧基-18，22β-二醇

Dammar-1-ene-3-one-7β,11β,19,21-tetradecanoyloxy-18,22β-diol

【中文名】 达玛-1-烯-3-酮-7β,11β,19,21-四癸烷酰氧基-18,22β-二醇

【英文名】 Dammar-1-ene-3-one-7β,11β,19,21-tetradecanoyloxy-18,22β-diol

【分子式】 $C_{70}H_{122}O_{11}$

【分子量】 1138.9

【参考文献】 Ali M，Sultana S. New dammarane-type triterpenoids from the roots of *Panax ginseng* C. A. Meyer [J]. Acta Poloniae Pharmaceutica：Drug Research，2017，74（4）：1131-1141.

达玛-1-烯-3-酮-7β,11β,19,21-四癸烷酰氧基-18,22β-二醇主要 HMBC 相关

Key HMBC correlations of dammar-1-ene-3-one-7β,11β,19,21-tetradecanoyloxy-18,22β-diol

达玛-1-烯-3-酮-7β,11β,19,21-四癸烷酰氧基-18,22β-二醇的 ^{13}C NMR 数据及 HMBC 的主要相关信息

^{13}C NMR data and HMBC correlations of dammar-1-ene-3-one-7β,11β,19,21-tetradecanoyloxy-18,22β-diol

序号	^{13}C NMR(δ)	HMBC	序号	^{13}C NMR(δ)	HMBC
1	130.07	C-3	20	33.72	
2	116.36	C-3	21	60.45	C-20,1''''
3	190.95		22	68.21	C-20
4	45.41		23	27.72	
5	45.58		24	31.92	
6	19.03	C-7	25	35.29	
7	70.55	C-1'	26	24.71	
8	38.62		27	24.85	
9	45.96	C-11	28	29.18	
10	36.07		29	28.96	C-3
11	63.09	C-1'''	30	22.65	
12	28.11	C-11	1'	170.35	
13	45.28	C-11	1''	169.58	
14	50.22		1'''	167.22	
15	44.05		1''''	167.06	
16	28.36		10'	14.15	
17	53.45	C-20	10''	15.89	
18	60.59	C-7	10'''	16.07	
19	60.54	C-1''	10''''	16.23	

注：^{13}C NMR （100MHz，CDCl$_3$）。

050 达玛-23-烯-3-酮-25-过氧羟基-12β，20S-二醇
Dammar-23-ene-3-one-25-hydroperoxyl-12β,20S-diol

【中文名】 达玛-23-烯-3-酮-25-过氧羟基-12β,20S-二醇

【英文名】 Dammar-23-ene-3-one-25-hydroperoxyl-12β,20S-diol

【分子式】 $C_{30}H_{50}O_5$

【分子量】 490.4

【参考文献】 Shang J H，Sun W T，Zhu H T，et al. New hydroperoxylated and 20,24-epoxylated dammarane triterpenes from the rot roots of *Panax notoginseng* [J]. Journal of Ginseng Research，2020，44（3）：405-412.

达玛-23-烯-3-酮-25-过氧羟基-12β,20S-二醇的[1]H NMR 和[13]C NMR 数据

^{1}H NMR and ^{13}C NMR data of dammar-23-ene-3-one-25-hydroperoxyl-12β,20S-diol

序号	^{1}H NMR(δ)	^{13}C NMR(δ)
1	1.33(1H,m),1.79(1H,m)	40.2
2	1.51(1H,m),2.46(1H,m)	34.7
3		216.9
4		47.9
5	1.38(1H,m)	55.7
6	1.42(1H,m),1.50(1H,m)	20.4
7	1.28(1H,m),2.51(1H,m)	34.9
8		40.4
9	1.55(1H,m)	50.1
10		37.4
11	1.62(1H,m),2.07(1H,m)	32.9
12	3.93(1H,m)	71.3
13	2.08(1H,m)	49.5
14		52.2
15	1.08(1H,m),1.64(1H,m)	31.7
16	1.49(1H,m),1.91(1H,m)	27.2
17	2.39(1H,dt,J=18.0,7.2Hz)	54.6
18	1.09(3H,s)	16.0
19	0.94(3H,s)	17.4
20		73.8
21	1.47(3H,s)	28.2
22	2.49(1H,m),2.82(1H,dd,J=13.6,5.5Hz)	40.8
23	6.29(1H,m)	127.7
24	6.09(1H,d,J=15.9Hz)	138.1
25		81.8
26	1.60(3H,s)	25.8
27	1.60(3H,s)	25.6
28	1.17(3H,s)	27.3
29	1.08(3H,s)	21.6
30	0.95(3H,s)	16.5

注：^{1}H NMR（800MHz，pyridine-d_5）；^{13}C NMR（200MHz，pyridine-d_5）。

051 （20S，24R）-达玛-20，24-环氧-3，4 裂环-25-羟基-12-酮-3-酸
(20S,24R)-Dammar-20,24-epoxy-3,4-seco-25-hydroxy-12-one-3-oic acid

【中文名】　（20S,24R)-达玛-20,24-环氧-3,4 裂环-25-羟基-12-酮-3-酸

【英文名】　(20S,24R)-Dammar-20,24-epoxy-3,4-seco-25-hydroxy-12-one-3-oic acid

【分子式】　$C_{30}H_{50}O_6$

【分子量】　506.4

【参考文献】　Shang J H，Sun W J，Zhu H T，et al. New hydroperoxylated and 20,24-epoxylated dammarane triterpenes from the rot roots of *Panax notoginseng* [J]. Journal of Ginseng Resarch，2020，44（3）：405-412.

（20S,24R)-达玛-20,24-环氧-3,4 裂环-25-羟基-12-酮-3-酸的 ^{1}H NMR 和 ^{13}C NMR 数据

^{1}H NMR and ^{13}C NMR data of (20S,24R)-dammar-20,24-epoxy-3,4-seco-25-hydroxy-12-one-3-oic acid

序号	^{1}H NMR(δ)	^{13}C NMR(δ)
1	1.95(1H,m),3.20(1H,m)	36.0
2	2.56(1H,m),3.02(1H,m)	30.0
3		177.4
4		75.2
5	1.69(1H,m)	52.8
6	1.68(2H,m)	23.4
7	1.30(1H,m),1.48(1H,m)	34.3
8		40.9
9	2.20(1H,m)	47.5
10		42.3
11	2.42(1H,m),2.59(1H,m)	40.3
12		210.9
13	3.24(1H,d,J=9.0Hz)	57.8
14		56.7
15	1.16(1H,m),1.79(1H,m)	32.9
16	1.82(2H,m)	25.7
17	2.78(1H,dd,J=16.2,7.2Hz)	43.6
18	1.26(3H,s)	15.9
19	1.19(3H,s)	21.4
20		85.9
21	1.25(3H,s)	25.8
22	1.59(1H,m),1.95(1H,m)	36.0
23	1.98(1H,m),2.05(1H,m)	27.4
24	3.97(1H,t,J=7.1Hz)	85.1
25		71.6
26	1.45(3H,s)	27.0
27	1.40(3H,s)	27.6
28	1.50(3H,s)	34.6
29	1.46(3H,s)	28.7
30	0.85(3H,s)	17.2

注：^{1}H NMR（600MHz，pyridine-d_5）；^{13}C NMR（150MHz，pyridine-d_5）。

052 （20S，24R）-达玛-20，24-环氧-3，4 裂环-25-羟基-12-酮-3-酸甲酯

（20S，24R）-Dammar-20，24-epoxy-3，4-seco-25-hydroxy-12-one-3-oic acid methyl ester

【中文名】 （20S,24R)-达玛-20,24-环氧-3,4 裂环-25-羟基-12-酮-3-酸甲酯

【英文名】 （20S,24R)-Dammar-20,24-epoxy-3,4-seco-25-hydroxy-12-one-3-oic acid methyl ester

【分子式】 $C_{31}H_{52}O_6$

【分子量】 520.4

【参考文献】 Shang J H，Sun W J，Zhu H T，et al. New hydroperoxylated and 20, 24-epoxylated dammarane triterpenes from the rot roots of *Panax notoginseng* [J]. Journal of Ginseng Resarch，2020，44（3）：405-412.

（20S,24R)-达玛-20,24-环氧-3,4 裂环-25-羟基-12-酮-3-酸甲酯的[1]H NMR 和[13]C NMR 数据

^{1}H NMR and ^{13}C NMR data of （20S,24R)-dammar-20,24-epoxy-3,4-seco-25-hydroxy-12-one-3-oic acid methyl ester

序号	^{1}H NMR(δ)	^{13}C NMR(δ)
1	1.82(1H,m),3.11(1H,m)	35.6
2	2.40(1H,m),2.88(1H,m)	29.5
3		175.2
4		75.1
5	1.62(1H,m)	52.8
6	1.62(2H,m)	23.2
7	1.29(1H,m),1.46(1H,m)	34.3
8		40.9
9	2.13(1H,m)	47.4
10		42.2
11	2.40(1H,m),2.47(1H,m)	40.2
12		210.9
13	3.23(1H,d,J=9.4Hz)	57.8
14		56.7
15	1.16(1H,m),1.80(1H,m)	32.8
16	1.82(2H,m)	25.7
17	2.78(1H,m)	43.6
18	1.24(3H,s)	15.9
19	1.15(3H,s)	21.3
20		85.8
21	1.25(3H,s)	25.8
22	1.58(1H,m),1.94(1H,m)	36.0
23	1.95(1H,m),2.04(1H,m)	27.4
24	3.98(1H,t,J=7.3Hz)	85.1
25		71.6
26	1.45(3H,s)	27.0
27	1.40(3H,s)	27.5
28	1.48(3H,s)	34.8
29	1.42(3H,s)	28.5
30	0.85(3H,s)	17.1
31	3.54(3H,s)	51.7

注：^{1}H NMR （600MHz，pyridine-d_5）；^{13}C NMR （150MHz，pyridine-d_5）。

053 人参皂苷 Rh₁₀

Ginsenoside Rh₁₀

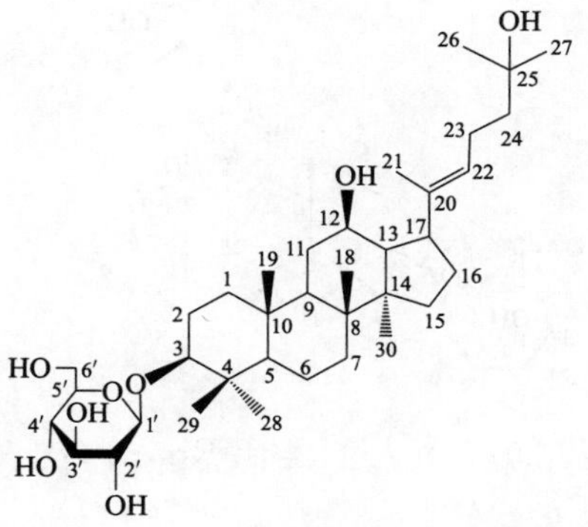

【中文名】 人参皂苷 Rh₁₀；(*E*)-3-*O*-β-D-吡喃葡萄糖基-达玛-20(22)-烯-3β,12β,25-三醇

【英文名】 Ginsenoside Rh₁₀；(*E*)-3-*O*-β-D-Glucopyranosyl-dammar-20(22)-ene-3β,12β,25-triol

【分子式】 $C_{36}H_{62}O_8$

【分子量】 622.4

【参考文献】 Cho J G，Lee D Y，Shrestha S，et al. Three new ginsenosides from the heat-processed roots of *Panax ginseng* [J]. Chemistry of Natural Compounds，2013，49（5）：882-887.

人参皂苷 Rh₁₀ 的 ¹³C NMR 数据

¹³C NMR data of ginsenoside Rh₁₀

序号	¹³C NMR(δ)	序号	¹³C NMR(δ)
1	39.5	19	16.6
2	28.9	20	139.6
3	88.9	21	13.2
4	39.8	22	125.6
5	56.6	23	23.8
6	18.6	24	44.4
7	35.5	25	69.6
8	40.5	26	29.9
9	50.9	27	30.1
10	37.3	28	28.3
11	32.4	29	16.9
12	72.7	30	17.2
13	51.1	3-glc-1′	106.9
14	51.0	2′	75.9
15	32.8	3′	78.8
16	26.9	4′	72.1
17	50.7	5′	78.4
18	16.0	6′	63.3

注：¹³C NMR（100MHz，pyridine-d_5）。

054 6′-O-乙酰基-20(R)-人参皂苷 Rh₂

6′-O-Acetyl-20(R)-ginsenoside Rh₂

【中文名】　6′-O-乙酰基-20(R)-人参皂苷 Rh₂；3-O-[β-D-(6-O-乙酰基)吡喃葡萄糖基]-达玛-24-烯-3β,12β,20R-三醇

【英文名】　6′-O-Acetyl-20(R)-ginsenoside Rh₂；3-O-[β-D-(6-O-Acetyl)glucopyranosyl]-dammar-24-ene-3β,12β,20R-triol

【分子式】　$C_{38}H_{64}O_9$

【分子量】　664.9

【参考文献】　Yang H，Kim J Y，Kim S O，et al. Complete (1) H-NMR and (13) C-NMR spectral analysis of the pairs of 20(S) and 20(R) ginsenosides [J]. Journal of Ginseng Resarch，2014，38（3）：194-202.

6′-O-乙酰基-20(R)-人参皂苷 Rh₂ 的 ¹H NMR 和 ¹³C NMR 数据

¹H NMR and ¹³C NMR data of 6′-O-acetyl-20(R)-ginsenoside Rh₂

序号	¹H NMR(δ)	¹³C NMR(δ)
1	1.58(1H,m),0.88(1H,m)	38.9
2	2.12(1H,m),1.78(1H,m)	26.6
3	3.24(1H,m)	89.0
4		39.4
5	0.71(1H,m)	56.2
6	1.48(2H,m)	18.2
7	1.45(1H,m),1.20(1H,m)	34.9
8		39.8
9	1.41(1H,m)	50.2
10		36.8
11	1.52(1H,m),1.02(1H,m)	31.1
12	3.82(1H,m)	70.7
13	1.94(1H,m)	48.9
14		51.5
15	1.96(1H,m),1.42(1H,m)	31.7
16	1.84(1H,m),1.44(1H,m)	26.4
17	2.26(1H,m)	54.5
18	0.94(3H,s)	15.6
19	0.78(3H,s)	16.1
20		72.8
21	1.32(3H,s)	26.7
22	1.90(1H,m),1.58(1H,m)	35.6
23	2.46(1H,m),2.16(1H,m)	22.3
24	5.24(1H,m)	126.0
25		130.5
26	1.62(3H,s)	25.7
27	1.55(3H,s)	17.1
28	1.20(3H,s)	27.9
29	0.88(3H,s)	16.5
30	0.96(3H,s)	17.5
3-glc-1′	4.74(1H,m)	106.6
2′	3.92(1H,m)	74.5
3′	4.06(1H,m)	78.1
4′	3.88(1H,m)	71.3
5′	3.87(1H,m)	75.1
6′	4.79(1H,m),4.67(1H,dd,J=6.42,11.88Hz)	64.4
C̲OCH₃		170.5
CO C̲H₃	1.93(3H,s)	20.6

注：¹H NMR（500MHz, pyridine-d_5）；¹³C NMR（125MHz, pyridine-d_5）。

055 3-O-β-D-吡喃半乳糖基-达玛-24-烯-20β-异戊酰氧基-3β-醇

3-O-β-D-Galactopyranosyl-dammar-24-ene-20β-isoprenoyloxy-3β-ol

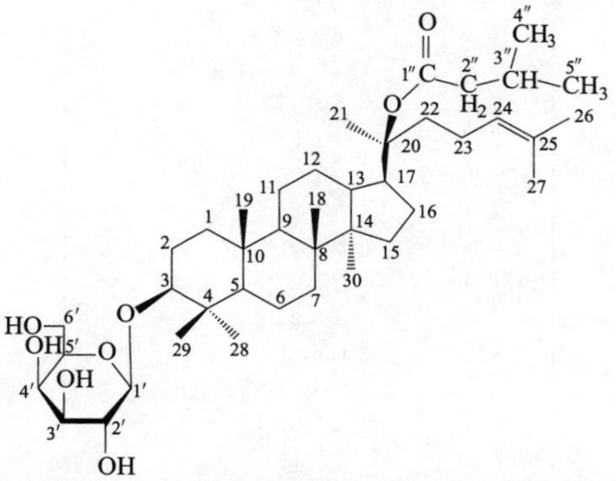

【中文名】 3-O-β-D-吡喃半乳糖基-达玛-24-烯-20β-异戊酰氧基-3β-醇

【英文名】 3-O-β-D-Galactopyranosyl-dammar-24-ene-20β-isoprenoyloxy-3β-ol

【分子式】 $C_{41}H_{70}O_8$

【分子量】 690.5

【参考文献】 Ali M，Sultana S. New dammarane-type triterpenoids from the roots of *Panax ginseng* C. A. Meyer [J]. Acta Poloniae Pharmaceutica：Durg Research，2017，74 (4)：1131-1141.

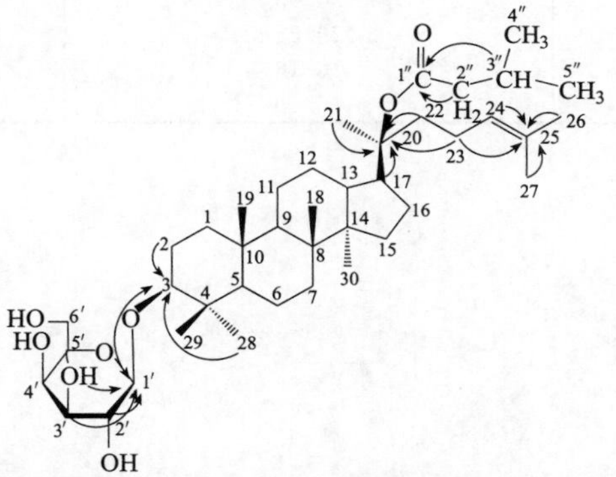

3-O-β-D-吡喃半乳糖基-达玛-24-烯-20β-异戊酰氧基-3β-醇主要 HMBC 相关

Key HMBC correlations of 3-O-β-D-galactopyranosyl-dammar-24-ene-20β-isoprenoyloxy-3β-ol

3-O-β-D-吡喃半乳糖基-达玛-24-烯-20β-异戊酰氧基-3β-醇 ^{13}C NMR 数据及 HMBC 主要相关信息

^{13}C NMR data and HMBC correlations of 3-O-β-D-galactopyranosyl-dammar-24-ene-20β-isoprenoyloxy-3β-ol

序号	^{13}C NMR(δ)	HMBC
1	38.43	
2	29.24	C-3
3	76.31	C-1′
4	40.08	
5	56.06	
6	17.98	
7	34.72	
8	38.95	
9	50.22	

序号	^{13}C NMR(δ)	HMBC
10	36.68	
11	30.95	
12	25.54	
13	47.39	
14	51.45	
15	34.66	
16	28.91	
17	52.49	C-20
18	15.53	
19	26.23	
20	73.26	
21	29.55	C-20
22	26.27	C-20
23	26.21	C-20,25
24	124.91	C-25
25	131.33	
26	26.03	C-25
27	27.72	C-25
28	31.79	C-3
29	17.45	
30	16.02	
3-gal(p)-1′	105.09	
2′	73.92	C-1′
3′	69.95	C-1′
4′	70.71	
5′	75.41	C-1′
6′	61.93	
20-group-1″	173.25	
2″	34.03	C-1″
3″	26.25	C-1″
4″	16.16	
5″	16.49	

注：^{13}C NMR（100MHz，CDCl$_3$）。

056　5，6-二脱氢人参皂苷 Rg₃

5,6-Didehydroginsenoside Rg₃

【中文名】　5,6-二脱氢人参皂苷 Rg₃；3-O-[β-D-吡喃葡萄糖基-(1-2)-β-D-吡喃葡萄糖基]-达玛-5,24-二烯-3β,12β,20S-三醇

【英文名】　5,6-Didehydroginsenoside Rg₃；3-O-[β-D-Glucopyranosyl-(1-2)-β-D-glucopyranosyl]-dammar-5,24-diene-3β,12β,20S-triol

【分子式】　$C_{42}H_{70}O_{13}$

【分子量】　782.5

【参考文献】　Li F，Cao Y F，Luo Y Y，et al. Two new triterpenoid saponins derived from the leaves of *Panax ginseng* and their antiinflammatory activity [J]. Journal of Ginseng Research，2019，43（4）：600-605.

5,6-二脱氢人参皂苷 Rg₃ 的 ¹H NMR 和 ¹³C NMR 数据
¹H NMR and ¹³C NMR data of 5,6-didehydroginsenoside Rg₃

序号	¹H NMR(δ)	¹³C NMR(δ)	序号	¹H NMR(δ)	¹³C NMR(δ)
1	0.93(1H,m),1.68(1H,m)	39.8	22	1.73(1H,overlap),2.02(1H,overlap)	36.2
2	1.92(1H,overlap),2.26(1H,overlap)	27.0	23	2.31(1H,m),2.61(1H,m)	23.1
3	3.35(1H,dd,J=11.5,4.4Hz)	88.0	24	5.33(1H,m)	126.4
4		43.1	25		130.9
5		147.2	26	1.67(3H,s)	25.9
6	5.63(1H,brs)	119.9	27	1.65(3H,s)	17.7
7	1.73(1H,overlap),2.07(1H,overlap)	34.9	28	1.52(3H,s)	28.2
8		37.2	29	1.45(3H,s)	24.2
9	1.73(1H,overlap)	47.5	30	1.04(3H,s)	16.8
10		37.4	6-glc-1′	4.89(1H,d,J=7.4Hz)	105.0
11	1.10(1H,overlap),1.62(1H,overlap)	32.1	2′	4.22(1H,overlap)	83.6
12	3.93(1H,overlap)	70.7	3′	4.24(1H,overlap)	78.1
13	2.06(1H,overlap)	48.7	4′	4.15(1H,overlap)	71.8
14		51.3	5′	4.31(1H,overlap)	78.4
15	1.74(1H,m),2.07(1H,overlap)	33.8	6′	4.35(1H,overlap),4.48(1H,overlap)	62.9
16	1.45(1H,overlap),2.02(1H,overlap)	27.0	2′-glc-1″	5.36(1H,d,J=7.6Hz)	106.2
17	2.40(1H,m)	54.8	2″	4.15(1H,overlap)	77.1
18	0.95(3H,s)	17.8	3″	4.24(1H,overlap)	78.0
19	1.12(3H,s)	20.4	4″	4.32(1H,overlap)	71.7
20		73.1	5″	3.90(1H,overlap)	78.3
21	1.46(3H,s)	27.3	6″	4.35(1H,overlap),4.53(1H,overlap)	62.8

注：¹H NMR（600MHz，pyridine-d_5）；¹³C NMR（150MHz，pyridine-d_5）。

057 人参皂苷 Rg₁₁
Ginsenoside Rg₁₁

【中文名】 人参皂苷 Rg₁₁；(*E*)-3-*O*-[β-D-吡喃葡萄糖基(1-2)-β-D-吡喃葡萄糖基]-达玛-24,25-环氧-20(22)-烯-3β,12β,23-三醇

【英文名】 Ginsenoside Rg₁₁；(*E*)-3-*O*-[β-D-Glucopyranosyl-(1-2)-β-D-glucopyrano-syl]-dammar-24,25-epoxy-20(22)-ene-3β,12β,23-triol

【分子式】 $C_{42}H_{70}O_{14}$

【分子量】 798.5

【参考文献】 Cho J G, Lee D Y, Shrestha S, et al. Three new ginsenosides from the heat-processed roots of *Panax ginseng* [J]. Chemistry of Natural Compounds，2013，49（5）：882-887.

人参皂苷 Rg₁₁ 的¹³C NMR 数据
¹³C NMR data of of ginsenoside Rg₁₁

序号	¹³C NMR(δ)	序号	¹³C NMR(δ)
1	39.3	22	14.1
2	29.1	23	124.3
3	88.8	24	68.2
4	39.7	25	58.1
5	56.4	26	25.1
6	18.4	27	19.9
7	35.3	28	28.1
8	40.2	29	16.6
9	50.7	30	17.0
10	37.0	3-glc-1'	104.9
11	32.4	2'	83.4
12	72.3	3'	78.0
13	51.2	4'	71.7
14	51.0	5'	77.9
15	32.5	6'	62.8
16	26.7	2'-glc-1"	105.9
17	50.4	2"	77.0
18	15.8	3"	78.2
19	16.4	4"	71.6
20	143.5	5"	77.9
21	14.1	6"	62.7

注：¹³C NMR（100MHz，pyridine-*d*₅）。

058 人参皂苷 Rg₁₂

Ginsenoside Rg₁₂

【中文名】 人参皂苷 Rg$_{12}$；3-O-[β-D-吡喃葡萄糖基-(1-2)-β-D-吡喃葡萄糖基]-达玛-22(23)-烯-25-过氧羟基-3β,12β,20S-三醇

【英文名】 Ginsenoside Rg$_{12}$；3-O-[β-D-Glucopyranosyl-(1-2)-β-D-glucopyranosyl]-dammar-22(23)-ene-25-hydroperoxy-3β,12β,20S-triol

【分子式】 $C_{42}H_{72}O_{15}$

【分子量】 816.5

【参考文献】 Lee D G，Lee J，Cho I H，et al. Ginsenoside Rg$_{12}$，a new dammarane-type triterpene saponin from *Panax ginseng* root [J]. Journal of Ginseng Research，2017，41：531-533.

人参皂苷 Rg$_{12}$ 的 ^{1}H NMR 和 ^{13}C NMR 数据

^{1}H NMR and ^{13}C NMR data of ginsenoside Rg$_{12}$

序号	^{1}H NMR(δ)	^{13}C NMR(δ)	序号	^{1}H NMR(δ)	^{13}C NMR(δ)
1	1.55(2H,m)	39.7	24	2.22(1H,m),2.54(1H,m)	39.8
2	1.85(2H,m)	25.9	25		81.9
3	3.27(1H,dd,J=12.0,4.4Hz)	89.5	26	1.62(3H,s)	27.2
4		40.2	27	1.57(3H,s)	18.9
5	0.77(1H,m)	56.9	28	1.30(3H,s)	28.6
6	1.49(1H,m),1.36(1H,m)	18.4	29	1.19(3H,s)	16.5
7	1.21(2H,m)	35.6	30	0.97(3H,s)	16.7
8		39.7	3-glc-1′	4.92(1H,d,J=7.5Hz)	105.6
9	1.36(1H,m)	49.9	2′	4.15(1H,t)	83.7
10		36.7	3′	4.22(1H,t)	77.6
11	1.38(2H,m)	31.2	4′	4.05(1H,t)	72.2
12	3.94(1H,m)	70.7	5′	3.93(1H,d)	78.6
13	1.99(1H,m)	51.9	6′	4.18(1H,dd,J=11.6,3.2Hz), 4.36(1H,dd,J=11.6,6.0Hz)	63.2
14		50.7			
15	1.03(1H,m),1.57(1H,m)	31.3	2′-glc-1″	5.13(1H,d,J=7.5Hz)	106.5
16	1.38(1H,m),1.80(1H,m)	26.3	2″	4.02(1H,t)	77.6
17	2.57(1H,m)	52.2	3″	4.14(1H,t)	78.6
18	0.97(3H,s)	17.1	4″	4.17(1H,t)	72.0
19	0.83(3H,s)	17.9	5″	4.14(1H,t)	79.3
20		83.8	6″	4.42(1H,dd,J=11.6,3.2Hz), 4.50(1H,dd,J=11.6,6.0Hz)	64.2
21	1.59(3H,s)	25.8			
22	6.00(1H,d,J=15.9Hz)	127.1			
23	6.25(1H,dd,J=15.9,8.4Hz)	137.9			

注：^{1}H NMR（500MHz，pyridine-d_5）。

059 人参皂苷 Rh₂₆

Ginsenoside Rh₂₆

【中文名】 人参皂苷 Rh₂₆；3-O-{6-O-[(E)-2-丁烯酰基]-β-D-吡喃葡萄糖基-(1-2)-β-D-吡喃葡萄糖基}-20-O-β-D-吡喃葡萄糖基-达玛-24-烯-3β,12β,20S-三醇

【英文名】 Ginsenoside Rh₂₆；3-O-{6-O-[(E)-2-Butenoyl]-β-D-glucopyranoyl-(1-2)-β-D-glucopyranoyl}-20-O-β-D-glucopyranoyl-dammar-24-ene-3β,12β,20S-triol

【分子式】 $C_{52}H_{86}O_{19}$

【分子量】 1014.6

【参考文献】 Li K K, Li S S, Xu F, et al. Six new dammarane-type triterpene saponins from *Panax ginseng* flower buds and their cytotoxicity [J]. Journal of Ginseng Research，2020，44（2）：215-221.

人参皂苷 Rh₂₆ 的¹H NMR 和¹³C NMR 数据

¹H NMR and ¹³C NMR data of ginsenoside Rh₂₆

序号	¹H NMR(δ)	¹³C NMR(δ)	序号	¹H NMR(δ)	¹³C NMR(δ)
1	0.76(1H,m),1.58(1H,m)	39.2	29	1.14(3H,s)	16.6
2	1.87(1H,m),2.22(1H,m)	26.8	30	1.00(3H,s)	17.5
3	3.30(1H,dd,J=11.5,4.0Hz)	89.0	3-glc-1′	4.93(1H,d,J=7.5Hz)	105.1
4		39.7	2′	4.25(1H,m)	83.6
5	0.69(1H,d,J=11.5Hz)	56.4	3′	4.26(1H,m)	78.0
6	1.40(1H,m),1.51(1H,m)	18.5	4′	4.16(1H,m)	71.7
7	1.23(1H,m),1.49(1H,m)	35.2	5′	4.02(1H,m)	75.0
8		40.1	6′	4.75(1H,dd,J=11.5,7.0Hz),	64.4
9	1.40(1H,m)	50.2		5.05(1H,dd,J=11.5,2.0Hz)	
10		36.9	2′-glc-1″	5.38(1H,d,J=7.5Hz)	106.1
11	1.50(1H,m),1.98(1H,m)	30.7	2″	4.14(1H,m)	77.2
12	4.20(1H,m)	70.1	3″	3.94(1H,m)	78.1
13	2.01(1H,m)	49.6	4″	3.99(1H,m)	71.7
14		51.5	5″	3.94(1H,m)	78.3
15	1.03(1H,m),1.58(1H,m)	31.0	6″	4.36(1H,m),4.58(1H,dd,	62.9
16	1.39(1H,m),1.87(1H,m)	26.7		J=12.0,2.0Hz)	
17	2.61(1H,m)	51.6	20-glc-1‴	5.14(1H,d,J=7.5Hz)	98.1
18	0.96(3H,s)	16.0	2‴	4.02(1H,m)	75.0
19	0.84(3H,s)	16.3	3‴	4.21(1H,m)	79.2
20		83.5	4‴	4.16(1H,m)	71.7
21	1.62(3H,s)	22.0	5‴	3.94(1H,m)	78.4
22	1.81(1H,m),2.41(1H,m)	36.1	6‴	4.43(1H,m),4.50(1H,m)	62.8
23	2.31(1H,m),2.58(1H,m)	23.0	6′-butenoyl-1⁗		166.4
24	5.30(1H,t,J=7.5Hz)	126.1	2⁗	5.99(1H,dt,J=15.5,1.5Hz)	123.2
25		131.9	3⁗	7.07(1H,dq,J=15.5,6.9Hz)	144.8
26	1.66(3H,s)	25.8	4⁗	1.68(3H,dd,J=7.0,1.5Hz)	17.7
27	1.66(3H,s)	17.8			
28	1.31(3H,s)	28.1			

注：¹H NMR（500MHz, pyridine-d_5）。

060　七叶胆皂苷 V

Gypenoside V

【中文名】　七叶胆皂苷 V；3-*O*-[β-D-吡喃葡萄糖基-(1-2)-β-D-吡喃葡萄糖基]-20-*O*-[α-L-吡喃鼠李糖基-(1-6)-β-D-吡喃葡萄糖基]-达玛-24-烯-3β,12β,20S-三醇

【英文名】　Gypenoside V；3-*O*-[β-D-Glucopyranosyl-(1-2)-β-D-glucopyranosyl]-20-*O*-[α-L-rhamnopyranosyl-(1-6)-β-D-glucopyranosyl]-dammar-24-ene-3β,12β,20S-triol

【分子式】　$C_{54}H_{92}O_{22}$

【分子量】　1092.6

【参考文献】　Lee D G，Lee J，Yang S，et al. Identification of dammarane-type triterpenoid saponins from the root of *Panax ginseng* [J]. Natural Product Sciences，2015，21（2）：111-121.

七叶胆皂苷 V 的 ^{1}H NMR 和 ^{13}C NMR 数据
^{1}H NMR and ^{13}C NMR data of gypenoside V

序号	^{1}H NMR(δ)	^{13}C NMR(δ)	序号	^{1}H NMR(δ)	^{13}C NMR(δ)
1	0.84(1H),1.56(1H)	40.1	28	1.27(3H)	28.5
2	1.71(1H),1.95(1H)	26.2	29	1.09(3H)	18.2
3	3.25(1H)	89.5	30	0.93(3H)	18.0
4		40.4	3-glc-1′	4.92(1H,d,*J*=7.5Hz)	105.6
5	0.71(1H)	56.9	2′	4.15(1H)	83.8
6	1.47(1H),1.38(1H)	18.2	3′	4.13(1H)	77.6
7	1.23(1H),1.45(1H)	35.1	4′	4.02(1H)	72.1
8		40.1	5′	3.86(1H)	78.6
9	1.38(1H)	52.2	6′	4.33(1H),4.45(1H)	63.2
10		40.1	2′-glc-1″	5.31(1H,d,*J*=7.5Hz)	106.5
11	1.39(1H),1.92(1H)	31.2	2″	4.02(1H)	77.6
12	4.09(1H)	70.7	3″	4.13(1H)	78.4
13	2.04(1H)	51.9	4″	4.16(1H)	72.1
14		52.2	5″	4.15(1H)	78.8
15	1.02(1H),1.57(1H)	32.7	6″	4.42(1H),4.51(1H)	63.2
16	1.37(1H),1.75(1H)	26.2	20-glc-1‴	5.14(1H,d,*J*=8.0Hz)	98.7
17	2.46(1H)	52.2	2‴	3.84(1H)	74.6
18	0.98(3H)	17.1	3‴	4.31(1H)	78.8
19	0.91(3H)	17.7	4‴	4.08(1H)	72.1
20		83.8	5‴	4.05(1H)	78.6
21	1.59(3H)	22.8	6‴	4.36(1H),4.75(1H)	70.7
22	1.83(1H),2.34(1H)	37.3	6‴-rham-1⁗	6.44(1H,brs)	102.3
23	2.25(1H),2.45(1H)	22.9	2⁗	4.75(1H)	72.2
24	5.27(1H)	126.4	3⁗	4.63(1H)	72.8
25		131.4	4⁗	4.31(1H)	74.6
26	1.62(3H)	26.2	5⁗	4.92(1H)	69.9
27	1.57(3H)	18.0	6⁗	1.36(3H)	19.2

注：^{1}H NMR（500MHz，pyridine-*d*$_5$）。

061 人参皂苷 Rb₄
Ginsenoside Rb₄

【中文名】 人参皂苷 Rb₄；3-*O*-[α-D-吡喃葡萄糖基-(1-4)-β-D-吡喃葡萄糖基-(1-2)-β-D-吡喃葡萄糖基]-20-*O*-β-D-吡喃葡萄糖基-达玛-24-烯-3β,12β,20S-三醇

【英文名】 Ginsenoside Rb₄；3-*O*-[α-D-Glucopyranosyl-(1-4)-β-D-glucopyranosyl-(1-2)-β-D-glucopyranosyl]-20-*O*-β-D-glucopyranosyl-dammar-24-ene-3β,12β,20S-triol

【分子式】 $C_{54}H_{92}O_{23}$

【分子量】 1108.6

【参考文献】 Xu W，Zhang J H，Wang X W，et al. Two new triterpenoid saponins from ginseng medicinal fungal substance [J]. Journal of Asian Natural Products Research，2016，18（9）：865-870.

人参皂苷 Rb₄ 的 ¹H NMR 和 ¹³C NMR 数据
¹H NMR and ¹³C NMR data of ginsenoside Rb₄

序号	¹H NMR(δ)	¹³C NMR(δ)	序号	¹H NMR(δ)	¹³C NMR(δ)
1	1.02~1.06(1H,m)，1.72~1.76(1H,m)	40.0	14		52.2
2	1.72~1.76(1H,m)，1.98~2.02(1H,m)	27.0	15	1.05~1.09(1H,m)，1.57~1.61(1H,m)	31.3
3	3.18~3.22(1H,m)	90.8	16	1.35~1.41(1H,m)，1.73~1.77(1H,m)	27.0
4		40.2	17	2.25~2.31(1H,m)	52.8
5	0.79(1H,d,J=11.0Hz)	57.2	18	1.02(3H,s)	16.0
6	1.48~1.52(1H,m)，1.56~1.60(1H,m)	18.9	19	0.93(3H,s)	16.5
7	1.30~1.34(1H,m)，1.55~1.59(1H,m)	35.6	20		84.6
8		40.7	21	1.35(3H,s)	22.6
9	1.46~1.50(1H,m)	50.7	22	1.60~1.66(1H,m)，1.80~1.84(1H,m)	36.4
10		37.6	23	1.67~1.71(1H,m)，2.05~2.09(1H,m)	23.9
11	1.26~1.30(1H,m)，1.80~1.84(1H,m)	30.7	24	5.11(1H,t,J=7.0Hz)	125.6
12	3.64~3.70(1H,m)	71.6	25		132.0
13	1.72~1.78(1H,m)	49.5	26	1.69(3H,s)	25.6
			27	1.63(3H,s)	17.6

续表

序号	^{1}H NMR(δ)	^{13}C NMR(δ)	序号	^{1}H NMR(δ)	^{13}C NMR(δ)
28	1.08(3H,s)	28.1	4″-glc-1‴	5.16(1H,d,J=3.5Hz)	102.5
29	0.87(3H,s)	16.5	2‴	3.42~3.48(1H,m)	73.8
30	0.93(3H,s)	16.9	3‴	3.58~3.62(1H,m)	74.7
3-glc-1′	4.44(1H,d,J=7.5Hz)	105.1	4‴	3.26~3.30(1H,m)	71.2
2′	3.53~3.57(1H,m)	81.3	5‴	3.65~3.69(1H,m)	74.5
3′	3.53~3.57(1H,m)	78.1	6‴	3.79~3.83(1H,m)，3.83~3.87(1H,m)	62.5
4′	3.25~3.29(1H,m)	71.3	20-glc-1⁗	4.61(1H,d,J=7.5Hz)	98.0
5′	3.24~3.28(1H,m)	77.3	2⁗	3.07~3.11(1H,m)	75.1
6′	3.81~3.85(1H,m)，3.85~3.89(1H,m)	62.4	3⁗	3.31~3.35(1H,m)	77.9
2′-glc-1″	4.68(1H,d,J=7.5Hz)	104.4	4⁗	3.31~3.35(1H,m)	70.9
2″	3.26~3.30(1H,m)	75.7	5⁗	3.18~3.22(1H,m)	77.6
3″	3.60~3.66(1H,m)	77.3	6⁗	3.63~3.67(1H,m)，3.76~3.80(1H,m)	62.2
4″	3.43~3.47(1H,m)	81.1			
5″	3.33~3.37(1H,m)	76.8			
6″	3.73~3.77(1H,m)，3.87~3.91(1H,m)	62.2			

注：^{1}H NMR（500MHz，methanol-d_4）；^{13}C NMR（125MHz，methanol-d_4）。

161

062 人参皂苷 Rs₁₁

Ginsenoside Rs₁₁

【中文名】　人参皂苷 Rs₁₁；3-O-[6-O-乙酰基-β-D-吡喃葡萄糖基-(1-4)-β-D-吡喃葡萄糖基]-20-O-[α-L-吡喃阿拉伯糖基-(1-6)-β-D-吡喃葡萄糖基]-达玛-24-烯-3β,12β,20S-三醇

【英文名】　Ginsenoside Rs₁₁；3-O-[6-O-Acetyl-β-D-glucopyranosyl-(1-4)-β-D-glucopyranosyl]-20-O-[α-L-arabinopyranosyl-(1-6)-β-D-glucopyranosyl]-dammar-24-ene-3β,12β,20S-triol

【分子式】　$C_{55}H_{92}O_{23}$

【分子量】　1120.6

【参考文献】　Lee D G，Lee A Y，Kim K T，et al. Novel dammarane-type triterpene saponins from *Panax ginseng* root [J]. Chemical and Pharmaceutical Bulletin，2015，63，927-934.

人参皂苷 Rs₁₁ 的 ^1H NMR 和 ^{13}C NMR 数据

^1H NMR and ^{13}C NMR data of ginsenoside Rs₁₁

序号	^1H NMR(δ)	^{13}C NMR(δ)	序号	^1H NMR(δ)	^{13}C NMR(δ)
1	0.82(1H),1.45(1H)	39.7	29	1.11(3H)	17.1
2	1.79(1H),1.97(1H)	28.6	30	0.94(3H)	16.9
3	3.49(1H)	89.5	C̲OCH₃		171.6
4		40.2	CO̲CH₃	2.06(3H)	21.4
5	1.49(1H)	56.9	3-glc-1′	4.93(1H)	105.6
6	4.37(2H)	18.9	2′	4.17(1H)	83.9
7	1.88(1H),2.45(1H)	35.7	3′	4.23(1H)	78.8
8		40.5	4′	3.99(1H)	72.1
9	1.53(1H)	49.9	5′	4.09(1H)	75.6
10		37.4	6′	4.94(1H),4.81(1H)	65.3
11	1.50(1H),2.09(1H)	31.2	4′-glc-1″	5.40(1H)	106.8
12	3.90(1H)	70.7	2″	4.15(1H)	77.6
13	2.06(1H)	50.7	3″	4.17(1H)	78.6
14		51.9	4″	4.31(1H)	72.2
15	0.97(1H),1.52(1H)	31.4	5″	4.01(1H)	79.7
16	1.32(1H),1.77(1H)	23.7	6″	4.49(1H),4.23(1H)	63.3
17	2.36(1H)	52.3	20-glc-1‴	5.21(1H)	98.8
18	0.94(3H)	16.4	2‴	3.98(1H)	75.6
19	1.04(3H)	16.7	3‴	4.19(1H)	78.7
20		83.9	4‴	4.22(1H)	72.6
21	1.52(3H)	17.8	5‴	4.09(1H)	78.8
22	1.83(1H),2.27(1H)	36.6	6‴	4.29(1H),4.19(1H)	69.0
23	2.45(1H),2.75(1H)	22.9	6‴-ara(f)-1⁗	5.67(1H)	110.6
24	5.44(1H)	126.5	2⁗	4.21(1H)	84.8
25		131.5	3⁗	4.78(1H)	79.7
26	1.55(3H)	26.3	4⁗	4.78(1H)	86.5
27	1.52(3H)	18.2	5⁗	4.22(1H),4.46(1H)	63.2
28	1.25(3H)	28.6			

注：^1H NMR（500MHz，pyridine-d_5）。

1.2 原人参三醇型三萜皂苷（元）

063 （*E*）-达玛-3β-乙酰氧基-24，25-二氢-20（22）-烯-6α，12β，25β-三醇

（*E*）-Dammar-3β-acetoxy-24,25-dihydro-20(22)-ene-6α,12β,25β-triol

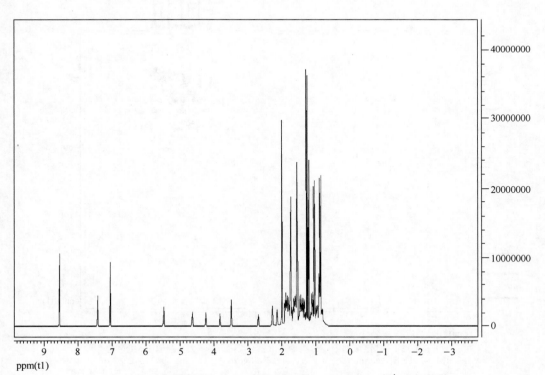

【中文名】 （*E*）-达玛-3β-乙酰氧基-24,25-二氢-20(22)-烯-6α,12β,25β-三醇

【英文名】 （*E*）-Dammar-3β-acetoxy-24,25-dihydro-20(22)-ene-6α,12β,25β-triol

【分子式】 $C_{32}H_{54}O_5$

【分子量】 518.4

【参考文献】 Ma L Y，Yang X W. Six new dammarane-type triterpenes from acidic hydrolysate of the stems-leaves of *Panax ginseng* and their inhibitory-activities against three human cancer cell lines [J]. Phytochemistry Letters，2015，13：406-412.

（*E*）-达玛-3β-乙酰氧基-24,25-二氢-20(22)-烯-6α,12β,25β-三醇[1]H NMR 谱
^{1}H NMR of （*E*）-dammar-3β-acetoxy-24,25-dihydro-20(22)-ene-6α,12β,25β-triol

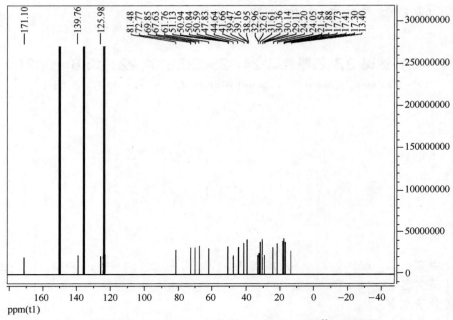

（*E*）-达玛-3*β*-乙酰氧基-24,25-二氢-20(22)-烯-6*α*,12*β*,25*β*-三醇[13C] NMR 谱
^{13}C NMR of （*E*）-dammar-3*β*-acetoxy-24,25-dihydro-20(22)-ene-6*α*,12*β*,25*β*-triol

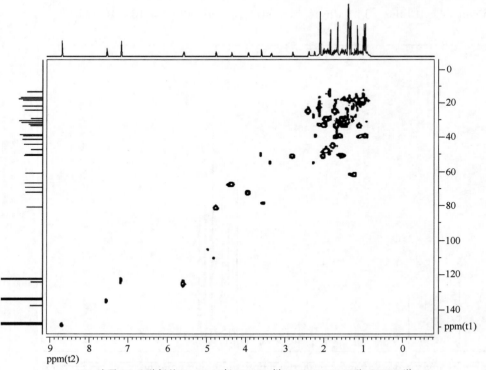

（*E*）-达玛-3*β*-乙酰氧基-24,25-二氢-20(22)-烯-6*α*,12*β*,25*β*-三醇 HMQC 谱
HMQC of （*E*）-dammar-3*β*-acetoxy-24,25-dihydro-20(22)-ene-6*α*,12*β*,25*β*-triol

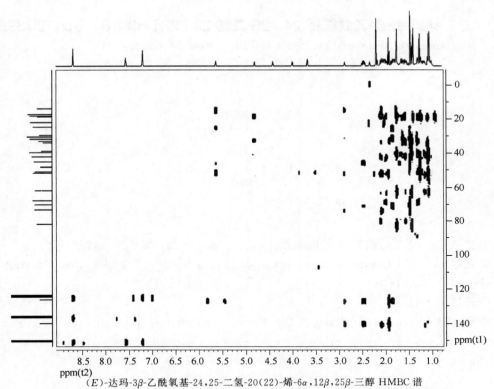

（E）-达玛-3β-乙酰氧基-24,25-二氢-20(22)-烯-6α,12β,25β-三醇 HMBC 谱

HMBC of（E）-dammar-3β-acetoxy-24,25-dihydro-20(22)-ene-6α,12β,25β-triol

（E）-达玛-3β-乙酰氧基-24,25-二氢-20(22)-烯-6α,12β,25β-三醇的 ^{1}H NMR 和 ^{13}CNMR 数据

^{1}H NMR and ^{13}C NMR data of（E）-dammar-3β-acetoxy-24,25-dihydro-20(22)-ene-6α,12β,25β-triol

序号	^{1}H NMR(δ)	^{13}C NMR(δ)
1	0.86(1H,m),1.52(1H,m)	39.2
2	1.68(1H,m),1.52(1H,m)	24.2
3	4.71(1H,m)	81.5
4		39.5
5	1.13(1H,d,$J=10.6$Hz)	61.8
6	4.30(1H,m)	67.8
7	1.83(1H,m),1.86(1H,m)	47.8
8		41.7
9	1.49(1H,m)	50.6
10		39.0
11	1.89(1H,m),1.67(1H,m)	32.6
12	3.88(1H,m)	72.8
13	1.93(1H,m)	50.8
14		50.9
15	1.04(1H,m),1.40(1H,m)	33.0
16	1.45(1H,m),1.83(1H,m)	30.4
17	2.73(1H,m)	51.6
18	1.08(3H,s)	17.9
19	0.90(3H,s)	17.7
20		139.8
21	1.77(3H,s)	13.4
22	5.54(1H,m)	126
23	2.32(1H,m),1.42(1H,m)	24.0
24	1.69(1H,m),1.52(1H,m)	44.6
25		69.9
26	1.31(3H,s)	30.2
27	1.31(3H,s)	29.1
28	1.59(3H,s)	31.6
29	1.26(3H,s)	17.3
30	0.92(3H,s)	17.4
C̲H₃CO	2.04(3H,s)	21.6
CH₃C̲O		171.1

注：^{1}H NMR（400MHz, pyridine-d_5）；^{13}C NMR（100MHz, pyridine-d_5）。

064 （E）-达玛-12β-乙酰氧基-24，25-二氢-20（22）-烯-3β，6α，25β-三醇

（*E*）-Dammar-12β-acetoxy-24，25-dihydro-20（22）-ene-3β，6α，25β-triol

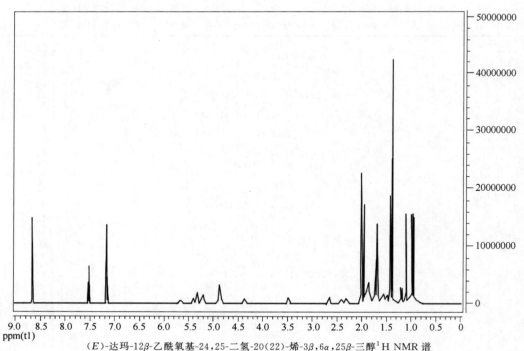

【中文名】 （*E*）-达玛-12β-乙酰氧基-24,25-二氢-20(22)-烯-3β,6α,25β-三醇

【英文名】 （*E*）-Dammar-12β-acetoxy-24,25-dihydro-20(22)-ene-3β,6α,25β-triol

【分子式】 $C_{32}H_{54}O_5$

【分子量】 ·518.4

【参考文献】 Ma L Y，Yang X W. Six new dammarane-type triterpenes from acidic hydrolysate of the stems-leaves of *Panax ginseng* and their inhibitory-activities against three human cancer cell lines ［J］. Phytochemistry Letters，2015，13：406-412.

（*E*）-达玛-12β-乙酰氧基-24,25-二氢-20(22)-烯-3β,6α,25β-三醇[1]H NMR 谱

^{1}H NMR of （*E*）-dammar-12β-acetoxy-24,25-dihydro-20(22)-ene-3β,6α,25β-triol

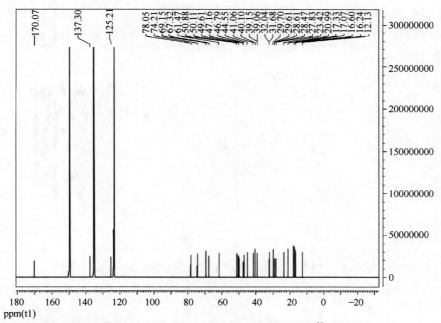

（*E*）-达玛-12*β*-乙酰氧基-24，25-二氢-20（22）-烯-3*β*，6*α*，25*β*-三醇 ^{13}C NMR 谱
^{13}C NMR of（*E*）-dammar-12*β*-acetoxy-24，25-dihydro-20（22）-ene-3*β*，6*α*，25*β*-triol

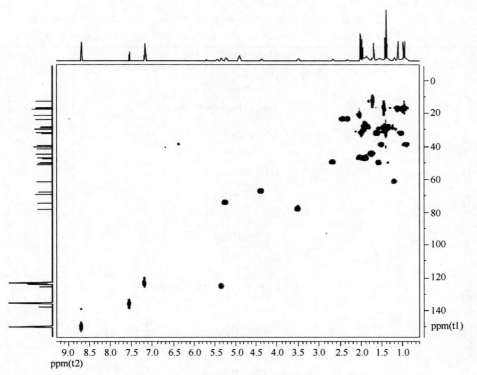

（*E*）-达玛-12*β*-乙酰氧基-24，25-二氢-20（22）-烯-3*β*，6*α*，25*β*-三醇 HMQC 谱
HMQC of（*E*）-dammar-12*β*-acetoxy-24，25-dihydro-20（22）-ene-3*β*，6*α*，25*β*-triol

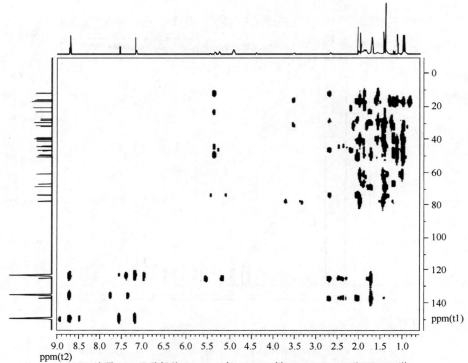

（E)-达玛-12β-乙酰氧基-24,25-二氢-20(22)-烯-3β,6α,25β-三醇 HMBC 谱

HMBC of (E)-dammar-12β-acetoxy-24,25-dihydro-20(22)-ene-3β,6α,25β-triol

（E)-达玛-12β-乙酰氧基-24,25-二氢-20(22)-烯-3β,6α,25β-三醇的¹H NMR 和¹³C NMR 数据

¹H NMR and ¹³C NMR data of (E)-dammar-12β-acetoxy-24,25-dihydro-20(22)-ene-3β,6α,25β-triol

序号	¹H NMR(δ)	¹³C NMR(δ)
1	0.88(1H,m),1.46(1H,m)	39.0
2	1.37(1H,m),1.82(1H,m)	28.6
3	3.46(1H,d,J=5.3Hz)	78.0
4		40.1
5	1.16(1H,d,J=10.5Hz)	61.5
6	4.36(1H,m)	67.3
7	1.91(1H,m),1.88(1H,m)	47.2
8		41.0
9	1.52(1H,m)	50.1
10		39.1
11	1.56(1H,m),1.91(1H,m)	32.0
12	519(1H,m)	74.2
13	1.84(1H,m)	46.8
14		50.9
15	1.21(1H,m),1.52(1H,m)	28.5
16	1.36(1H,m),1.84(1H,m)	27.8
17	2.39(1H,m)	49.6
18	1.09(3H,s)	16.6
19	0.96(3H,s)	17.1
20		137.3
21	1.70(3H,s)	12.1
22	5.32(1H,d,J=6.8Hz)	125.2
23	2.03(1H,m),2.30(1H,m)	23.4
24	1.46(1H,m),171(1H,m)	44.6
25		69.2
26	1.36(3H,s)	29.6
27	1.36(3H,s)	29.7
28	1.93(3H,s)	31.7
29	1.40(3H,s)	16.2
30	0.93(3H,s)	17.3
$\underline{C}H_3CO$	1.99(3H,s)	21.0
$CH_3\underline{C}O$		170.0

注：¹H NMR（400MHz，pyridine-d_5）；¹³C NMR（100MHz，pyridine-d_5）。

065 达玛-6α-乙酰氧基-25-烯-3β，12β，20R-三醇

Dammar-6α-acetoxy-25-ene-3β,12β,20R-triol

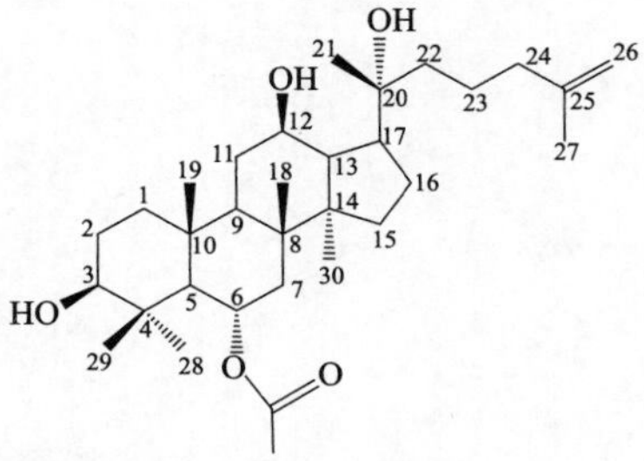

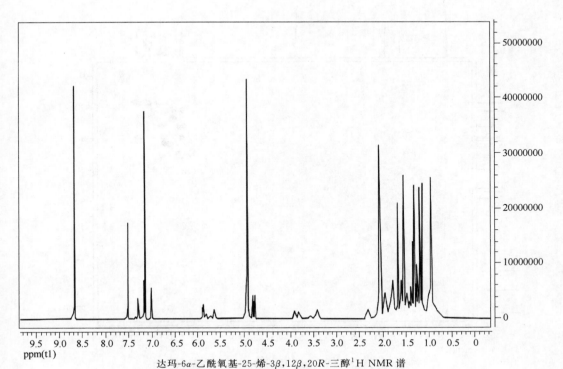

【中文名】 达玛-6α-乙酰氧基-25-烯-3β,12β,20R-三醇

【英文名】 Dammar-6α-acetoxy-25-ene-3β,12β,20R-triol

【分子式】 $C_{32}H_{54}O_5$

【分子量】 518.4

【参考文献】 Ma L Y，Yang X W. Six new dammarane-type triterpenes from acidic hydrolysate of the stems-leaves of *Panax ginseng* and their inhibitory-activities against three human cancer cell lines [J]. Phytochemistry Letters，2015，13：406-412.

达玛-6α-乙酰氧基-25-烯-3β,12β,20R-三醇[1]H NMR 谱

^{1}H NMR of dammar-6α-acetoxy-25-ene-3β,12β,20R-triol

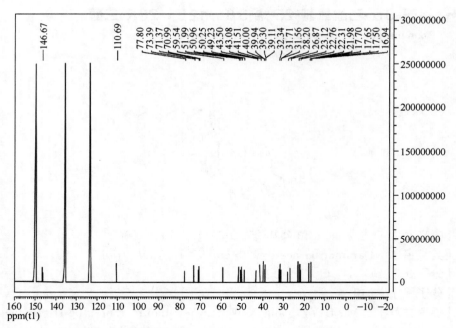

达玛-6α-乙酰氧基-25-烯-3β,12β,20R-三醇 ^{13}C NMR 谱
^{13}C NMR of dammar-6α-acetoxy-25-ene-3β,12β,20R-triol

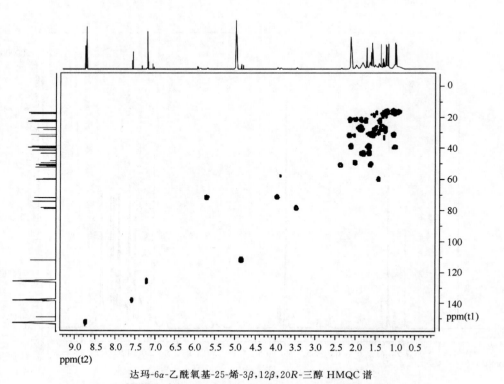

达玛-6α-乙酰氧基-25-烯-3β,12β,20R-三醇 HMQC 谱
HMQC of dammar-6α-acetoxy-25-ene-3β,12β,20R-triol

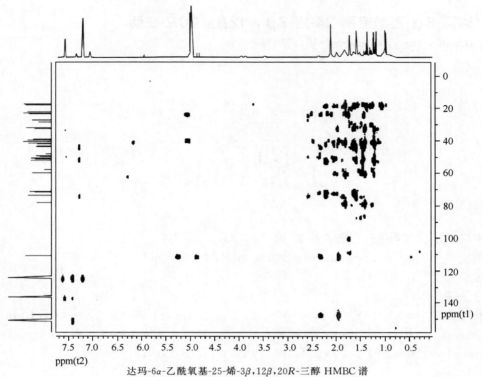

达玛-6α-乙酰氧基-25-烯-3β,12β,20R-三醇 HMBC 谱
HMBC of dammar-6α-acetoxy-25-ene-3β,12β,20R-triol
达玛-6α-乙酰氧基-25-烯-3β,12β,20R-三醇的 1H NMR 和 13C NMR 数据
1H NMR and 13C NMR data of dammar-6α-acetoxy-25-ene-3β,12β,20R-triol

序号	1H NMR(δ)	13C NMR(δ)
1	0.98(1H,m),1.51(1H,m)	39.1
2	1.78(1H,m),1.60(1H,m)	28.2
3	3.42(1H,m)	77.8
4		40.0
5	1.36(1H,d,J=11.4Hz)	59.6
6	5.64(1H,m)	71.4
7	175(1H,m),1.60(1H,m)	43.1
8		41.5
9	1.54(1H,m)	50.3
10		39.3
11	1.94(1H,m),2.11(1H,m)	32.4
12	3.89(1H,m)	71.0
13	1.94(1H,m)	49.2
14		51.0
15	1.36(1H,m),1.59(1H,m)	31.6
16	1.65(1H,m),1.74(1H,m)	26.9
17	2.31(1H,m)	52.0
18	1.19(3H,s)	17.7
19	0.94(3H,s)	17.7
20		73.4
21	1.32(3H,s)	22.0
22	1.59(1H,m),2.11(1H,m)	43.5
23	1.95(1H,m),1.77(1H,m)	23.1
24	1.75(1H,m),1.60(1H,m)	40.0
25		146.7
26	4.81(1H,s),4.76(1H,s)	110.7
27	1.67(3H,s)	22.3
28	1.54(3H,s)	31.7
29	1.14(3H,s)	17.0
30	0.98(3H,s)	17.5
C̲H₃CO	2.07(3H,s)	22.8
CH₃C̲O		170.6

注：1H NMR（400MHz，pyridine-d_5）；13C NMR（100MHz，pyridine-d_5）。

171

066 达玛-6α-乙酰氧基-24-烯-3β，12β，20R-三醇

Dammar-6α-acetoxy-24-ene-3β,12β,20R-triol

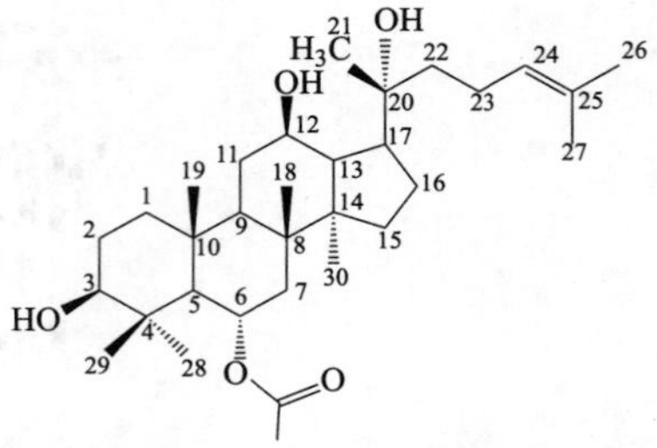

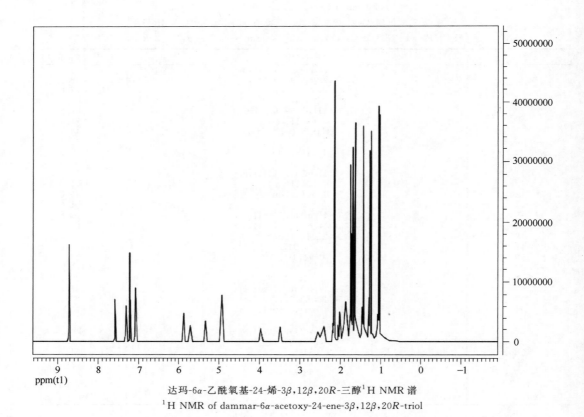

【中文名】 达玛-6α-乙酰氧基-24-烯-3β,12β,20R-三醇

【英文名】 Dammar-6α-acetoxy-24-ene-3β,12β,20R-triol

【分子式】 $C_{32}H_{54}O_5$

【分子量】 518.4

【参考文献】 Ma L Y, Yang X W. Six new dammarane-type triterpenes from acidic hydrolysate of the stems-leaves of *Panax ginseng* and their inhibitory-activities against three human cancer cell lines [J]. Phytochemistry Letters，2015，13：406-412.

达玛-6α-乙酰氧基-24-烯-3β,12β,20R-三醇[1]H NMR 谱

^{1}H NMR of dammar-6α-acetoxy-24-ene-3β,12β,20R-triol

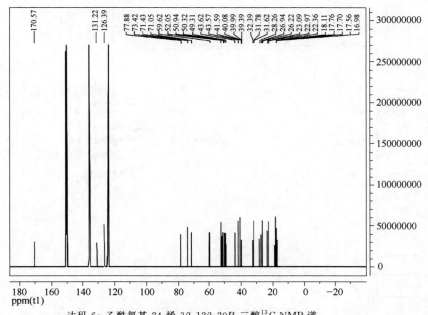

达玛-6α-乙酰氧基-24-烯-3β,12β,20R-三醇 ^{13}C NMR 谱
^{13}C NMR of dammar-6α-acetoxy-24-ene-3β,12β,20R-triol

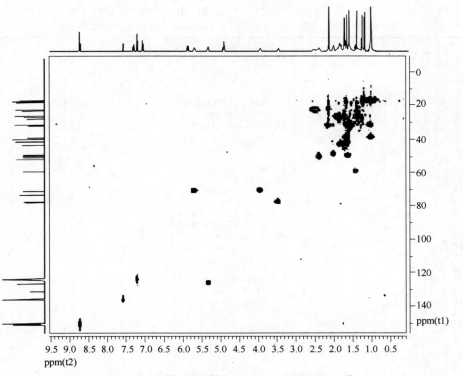

达玛-6α-乙酰氧基-24-烯-3β,12β,20R-三醇 HMQC 谱
HMQC dammar-6α-acetoxy-24-ene-3β,12β,20R-triol

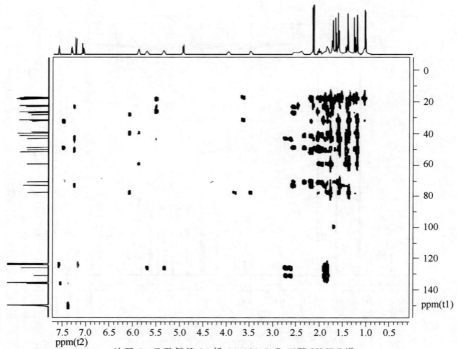

达玛-6α-乙酰氧基-24-烯-3β,12β,20R-三醇 HMBC 谱

HMBC of dammar-6α-acetoxy-24-ene-3β,12β,20R-triol

达玛-6α-乙酰氧基-24-烯-3β,12β,20R-三醇的¹H NMR 和¹³C NMR 数据

¹H NMR and ¹³C NMR data of dammar-6α-acetoxy-24-ene-3β,12β,20R-triol

序号	¹H NMR(δ)	¹³C NMR(δ)
1	0.87(1H,m),1.60(1H,m)	39.4
2	1.75(1H,m),1.81(1H,m)	28.3
3	3.48(1H,m)	77.9
4		40.1
5	1.45(1H,d,$J=11.1$Hz)	59.6
6	5.71(1H,m)	71.4
7	1.75(1H,m),1.81(1H,m)	43.8
8		41.6
9	1.62(1H,m)	50.3
10		40.0
11	1.83(1H,m),2.02(1H,m)	31.6
12	3.99(1H,m)	71.1
13	2.01(1H,m)	49.3
14		50.9
15	1.35(1H,m),1.55(1H,m)	31.8
16	1.71(1H,m),1.75(1H,m)	26.2
17	2.41(1H,m)	52.1
18	1.26(3H,s)	17.6
19	1.02(3H,s)	17.7
20		73.4
21	1.40(3H,s)	23.0
22	1.81(1H,m),1.85(1H,m)	43.8
23	2.56(1H,m),2.48(1H,m)	23.1
24	5.34(1H,d,$J=7.2$Hz)	126.4
25		131.2
26	1.72(3H,s)	26.9
27	1.67(3H,s)	18.1
28	1.60(3H,s)	32.4
29	1.02(3H,s)	17.0
30	1.20(3H,s)	17.8
C̲H₃CO	2.14(3H,s)	22.4
CH₃C̲O		170.5

注：¹H NMR（400MHz，pyridine-d_5）；¹³C NMR（100MHz，pyridine-d_5）。

067 人参皂苷元 S₁

Ginsengenin S₁

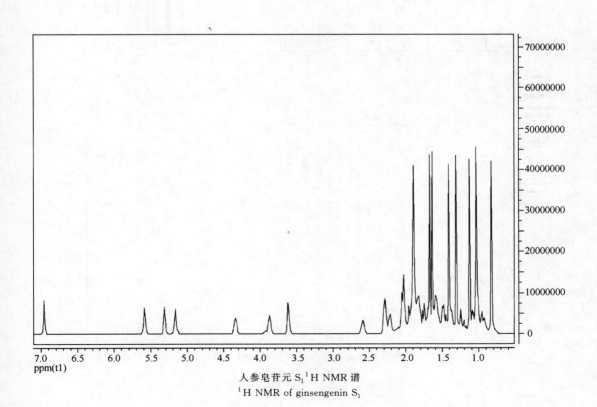

【中文名】 人参皂苷元 S_1；达玛-24-烯-3α,6α,12β,20S-四醇

【英文名】 Ginsengenin S_1；Dammar-24-ene-3α,6α,12β,20S-tetraol

【分子式】 $C_{30}H_{52}O_4$

【分子量】 476.4

【参考文献】 Qi Z，Li Z，Guan X，et al. Four novel dammarane-type triterpenoids from pearl knots of *Panax ginseng* Meyer cv. Silvatica ［J］. Molecules，2019，24 （6）：1159.

人参皂苷元 S_1 ¹H NMR 谱

¹H NMR of ginsengenin S₁

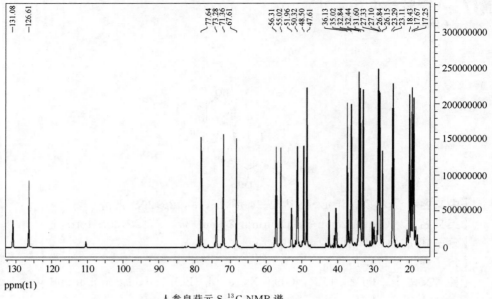

人参皂苷元 S_1 ^{13}C NMR 谱

^{13}C NMR of ginsengenin S_1

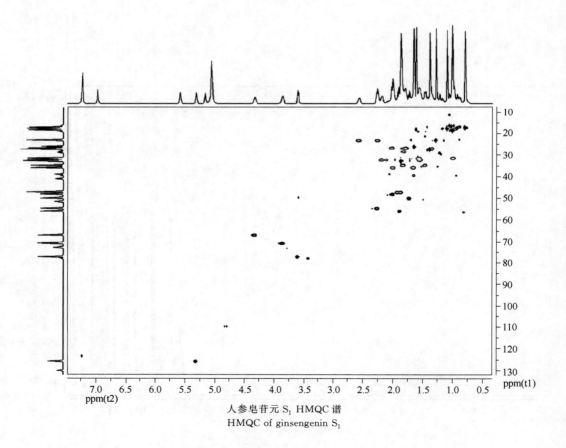

人参皂苷元 S_1 HMQC 谱

HMQC of ginsengenin S_1

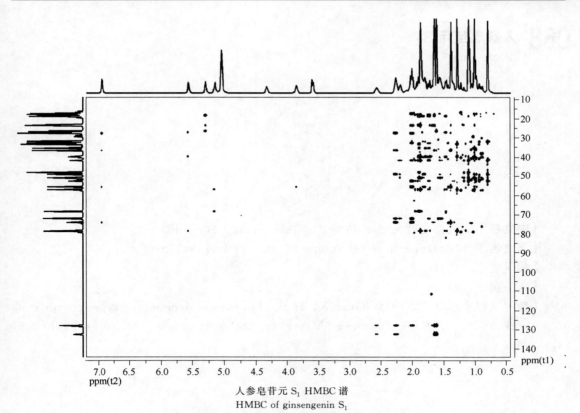

人参皂苷元 S_1 HMBC 谱

HMBC of ginsengenin S_1

人参皂苷元 S_1 的 ^1H NMR 和 ^{13}C NMR 数据

^1H NMR and ^{13}C NMR data of ginsengenin S_1

序号	^1H NMR(δ)	^{13}C NMR(δ)
1	1.85(1H,m),1.48(1H,m)	35.0
2	2.03(1H,m),1.80(1H,m)	26.8
3	3.61(1H,d,J=10Hz)	77.6
4		39.3
5	1.89(1H,m)	56.3
6	4.33(1H,m)	67.6
7	1.94(1H,m),1.88(1H,m)	47.6
8		41.4
9	1.75(1H,m)	50.3
10		39.5
11	2.19(1H,m),1.57(1H,m)	32.4
12	3.86(1H,m)	71.4
13	2.02(1H,m)	48.5
14		52.0
15	1.58(1H,m),1.00(1H,m)	31.6
16	1.81(1H,m),1.35(1H,m)	27.1
17	2.27(1H,m)	55.0
18	1.11(3H,s)	17.7
19	1.01(3H,s)	18.4
20		73.3
21	1.39(3H,s)	27.3
22	2.01(1H,m),1.67(1H,m)	36.1
23	2.58(1H,m),2.25(1H,m)	23.3
24	5.30(1H,t,J=6.3Hz)	126.6
25		131.1
26	1.65(3H,s)	26.2
27	1.62(3H,s)	18.0
28	1.88(3H,s)	32.8
29	1.29(3H,s)	23.1
30	0.81(3H,s)	17.3
3-OH	5.58(1H,brs)	
6-OH	5.15(1H,brs)	
12-OH	7.22(1H,s)	
20-OH	6.96(1H,s)	

注：^1H NMR（600MHz，pyridine-d_5）；^{13}C NMR（150MHz，pyridine-d_5）。

068 人参皂苷元 S₂

Ginsengenin S₂

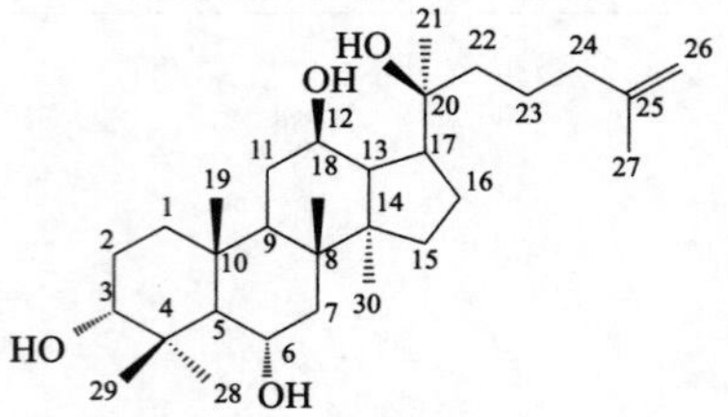

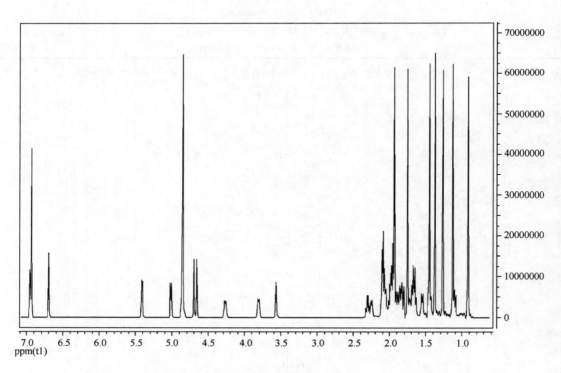

【中文名】 人参皂苷元 S₂；达玛-25-烯-3α,6α,12β,20S-四醇

【英文名】 Ginsengenin S₂；Dammar-25-ene-3α,6α,12β,20S-tetraol

【分子式】 $C_{30}H_{52}O_4$

【分子量】 476.4

【参考文献】 Qi Z，Li Z，Guan X，et al. Four novel dammarane-type triterpenoids from pearl knots of *Panax ginseng* Meyer cv. Silvatica［J］. Molecules，2019，24（6）：1159.

人参皂苷元 S₂ ¹H NMR 谱
¹H NMR of ginsengenin S₂

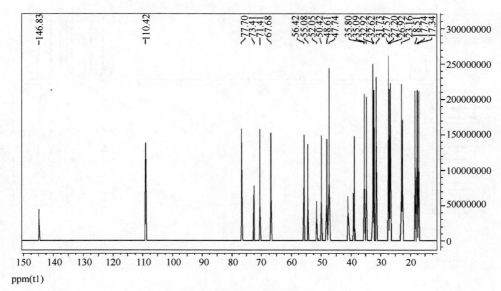

人参皂苷元 S₂ ¹³C NMR 谱
¹³C NMR of ginsengenin S₂

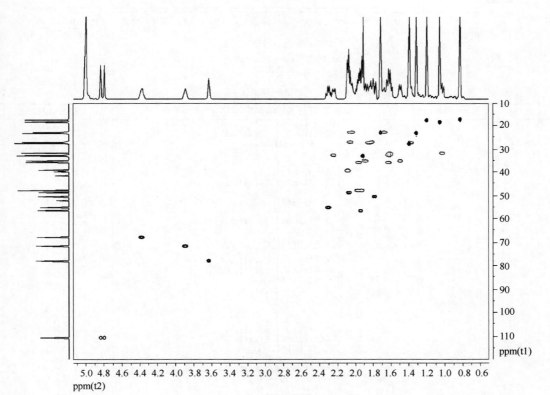

人参皂苷元 S₂ HMQC 谱
HMQC of ginsengenin S₂

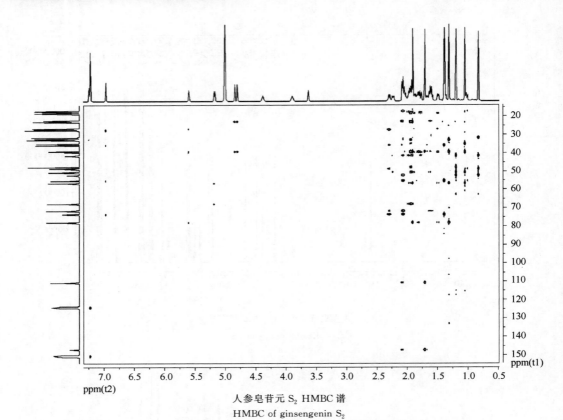

人参皂苷元 S$_2$ HMBC 谱

HMBC of ginsengenin S$_2$

人参皂苷元 S$_2$ 的 ^{1}H NMR 和 ^{13}C NMR 数据

^{1}H NMR and ^{13}C NMR data of ginsengenin S$_2$

序号	^{1}H NMR(δ)	^{13}C NMR(δ)
1	1.88(1H,m),1.49(1H,m)	35.1
2	2.05(1H,m),1.80(1H,m)	26.9
3	3.63(1H,brs)	77.7
4		39.4
5	1.93(1H,m)	56.4
6	4.38(1H,m)	67.7
7	1.97(1H,m),1.79(1H,m)	47.7
8		41.4
9	1.78(1H,m)	50.4
10		39.6
11	2.25(1H,m),1.63(1H,m)	32.6
12	3.89(1H,m)	71.4
13	2.07(1H,m)	48.6
14		52.1
15	1.62(1H,m),1.03(1H,m)	31.7
16	1.84(1H,m),1.37(1H,m)	27.2
17	2.30(1H,m)	55.1
18	1.20(3H,s)	17.7
19	1.05(3H,s)	18.5
20		73.4
21	1.39(3H,s)	27.6
22	1.96(1H,m),1.62(1H,m)	35.8
23	2.03(1H,m),1.67(1H,m)	22.8
24	2.08(2H,m)	39.3
25		146.8
26	4.84(1H,s),4.80(1H,s)	110.4
27	1.71(3H,s)	23.0
28	1.91(3H,s)	32.9
29	1.32(3H,s)	23.2
30	0.83(3H,s)	17.3
3-OH	5.59(1H,d,J=4.0Hz)	
6-OH	5.17(1H,d,J=6.9Hz)	
12-OH	7.23(1H,s)	
20-OH	6.96(1H,s)	

注：^{1}H NMR（600MHz，pyridine-d_5）；^{13}C NMR（150MHz，pyridine-d_5）。

069 （E，E）-达玛-27-去甲基-20（22），23-二烯-25-酮-3β，6α，12β-三醇

(E,E)-Dammar-27-demethyl-20(22),23-diene-25-one-3β,6α,12β-triol

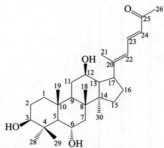

【中文名】 （E，E）-达玛-27-去甲基-20(22)，23-二烯-25-酮-3β，6α,12β-三醇

【英文名】 （E，E)-Dammar-27-demethyl-20(22),23-diene-25-one-3β,6α,12β-triol

【分子式】 $C_{29}H_{46}O_4$

【分子量】 458.3

【参考文献】 Tran T L，Kim Y R，Yang J L，et al. Dammarane triterpenes from the leaves of *Panax ginseng* enhance cellular immunity ［J］. Bioorganic and Medicinal Chemistry，2014，22 (1)：499-504.

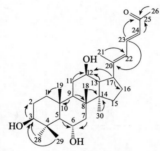

（E，E)-达玛-27-去甲基-20(22)，23-二烯-25-酮-3β，6α,12β-三醇主要 HMBC 相关

Key HMBC correlations of (E,E)-dammar-27-demethyl-20(22),23-diene-25-one-3β,6α,12β-triol

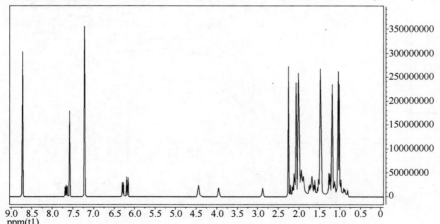

（E，E)-达玛-27-去甲基-20(22)，23-二烯-25-酮-3β，6α,12β-三醇[1]H NMR 谱

^{1}H NMR of (E,E)-dammar-27-demethyl-20(22),23-diene-25-one-3β,6α,12β-triol

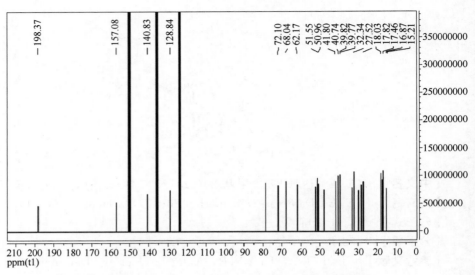

（E,E）-达玛-27-去甲基-20（22），23-二烯-25-酮-3β,6α,12β-三醇 ^{13}C NMR 谱
^{13}C NMR of （E,E）-dammar-27-demethyl-20（22），23-diene-25-one-3β,6α,12β-triol

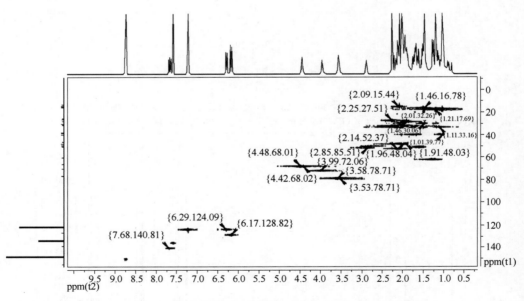

（E,E）-达玛-27-去甲基-20（22），23-二烯-25-酮-3β,6α,12β-三醇 HMQC 谱
HMQC of （E,E）-dammar-27-demethyl-20（22），23-diene-25-one-3β,6α,12β-triol

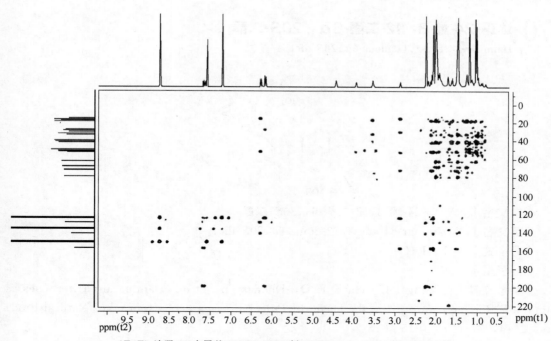

（E，E）-达玛-27-去甲基-20(22),23-二烯-25-酮-3β,6α,12β-三醇 HMBC 谱
HMBC of （E，E）-dammar-27-demethyl-20(22),23-diene-25-one-3β,6α,12β-triol

（E，E）-达玛-27-去甲基-20(22),23-二烯-25-酮-3β,6α,12β-三醇的 ^{1}H NMR 和 ^{13}C NMR 数据及 HMBC 的主要相关信息
^{1}H NMR and ^{13}C NMR data and HMBC correlations of （E，E）-dammar-27-demethyl-20(22),23-diene-25-one-3β,6α,12β-triol

序号	^{1}H NMR(δ)	^{13}C NMR(δ)	HMBC
1	1.68(1H,m),1.01(1H,m)	39.8	
2	1.95(1H,m),1.89(1H,m)	28.5	
3	3.55(1H,dd,J=11.0,4.6Hz)	78.8	C-2
4		41.8	
5	1.26(1H,d,J=10.4Hz)	62.2	C-6
6	4.45(1H,m)	68.1	
7	2.02(1H,overlap),1.95(1H,overlap)	48.1	C-6
8		40.7	
9	1.62(1H,m)	51.0	C-8,10
10		39.8	
11	2.12(1H,overlap),1.44(1H,m)	33.4	C-12
12	3.94(1H,m)	72.1	
13	1.24(1H,m)	51.5	C-12
14		52.4	
15	1.50(1H,m),1.11(1H,m)	33.2	
16	1.71(1H,m),1.35(1H,m)	30.1	
17	2.88(1H,m)	51.6	C-16
18	1.02(3H,s)	17.5	C-14
19	1.04(3H,s)	18.0	C-1
20		157.1	
21	2.08(3H,s)	15.2	C-22
22	6.29(1H,d,J=11.6Hz)	123.9	
23	7.67(1H,dd,J=15.4,11.6Hz)	140.9	C-20,25
24	6.19(1H,d,J=15.4Hz)	128.8	C-25
25		198.4	
26	2.26(3H,s)	27.5	C-25
28	2.01(3H,s)	32.3	C-3
29	1.48(3H,s)	16.9	C-3
30	1.20(3H,s)	17.8	C-14

注：^{1}H NMR （500MHz，pyridine-d_5）；^{13}C NMR （125MHz，pyridine-d_5）。

070 达玛-24-烯-3，12-二酮-6α，20S-二醇
Dammar-24-ene-3，12-dione-6α，20S-diol

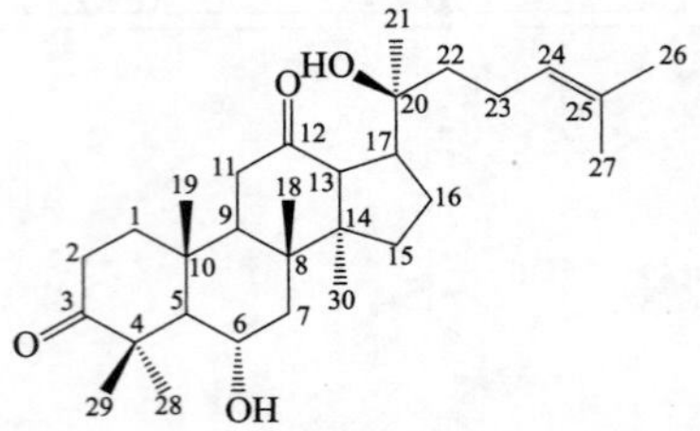

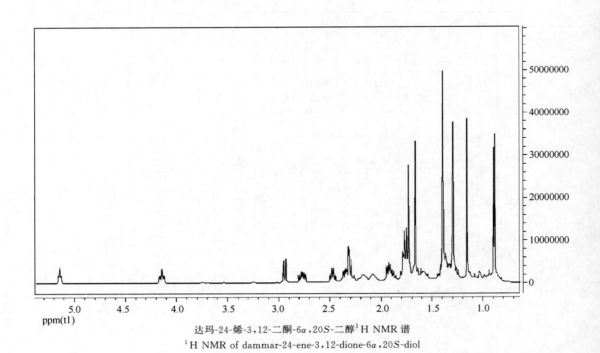

【中文名】 达玛-24-烯-3,12-二酮-6α,20S-二醇

【英文名】 Dammar-24-ene-3,12-dione-6α,20S-diol

【分子式】 $C_{30}H_{48}O_4$

【分子量】 472.4

【参考文献】 Yang J L，Ha T K Q，Dhodary B，et al. Dammarane triterpenes as potential SIRT1 activators from the leaves of *Panax ginseng* [J]. Journal of Natural Products，2014，77（7），1615-1623.

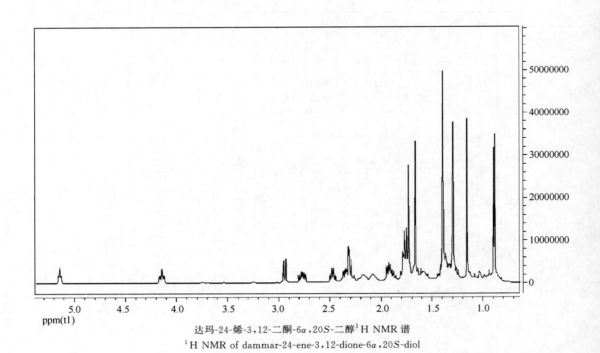

达玛-24-烯-3,12-二酮-6α,20S-二醇[1]H NMR 谱
^{1}H NMR of dammar-24-ene-3,12-dione-6α,20S-diol

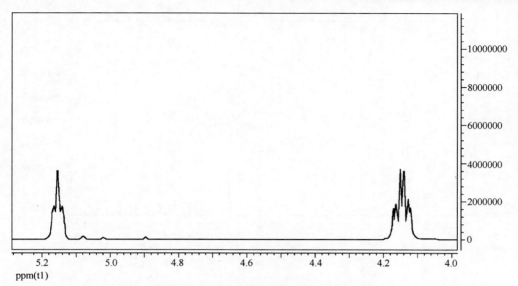

达玛-24-烯-3,12-二酮-6α,20S-二醇[1]H NMR 谱局部放大图 1

Partial enlargement 1 of ^{1}H NMR of dammar-24-ene-3,12-dione-6α,20S-diol

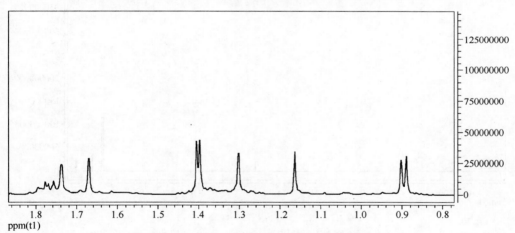

达玛-24-烯-3,12-二酮-6α,20S-二醇[1]H NMR 谱局部放大图 2

Partial enlargement 2 of ^{1}H NMR of dammar-24-ene-3,12-dione-6α,20S-diol

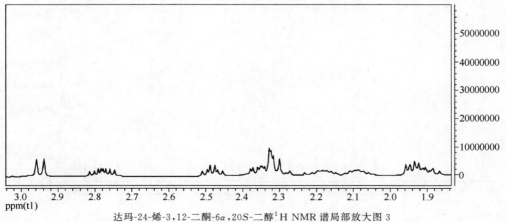

达玛-24-烯-3,12-二酮-6α,20S-二醇[1]H NMR 谱局部放大图 3

Partial enlargement 3 of ^{1}H NMR of dammar-24-ene-3,12-dione-6α,20S-diol

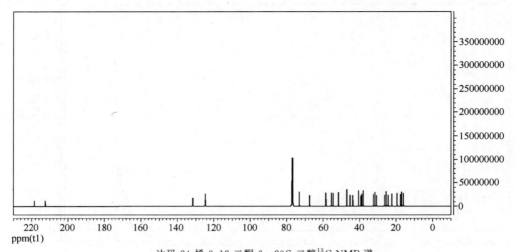

达玛-24-烯-3,12-二酮-6α,20S-二醇 13C NMR 谱
13C NMR of dammar-24-ene-3,12-dione-6α,20S-diol

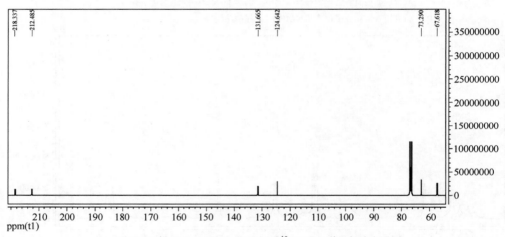

达玛-24-烯-3,12-二酮-6α,20S-二醇 13C NMR 谱局部放大图 1
Partial enlargement 1 13C NMR of dammar-24-ene-3,12-dione-6α,20S-diol

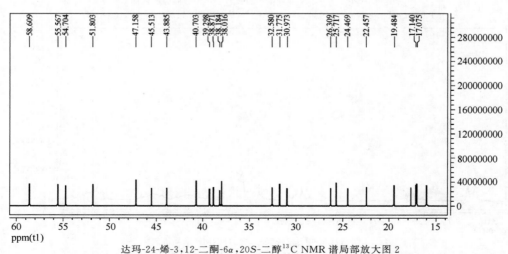

达玛-24-烯-3,12-二酮-6α,20S-二醇 13C NMR 谱局部放大图 2
Partial enlargement 2 of 13C NMR of dammar-24-ene-3,12-dione-6α,20S-diol

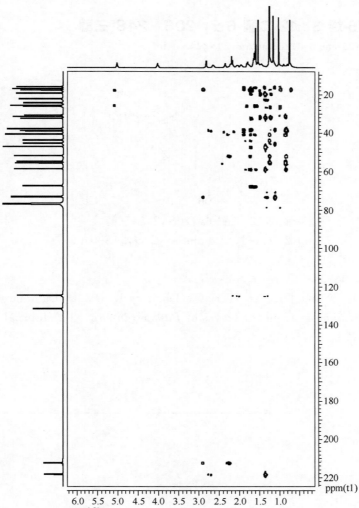

达玛-24-烯-3,12-二酮-6α,20S-二醇 HMBC 谱

HMBC of dammar-24-ene-3,12-dione-6α,20S-diol

达玛-24-烯-3,12-二酮-6α,20S-二醇的¹H NMR 和¹³C NMR 数据

¹H NMR and ¹³C NMR data of dammar-24-ene-3,12-dione-6α,20S-diol

序号	¹H NMR(δ)	¹³C NMR(δ)	序号	¹H NMR(δ)	¹³C NMR(δ)
1	1.75(1H,m),1.01(1H,m)	39.3	16	1.77(1H,m),1.37(1H,m)	24.5
2	2.78(1H,m),2.48(1H,m)	32.6	17	2.47(1H,m)	45.5
3		218.4	18	1.30(3H,s)	16.7
4		47.2	19	0.89(3H,s)	17.1
5	1.78(1H,d,J=10.5Hz)	58.6	20		73.3
6	4.15(1H,td,J=10.5,3.5Hz)	67.6	21	1.17(3H,s)	26.3
7	2.34(1H,m),1.92(1H,m)	43.9	22	2.08(1H,m),1.32(1H,m)	38.0
8		40.7	23	2.16(1H,m),2.08(1H,m)	22.5
9	1.93(1H,m)	51.8	24	5.15(1H,t,J=6.5Hz)	124.6
10		38.2	25		131.7
11	2.29(1H,m),2.20(1H,m)	38.9	26	1.73(3H,s)	25.7
12		212.5	27	1.67(3H,s)	17.1
13	2.95(1H,d,J=10.0Hz)	55.6	28	1.39(3H,s)	31.8
14		54.7	29	1.40(3H,s)	19.5
15	1.56(1H,m),1.05(1H,m)	31.0	30	0.90(3H,s)	17.0

注：¹H NMR (500MHz，CDCl₃)；¹³C NMR (125MHz，CDCl₃)。

071 达玛-25-烯-3，12-二酮-6α，20S，24S-三醇

Dammar-25-ene-3,12-dione-6α,20S,24S-triol

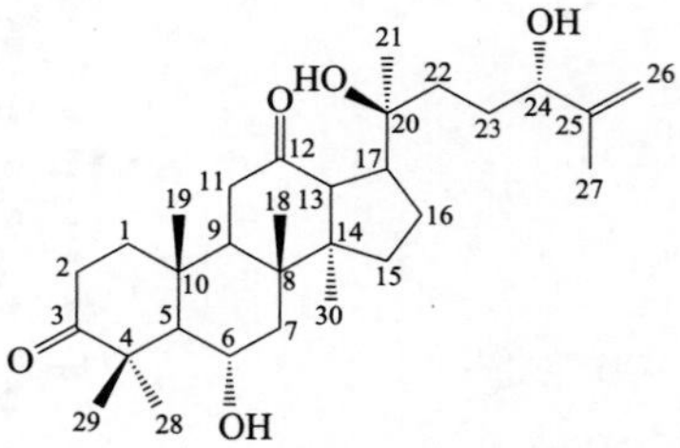

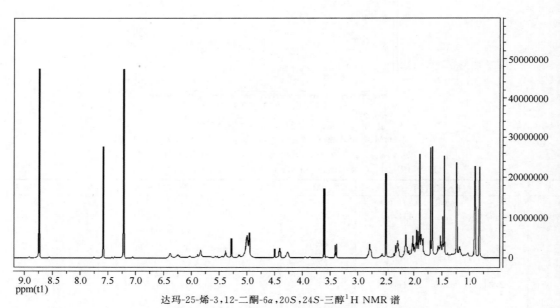

【中文名】　达玛-25-烯-3,12-二酮-6α,20S,24S-三醇

【英文名】　Dammar-25-ene-3,12-dione-6α,20S,24S-triol

【分子式】　$C_{30}H_{48}O_5$

【分子量】　488.4

【参考文献】　Yang J L，Ha T K Q，Dhodary B，et al. Dammarane triterpenes as potential SIRT1 activators from the leaves of *Panax ginseng* [J]. Journal of Natural Products，2014，77（7），1615-1623.

达玛-25-烯-3,12-二酮-6α,20S,24S-三醇 ^{1}H NMR 谱

^{1}H NMR of dammar-25-ene-3,12-dione-6α,20S,24S-triol

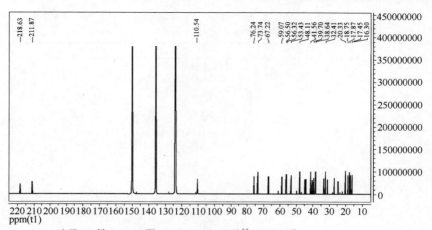

达玛-25-烯-3,12-二酮-6α,20S,24S-三醇 ^{13}C NMR 谱
^{13}C NMR of dammar-25-ene-3,12-dione-6α,20S,24S-triol

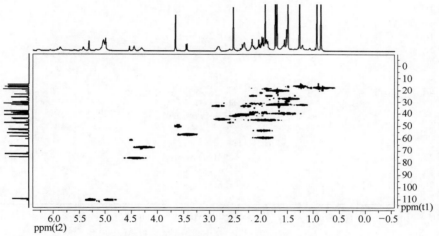

达玛-25-烯-3,12-二酮-6α,20S,24S-三醇 HMQC 谱
HMQC of dammar-25-ene-3,12-dione-6α,20S,24S-triol

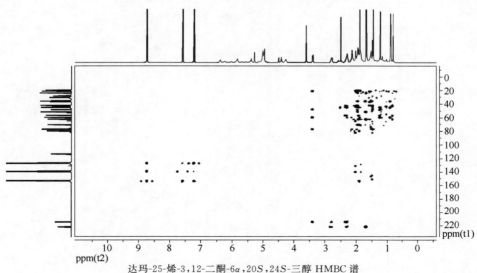

达玛-25-烯-3,12-二酮-6α,20S,24S-三醇 HMBC 谱
HMBC of dammar-25-ene-3,12-dione-6α,20S,24S-triol

达玛-25-烯-3,12-二酮-6α,20S,24S-三醇的^{1}H NMR 和^{13}C NMR 数据

^{1}H NMR and ^{13}C NMR data of dammar-25-ene-3,12-dione-6α,20S,24S-triol

序号	^{1}H NMR(δ)	^{13}C NMR(δ)
1	2.12(1H,m),1.59(1H,m)	38.8
2	2.79(1H,m),2.31(1H,m)	32.5
3		218.8
4		48.1
5	1.94(1H,d,$J=10.1$Hz)	59.1
6	4.28(1H,m)	67.2
7	2.37(1H,m),1.87(1H,m)	45.1
8		41.5
9	1.96(1H,m)	53.4
10		40.1
11	2.36(1H,m),2.29(1H,m)	38.6
12		211.9
13	3.41(1H,d,$J=10.0$Hz)	56.5
14		56.3
15	1.53(1H,m),1.23(1H,m)	31.4
16	2.12(1H,m),1.87(1H,m)	24.9
17	2.80(1H,m)	44.4
18	1.24(3H,s)	16.9
19	0.82(3H,s)	17.3
20		73.7
21	1.46(3H,s)	27.3
22	1.95(1H,m),1.49(1H,m)	39.7
23	2.02(1H,m),1.17(1H,m)	33.5
24	4.41(1H,brt,$J=5.0$Hz)	76.2
25		150.7
26	5.28(1H,brs),4.97(1H,brs)	110.5
27	1.90(3H,brs)	18.8
28	1.67(3H,s)	32.4
29	1.71(3H,s)	20.2
30	0.90(3H,s)	17.5

注：^{1}H NMR（500MHz, pyridine-d_5）；^{13}C NMR（125MHz, pyridine-d_5）。

072　达玛-23-烯-3，12-二酮-6α，20S，25-三醇

Dammar-23-ene-3，12-dione-6α，20S，25-triol

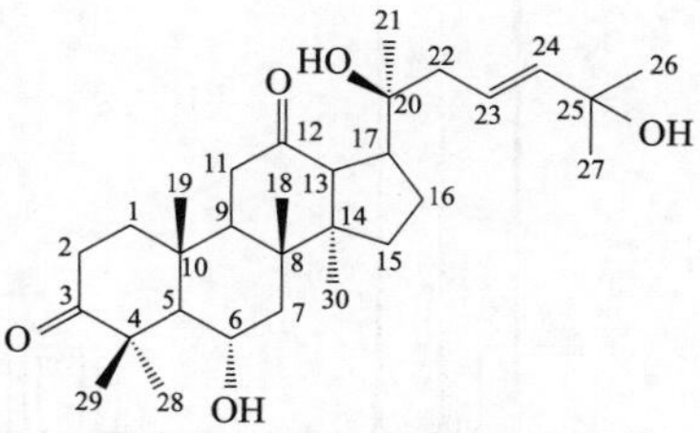

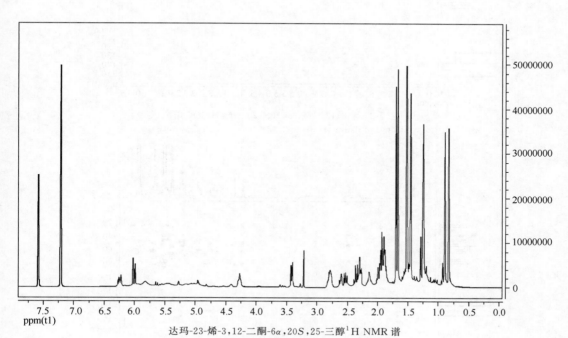

【中文名】　达玛-23-烯-3,12-二酮-6α,20S,25-三醇

【英文名】　Dammar-23-ene-3,12-dione-6α,20S,25-triol

【分子式】　$C_{30}H_{48}O_5$

【分子量】　488.4

【参考文献】　Yang J L，Ha T K Q，Dhodary B，et al. Dammarane triterpenes as potential SIRT1 activators from the leaves of *Panax ginseng* [J]. Journal of Natural Products，2014，77（7），1615-1623.

达玛-23-烯-3,12-二酮-6α,20S,25-三醇[1]H NMR 谱

^{1}H NMR of dammar-23-ene-3,12-dione-6α,20S,25-triol

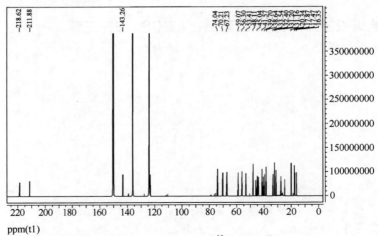

达玛-23-烯-3,12-二酮-6α,20S,25-三醇 ^{13}C NMR 谱

^{13}C NMR of dammar-23-ene-3,12-dione-6α,20S,25-triol

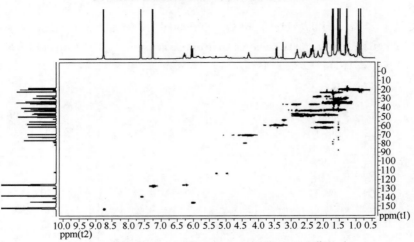

达玛-23-烯-3,12-二酮-6α,20S,25-三醇 HMQC 谱

HMQC of dammar-23-ene-3,12-dione-6α,20S,25-triol

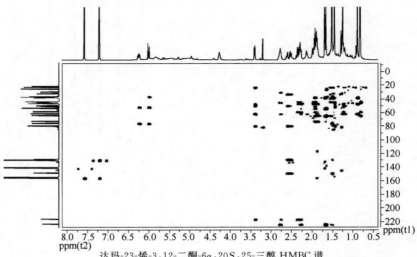

达玛-23-烯-3,12-二酮-6α,20S,25-三醇 HMBC 谱

HMBC of dammar-23-ene-3,12-dione-6α,20S,25-triol

达玛-23-烯-3,12-二酮-6α,20S,25-三醇的^{1}H NMR 和^{13}C NMR 数据

^{1}H NMR and ^{13}C NMR data of dammar-23-ene-3,12-dione-6α,20S,25-triol

序号	^{1}H NMR(δ)	^{13}C NMR(δ)
1	2.14(1H,m),1.49(1H,m)	38.5
2	2.80(1H,m),2.25(1H,m)	33.5
3		218.6
4		48.1
5	1.93(1H,d,$J=11.0$Hz)	59.1
6	4.27(1H,m)	67.2
7	2.33(1H,m),1.87(1H,m)	45.0
8		41.6
9	1.99(1H,m)	53.4
10		40.6
11	2.37(1H,m),2.31(1H,m)	37.9
12		211.9
13	3.42(1H,d,$J=10.0$Hz)	56.4
14		56.3
15	1.58(1H,m),1.23(1H,m)	32.4
16	2.16(1H,m),1.90(1H,m)	24.8
17	2.79(1H,m)	44.3
18	1.26(3H,s)	16.5
19	0.83(3H,s)	17.1
20		74.0
21	1.46(3H,s)	27.6
22	2.61(1H,m),2.54(1H,m)	46.0
23	6.25(1H,m)	123.2
24	6.02(1H,d,$J=15.4$Hz)	143.3
25		70.2
26	1.53(3H,s)	31.3
27	1.53(3H,s)	31.2
28	1.67(3H,s)	32.5
29	1.70(3H,s)	20.3
30	0.89(3H,s)	17.5

注：^{1}H NMR（500MHz，pyridine-d_5）；^{13}C NMR（125MHz，pyridine-d_5）。

073 24β-羟基-20（R）-人参三醇
24β-Hydroxy-20(R)-panaxatriol

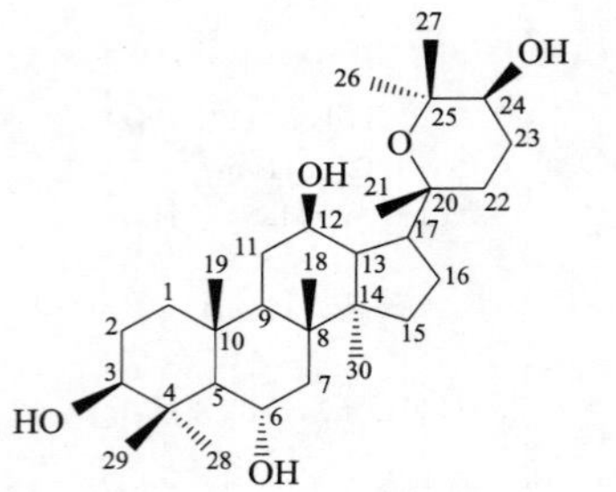

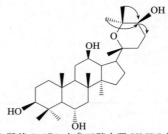

【中文名】　24β-羟基-20(R)-人参三醇

【英文名】　24β-Hydroxy-20(R)-panaxatriol

【分子式】　$C_{30}H_{52}O_5$

【分子量】　492.4

【参考文献】　Li J L，Ding P，Jiang B，et al. Biotransformation of 20 (R)-panaxatriol by the fungus Aspergillus flavus Link AS 3. 3950 [J]. Natural Product Research，2019，10 (33)：1393-1398.

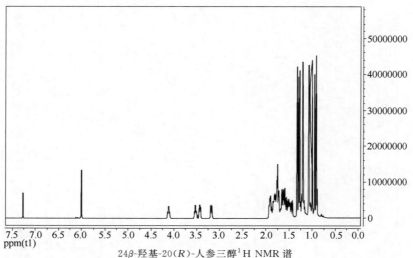

24β-羟基-20(R)-人参三醇主要 HMBC 相关
Key HMBC correlations of 24β-hydroxy-20(R)-panaxatriol

24β-羟基-20(R)-人参三醇 ^{1}H NMR 谱
^{1}H NMR of 24β-hydroxy-20(R)-panaxatriol

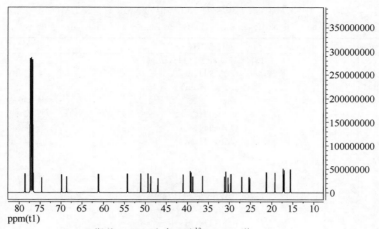

24β-羟基-20(R)-人参三醇^{13}C NMR 谱
^{13}C NMR of 24β-hydroxy-20(R)-panaxatriol

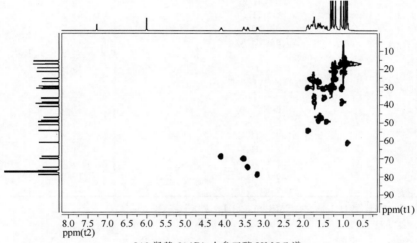

24β-羟基-20(R)-人参三醇 HMQC 谱
HMQC of 24β-hydroxy-20(R)-panaxatriol

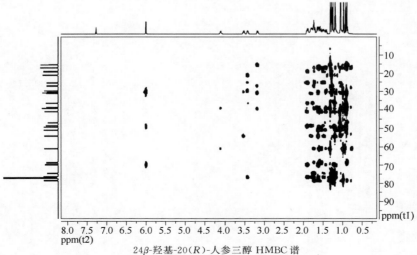

24β-羟基-20(R)-人参三醇 HMBC 谱
HMBC of 24β-hydroxy-20(R)-panaxatriol

24β-羟基-20(R)-人参三醇的^{1}H NMR 和^{13}C NMR 数据及 HMBC 主要相关信息

^{1}H NMR and ^{13}C NMR data and HMBC correlations of 24β-hydroxy-20(R)-panaxatriol

序号	^{1}H NMR(δ)	^{13}C NMR(δ)	HMBC
1	1.73(1H),1.01(1H,m)	38.7	
2	1.65(2H,m)	27.1	
3	3.17(1H,m)	78.6	
4		39.3	
5	0.89(1H,m)	61.1	
6	4.10(1H,m)	68.7	
7	1.58(2H,m)	47.0	
8		41.0	
9	1.62(1H,m)	48.7	
10		38.7	
11	1.20(1H),1.91(1H,m)	30.3	
12	3.52(1H,m)	69.9	
13	1.42(1H,m)	49.4	
14		51.1	
15	1.50(2H,m)	31.1	
16	1.18(2H,m)	25.4	
17	1.89(1H,m)	54.3	
18	1.06(3H,s)	17.2	
19	0.93(3H,s)	17.1	
20		76.7	
21	1.20(3H,s)	19.2	
22	1.48(1H),1.72(1H,m)	36.4	
23	1.76(2H,m)	25.2	
24	3.43(1H,m)	74.6	C-23
25		76.7	
26	1.28(3H,s)	29.7	C-24
27	1.26(3H,s)	21.2	C-24
28	1.31(3H,s)	30.7	
29	0.98(3H,s)	15.4	
30	0.93(3H,s)	17.2	

注：^{1}H NMR （500MHz，CDCl$_3$）；^{13}C NMR （125MHz，CDCl$_3$）。

074 24α-羟基-20（R）-人参三醇
24α-Hydroxy-20(R)-panaxatriol

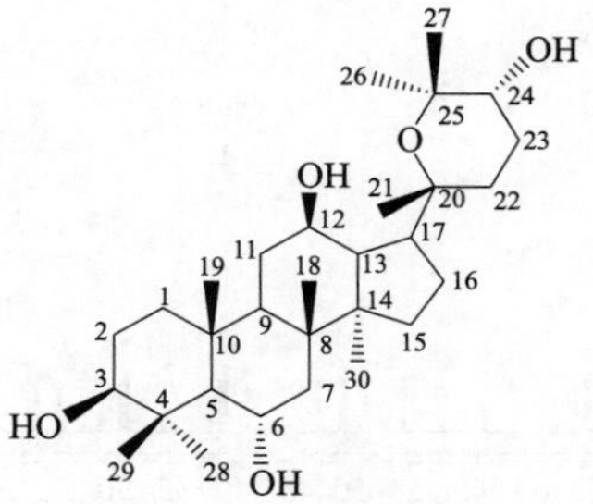

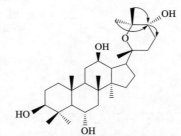

【中文名】　24α-羟基-20(R)-人参三醇

【英文名】　24α-Hydroxy-20(R)-panaxatriol

【分子式】　$C_{30}H_{52}O_5$

【分子量】　492.4

【参考文献】　Li J L，Ding P，Jiang B，et al. Biotransformation of 20（R）-panaxatriol by the fungus Aspergillus flavus Link AS 3.3950 ［J］. Natural Product Research，2019，10（33）：1393-1398.

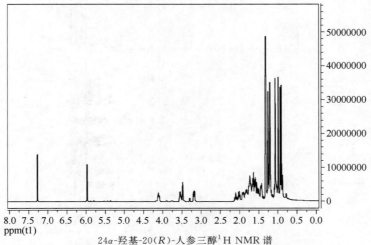

24α-羟基-20(R)-人参三醇主要 HMBC 相关
Key HMBC correlations of 24α-hydroxy-20(R)-panaxatriol

24α-羟基-20(R)-人参三醇 ¹H NMR 谱
¹H NMR of 24α-hydroxy-20(R)-panaxatriol

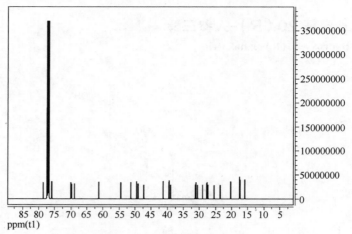

24α-羟基-20(R)-人参三醇¹³C NMR 谱

¹³C NMR of 24α-hydroxy-20(R)-panaxatriol

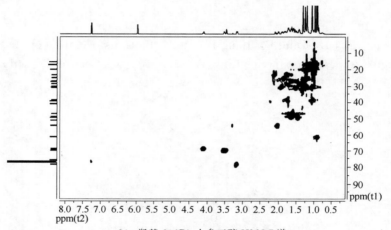

24α-羟基-20(R)-人参三醇 HMQC 谱

HMQC of 24α-hydroxy-20(R)-panaxatriol

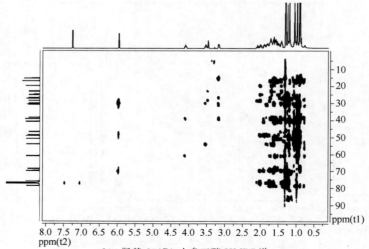

24α-羟基-20(R)-人参三醇 HMBC 谱

HMBC of 24α-hydroxy-20(R)-panaxatriol

24α-羟基-20(R)-人参三醇的¹H NMR 和¹³C NMR 数据及 HMBC 主要相关信息

¹H NMR and ¹³C NMR data and HMBC correlations of 24α-hydroxy-20(R)-panaxatriol

序号	¹H NMR(δ)	¹³C NMR(δ)	HMBC
1	1.74(1H),1.01(1H,m)	38.7	
2	1.61(2H,m)	27.1	
3	3.17(1H,m)	78.6	
4		39.3	
5	0.89(1H,m)	61.1	
6	4.11(1H,m)	68.7	
7	1.75(2H,m)	47.2	
8		41.0	
9	1.64(1H,m)	48.8	
10		39.2	
11	1.20(1H),1.91(1H,m)	30.3	
12	3.50(1H,m)	69.9	
13	1.43(1H,m)	49.4	
14		51.1	
15	1.51(2H,m)	31.1	
16	1.85(2H,m)	25.2	
17	2.01(1H,m)	54.2	
18	1.06(3H,s)	17.2	
19	0.94(3H,s)	17.1	
20		76.8	
21	1.20(3H,s)	19.9	
22	1.70(2H,m)	28.7	
23	1.75(2H,m)	23.2	
24	3.47(1H,m)	69.7	C-23
25		75.9	
26	1.31(3H,s)	27.3	C-24
27	1.26(3H,s)	27.6	C-24
28	1.32(3H,s)	30.9	
29	0.99(3H,s)	15.2	
30	0.94(3H,s)	17.2	

注：¹H NMR (500MHz, CDCl₃)；¹³C NMR (125MHz, CDCl₃)。

075 23β-羟基-20（R）-人参三醇

23β-Hydroxy-20（R）-panaxatriol

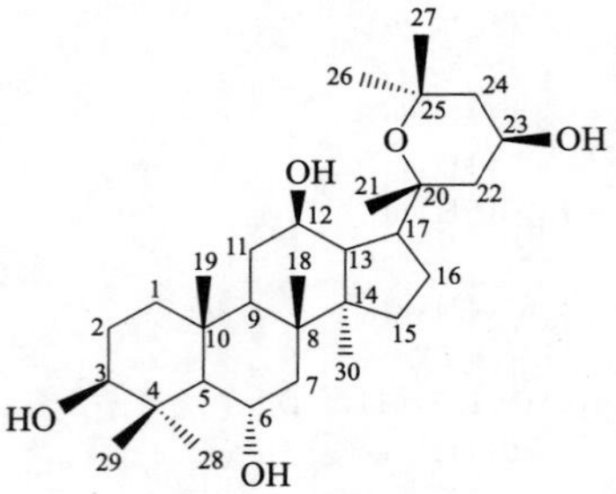

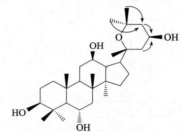

【中文名】 23β-羟基-20(R)-人参三醇

【英文名】 23β-Hydroxy-20(R)-panaxatriol

【分子式】 $C_{30}H_{52}O_5$

【分子量】 492.4

【参考文献】 Li J L，Ding P，Jiang B，et al. Biotransformation of 20(R)-panaxatriol by the fungus Aspergillus flavus Link AS 3.3950 ［J］. Natural Product Research，2019，10 (33)：1393-1398.

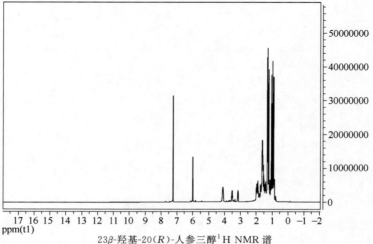

23β-羟基-20(R)-人参三醇主要 HMBC 相关

Key HMBC correlations of 23β-hydroxy-20(R)-panaxatriol

23β-羟基-20(R)-人参三醇 ^{1}H NMR 谱

^{1}H NMR of 23β-hydroxy-20(R)-panaxatriol

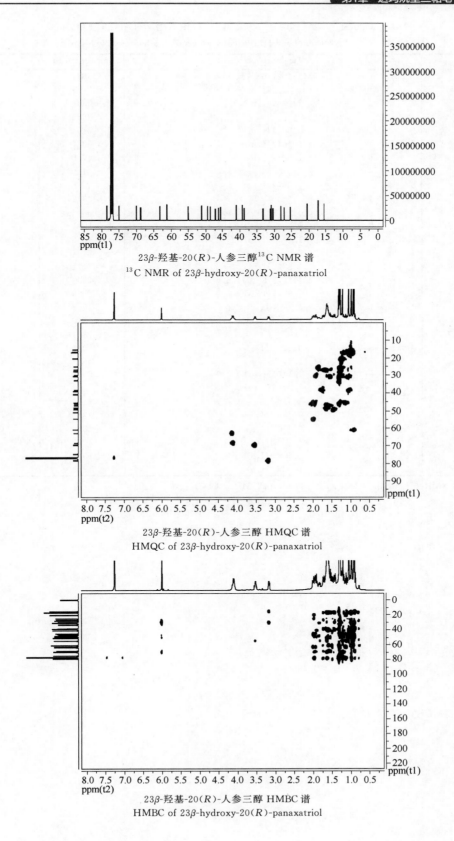

23β-羟基-20(R)-人参三醇 ^{13}C NMR 谱
^{13}C NMR of 23β-hydroxy-20(R)-panaxatriol

23β-羟基-20(R)-人参三醇 HMQC 谱
HMQC of 23β-hydroxy-20(R)-panaxatriol

23β-羟基-20(R)-人参三醇 HMBC 谱
HMBC of 23β-hydroxy-20(R)-panaxatriol

23β-羟基-20(R)-人参三醇的¹H NMR 和¹³C NMR 数据及 HMBC 主要相关信息

¹H NMR and ¹³C NMR data and HMBC correlations of 23β-hydroxy-20(R)-panaxatriol

序号	¹H NMR(δ)	¹³C NMR(δ)	HMBC
1	1.73(1H),1.03(1H,m)	38.7	
2	1.67(2H,m)	27.1	
3	3.18(1H,m)	78.6	
4		39.3	
5	0.90(1H,m)	61.1	
6	4.10(1H,m)	68.7	
7	1.60(2H,m)	47.0	
8		41.0	
9	1.65(1H,m)	48.5	
10		39.2	
11	1.90(1H),1.21(1H,m)	30.3	
12	3.55(1H,m)	69.9	
13	1.45(1H,m)	49.3	
14		51.1	
15	1.52(2H,m)	31.1	
16	1.26(1H),1.85(1H,m)	25.2	
17	1.98(1H,m)	54.9	
18	1.06(3H,s)	17.2	
19	0.94(3H,s)	17.2	
20		78.1	
21	1.22(3H,s)	20.4	
22	1.94(2H,m)	46.1	C-23
23	4.14(1H,m)	63.2	
24	2.00(2H,m)	45.5	C-23
25		74.9	
26	1.29(3H,s)	33.1	C-24
27	1.30(3H,s)	28.0	C-24
28	1.31(3H,s)	30.7	
29	0.99(3H,s)	15.8	
30	0.91(3H,s)	17.4	

注：¹H NMR（500MHz，CDCl₃）；¹³C NMR（125MHz，CDCl₃）。

076 15β-羟基-20（R）-人参三醇

15β-Hydroxy-20(R)-panaxatriol

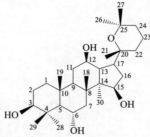

【中文名】 15β-羟基-20(R)-人参三醇

【英文名】 15β-Hydroxy-20(R)-panaxatriol

【分子式】 $C_{30}H_{52}O_5$

【分子量】 492.4

【参考文献】 Li J L，Ding P，Jiang B，et al. Biotransformation of 20(R)-panaxatriol by the fungus Aspergillus flavus Link AS 3.3950 [J]. Natural Product Research，2019，10 (33)：1393-1398.

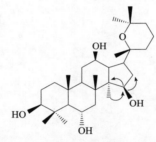

15β-羟基-20(R)-人参三醇主要 HMBC 相关

Key HMBC correlations of 15β-hydroxy-20(R)-panaxatriol

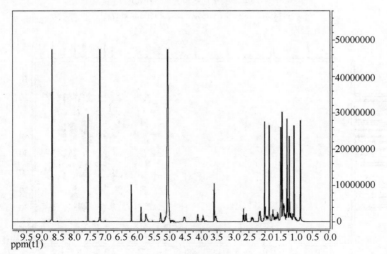

15β-羟基-20(R)-人参三醇 ¹H NMR 谱

¹H NMR of 15β-hydroxy-20(R)-panaxatriol

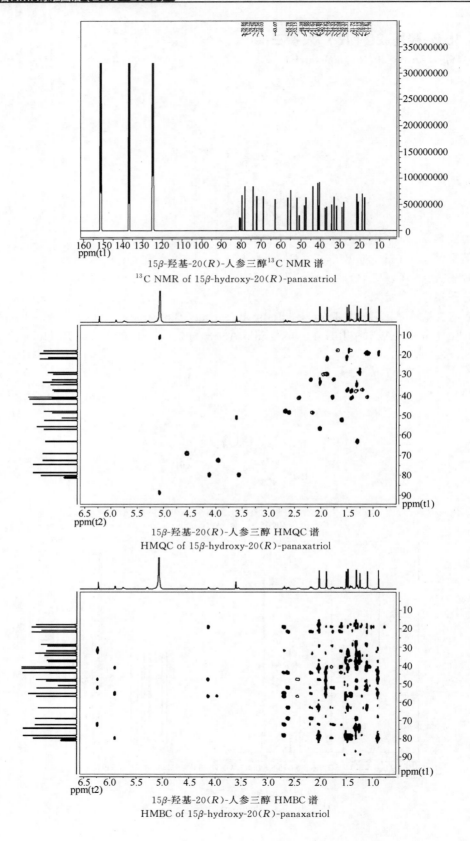

15β-羟基-20(R)-人参三醇 ^{13}C NMR 谱

^{13}C NMR of 15β-hydroxy-20(R)-panaxatriol

15β-羟基-20(R)-人参三醇 HMQC 谱

HMQC of 15β-hydroxy-20(R)-panaxatriol

15β-羟基-20(R)-人参三醇 HMBC 谱

HMBC of 15β-hydroxy-20(R)-panaxatriol

15β-羟基-20(R)-人参三醇的^{1}H NMR 和^{13}C NMR 数据及 HMBC 主要相关信息

^{1}H NMR and ^{13}C NMR data and HMBC correlations of 15β-hydroxy-20(R)-panaxatriol

序号	^{1}H NMR(δ)	^{13}C NMR(δ)	HMBC
1	1.11(2H,m)	40.8	
2	1.89(2H,m)	29.3	
3	4.13(1H,m)	79.8	
4		41.6	
5	1.31(1H,m)	63.1	
6	4.55(1H,m)	69.0	
7	2.62(2H,m)	48.4	
8		44.0	
9	1.62(1H,m)	52.2	
10		40.8	
11	2.20(2H,m)	32.1	
12	3.96(1H,m)	72.3	
13	2.68(1H,m)	47.6	
14		55.3	
15	3.56(1H,m)	79.9	C-14,16
16	2.42(2H,m)	41.3	
17	2.02(1H,m)	56.8	
18	1.88(3H,s)	21.8	
19	1.11(3H,s)	19.1	
20		78.3	
21	1.51(3H,s)	21.1	
22	1.50(2H,m)	37.2	
23	1.68(2H,m)	17.8	
24	1.42(2H,m)	37.8	
25		74.3	
26	1.32(3H,s)	34.6	
27	1.25(3H,s)	28.5	
28	2.02(3H,s)	33.3	
29	1.47(3H,s)	17.8	
30	0.90(3H,s)	19.1	C-15

注：^{1}H NMR（500MHz，pyridine-d_5）；^{13}C NMR（125MHz，pyridine-d_5）。

077 人参皂苷 Rh₁₆

Ginsenoside Rh₁₆

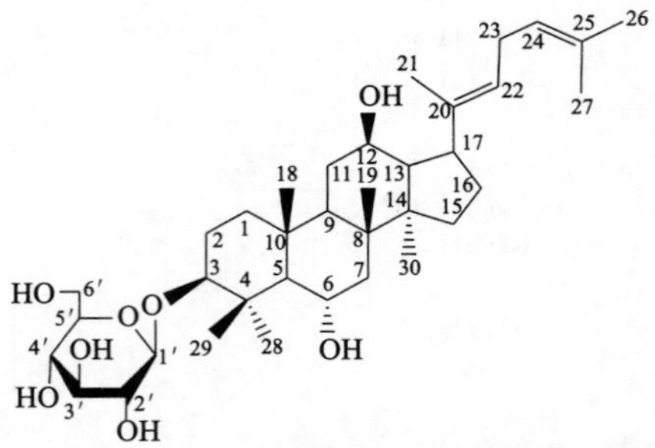

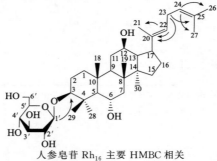

【中文名】　人参皂苷 Rh₁₆；(E)-3-O-$β$-D-吡喃葡萄糖基-达玛-20(22),24-二烯-3$β$,6$α$,12$β$-三醇

【英文名】　Ginsenoside Rh₁₆；(E)-3-O-$β$-D-Glucopyranosyl-dammar-20(22),24-diene-3$β$,6$α$,12$β$-triol

【分子式】　$C_{36}H_{60}O_8$

【分子量】　620.4

【参考文献】　Li K K，Yao C M，Yang X W. Four new dammarane-type triterpene saponins from the stems and leaves of *Panax ginseng* and their cytotoxicity on HL-60 cells [J]. Planta Medica，2012，78 (2)：189-192.

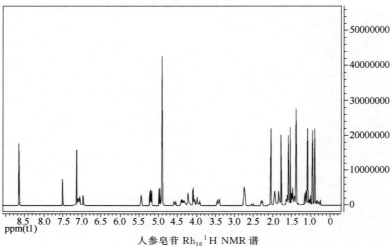

人参皂苷 Rh₁₆ 主要 HMBC 相关
Key HMBC correlations of ginsenoside Rh₁₆

人参皂苷 Rh₁₆ ¹H NMR 谱
¹H NMR of ginsenoside Rh₁₆

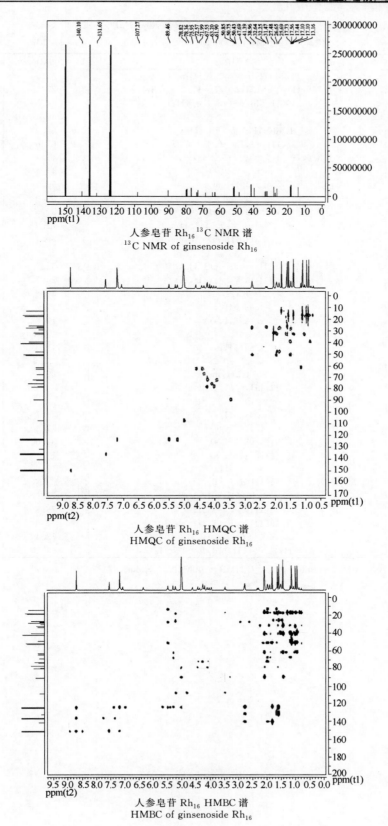

人参皂苷 Rh$_{16}$ ^{13}C NMR 谱
^{13}C NMR of ginsenoside Rh$_{16}$

人参皂苷 Rh$_{16}$ HMQC 谱
HMQC of ginsenoside Rh$_{16}$

人参皂苷 Rh$_{16}$ HMBC 谱
HMBC of ginsenoside Rh$_{16}$

人参皂苷 Rh$_{16}$ 的 ^{1}H NMR 和 ^{13}C NMR 数据及 HMBC 的主要相关信息

^{1}H NMR and ^{13}C NMR data and HMBC correlations of ginsenoside Rh$_{16}$

序号	^{1}H NMR(δ)	^{13}C NMR(δ)	HMBC
1	0.86(1H,m),1.50(1H,m)	39.0	
2	1.86(1H),2.29(1H,dd,J=17.2,3.6Hz)	27.5	
3	3.45(1H,dd,J=16.4,4.4Hz)	89.5	
4		40.4	
5	1.18(1H,d,J=10.8Hz)	61.9	
6	4.36(1H,dd,J=10.4,3.6Hz)	67.6	
7	1.87(1H,dd,J=10.6,3.2Hz),1.95(1H)	47.7	
8		41.4	
9	1.53(1H,m)	50.4	
10		39.0	
11	n.d,1.95(1H)	31.5	
12	3.93(1H,t,J=10.6,4.8Hz)	72.6	
13	1.98(1H,m)	50.4	
14		50.9	
15	1.46(1H,m),1.66(1H,m)	32.6	
16	1.50(1H,m),1.84(1H,m)	26.7	
17	2.78(1H,m)	50.8	
18	0.99(3H,s)	17.7	
19	1.12(3H,s)	17.6	
20		140.1	
21	1.81(3H,s)	13.2	
22	5.47(1H,t,J=9.2,6.4Hz)	123.3	C-20,21
23	2.74(2H,m)	29.0	C-20,25
24	5.21(1H,t,J=5.6Hz)	123.5	C-26,27
25		131.7	
26	1.61(3H,s)	25.7	
27	1.57(3H,s)	17.4	
28	2.08(3H,s)	32.3	
29	1.41(3H,s)	17.1	
30	0.93(3H,s)	17.0	
3-glc-1′	5.02(1H,d,J=8.0Hz)	107.3	C-3
2′	4.10(1H,m)	75.9	
3′	4.21(1H,t,J=9.2Hz)	78.8	
4′	4.29(1H,t,J=9.2Hz)	72.0	
5′	3.95(1H,m)	78.4	
6′	4.44(1H),4.60(1H,brd,J=10.4Hz)	63.2	

注：^{1}H NMR（400MHz，pyridine-d_5）；^{13}C NMR（100MHz，pyridine-d_5）。

078 20（S）-人参皂苷 Rh₁₉

20（S）-Ginsenoside Rh₁₉

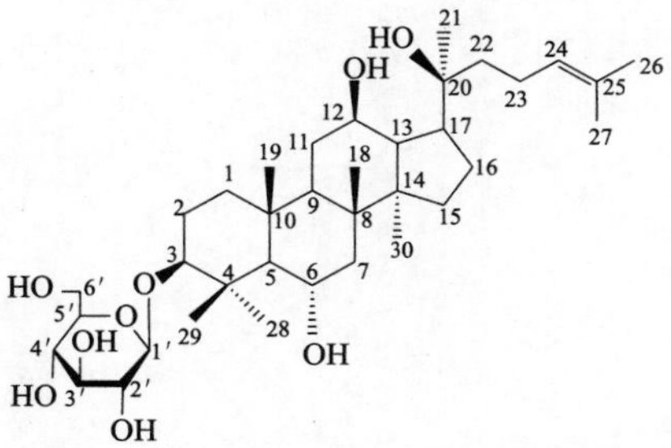

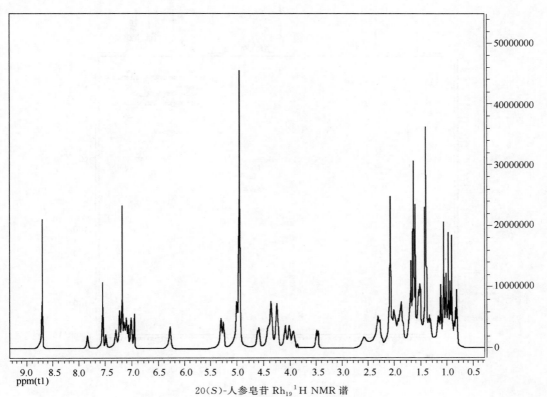

【中文名】 20（S）-人参皂苷 Rh₁₉；3-O-β-D-吡喃葡萄糖基-达玛-24-烯-3β，6α，12β，20S-四醇

【英文名】 20（S）-Ginsenoside Rh₁₉；3-O-β-D-Glucopyranosyl-dammar-24-ene-3β，6α，12β，20S-tetrol

【分子式】 $C_{36}H_{62}O_9$

【分子量】 638.4

【参考文献】 Li K K，Yang X B，Yang X W，et al. New triterpenoids from the stems and leaves of *Panax ginseng* [J]. Fitoterapia，2012，83（6）：1030-1035.

20（S）-人参皂苷 Rh₁₉ ¹H NMR 谱

¹H NMR of 20（S）-ginsenoside Rh₁₉

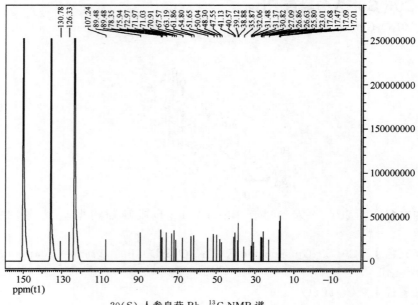

20(S)-人参皂苷 Rh$_{19}$ ^{13}C NMR 谱
^{13}C NMR of 20(S)-ginsenoside Rh$_{19}$

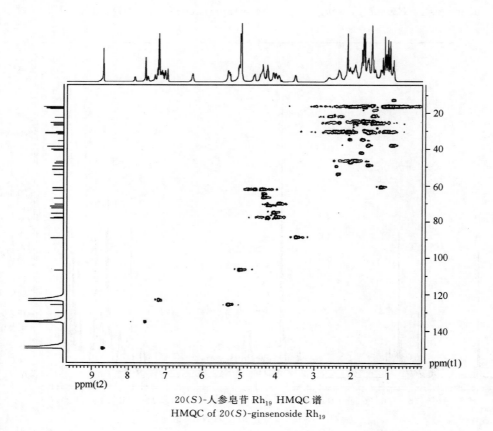

20(S)-人参皂苷 Rh$_{19}$ HMQC 谱
HMQC of 20(S)-ginsenoside Rh$_{19}$

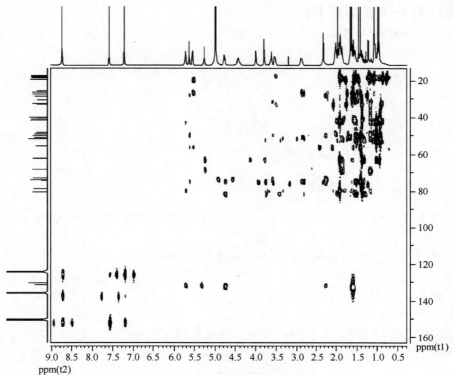

20(*S*)-人参皂苷 Rh$_{19}$ HMBC 谱

HMBC of 20(*S*)-ginsenoside Rh$_{19}$

20(*S*)-人参皂苷 Rh$_{19}$ 的^{1}H NMR 和^{13}C NMR 数据

^{1}H NMR and ^{13}C NMR data of 20(*S*)-ginsenoside Rh$_{19}$

序号	^{1}H NMR(δ)	^{13}C NMR(δ)	序号	^{1}H NMR(δ)	^{13}C NMR(δ)
1	0.85(1H,m),1.53(1H,m)	39.1	20		73.0
2	1.64(1H,m),1.85(1H,m)	27.1	21	1.39(3H,s)	26.9
3	3.46(1H,m)	89.5	22	1.66(2H,m)	35.9
4		40.6	23	2.28(1H,m),2.53(1H,m)	23.0
5	1.17(1H,overlap)	61.9	24	5.30(1H,t,$J=7.3$Hz)	126.4
6	4.34(1H,m)	67.6	25		130.8
7	1.87(1H,m),2.28(1H,m)	47.6	26	1.65(3H,s)	25.8
8		41.1	27	1.61(3H,s)	17.0
9	1.52(1H,m)	50.0	28	2.08(3H,s)	32.1
10		38.9	29	1.41(3H,s)	17.1
11	1.95(1H,m),2.02(1H,m)	31.5	30	0.92(3H,s)	17.7
12	3.93(1H,m)	71.0	3-glc-1′	5.02(1H,d,$J=7.6$Hz)	107.2
13	1.52(1H,m)	48.3	2′	4.08(1H,m)	75.9
14		51.7	3′	4.24(1H,m)	78.8
15	1.24(1H,m),1.54(1H,m)	31.4	4′	4.24(1H,m)	72.0
16	1.42(1H,m),1.68(1H,m)	26.3	5′	3.98(1H,m)	78.4
17	2.63(1H,m)	54.8	6′	4.38(1H,m),	63.2
18	1.06(3H,s)	17.5		4.58(1H,brd,$J=11.4$Hz)	
19	0.98(3H,s)	17.7			

注：^{1}H NMR（400MHz，pyridine-d_5）；^{13}C NMR（100MHz，pyridine-d_5）。

211

079 20（R）-人参皂苷 Rh₁₉

20(*R*)-Ginsenoside Rh₁₉

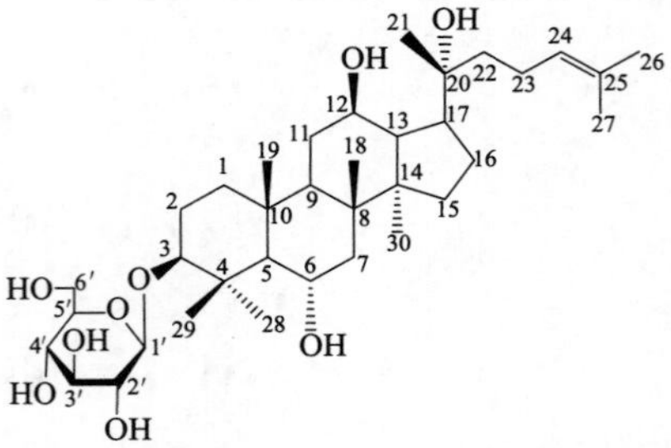

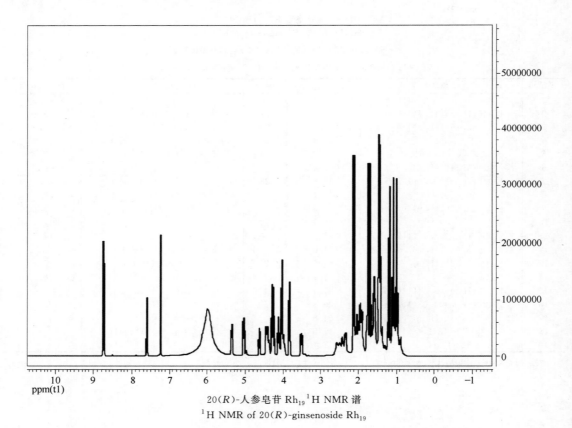

【中文名】　　20（*R*）-人参皂苷 Rh₁₉；3-*O*-β-D-吡喃葡萄糖基-达玛-24-烯-3β,6α,12β,20*R*-四醇

【英文名】　　20（*R*）-Ginsenoside Rh₁₉；3-*O*-β-D-Glucopyranosyl-dammar-24-ene-3β,6α,12β,20*R*-tetrol

【分子式】　　$C_{36}H_{62}O_9$

【分子量】　　638.4

【参考文献】　　马丽媛，杨秀伟. 人参茎叶总皂苷碱水解产物中的新人参皂苷 20（*R*）-人参皂苷 Rh₁₉ [J]. 中草药，2016，47（1）：6-14.

20（*R*）-人参皂苷 Rh₁₉ ¹H NMR 谱
¹H NMR of 20(*R*)-ginsenoside Rh₁₉

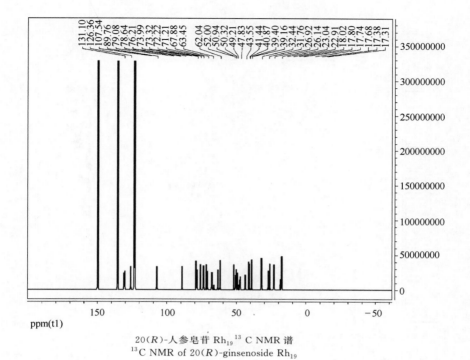

20(R)-人参皂苷 Rh₁₉ ¹³C NMR 谱
¹³C NMR of 20(R)-ginsenoside Rh₁₉

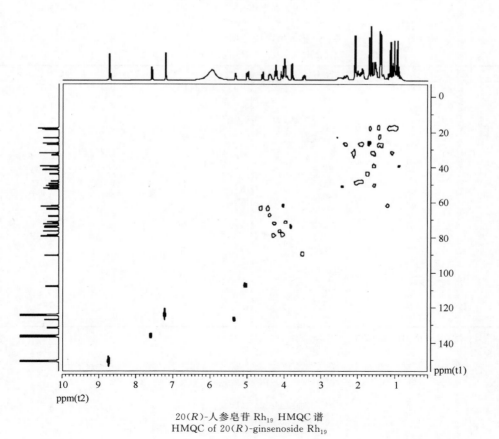

20(R)-人参皂苷 Rh₁₉ HMQC 谱
HMQC of 20(R)-ginsenoside Rh₁₉

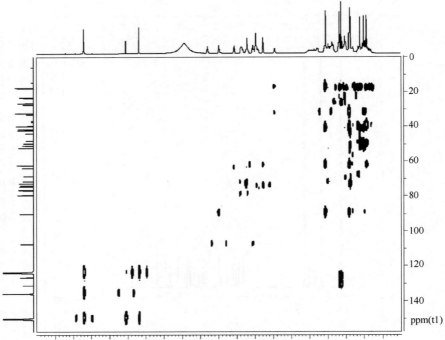

20(*R*)-人参皂苷 Rh₁₉ HMBC 谱
HMBC of 20(*R*)-ginsenoside Rh₁₉

20(*R*)-人参皂苷 Rh₁₉ 的¹³C NMR 数据
¹³C NMR data of 20(*R*)-ginsenoside Rh₁₉

序号	¹³C NMR(δ)	序号	¹³C NMR(δ)
1	39.4	19	17.8
2	27.0	20	73.3
3	89.8	21	22.9
4	40.9	22	43.6
5	62.0	23	23.1
6	67.9	24	126.4
7	47.9	25	131.1
8	41.5	26	26.2
9	50.3	27	17.7
10	39.2	28	32.5
11	31.8	29	17.3
12	71.2	30	17.4
13	49.2	3-glc-1′	107.6
14	51.0	2′	76.2
15	32.5	3′	79.1
16	26.2	4′	72.2
17	52.0	5′	78.7
18	17.8	6′	63.5

注：¹³C NMR（100MHz，pyridine-d_5）。

080 20（R）-甲氧基-人参皂苷 Rh₁

20(R)-Methoxy-ginsenoside Rh₁

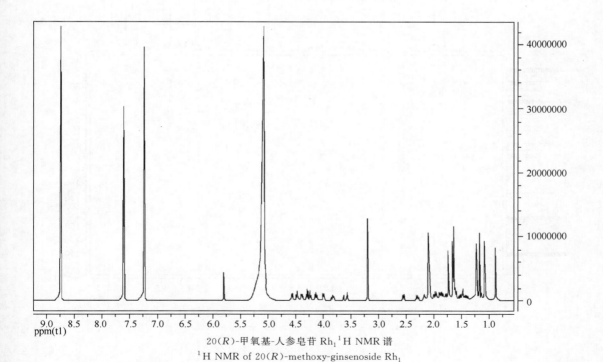

【中文名】 20(R)-甲氧基-人参皂苷 Rh₁；6-O-β-D-吡喃葡萄糖基-达玛-20R-甲氧基-24-烯-3β,6α,12β-三醇

【英文名】 20(R)-Methoxy-ginsenoside Rh₁；6-O-β-D-Glucopyranosyl-dammar-20R-methoxy-24-ene-3β,6α,12β-triol

【分子式】 $C_{37}H_{64}O_9$

【分子量】 652.5

【参考文献】 李莎莎. 人参花蕾中化学成分及其稀有皂苷分离工艺的研究 [D]. 大连：大连大学，2017，20-22.

20(R)-甲氧基-人参皂苷 Rh₁ ¹H NMR 谱
¹H NMR of 20(R)-methoxy-ginsenoside Rh₁

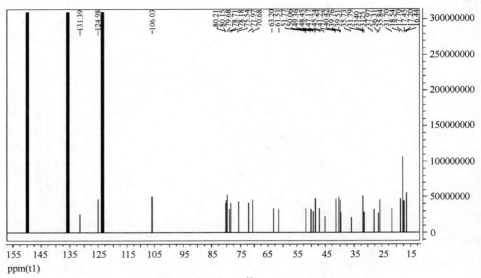

20(*R*)-甲氧基-人参皂苷 Rh₁ ^{13}C NMR 谱

^{13}C NMR of 20(*R*)-methoxy-ginsenoside Rh₁

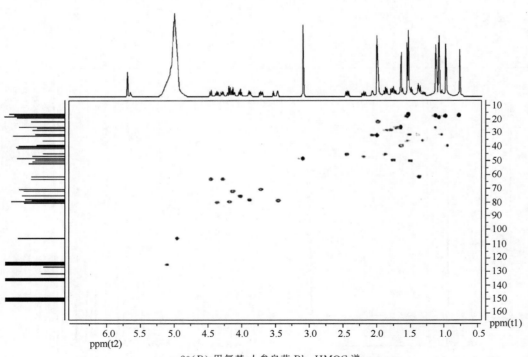

20(*R*)-甲氧基-人参皂苷 Rh₁ HMQC 谱

HMQC of 20(*R*)-methoxy-ginsenoside Rh₁

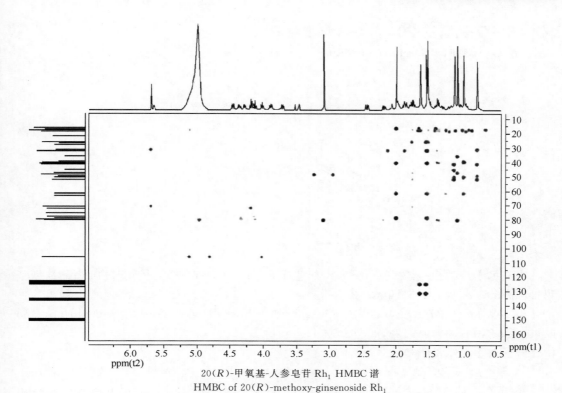

20(R)-甲氧基-人参皂苷 Rh$_1$ HMBC 谱

HMBC of 20(R)-methoxy-ginsenoside Rh$_1$

20(R)-甲氧基-人参皂苷 Rh$_1$ 的 ^{1}H NMR 和 ^{13}C NMR 数据

^{1}H NMR and ^{13}C NMR data of 20(R)-methoxy-ginsenoside Rh$_1$

序号	^{1}H NMR(δ)	^{13}C NMR(δ)	序号	^{1}H NMR(δ)	^{13}C NMR(δ)
1	1.72(1H,m),1.05(1H,m)	39.5	20		80.2
2	1.87(1H,m),1.94(1H,m)	28.0	21	1.17(3H,s)	18.5
3	3.54(1H,m)	78.7	22	1.42(1H,m),1.63(1H,m)	35.7
4		40.4	23	2.08(1H,m),n.d	21.7
5	1.46(1H,d,J=10.5Hz)	61.5	24	5.20(1H,t,J=7.0Hz)	125.0
6	4.46(1H,m)	80.2	25		131.4
7	1.98(1H,m),2.53(1H,dd, J=12.0,2.5Hz)	45.2	26	1.74(3H,s)	25.8
			27	1.64(3H,s)	17.7
8		41.2	28	2.09(3H,s)	31.8
9	1.58(1H,m)	50.1	29	1.63(3H,s)	16.4
10		39.8	30	0.88(3H,s)	17.2
11	1.60(1H,m),2.15(1H,m)	31.4	—OCH$_3$	3.19(3H,s)	48.5
12	3.81(1H,m)	70.7	6-glc-1′	5.06(1H,d,J=8.0Hz)	106.0
13	1.85(1H,m)	49.4	2′	4.12(1H,d,J=8.0Hz)	75.5
14		51.8	3′	4.28(1H,m)	79.7
15	1.14(1H,m),1.63(1H,s)	31.3	4′	4.22(1H,m)	72.0
16	1.23(1H,m),1.81(1H,m)	26.3	5′	4.00(1H,m)	78.2
17	2.30(1H,m)	47.2	6′	4.38(1H,dd,J=11.0,5.0Hz),	63.2
18	1.22(3H,s)	17.5		4.54(1H,dd,J=12.0,2.5Hz)	
19	1.08(3H,s)	17.7			

注：^{1}H NMR（500MHz，pyridine-d_5）；^{13}C NMR（125MHz，pyridine-d_5）。

081 6′-O-乙酰基-20（S）-人参皂苷 Rh₁

6′-O-Acetyl-20(S)-ginsenoside Rh₁

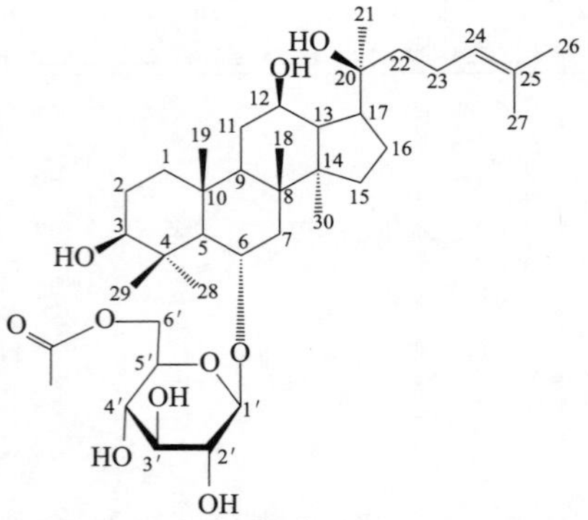

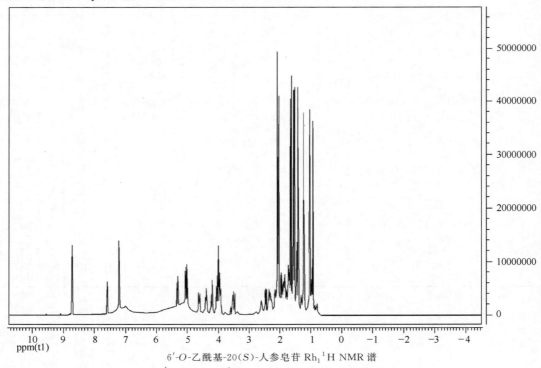

【中文名】 6′-O-乙酰基-20(S)-人参皂苷 Rh₁；6-O-(6-O-乙酰基)-β-D-吡喃葡萄糖基-达玛-24-烯-3β,6α,12β,20S-四醇

【英文名】 6′-O-Acetyl-20(S)-ginsenoside Rh₁；6-O-(6-O-Acetyl)-β-D-glucopyrano-syl-dammar-24-ene-3β,6α,12β,20S-tetraol

【分子式】 $C_{38}H_{64}O_{10}$

【分子量】 680.5

【参考文献】 Ma L Y, Zhou Q L, Yang X W. New SIRT1 activator from alkaline hydrolysate of total saponins in the stems-leaves of *Panax ginseng* [J]. Bioorganic & Medicinal Chemistry Letters, 2015, 25 (22): 5321-5325.

6′-O-乙酰基-20(S)-人参皂苷 Rh₁ ¹H NMR 谱

¹H NMR of 6′-O-acetyl-20(S)-ginsenoside Rh₁

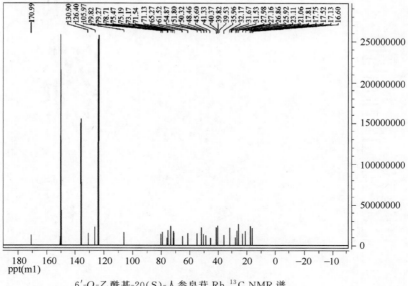

6′-O-乙酰基-20(S)-人参皂苷 Rh₁ ¹³C NMR 谱
¹³C NMR of 6′-O-acetyl-20(S)-ginsenoside Rh₁

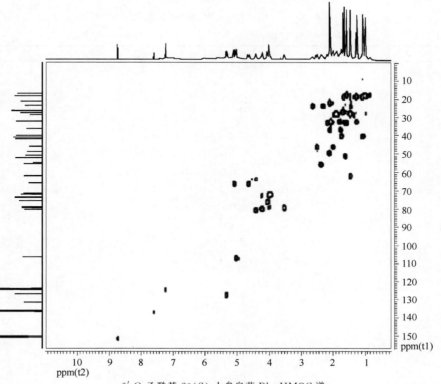

6′-O-乙酰基-20(S)-人参皂苷 Rh₁ HMQC 谱
HMQC of 6′-O-acetyl-20(S)-ginsenoside Rh₁

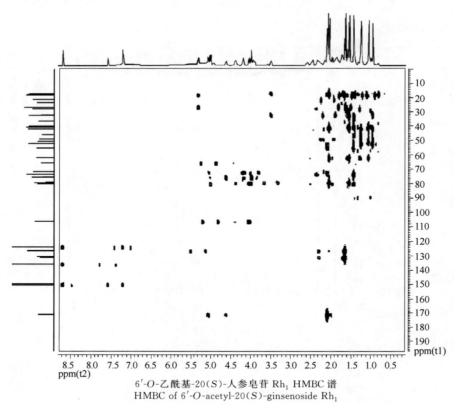

6'-O-乙酰基-20(S)-人参皂苷 Rh₁ HMBC 谱
HMBC of 6'-O-acetyl-20(S)-ginsenoside Rh₁

6'-O-乙酰基-20(S)-人参皂苷 Rh₁ 的 ¹H NMR 和 ¹³C NMR 数据

¹H NMR and ¹³C NMR data of 6'-O-acetyl-20(S)-ginsenoside Rh₁

序号	¹H NMR(δ)	¹³C NMR(δ)
1	1.04(1H,m),1.71(1H,m)	39.8
2	1.82(1H,m),1.91(1H,m)	28.0
3	3.49(1H,dd,J=11.8,4.4Hz)	78.7
4		39.5
5	1.42(1H,d,J=10.4Hz)	61.5
6	4.39(1H,brt,J=10.4Hz)	79.8
7	1.91(1H,brd,J=12.0Hz),2.47(1H,brd,J=12.0Hz)	45.6
8		41.3
9	1.58(1H,brd,J=12.0Hz)	50.3
10		40.4
11	1.56(1H,m),2.14(1H,dd,J=10.5,4.8Hz)	32.2
12	3.96(1H,brdd,J=10.5,6.2Hz)	71.1
13	2.03(1H,t,J=10.5Hz)	48.5
14		51.8
15	1.09(1H,brt,J=10.0Hz),1.68(1H,m)	31.5
16	1.42(1H,m),1.70(1H,m)	26.9
17	2.28(1H,m)	54.9
18	1.24(3H,s)	17.7
19	1.05(3H,s)	17.8
20		73.2
21	1.42(3H,s)	27.2
22	1.69(1H,m),2.06(1H,m)	36.0
23	2.33(1H,m),2.59(1H,m)	23.1
24	5.32(1H,t,J=7.4Hz)	126.4
25		130.9
26	1.65(3H,s)	25.9
27	1.63(3H,s)	17.5
28	2.04(3H,s)	31.7
29	0.94(3H,s)	16.6
30	1.53(3H,s)	17.1
6-glc-1'	5.01(1H,d,J=7.6Hz)	106.0
2'	4.04(1H,dd,J=8.6,7.6Hz)	75.5
3'	4.19(1H,dd,J=9.0,8.6Hz)	79.3
4'	3.97(1H,dd,J=9.0,9.5Hz)	75.2
5'	3.94(1H,brdd,J=9.5,9.0Hz)	71.5
6'	4.62(1H,dd,J=11.6,4.6Hz),5.06(1H,brd,J=11.6Hz)	65.3
$\underline{C}H_3CO$	2.08(3H,s)	21.1
$CH_3\underline{C}O$		171.0

注：¹H NMR（400MHz，pyridine-d_5）；¹³C NMR（100MHz，pyridine-d_5）。

082 6′-*O*-乙酰基-20（*R*）-人参皂苷 Rh₁

6′-*O*-Acetyl-20(*R*)-ginsenoside Rh₁

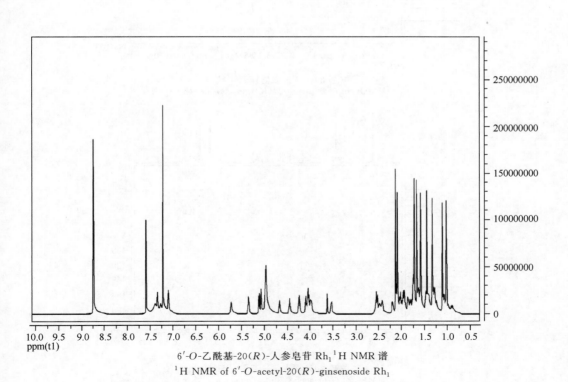

【中文名】 6′-*O*-乙酰基-20(*R*)-人参皂苷 Rh₁；6-*O*-(6-*O*-乙酰基)-β-D-吡喃葡萄糖基-达玛-24-烯-3β,6α,12β,20*R*-四醇

【英文名】 6′-*O*-Acetyl-20(*R*)-ginsenoside Rh₁；6-*O*-(6-*O*-Acetyl)-β-D-glucopyranosyl-dammar-24-ene-3β,6α,12β,20*R*-tetraol

【分子式】 $C_{38}H_{64}O_{10}$

【分子量】 680.5

【参考文献】 Vinh L B, Lee Y, Han Y K, et al. Two new dammarane-type triterpene saponins from Korean red ginseng and their anti-inflammatory effects [J]. Bioorganic & Medicinal Chemistry Letters，2017，27（23）：5149-5153.

6′-*O*-乙酰基-20(*R*)-人参皂苷 Rh₁ ¹H NMR 谱
¹H NMR of 6′-*O*-acetyl-20(*R*)-ginsenoside Rh₁

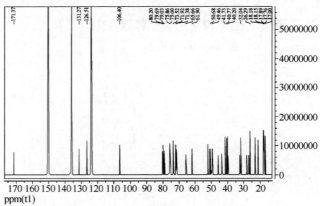

6′-O-乙酰基-20(R)-人参皂苷 Rh₁ ¹³C NMR 谱
¹³C NMR of 6′-O-acetyl-20(R)-ginsenoside Rh₁

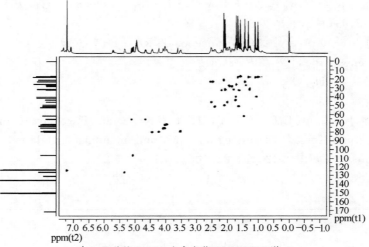

6′-O-乙酰基-20(R)-人参皂苷 Rh₁ HMQC 谱
HMQC of 6′-O-acetyl-20(R)-ginsenoside Rh₁

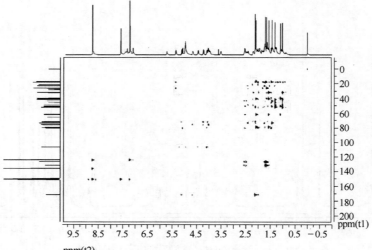

6′-O-乙酰基-20(R)-人参皂苷 Rh₁ HMBC 谱
HMBC of 6′-O-acetyl-20(R)-ginsenoside Rh₁

6′-O-乙酰基-20(R)-人参皂苷 Rh₁ 的 ¹H NMR 和 ¹³C NMR 数据

¹H NMR and ¹³C NMR data of 6′-O-acetyl-20(R)-ginsenoside Rh₁

序号	¹H NMR(δ)	¹³C NMR(δ)
1	1.05～1.73(2H,m)	39.8
2	1.85～1.95(2H,m)	28.3
3	3.53(1H,d,J=9.5Hz)	79.0
4		40.7
5	1.40(1H,d,J=10.5Hz)	61.9
6	4.45(1H,t,J=10.0Hz)	80.2
7	2.01(1H,d,J=11.5Hz),2.53(1H,d,J=12.5Hz)	46.0
8		41.7
9	1.63(1H,dd,J=10.0,6.0Hz)	50.6
10		40.2
11	1.63～2.19(2H,m)	32.7
12	4.00(1H,d,J=11.0Hz)	71.3
13	2.11(1H,m)	49.4
14		52.5
15	1.28～1.80(2H,m)	31.9
16	1.41～1.70(2H,m)	27.0
17	2.43(1H,overlapped)	51.1
18	1.02(3H,s)	17.8
19	1.11(3H,s)	18.1
20		73.5
21	1.44(3H,s)	23.1
22	1.75(2H,m)	43.7
23	2.47～2.54(2H,m)	23.0
24	5.35(1H,t,J=6.0Hz)	126.5
25		131.2
26	1.72(3H,s)	26.2
27	1.67(3H,s)	18.1
28	2.09(3H,s)	32.0
29	1.58(3H,s)	17.0
30	1.33(3H,s)	17.7
6-glc-1′	5.08(1H,d,J=7.5Hz)	106.4
2′	4.04(1H,dd,J=8.5,9.0Hz)	75.8
3′	4.23(1H,d,J=8.5Hz)	79.6
4′	4.03(1H,d,J=10.0Hz)	75.6
5′	4.02(1H,d,J=10.0Hz)	71.9
6′	4.67(1H,d,J=11.0Hz),5.12(1H,d,J=11.5Hz)	65.6
C̲H₃CO	2.13(3H,s)	21.4
CH₃C̲O		171.3

注：¹H NMR (600MHz, methanol-d_4)；¹³C NMR (150MHz, methanol-d_4)。

083 （20S，22E）-6-O-β-D-吡喃葡萄糖基-达玛-22（23），24-二烯-3β，6α，12β-三醇

(20S,22E)-6-O-β-D-Glucopyranosyl-dammar-22(23),24-diene-3β,6α,12β-triol

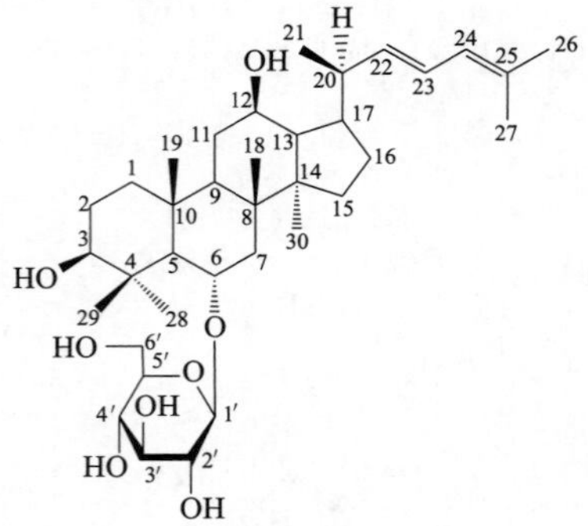

【中文名】 （20S,22E)-6-O-β-D-吡喃葡萄糖基-达玛-22(23),24-二烯-3β,6α,12β-三醇

【英文名】 (20S,22E)-6-O-β-D-Glucopyranosyl-dammar-22(23),24-diene-3β,6α,12β-triol

【分子式】 $C_{36}H_{60}O_8$

【分子量】 620.4

【参考文献】 Ding H，Wang Z，Chen X，et al. New triterpenoid saponin C-20 epih-mers from the alkaline-degradation products of ginsenoside Re and their cytotoxic activities [J]. Chemistry of Natural Compounds，2018，54（3）：490-495.

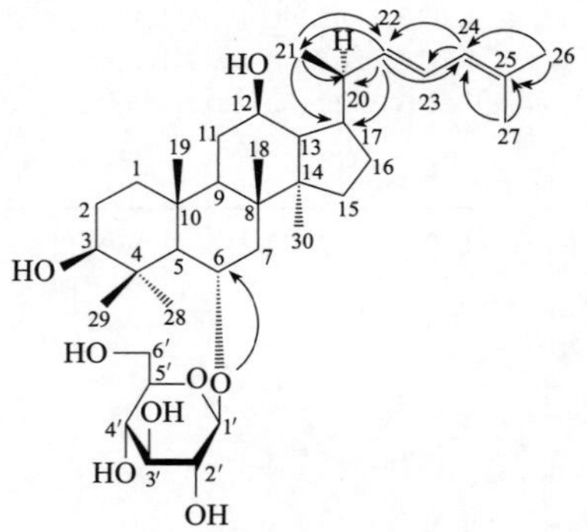

(20S,22E)-6-O-β-D-吡喃葡萄糖基-达玛-22(23),24-二烯-3β,6α,12β-三醇主要 HMBC 相关

Key HMBC correlations of (20S,22E)-6-O-β-D-glucopyranosyl-dammar-22(23),24-diene-3β,6α,12β-triol

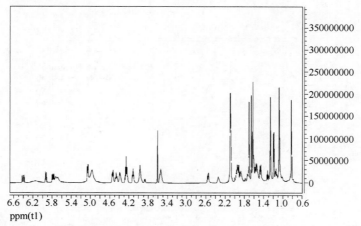

（20S，22E）-6-O-β-D-吡喃葡萄糖基-达玛-22(23)，24-二烯-3β，6α，12β-三醇 ¹H NMR 谱
¹H NMR of（20S，22E）-6-O-β-D-glucopyranosyl-dammar-22(23)，24-diene-3β，6α，12β-triol

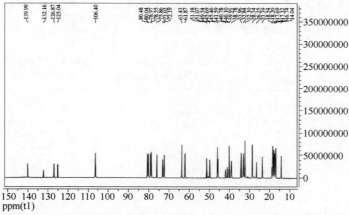

（20S，22E）-6-O-β-D-吡喃葡萄糖基-达玛-22(23)，24-二烯-3β，6α，12β-三醇¹³C NMR 谱
¹³C NMR of（20S，22E）-6-O-β-D-glucopyranosyl-dammar-22(23)，24-diene-3β，6α，12β-triol

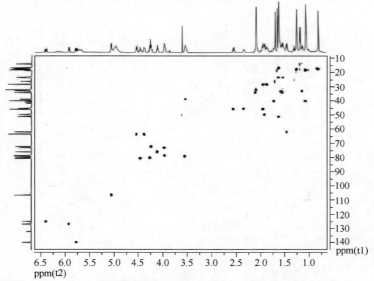

（20S，22E）-6-O-β-D-吡喃葡萄糖基-达玛-22(23)，24-二烯-3β，6α，12β-三醇 HMQC 谱
HMQC of（20S，22E）-6-O-β-D-glucopyranosyl-dammar-22(23)，24-diene-3β，6α，12β-triol

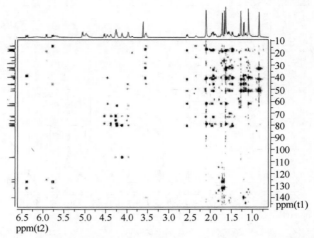

（20S,22E）-6-O-β-D-吡喃葡萄糖基-达玛-22(23),24-二烯-3β,6α,12β-三醇 HMBC 谱

HMBC of （20S,22E）-6-O-β-D-glucopyranosyl-dammar-22(23),24-diene-3β,6α,12β-triol

（20S,22E）-6-O-β-D-吡喃葡萄糖基-达玛-22(23),24-二烯-3β,6α,12β-三醇的 ^{1}H NMR 和 ^{13}C NMR 数据及 HMBC 主要相关信息

^{1}H NMR and ^{13}C NMR data and HMBC correlations of （20S,22E）-6-O-β-D-glucopyranosyl-dammar-22(23),24-diene-3β,6α,12β-triol

序号	^{1}H NMR(δ)	^{13}C NMR(δ)	HMBC
1	1.07(1H,m),1.73(1H,m)	39.9	C-2,10
2	1.87(1H,m),1.95(1H,m)	28.3	C-1,3
3	3.56(1H,m)	79.0	C-2,4,28,29
4		40.8	
5	1.47(1H,d,J=10.4Hz)	61.9	C-4,6,10
6	4.47(1H,t,J=11.0Hz)	80.5	C-5,10,1′
7	1.95(1H,m),2.56(1H,d,J=9.4Hz)	45.7	C-5,6,8,18
8		41.6	
9	1.61(1H,m)	51.2	C-10,19
10		40.1	
11	1.55(1H,m),2.11(1H,m)	34.0	C-9,12,13
12	3.98(1H,m)	73.0	C-13,17
13	1.92(1H,m)	49.5	C-12,14,17,20
14		51.1	
15	1.15(1H,m),1.56(1H,m)	32.8	C-14,16,17
16	1.54(1H,m),1.63(1H,m)	23.4	C-14,17,20
17	2.34(1H,m)	45.5	C-16,20,21,22
18	1.26(3H,s)	17.7	C-7,8,9,14
19	1.08(3H,s)	18.2	C-1,5,9,10
20	3.54(1H,m)	38.8	C-17,21,22,23
21	1.19(3H,d,J=6.7Hz)	14.0	C-17,20,22
22	5.78(1H,dd,J=15.1,7.4Hz)	140.0	C-17,20,21,24
23	6.41(1H,dd,J=15.0,10.8Hz)	125.0	C-20,24,25
24	5.93(1H,d,J=10.7Hz)	126.9	C-22,23,26,27
25		132.2	
26	1.71(3H,s)	26.3	C-24,25,27
27	1.66(3H,s)	18.5	C-24,25,26
28	2.10(3H,s)	32.1	C-3,4,5,29
29	1.63(3H,s)	16.7	C-3,4,5,28
30	0.83(3H,s)	17.3	C-8,13,14,15
6-glc-1′	5.07(1H,d,J=7.7Hz)	106.4	C-6
2′	4.12(1H,t,J=7.7Hz)	75.8	C-1′,3′
3′	4.27(1H,m)	80.0	C-2′,4′
4′	4.25(1H,m)	72.2	C-3′,5′,6′
5′	3.97(1H,m)	78.6	C-1′,3′,4′,6′
6′	4.69(1H,m),4.54(1H,d,J=11.1Hz)	63.4	C-4′,5′

注：^{1}H NMR（500MHz, pyridine-d_5）；^{13}C NMR（126MHz, pyridine-d_5）。

084 （20R，22E）-6-O-β-D-吡喃葡萄糖基-达玛-22（23），24-二烯-3β，6α，12β-三醇

(20R,22E)-6-O-β-D-Glucopyranosyl-dammar-22(23),24-diene-3β,6α,12β-triol

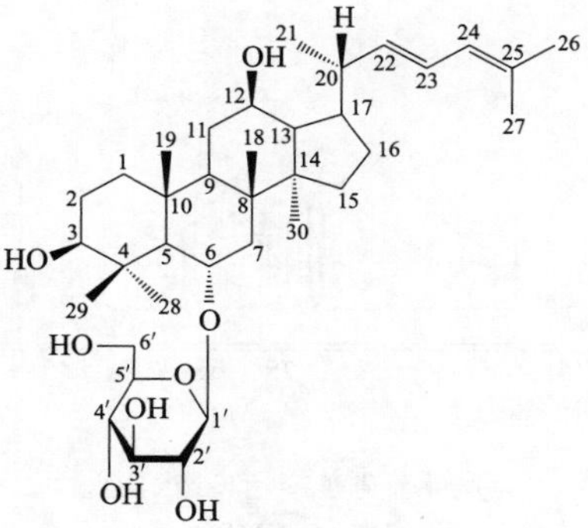

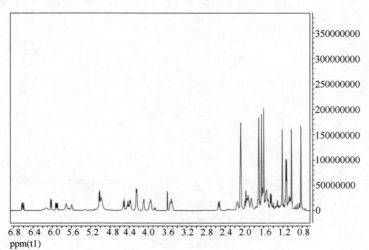

【中文名】 （20R,22E)-6-O-β-D-吡喃葡萄糖基-达玛-22(23),24-二烯-3β,6α,12β-三醇

【英文名】 （20R,22E)-6-O-β-D-Glucopyranosyl-dammar-22（23），24-diene-3β,6α,12β-triol

【分子式】 $C_{36}H_{60}O_8$

【分子量】 620.4

【参考文献】 Ding H，Wang Z，Chen X，et al. New triterpenoid saponin C-20 epih-mers from the alkaline-degradation products of ginsenoside Re and their cytotoxic activities [J]. Chemistry of Natural Compounds，2018，54（3）：490-495.

（20R,22E)-6-O-β-D-吡喃葡萄糖基-达玛-22(23),24-二烯-3β,6α,12β-三醇[1]H NMR 谱
^{1}H NMR of （20R,22E)-6-O-β-D-glucopyranosyl-dammar-22(23),24-diene-3β,6α,12β-triol

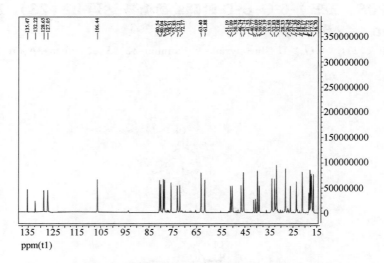

（20R,22E）-6-O-β-D-吡喃葡萄糖基-达玛-22(23),24-二烯-3β,6α,12β-三醇 ^{13}C NMR 谱

^{13}C NMR of（20R,22E）-6-O-β-D-glucopyranosyl-dammar-22(23),24-diene-3β,6α,12β-triol

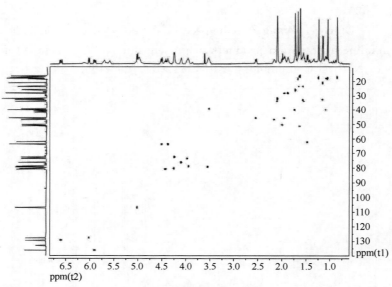

（20R,22E）-6-O-β-D-吡喃葡萄糖基-达玛-22(23),24-二烯-3β,6α,12β-三醇 HMQC 谱

HMQC of（20R,22E）-6-O-β-D-glucopyranosyl-dammar-22(23),24-diene-3β,6α,12β-triol

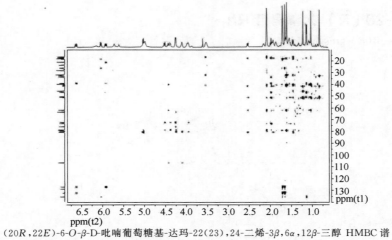

（20R,22E)-6-O-β-D-吡喃葡萄糖基-达玛-22(23),24-二烯-3β,6α,12β-三醇 HMBC 谱

HMBC of （20R,22E)-6-O-β-D-glucopyranosyl-dammar-22(23),24-diene-3β,6α,12β-triol

（20R,22E)-6-O-β-D-吡喃葡萄糖基-达玛-22(23),24-二烯-3β,6α,12β-

三醇的[1]H NMR 和[13]C NMR 数据

^{1}H NMR and ^{13}C NMR data of （20R,22E)-6-O-β-D-glucopyranosyl-dammar-22(23),24-diene-

3β,6α,12β-triol

序号	^{1}H NMR(δ)	^{13}C NMR(δ)
1	1.07(1H,m),1.71(1H,m)	39.9
2	1.86(1H,m),1.93(1H,m)	28.3
3	3.53(1H,m)	79.0
4		40.8
5	1.45(1H,d,J=10.4Hz)	61.9
6	4.43(1H,d,J=10.5Hz)	80.5
7	1.93(1H,m),2.54(1H,d,J=12.6Hz)	45.8
8		41.5
9	1.62(1H,m)	51.1
10		40.1
11	1.53(1H,m),2.08(1H,m)	33.9
12	3.98(1H,m)	73.2
13	1.97(1H,m)	50.4
14		51.2
15	1.15(1H,m),1.55(1H,m)	32.8
16	1.54(1H,m),1.63(1H,m)	23.7
17	2.15(1H,s)	46.7
18	1.22(3H,s)	17.7
19	1.03(3H,s)	18.2
20	3.52(1H,m)	39.2
21	1.13(3H,d,J=6.8Hz)	21.3
22	5.92(1H,dd,J=15.1,7.7Hz)	135.5
23	6.63(1H,dd,J=15.0,10.9Hz)	128.7
24	6.03(1H,d,J=10.7Hz)	127.0
25		132.2
26	1.71(3H,s)	26.2
27	1.65(3H,s)	18.6
28	2.08(3H,s)	32.1
29	1.60(3H,s)	16.7
30	0.83(3H,s)	17.53
6-glc-1′	5.03(1H,d,J=7.8Hz)	106.4
2′	4.11(1H,t,J=7.4Hz)	75.8
3′	4.26(1H,m)	80.0
4′	4.24(1H,m)	72.2
5′	3.95(1H,m)	78.5
6′	4.38(1H,m),4.51(1H,d,J=11.5Hz)	63.4

注：^{1}H NMR（500MHz, pyridine-d_5）；^{13}C NMR（126MHz, pyridine-d_5）。

085 3-酮-20（R）-人参皂苷 Rh₁

3-One-20(*R*)-ginsenoside Rh₁

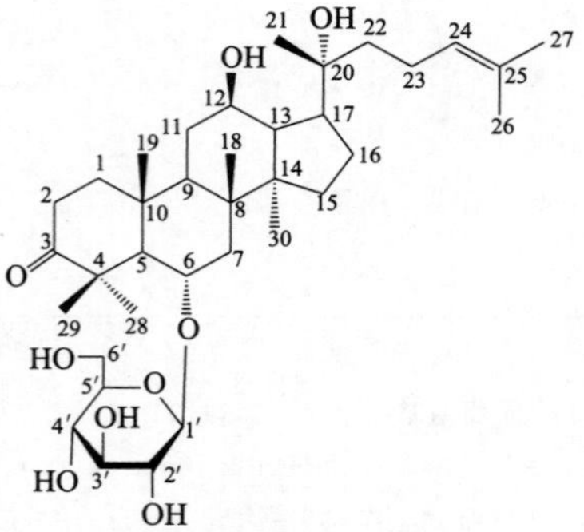

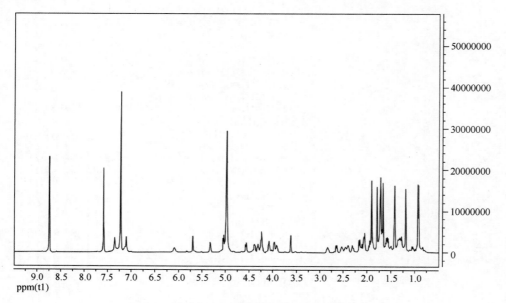

【中文名】 3-酮-20（R）-人参皂苷 Rh₁；6-O-β-D-吡喃葡萄糖基-达玛-24-烯-3-酮-6α，12β，20R-三醇

【英文名】 3-One-20(*R*)-ginsenoside Rh₁；6-O-β-D-Glucopyranosyl-dammar-24-ene-3-one-6α，12β，20R-triol

【分子式】 $C_{36}H_{60}O_9$

【分子量】 636.4

【参考文献】 Vinh L B，Lee Y，Han Y K，et al. Two new dammarane-type triterpene saponins from Korean red ginseng and their anti-inflammatory effects [J]. Bioorganic & Medicinal Chemistry Letters，2017，27（23）：5149-5153.】

3-酮-20(*R*)-人参皂苷 Rh₁ ¹H NMR 谱

¹H NMR of 3-one-20(*R*)-ginsenoside Rh₁

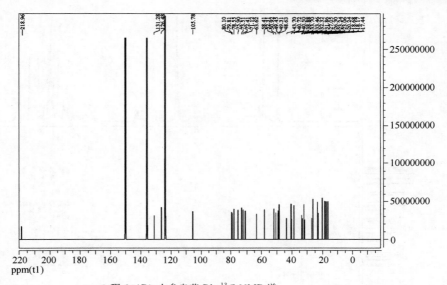

3-酮-20(*R*)-人参皂苷 Rh₁ ¹³C NMR 谱

¹³C NMR of 3-one-20(*R*)-ginsenoside Rh₁

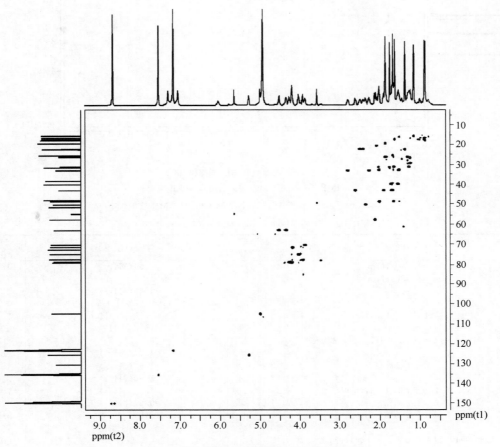

3-酮-20(*R*)-人参皂苷 Rh₁ HMQC 谱

HMQC of 3-one-20(*R*)-ginsenoside Rh₁

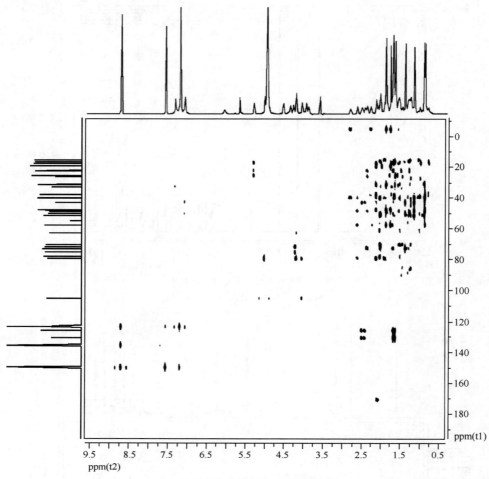

3-酮-20(*R*)-人参皂苷 Rh₁ HMBC 谱

HMBC of 3-one-20(*R*)-ginsenoside Rh₁

3-酮-20(*R*)-人参皂苷 Rh₁ 的 ¹H NMR 和 ¹³C NMR 数据

¹H NMR and ¹³C NMR data of 3-one-20(*R*)-ginsenoside Rh₁

序号	¹H NMR(δ)	¹³C NMR(δ)	序号	¹H NMR(δ)	¹³C NMR(δ)
1	1.72~1.58(2H,m)	40.5	19	0.91(3H,s)	18.6
2	2.06~1.57(2H,m)	33.4	20		73.5
3		218.9	21	1.42(3H,s)	23.2
4		48.7	22	1.74(2H,m)	43.6
5	2.17(1H,d,J=10.5Hz)	58.4	23	2.46~2.53(2H,m)	23.0
6	4.24(1H,t,J=10.0Hz)	79.8	24	5.33(1H)	126.4
7	2.65(1H,d,J=12.5Hz),1.96(1H,d,J=12.0Hz)	43.7	25		131.2
8		40.7	26	1.72(3H,s)	26.3
9	1.92(1H)	49.3	27	1.67(3H,s)	18.1
10		38.8	28	1.80(3H,s)	32.3
11	2.84(1H,m),2.31(1H,m)	33.7	29	1.91(3H,s)	20.2
12	3.92(1H,m)	71.1	30	0.92(3H,s)	17.4
13	2.21(1H,m)	49.4	6-glc-1'	5.05(2H,d,J=7.5Hz)	105.7
14		52.3	2'	4.08(1H,m)	75.9
15	1.30(1H,d,J=6.0Hz),1.88(1H,m)	31.8	3'	4.24(1H,m)	80.1
16	1.38~1.88(2H,m)	27.0	4'	4.22(1H,m)	72.4
17	2.40(1H,d,J=10.0Hz)	50.9	5'	3.97(1H,m)	78.5
18	1.19(3H,s)	18.6	6'	4.36(1H,m),4.57(1H,d,J=10.5Hz)	63.6

注：¹H NMR（600MHz，pyridine-d_5）；¹³C NMR（150MHz，pyridine-d_5）。

086 24（R）-人参皂苷 M₇cd

24(*R*)-Ginsenoside M₇cd

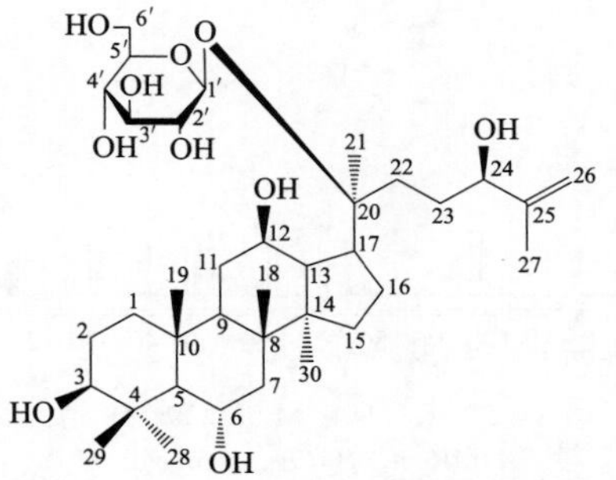

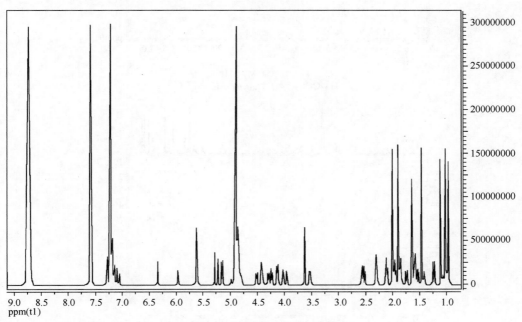

【中文名】 24（*R*）-人参皂苷 M₇cd；20-*O*-β-D-吡喃葡萄糖基-达玛-25（26）-烯-3β，6α，12β，20*S*，24*R*-五醇

【英文名】 24(*R*)-Ginsenoside M₇cd；20-*O*-β-D-Glucopyranosyl-dammar-25（26）-ene-3β，6α，12β，20*S*，24*R*-pentaol

【分子式】 $C_{36}H_{62}O_{10}$

【分子量】 654.4

【参考文献】 徐斐. 人参花蕾的化学成分研究 [D]. 大连：大连大学，2016，21-24.

24(*R*)-人参皂苷 M₇cd ¹HNMR 谱

¹H NMR of 24(*R*)-ginsenoside M₇cd

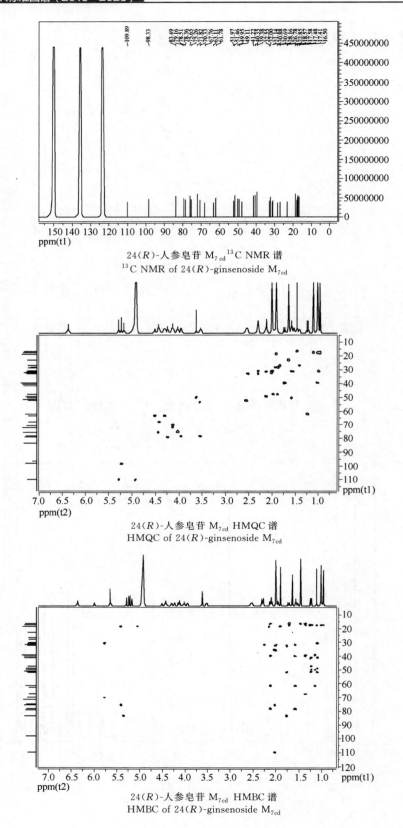

24(*R*)-人参皂苷 M$_{7cd}$ ^{13}C NMR 谱
^{13}C NMR of 24(*R*)-ginsenoside M$_{7cd}$

24(*R*)-人参皂苷 M$_{7cd}$ HMQC 谱
HMQC of 24(*R*)-ginsenoside M$_{7cd}$

24(*R*)-人参皂苷 M$_{7cd}$ HMBC 谱
HMBC of 24(*R*)-ginsenoside M$_{7cd}$

24(R)-人参皂苷 M$_{7cd}$ 的 ^{1}H NMR 和 ^{13}C NMR 数据

^{1}H NMR and ^{13}C NMR data of 24(R)-ginsenoside M$_{7cd}$

序号	^{1}H NMR(δ)	^{13}C NMR(δ)
1	1.72(1H,m),1.03(1H,m)	39.4
2	1.93(1H,m),1.89(1H,m)	28.2
3	4.24(1H,m)	78.4
4		40.3
5	1.24(1H,d,J=10Hz)	61.8
6	4.42(1H,m)	67.8
7	1.97(1H,m),1.89(1H,m)	47.6
8		41.2
9	1.57(1H,m)	50.0
10		39.4
11	2.29(1H,m),1.58(1H,m)	30.7
12	4.13(1H,m)	70.3
13	2.12(1H,m)	49.1
14		51.5
15	1.58(1H,m),1.00(1H,m)	31.1
16	1.84(1H,m),1.42(1H,m)	26.8
17	2.54(1H,m)	52.0
18	0.97(3H,s)	17.4
19	1.02(3H,s)	17.5
20		83.5
21	1.64(3H,s)	22.8
22	2.53(1H,m),2.30(1H,m)	32.6
23	2.20(1H,m),2.11(1H,m)	31.1
24	4.43(1H,m)	75.6
25		150.0
26	5.28(1H,m),4.93(1H,m)	109.9
27	1.91(3H,s)	18.6
28	2.03(3H,s)	32.0
29	1.46(3H,s)	16.5
30	1.11(3H,s)	17.6
20-glc-1'	5.23(1H,d,J=7.5Hz)	98.3
2'	4.02(1H,m)	75.3
3'	3.95(1H,m)	79.2
4'	4.13(1H,m)	71.8
5'	3.954(1H,m)	78.5
6'	4.50(1H,m),4.30(1H,m)	63.1

注：^{1}H NMR（500MHz，pyridine-d_5）；^{13}C NMR（125MHz，pyridine-d_5）。

087 24（R）-人参花皂苷 Ka

24(*R*)-Floralginsenoside Ka

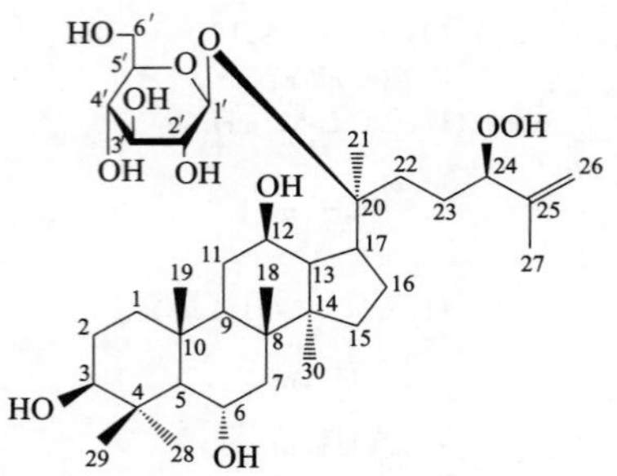

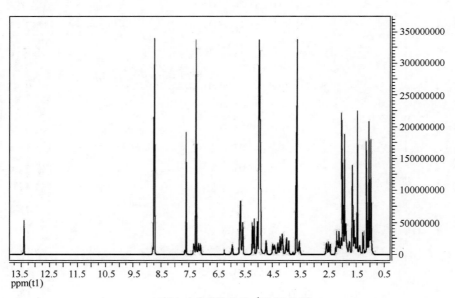

【中文名】　24(*R*)-人参花皂苷 Ka；20-*O*-β-D-吡喃葡萄糖基-达玛-25(26)-烯-24*R*-过氧羟基-3β,6α,12β,20S-四醇

【英文名】　24(*R*)-Floralginsenoside Ka；20-*O*-β-D-Glucopyranosyl-dammar-25(26)-ene-24*R*-peroxy-3β,6α,12β,20S-tetraol

【分子式】　$C_{36}H_{62}O_{11}$

【分子量】　670.4

【参考文献】　徐斐. 人参花蕾的化学成分研究［D］. 大连：大连大学，2016，24-26.

24(*R*)-人参花皂苷 Ka ^{1}H NMR 谱

^{1}H NMR of 24(*R*)-floralginsenoside Ka

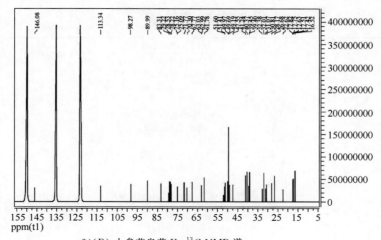

24(*R*)-人参花皂苷 Ka ¹³C NMR 谱

¹³C NMR of 24(*R*)-floralginsenoside Ka

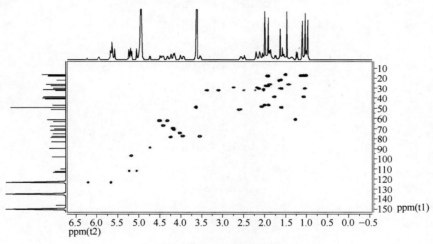

24(*R*)-人参花皂苷 Ka HMQC 谱

HMQC of 24(*R*)-floralginsenoside Ka

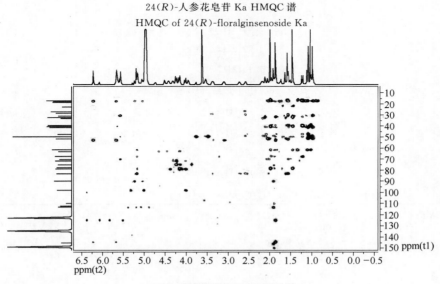

24(*R*)-人参花皂苷 Ka HMBC 谱

HMBC of 24(*R*)-floralginsenoside Ka

24(R)-人参花皂苷 Ka 的 ^{1}H NMR 和 ^{13}C NMR 数据

^{1}H NMR and ^{13}C NMR data of 24(R)-floralginsenoside Ka

序号	^{1}H NMR(δ)	^{13}C NMR(δ)
1	1.74(1H,m),1.03(1H,m)	39.4
2	1.94(1H,m),1.89(1H,m)	28.2
3	4.24(1H,m)	79.2
4		40.4
5	1.24(1H,d,J=10.5Hz)	61.8
6	4.42(1H,m)	67.8
7	1.97(1H,m),1.89(1H,m)	47.5
8		41.2
9	1.56(1H,m)	50.0
10		39.4
11	2.11(1H,m),1.56(1H,m)	31.1
12	4.18(1H,m)	70.3
13	2.01(1H,m)	49.2
14		51.4
15	1.56(1H,m),1.00(1H,m)	30.8
16	1.85(1H,m),1.39(1H,m)	26.7
17	2.58(1H,m)	51.6
18	0.97(3H,s)	17.4
19	1.04(3H,s)	17.5
20		83.3
21	1.63(3H,s)	22.6
22	2.48(1H,m),2.45(1H,m)	32.8
23	2.20(1H,m),2.11(1H,m)	26.7
24	4.73(1H,m)	90.0
25		146.1
26	5.24(1H,m),5.05(1H,m)	113.3
27	1.92(3H,s)	17.8
28	2.00(3H,s)	32.0
29	1.47(3H,s)	16.5
30	1.11(3H,s)	17.6
20-glc-1′	5.18(1H,d,J=7.5Hz)	98.3
2′	4.02(1H,m)	75.2
3′	3.54(1H,m)	78.5
4′	4.16(1H,m)	71.8
5′	3.95(1H,m)	78.2
6′	4.51(1H,m),4.32(1H,m)	63.0

注：^{1}H NMR（500MHz，pyridine-d_5）；^{13}C NMR（125MHz，pyridine-d_5）。

088 24（S）-人参花皂苷 Ka

24（S）-Floralginsenoside Ka

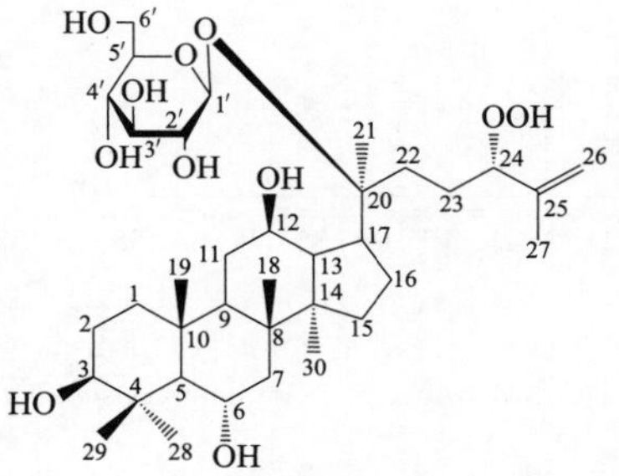

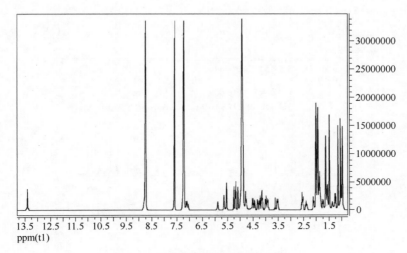

【中文名】　24(S)-人参花皂苷 Ka；20-O-β-D-吡喃葡萄糖基-达玛-25(26)-烯-24S-过氧羟基-3β,6α,12β,20S-四醇

【英文名】　24（S）-Floralginsenoside Ka；20-O-β-D-Glucopyranosyl-dammar-25（26）-ene-24S-peroxy-3β,6α,12β,20S-tetraol

【分子式】　$C_{36}H_{62}O_{11}$

【分子量】　670.4

【参考文献】　徐斐. 人参花蕾的化学成分研究 [D]. 大连：大连大学，2016，24-26.

24(S)-人参花皂苷 Ka ^{1}H NMR 谱

^{1}H NMR of 24(S)-floralginsenoside Ka

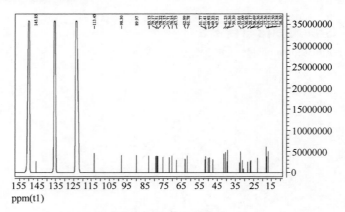

24(*S*)-人参花皂苷 Ka ¹³C NMR 谱
¹³C NMR of 24(*S*)-floralginsenoside Ka

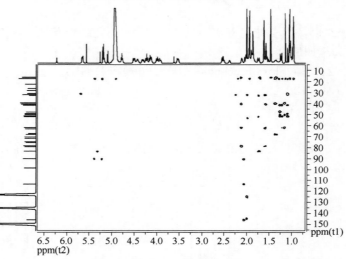

24(*S*)-人参花皂苷 Ka HMQC 谱
HMQC of 24(*S*)-floralginsenoside Ka

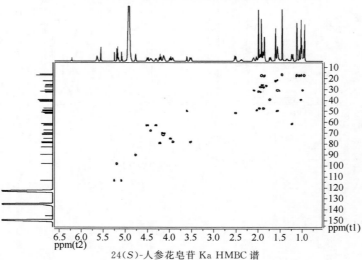

24(*S*)-人参花皂苷 Ka HMBC 谱
HMBC of 24(*S*)-floralginsenoside Ka

24(S)-人参花皂苷 Ka 的 ^{1}H NMR 和 ^{13}C NMR 数据

^{1}H NMR and ^{13}C NMR data of 24(S)-floralginsenoside Ka

序号	^{1}H NMR(δ)	^{13}C NMR(δ)
1	1.75(1H,m),1.04(1H,m)	39.4
2	1.97(1H,m),1.90(1H,m)	28.2
3	4.23(1H,m)	79.2
4		40.4
5	1.24(1H,d,J=10.5Hz)	61.8
6	4.44(1H,m)	67.7
7	1.98(1H,m),1.90(1H,m)	47.5
8		41.2
9	1.58(1H,m)	49.9
10		39.4
11	2.11(1H,m),1.58(1H,m)	31.1
12	4.13(1H,m)	70.2
13	2.03(1H,m)	49.2
14		51.4
15	1.58(1H,m),1.01(1H,m)	30.8
16	1.90(1H,m),1.36(1H,m)	26.4
17	2.54(1H,m)	51.8
18	0.97(3H,s)	17.4
19	1.05(3H,s)	17.5
20		83.1
21	1.63(3H,s)	22.6
22	2.01(1H,m),1.96(1H,m)	32.5
23	1.86(1H,m),1.84(1H,m)	26.7
24	4.78(1H,m)	90.0
25		145.9
26	5.26(1H,m),5.09(1H,m)	113.5
27	1.92(3H,s)	17.6
28	2.01(3H,s)	32.0
29	1.47(3H,s)	16.5
30	1.14(3H,s)	17.5
20-glc-1′	5.20(1H,d,J=7.5Hz)	98.3
2′	3.99(1H,m)	75.1
3′	3.54(1H,m)	78.5
4′	4.16(1H,m)	71.7
5′	3.94(1H,m)	78.2
6′	4.52(1H,m),4.32(1H,m)	63.0

注：^{1}H NMR（500MHz, pyridine-d_5）；^{13}C NMR（125MHz, pyridine-d_5）。

089 人参皂苷 Rh₂₃

Ginsenoside Rh₂₃

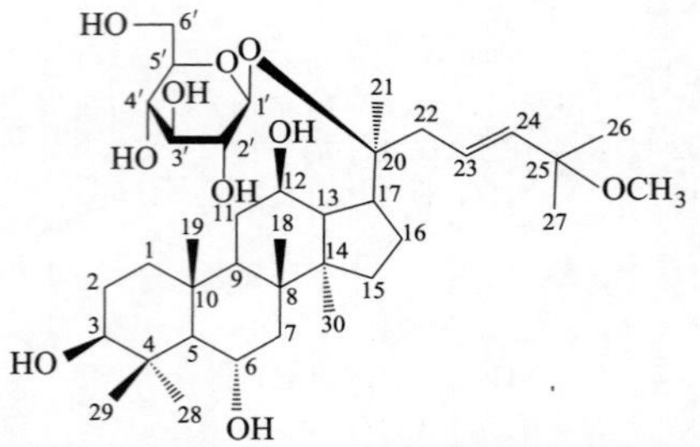

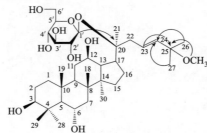

【中文名】 人参皂苷 Rh₂₃；20-*O*-β-D-吡喃葡萄糖基-达玛-25-甲氧基-23-烯-3β,6α，12β,20*S*-四醇

【英文名】 Ginsenoside Rh₂₃；20-*O*-β-D-Glucopyranosyl-dammar-25-methoxy-23-ene-3β,6α,12β,20*S*-tetraol

【分子式】 $C_{37}H_{64}O_{10}$

【分子量】 668.5

【参考文献】 Lee D Y，Kim H G，Lee Y G，et al. Isolation and quantification of ginsenoside Rh₂₃，a new anti-melanogenic compound from the leaves of *Panax ginseng* [J]. Molecules，2018，23（2）：267.

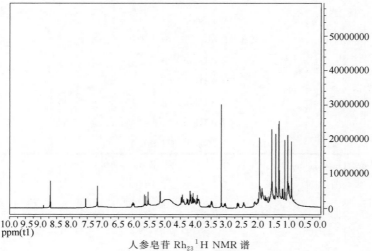

人参皂苷 Rh₂₃ 主要 HMBC 相关

Key HMBC correlations of ginsenoside Rh₂₃

人参皂苷 Rh₂₃ ¹H NMR 谱

¹H NMR of ginsenoside Rh₂₃

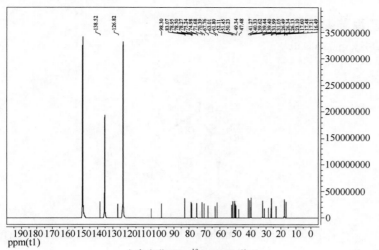

人参皂苷 Rh$_{23}$ ^{13}C NMR 谱
^{13}C NMR of ginsenoside Rh$_{23}$

人参皂苷 Rh$_{23}$ 的 ^{1}H NMR 和 ^{13}C NMR 数据及 HMBC 的主要相关信息

^{1}H NMR and ^{13}C NMR data and HMBC correlations of ginsenoside Rh$_{23}$

序号	^{1}H NMR(δ)	^{13}C NMR(δ)	HMBC
1	1.73(1H,m),1.02(1H,m)	39.4	
2	1.84(1H,m),1.83(1H,m)	28.1	
3	3.49(1H,dd,J=11.6,4.8Hz)	78.5	
4		40.3	
5	1.21(1H,d,J=10.4Hz)	61.8	
6	4.38(1H,m)	67.7	
7	1.92(1H,m),1.87(1H,m)	47.4	
8		41.2	
9	1.54(1H,m)	49.3	
10		39.4	
11	2.11(1H,m),1.58(1H,m)	31.0	
12	4.03(1H,m)	70.3	
13	1.97(1H,m)	49.3	
14		51.4	
15	1.61(1H,m),0.99(1H,m)	30.7	
16	1.74(1H,m),1.40(1H,m)	26.4	
17	2.45(1H,m)	52.1	
18	1.14(3H,s)	17.6	
19	1.04(3H,s)	17.4	
20		83.0	
21	1.55(3H,s)	23.0	
22	3.07(1H,dd,J=14.0,5.6Hz),2.64(1H,dd,J=14.0,8.8Hz)	39.6	
23	6.02(1H,ddd,J=15.6,8.8,5.6Hz)	126.8	C-25
24	5.64(1H,d,J=15.6Hz)	138.5	
25		74.9	
26	1.31(3H,s)	26.1	C-24
27	1.33(3H,s)	26.3	C-24
28	1.94(3H,s)	31.9	
29	1.43(3H,s)	16.4	
30	0.92(3H,s)	17.3	
OCH$_3$	3.18(3H,s)	50.2	C-25
20-glc-1'	5.15(1H,d,J=7.6Hz)	98.3	C-20
2'	3.95(1H,dd,J=8.8,7.6Hz)	75.2	
3'	4.18(1H,dd,J=8.8,8.8Hz)	78.9	
4'	4.09(1H,dd,J=9.6,8.8Hz)	71.6	
5'	3.90(1H,ddd,J=9.6,5.6,2.4Hz)	78.2	
6'	4.45(1H,dd,J=11.6,2.4Hz),4.27(1H,dd,J=11.6,5.6Hz)	63.0	

注：^{1}H NMR（400MHz, pyridine-d_5）；^{13}C NMR（100MHz, pyridine-d_5）。

090 3β-乙酰氧基人参皂苷 F₁

3β-Acetoxy ginsenoside F₁

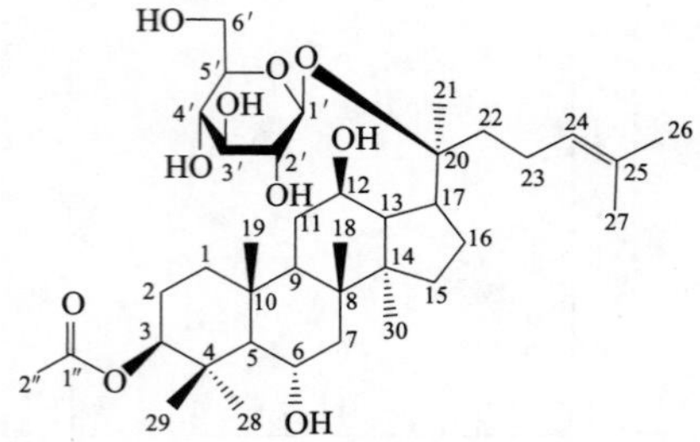

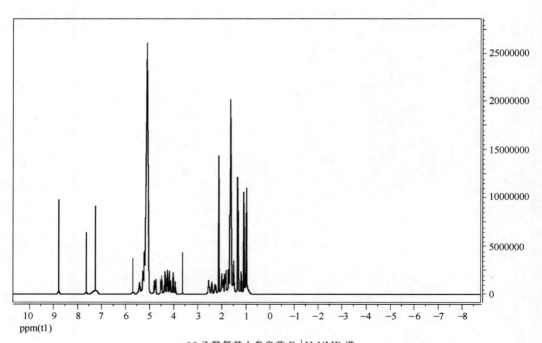

【中文名】　3β-乙酰氧基人参皂苷 F₁；20-O-β-D-吡喃葡萄糖基-3β-乙酰氧基-达玛-24-烯-6α,12β,20S-三醇

【英文名】　3β-Acetoxy ginsenoside F₁；20-O-β-D-Glucopyranosyl-3β-acetoxy-dammar-24-ene-6α,12β,20S-triol

【分子式】　$C_{38}H_{64}O_{10}$

【分子量】　680.4

【参考文献】　李珂珂，弓晓杰，陈丽荣，等. 3β-乙酰氧基人参皂苷 F₁ 及其提取方法和药物用途. CN105330713A ［P］. 2016-02-27.

3β-乙酰氧基人参皂苷 F₁ ¹H NMR 谱

¹H NMR of 3β-acetoxy ginsenoside F₁

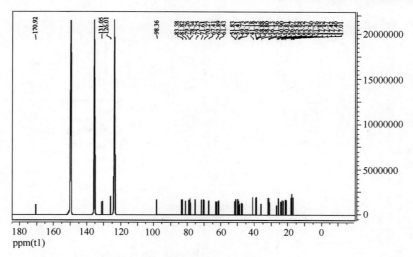

3β-乙酰氧基人参皂苷 F$_1$ ^{13}C NMR 谱

^{13}C NMR of 3β-acetoxy ginsenoside F$_1$

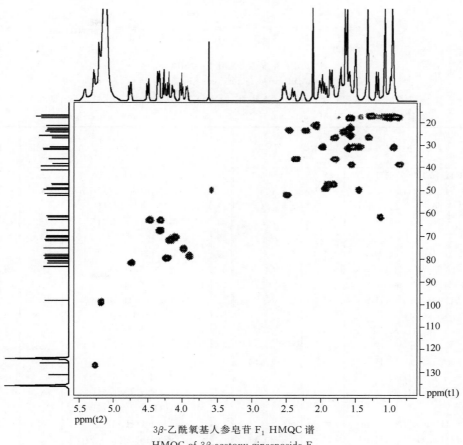

3β-乙酰氧基人参皂苷 F$_1$ HMQC 谱

HMQC of 3β-acetoxy ginsenoside F$_1$

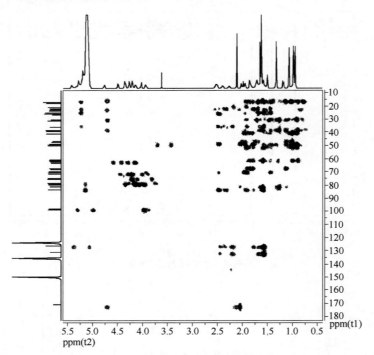

3β-乙酰氧基人参皂苷 F₁ HMBC 谱

HMBC of 3β-acetoxy ginsenoside F₁

3β-乙酰氧基人参皂苷 F₁ 的 ¹H NMR 和 ¹³C NMR 数据及 HMBC 的主要相关信息

¹H NMR and ¹³C NMR data and HMBC correlations of 3β-acetoxy ginsenoside F₁

序号	¹H NMR(δ)	¹³C NMR(δ)	HMBC	序号	¹H NMR(δ)	¹³C NMR(δ)	HMBC
1	1.59(1H,m),0.91(1H,m)	38.9	C-19,3	21	1.63(3H,s)	22.5	C-17,22
2	1.71(2H,m)	23.9	C-4	22	2.40(1H,m),1.82(1H,m)	36.1	C-24,25,17
3	4.76(1H,dd,J=7.2,13.2Hz)	81.3	C-1″,2″	23	2.50(1H,m),2.26(1H,m)	23.4	C-20,25
4		39.2		24	5.28(1H,t,J=5.6Hz)	126.0	C-22,26,27
5	1.20(1H,d,J=8.0Hz)	61.4	C-4,10,19,28,29	25		131.1	
				26	1.62(3H,s)	25.8	C-24,25,27
				27	1.60(3H,s)	17.9	C-24,25,26
6	4.34(1H,m)	67.4		28	1.65(3H,s)	31.4	C-3,4,5,29
7	1.93(1H,m),1.86(1H,m)	47.3	C-14	29	1.33(3H,s)	17.0	C-3,4,5,28
8		41.2		30	0.95(3H,s)	17.4	C-8,13,14,15
9	1.50(1H,m)	49.7	C-5,19	20-glc-1′	5.20(1H,d,J=6.0Hz)	98.4	C-20,3′
10		38.6					
11	1.62(1H,m),0.91(1H,m)	30.8	C-10,13				
12	4.13(1H,m)	70.3	C-9,14,17	2′	4.02(1H,t,J=6.8Hz)	75.3	C-4′,5′
13	1.98(1H,m)	49.1	C-8,14,20	3′	4.27(1H,t,J=6.8Hz)	79.3	C-4′,6′
14		51.4		4′	4.21(1H,t,J=7.2Hz)	71.6	
15	2.02(1H,m),1.58(1H,m)	30.9	C-8,14,17	5′	3.94(1H,m)	78.3	C-3′,6′
16	1.84(1H,m),1.35(1H,m)	26.7	C-20,13	6′	4.50(1H,dd,J=1.6,9.2Hz), 4.34(1H,dd,J=4.4,9.2Hz)	62.9	C-4′
17	2.53(1H,m)	51.8	C-12,21	1″		170.9	
18	1.07(3H,s)	17.6	C-7,8,9,14	2″	2.11(3H,s)	21.3	C-1″,3
19	0.98(3H,s)	17.4	C-10,1,9				
20		83.4					

注：¹H NMR（400MHz, pyridine-d₅）；¹³C NMR（100MHz, pyridine-d₅）。

091 6′-丙二酸单甲酯酰基人参皂苷 F₁

6′-Malonyl formyl-ginsenoside F₁

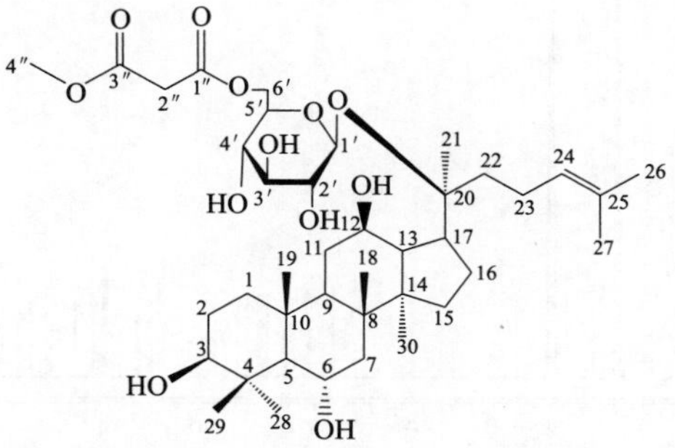

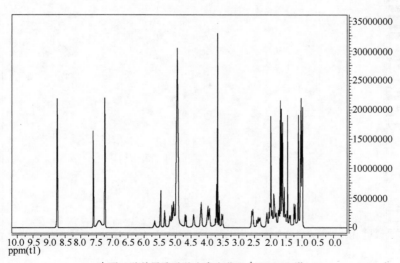

【中文名】 6′-丙二酸单甲酯酰基人参皂苷 F₁；20-O-(6-O-丙二酰甲酯)-β-D-吡喃葡萄糖基-达玛-24-烯-3β,6α,12β,20S-四醇

【英文名】 6′-Malonyl formyl-ginsenoside F₁；20-O-(6-O-Malonyl methyl ester)-β-D-glucopyranosyl-dammar-24-ene-3β,6α,12β,20S-tetraol

【分子式】 $C_{40}H_{66}O_{12}$

【分子量】 738.4

【参考文献】 李珂珂，弓晓杰，陈丽荣，等. 6′-丙二酸单甲酯酰基人参皂苷 F₁ 及其提取方法和药物用途. CN105418718A ［P］. 2016-03-23.

6′-丙二酸单甲酯酰基人参皂苷 F₁ ¹H NMR 谱
¹H NMR of 6′-malonyl formyl-ginsenoside F₁

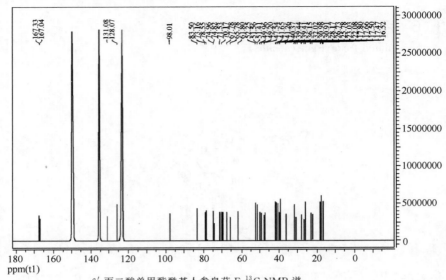

6′-丙二酸单甲酯酰基人参皂苷 F$_1$ ^{13}C NMR 谱

^{13}C NMR of 6′-malonyl formyl-ginsenoside F$_1$

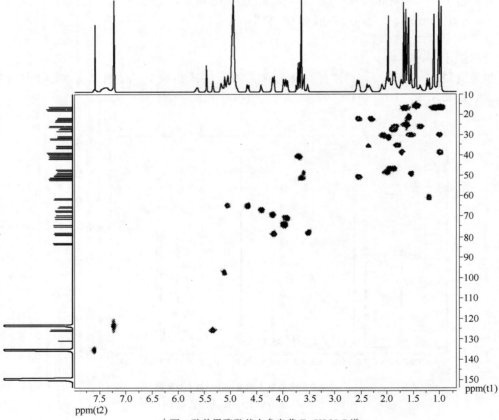

6′-丙二酸单甲酯酰基人参皂苷 F$_1$ HMQC 谱

HMQC of 6′-malonyl formyl-ginsenoside F$_1$

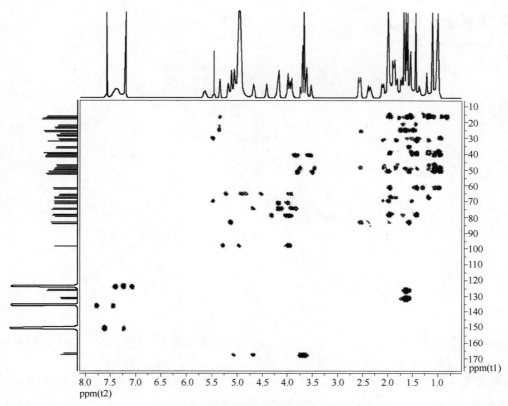

6'-丙二酸单甲酯酰基人参皂苷 F$_1$ HMBC 谱

HMBC of 6'-malonyl formyl-ginsenoside F$_1$

6'-丙二酸单甲酯酰基人参皂苷 F$_1$ 的 ^{1}H NMR 和 ^{13}C NMR 数据及 HMBC 的主要相关信息

^{1}H NMR and ^{13}C NMR data and HMBC correlations of 6'-malonyl formyl-ginsenoside F$_1$

序号	^{1}H NMR(δ)	^{13}C NMR(δ)	HMBC	序号	^{1}H NMR(δ)	^{13}C NMR(δ)	HMBC
1	1.72(1H,m),1.01(1H,m)	39.4	C-19,3	22	2.32(1H,m),1.84(1H,m)	36.2	C-24,25,17
2	1.87(2H,m)	28.2	C-4	23	2.54(1H,m),2.29(1H,m)	23.0	C-20,25
3	3.54(1H,dd,$J=8.8,12.0$Hz)	78.6		24	5.35(1H,t,$J=5.2$Hz)	126.1	C-22,26,27
4		40.4		25		131.1	
5	1.22(1H,d,$J=8.0$Hz)	61.8	C-4,10,19,28,29	26	1.70(3H,s)	25.8	C-24,25,27
				27	1.67(3H,s)	17.8	C-24,25,26
6	4.42(1H,m)	67.8		28	2.00(3H,s)	32.0	C-3,4,5,29
7	1.96(1H,m),1.88(1H,m)	47.5	C-14	29	1.47(3H,s)	16.5	C-3,4,5,28
8		41.3		30	1.00(3H,s)	17.5	C-8,13,14,15
9	1.57(1H,m)	50.0	C-5,19	20-glc-1'	5.11(1H,d,$J=6.4$Hz)	98.0	C-20,3'
10		39.4		2'	4.00(1H,m)	74.8	C-4',5'
11	1.61(1H,m),1.06(1H,m)	30.8	C-10,13	3'	4.21(1H,m)	79.2	C-4',6'
12	4.18(1H,m)	70.2	C-9,14,17	4'	3.95(1H,m)	71.5	C-5',6'
13	2.02(1H,m)	49.2	C-8,14,20	5'	3.91(1H,m)	75.0	C-3',6'
14		51.4		6'	5.06(1H,d,$J=9.2$Hz),4.68(1H,dd,$J=5.6,9.2$Hz)	65.8	
15	2.10(1H,m),1.57(1H,m)	31.0	C-8,14,17	1″		167.0	
16	1.86(1H,m),1.38(1H,m)	26.7	C-20,13	2″	3.72(1H,brs),3.71(1H,brs)	41.7	C-4″
17	2.58(1H,m)	51.6	C-12,21	3″		167.3	
18	1.12(3H,s)	17.7	C-7,8,9,14	4″	3.67(3H,s)	52.3	C-1″,3″
19	1.03(3H,s)	17.5	C-10,1,9				
20		83.5					
21	1.62(3H,s)	22.1	C-17,22				

注：^{1}H NMR（400MHz, pyridine-d_5）；^{13}C NMR（100MHz, pyridine-d_5）。

092　人参皂苷 Rh₁₄

Ginsenoside Rh₁₄

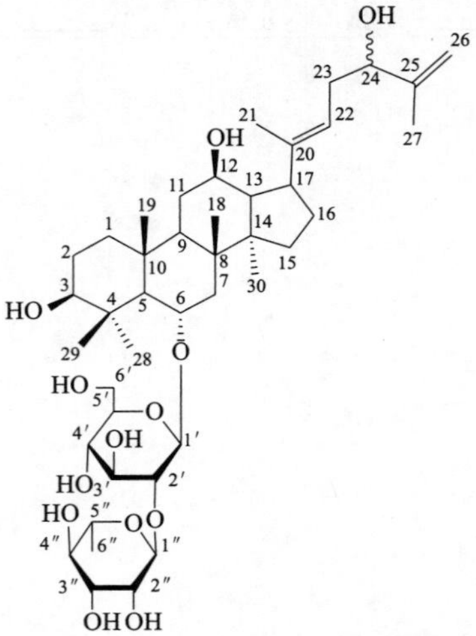

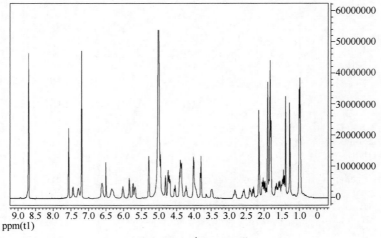

【中文名】　人参皂苷 Rh₁₄；(E)-6-O-[α-L-吡喃鼠李糖基-(1-2)-β-D-吡喃葡萄基]-达玛-20(22),25-二烯-3β,6α,12β,24ξ-四醇

【英文名】　Ginsenoside Rh₁₄；(E)-6-O-[α-L-Rhamnopyranosyl-(1-2)-β-D-glucopyranosyl]-dammar-20(22),25-diene-3β,6α,12β,24ξ-tetraol

【分子式】　$C_{42}H_{70}O_{13}$

【分子量】　782.5

【参考文献】　Li K K，Yao C M，Yang X W. Four new dammarane-type triterpene saponins from the stems and leaves of *Panax ginseng* and their cytotoxicity on HL-60 cells [J]. Planta Medica，2012，78 (2)：189-192.

人参皂苷 Rh₁₄ ¹H NMR 谱

¹H NMR of ginsenoside Rh₁₄

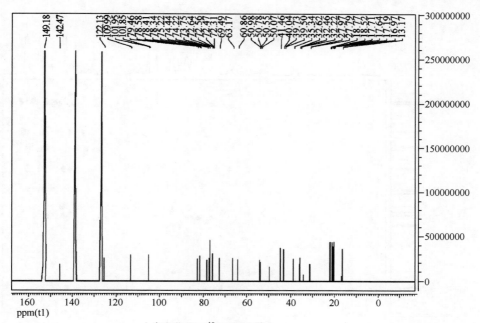

人参皂苷 Rh$_{14}$ ^{13}C NMR 谱

^{13}C NMR of ginsenoside Rh$_{14}$

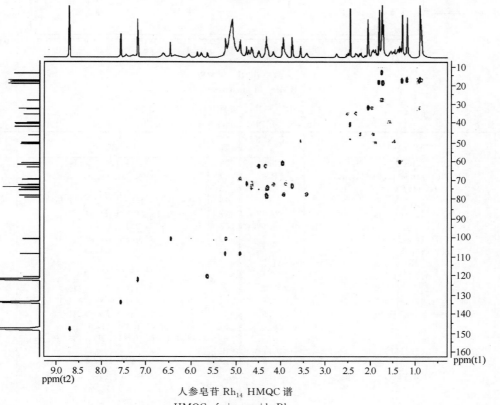

人参皂苷 Rh$_{14}$ HMQC 谱

HMQC of ginsenoside Rh$_{14}$

251

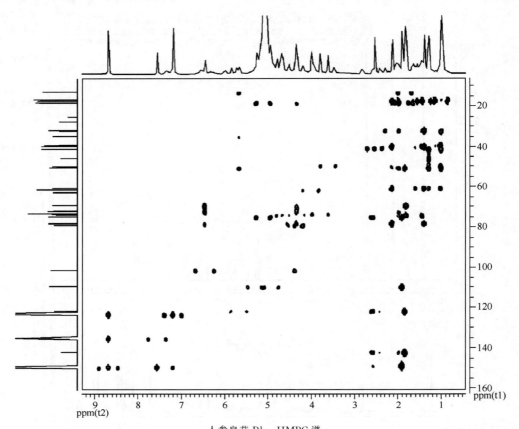

人参皂苷 Rh$_{14}$ HMBC 谱
HMBC of ginsenoside Rh$_{14}$

人参皂苷 Rh$_{14}$ 的^{1}H NMR 和^{13}C NMR 数据
^{1}H NMR and ^{13}C NMR data of ginsenoside Rh$_{14}$

序号	^{1}H NMR(δ)	^{13}C NMR (δ)	序号	^{1}H NMR(δ)	^{13}C NMR (δ)
1	1.59(2H,brd,J=12.0Hz)	39.5	23	2.35(1H,m),2.54(1H,m)	35.3
2	1.76(1H,m),1.83(1H,m)	28.0	24	4.33(1H,m)	75.2
3	3.47(1H,dd,J=11.0,5.2Hz)	78.4	25		149.2
4		40.0	26	4.94(1H,brs),5.26(1H,brs)	110.0
5	1.39(1H,d,J=10.4Hz)	60.9	27	1.87(3H,s)	18.5
6	4.67(1H,dd,J=9.6,2.5Hz)	74.4	28	2.12(3H,s)	32.2
7	1.97(1H,d,J=10.4Hz), 2.27(1H,d,J=2.5Hz)	46.1	29	0.96(3H,s)	16.9
			30	0.97(3H,s)	17.2
8		41.5	6-glc -1'	5.27(1H,d,J=7.0Hz)	101.9
9	1.52(1H,m)	50.1	2'	4.36(1H,t,J=7.6Hz)	79.5
10		39.7	3'	4.33(1H,t,J=7.6Hz)	78.6
11	2.02(1H),n.d.	32.6	4'	4.20(1H,t,J=9.2Hz)	72.6
12	3.94(1H,m)	72.5	5'	3.99(1H,m)	78.3
13	n.d	50.6	6'	4.54(1H,brd,J=11.2Hz),4.69(1H,m)	63.2
14		50.8	2'-rham -1"	6.51(1H,brs)	102.0
15	1.47(1H),n.d.	32.5			
16	1.44(1H),n.d.	27.8	2"	4.79(1H,brs)	72.3
17	2.81(1H,m)	51.0	3"	4.69(1H,m)	72.5
18	1.36(3H,s)	17.6	4"	4.33(1H,m)	74.2
19	1.24(3H,s)	17.7	5"	4.94(1H,m)	69.5
20		142.5	6"	1.80(3H,d,J=6.0Hz)	18.8
21	1.80(3H,s)	13.2			
22	5.68(1H,t,J=13.6,7.2Hz)	122.1			

注：^{1}H NMR（400MHz，pyridine-d_5）；^{13}C NMR（100MHz，pyridine-d_5）。

093 人参皂苷 Rh₁₇

Ginsenoside Rh₁₇

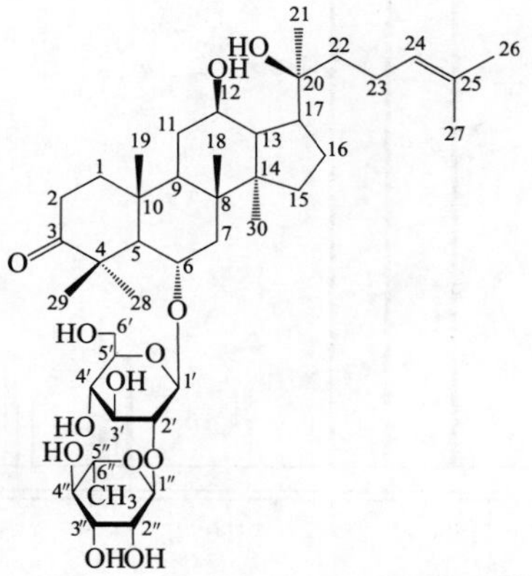

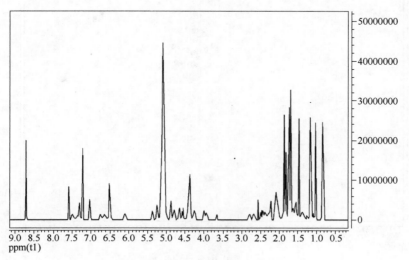

【中文名】 人参皂苷 Rh₁₇；6-*O*-[α-L-吡喃鼠李糖基-(1-2)-β-D-吡喃葡萄糖基]-达玛-24-烯-3-酮-6α，12β，20S-三醇

【英文名】 Ginsenoside Rh₁₇；6-*O*-[α-L-Rhamnopyranosyl-(1-2)-β-D-glucopyranosyl]-dammar-24-ene-3-one-6α，12β，20S-triol

【分子式】 $C_{42}H_{70}O_{13}$

【分子量】 782.5

【参考文献】 Li K K，Yao C M，Yang X W. Four new dammarane-type triterpene saponins from the stems and leaves of *Panax ginseng* and their cytotoxicity on HL-60 cells [J]. Planta Medica，2012，78（2）：189-192.

人参皂苷 Rh₁₇ ¹H NMR 谱

¹H NMR of ginsenoside Rh₁₇

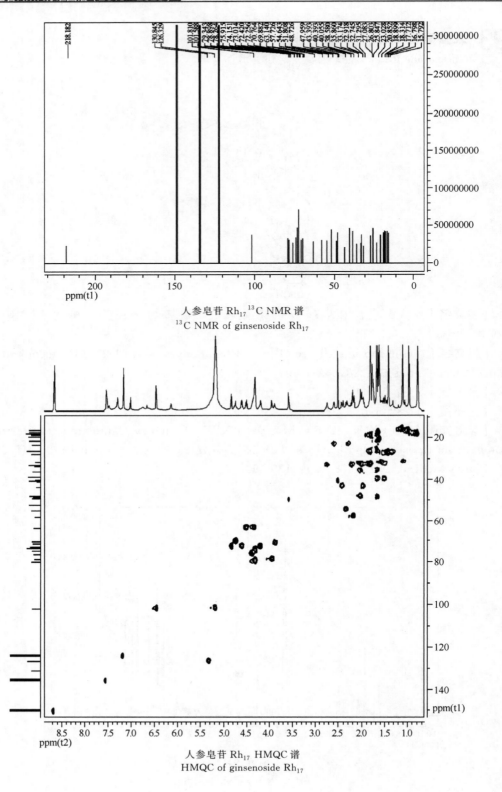

人参皂苷 Rh$_{17}$ ^{13}C NMR 谱
^{13}C NMR of ginsenoside Rh$_{17}$

人参皂苷 Rh$_{17}$ HMQC 谱
HMQC of ginsenoside Rh$_{17}$

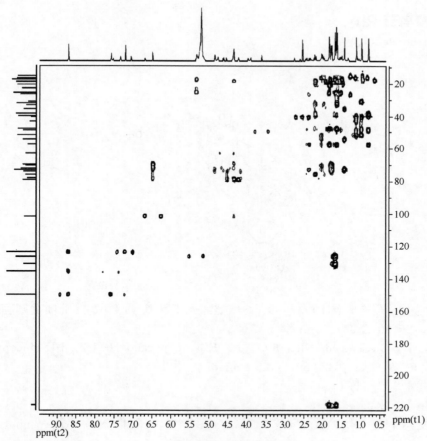

人参皂苷 Rh$_{17}$ HMBC 谱

HMBC of ginsenoside Rh$_{17}$

人参皂苷 Rh$_{17}$ 的 ^{1}H NMR 和 ^{13}C NMR 数据

^{1}H NMR and ^{13}C NMR data of ginsenoside Rh$_{17}$

序号	^{1}H NMR(δ)	^{13}C NMR (δ)	序号	^{1}H NMR(δ)	^{13}C NMR (δ)
1	1.47(1H,brd,$J=11.2$Hz)，1.68(1H,m)	38.6	23	2.18(1H,m),2.58(1H,m)	23.0
2	2.18(1H,m),2.72(1H,m)	32.9	24	5.33(1H,t,$J=6.8$Hz)	126.3
3		218.2	25		130.8
4		48.0	26	1.62(3H,s)	25.8
5	2.28(1H,m)	57.7	27	0.77(3H,s)	17.7
6	4.41(1H,m)	75.9	28	1.80(3H,s)	33.2
7	2.01(1H,d,$J=12.4$Hz)，2.40(1H,d,$J=3.6$Hz)	43.4	29	1.60(3H,s)	20.9
8		40.4	30	1.66(3H,s)	18.3
9	n. d	51.8	6-glc-1′	5.21(1H,d,$J=6.8$Hz)	101.6
10		40.1	2′	4.38(1H,m)	79.3
11	1.98(1H),n. d	32.7	3′	4.30(1H,m)	78.9
12	3.86(1H,m)	70.8	4′	4.22(1H,t,$J=8.8$Hz)	72.4
13	2.04(1H,m)	48.7	5′	3.97(1H,m)	78.3
14		51.8	6′	4.36(1H,brd),4.50(1H,d,$J=10.0$Hz)	63.1
15	1.06(1H,m),1.57(1H,m)	31.3	2′-rham-1″	6.48(1H,brs)	101.8
16	1.53(1H,m),1.75(1H,m)	26.8	2″	4.83(1H,m)	72.3
17	2.26(1H,m)	54.6	3″	4.62(1H,dd,$J=9.2,3.2$Hz)	72.4
18	1.09(3H,s)	15.8	4″	4.32(1H,m)	74.2
19	0.96(3H,s)	16.8	5″	4.78(1H,td,$J=9.2,6.0$Hz)	69.9
20		73.0	6″	1.75(3H,d,$J=6.0$Hz)	18.9
21	1.40(3H,s)	27.1			
22	1.61(1H,m),2.00(1H,m)	35.9			

注：^{1}H NMR（400MHz，pyridine-d_5）；^{13}C NMR（100MHz，pyridine-d_5）。

094 人参皂苷 Rh₂₀

Ginsenoside Rh₂₀

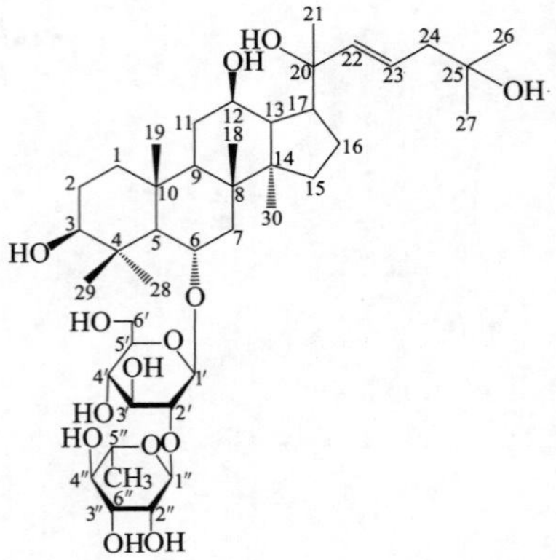

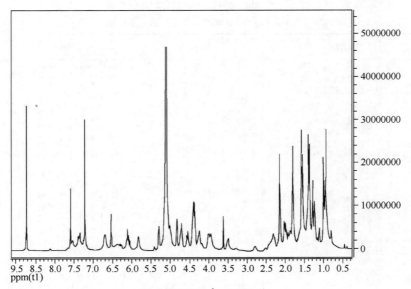

【中文名】 人参皂苷 Rh₂₀；6-O-[α-L-吡喃鼠李糖基-(1-2)-β-D-吡喃葡萄糖基]-达玛-22-烯-3β,6α,12β,20(S/R),25-五醇

【英文名】 Ginsenoside Rh₂₀；6-O-[α-L-Rhamnopyranosyl-(1-2)-β-D-glucopyranosyl]-dammar-22-ene-3β,6α,12β,20(S/R),25-pentaol

【分子式】 $C_{42}H_{72}O_{14}$

【分子量】 800.5

【参考文献】 Li K K，Yang X B，Yang X W，et al. New triterpenoids from the stems and leaves of *Panax ginseng* [J]. Fitoterapia，2012，83（6）：1030-1035.

人参皂苷 Rh₂₀ ¹H NMR 谱

¹H NMR of ginsenoside Rh₂₀

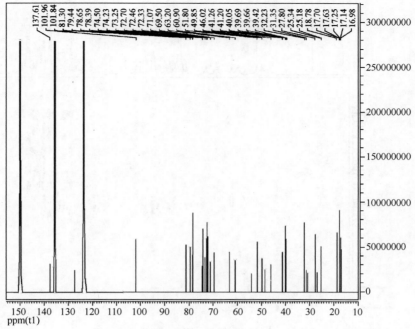

人参皂苷 Rh$_{20}$ ^{13}C NMR 谱
^{13}C NMR of ginsenoside Rh$_{20}$

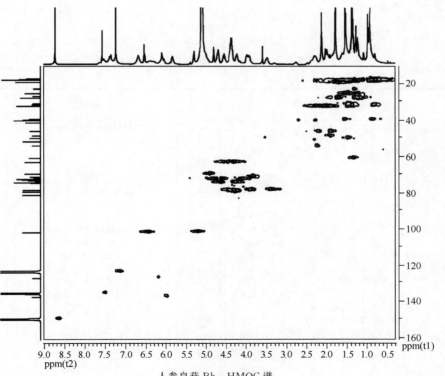

人参皂苷 Rh$_{20}$ HMQC 谱
HMQC of ginsenoside Rh$_{20}$

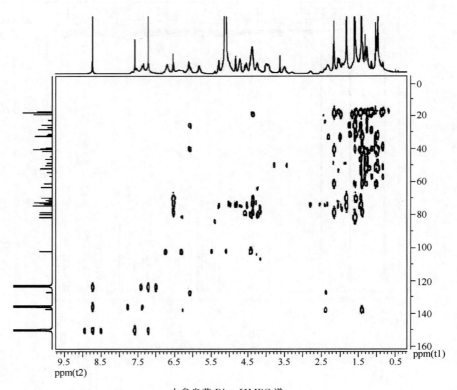

人参皂苷 Rh$_{20}$ HMBC 谱

HMBC of ginsenoside Rh$_{20}$

人参皂苷 Rh$_{20}$ 的 ^{1}H NMR 和 ^{13}C NMR 数据

^{1}H NMR and ^{13}C NMR data of ginsenoside Rh$_{20}$

序号	^{1}H NMR(δ)	^{13}C NMR (δ)	序号	^{1}H NMR(δ)	^{13}C NMR (δ)
1	0.92(1H,m),1.61(1H,m)	39.4	24	2.34(1H,dd,$J=$14.5,9.8Hz), 2.76(1H,dd,$J=$14.3,4.6Hz)	40.1
2	1.42(1H,m),1.85(1H,m)	27.8			
3	3.47(1H,brs)	78.7	25		81.3
4		40.2	26	1.53(3H,s)	25.3
5	1.55(1H,d,$J=$10.4Hz)	60.9	27	1.55(3H,s)	25.2
6	4.33(1H,m)	74.3	28	2.12(3H,s)	31.4
7	1.97(1H,m),2.27(1H,m)	46.0	29	1.57(3H,s)	17.0
8		41.3	30	0.93(3H,s)	17.1
9	1.52(1H,m)	49.9	6-glc-1′	5.28(1H,d,$J=$6.6Hz)	101.8
10		39.7	2′	4.35(1H,m)	79.4
11	1.86(1H,m),2.70(1H,m)	32.2	3′	4.27(1H,m)	78.7
12	3.89(1H,m)	71.1	4′	4.24(1H,m)	72.3
13	1.95(1H,m)	48.6	5′	3.94(1H,m)	78.4
14		51.8	6′	4.52(1H,brd,$J=$10.6Hz), 4.33(1H,m)	63.2
15	1.15(1H,m),1.63(1H,m)	30.8			
16	1.42(1H,m),1.76(1H,m)	26.9	2′-rham (p)-1″	6.52(1H,brs)	102.0
17	2.32(1H,dd,$J=$10.8,7.2Hz)	54.1/51.1			
18	1.29(3H,s)	17.5	2″	4.79(1H,brs)	72.3
19	0.99(3H,s)	17.7	3″	4.67(1H,m)	72.5
20		73.3	4″	4.38(1H,m)	74.3
21	1.35(3H,s)	27.8/22.6	5″	4.96(1H,m)	69.5
22	6.04(1H,d,$J=$15.6Hz)	137.6/138.0	6″	1.78(3H,d,$J=$6.0Hz)	18.8
23	6.26(1H,ddd,$J=$15.6,9.3,3.4Hz)	127.4/126.9			

注：^{1}H NMR（400MHz，pyridine-d_5）；^{13}C NMR（100MHz，pyridine-d_5）。

095 20（R）-人参皂苷 Rf
20(R)-Ginsenoside Rf

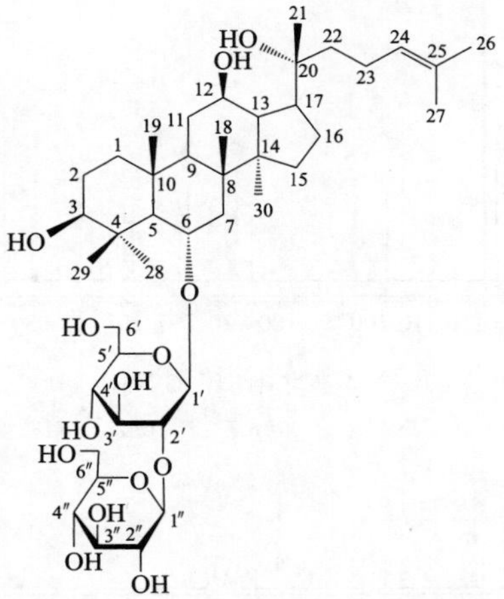

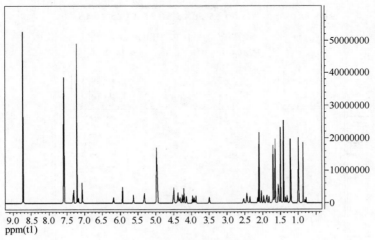

【中文名】 20(R)-人参皂苷 Rf；6-O-[β-D-吡喃葡萄糖基-(1-2)-β-D-吡喃葡萄糖基]-达玛-24-烯-3β,6α,12β,20R-四醇

【英文名】 20(R)-Ginsenoside Rf；6-O-[β-D-Glucopyranosyl-(1-2)-β-D-glucopyrano-syl]-dammar-24-ene-3β,6α,12β,20R-tetraol

【分子式】 $C_{42}H_{72}O_{14}$

【分子量】 800.5

【参考文献】 Sang M L，Seok C K，Joonseok O，et al. 20(R)-Ginsenoside Rf：a new ginsenoside from red ginseng extract [J]. Phytochemistry Letters，2013，6：620-624.

20(R)-人参皂苷 Rf ^{1}H NMR 谱

^{1}H NMR of 20(R)-ginsenoside Rf

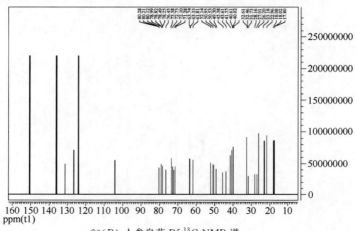

20(R)-人参皂苷 Rf ^{13}C NMR 谱

^{13}C NMR of 20(R)-ginsenoside Rf

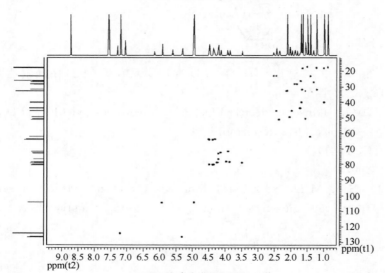

20(R)-人参皂苷 Rf HMQC 谱

HMQC of 20(R)-ginsenoside Rf

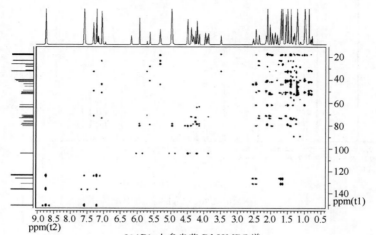

20(R)-人参皂苷 Rf HMBC 谱

HMBC of 20(R)-ginsenoside Rf

20(R)-人参皂苷 Rf 的 ^{1}H NMR 和 ^{13}C NMR 数据

^{1}H NMR and ^{13}C NMR data of 20(R)-ginsenoside Rf

序号	^{1}H NMR(δ)	^{13}C NMR(δ)
1	1.68～1.66(1H,m),0.98～0.96(1H,m)	39.8
2	1.80～1.82(1H,m),1.90～1.86(1H,m)	28.2
3	3.49(1H,m)	79.0
4		40.0
5	1.40(1H,ov.)	61.8
6	4.33～4.39(1H,ov.)	80.2
7	2.44(1H,dd,J=12.6,2.7Hz),1.97(1H,t,J=12.6Hz)	45.4
8		41.5
9	1.55(1H,m)	50.5
10		40.6
11	1.55(1H,m),2.14～2.13(1H,m)	32.6
12	3.93～3.91(1H,m)	71.3
13	2.03(1H,t,J=10.8Hz)	49.3
14		52.1
15	1.24～1.19(2H,m)	31.7
16	1.32～1.30(1H,m),1.90～1.86(1H,m)	27.0
17	2.37～2.34(1H,m)	51.0
18	1.22(3H,s)	17.8
19	0.98(3H,s)	18.0
20		73.4
21	1.40(3H,s)	23.1
22	1.71(2H,m)	43.6
23	2.52(2H,m)	22.9
24	5.31(1H,t,J=7.2Hz)	126.4
25		131.2
26	1.70(3H,s)	26.2
27	1.64(3H,s)	18.1
28	2.10(3H,s)	32.5
29	1.50(3H,s)	17.1
30	0.86(3H,s)	17.5
6-glc-1′	4.95(1H,d,J=8.1Hz)	104.2
2′	4.50(1H,m,ov.)	80.1
3′	4.39(1H,m,ov.)	80.3
4′	4.15(1H,m)	72.1
5′	3.87(1H,m)	78.5
6′	4.49(1H,m,ov.),4.33(1H,m,ov.)	63.3
2′-glc-1″	5.93(1H,d,J=8.1Hz)	104.3
2″	4.21(1H,m)	76.5
3″	4.26(1H,m)	78.8
4″	4.22(1H,m)	72.7
5″	3.97(1H,m)	78.2
6″	4.49(1H,m,ov.),4.39(1H,m)	63.7

注：^{1}H NMR（900MHz，pyridine-d_5）；^{13}C NMR（226MHz，pyridine-d_5）。

096　20（S）-人参皂苷-Rf-1a

20(*S*)-Ginsenoside-Rf-1a

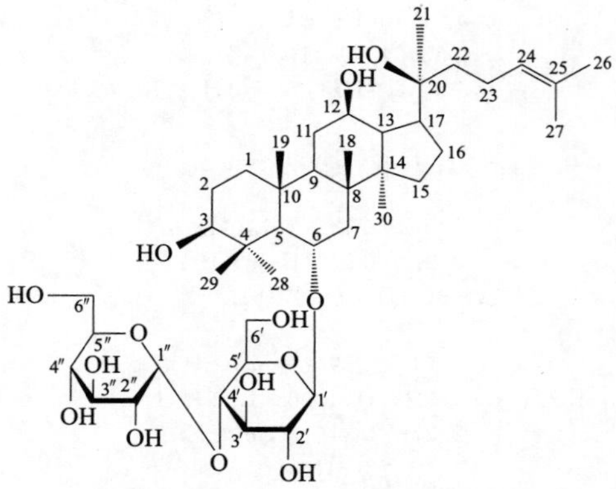

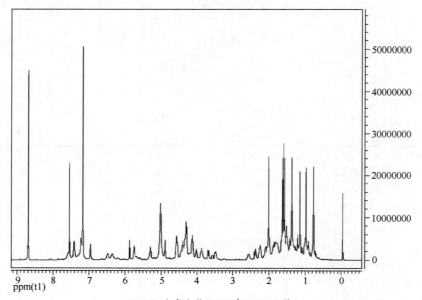

【中文名】　20（*S*）-人参皂苷-Rf-1a；6-*O*-[*α*-D-吡喃葡萄糖基-（1-4）-*β*-D-吡喃葡萄糖基]-达玛-24-烯-3*β*,6*α*,12*β*,20S-四醇

【英文名】　20-*O*-Ginsenoside-Rf-1a；6-*O*-[*α*-D-Glucopyranosyl-（1-4）-*β*-D-glucopyranosyl]-dammar-24-ene-3*β*,6*α*,12*β*,20S-tetraol

【分子式】　$C_{42}H_{72}O_{14}$

【分子量】　800.5

【参考文献】　Zhou Q L，Yang X W. Four new ginsenosides from red ginseng with inhibitory activity on melanogenesis in melanoma cells [J]. Bioorganic & Medicinal Chemistry Letters，2015，25（16）：3112-3116.

20(*S*)-人参皂苷-Rf-1a ^{1}H NMR 谱

^{1}H NMR of 20(*S*)-ginsenoside-Rf-1a

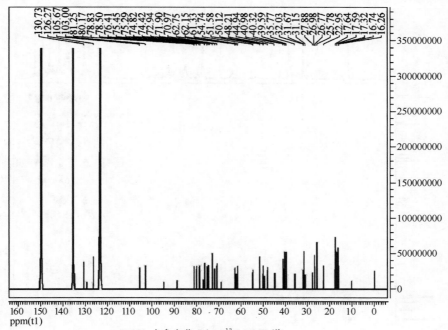

20(S)-人参皂苷-Rf-1a ^{13}C NMR 谱

^{13}C NMR of 20(S)-ginsenoside-Rf-1a

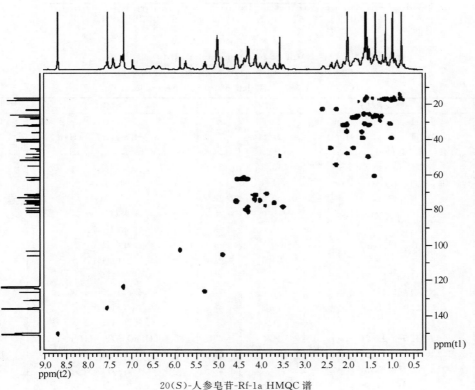

20(S)-人参皂苷-Rf-1a HMQC 谱

HMQC of 20(S)-ginsenoside-Rf-1a

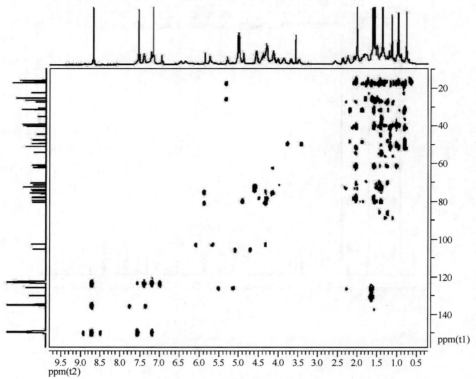

20(S)-人参皂苷-Rf-1a HMBC 谱
HMBC of 20(S)-ginsenoside-Rf-1a
20(S)-人参皂苷-Rf-1a 的 ^{1}H NMR 和 ^{13}C NMR 数据
^{1}H NMR and ^{13}C NMR data of 20(S)-ginsenoside-Rf-1a

序号	^{1}H NMR(δ)	^{13}C NMR(δ)	序号	^{1}H NMR(δ)	^{13}C NMR(δ)
1	0.99(1H,m),1.66(1H,m)	39.3	22	1.68(2H,m)	35.8
2	1.81(1H,m),1.85(1H,m)	27.9	23	2.28(1H,m),2.60(1H,m)	23.0
3	3.49(1H,dd,J=11.6,4.5Hz)	78.5	24	5.31(1H,t,J=7.3Hz)	126.3
4		40.3	25		130.7
5	1.39(1H,d,J=10.5Hz)	61.3	26	1.64(3H,s)	25.8
6	4.35(1H,m)	80.2	27	1.63(3H,s)	17.3
7	1.88(1H,m),2.40(1H,m)	45.0	28	2.08(3H,s)	31.7
8		41.0	29	1.58(3H,m)	16.3
9	1.52(1H,m)	50.1	30	0.78(3H,m)	16.8
10		39.6	6-glc-1′	4.91(1H,m)	105.7
11	1.52(1H,m),2.02(1H,m)	32.0	2′	4.55(1H,m)	74.8
12	3.88(1H,m)	71.0	3′	4.32(1H,m)	78.8
13	2.03(1H,m)	48.2	4′	4.30(1H,m)	81.3
14		51.6	5′	3.70(1H,m)	76.4
15	1.03(1H,m),1.62(1H,m)	31.2	6′	4.47(1H,m),4.33(1H,m,ov.)	62.2
16	1.39(1H,m),1.82(1H,m)	26.8	4′-glc-1″	5.88(1H,m)	103.0
17	2.27(1H,m)	54.7	2″	4.15(1H,m)	74.4
18	1.16(3H,s)	17.6	3″	4.03(1H,m)	75.3
19	0.98(3H,s)	17.7	4″	4.13(1H,m)	71.9
20		72.9	5″	3.99(1H,m)	75.5
21	1.38(3H,s)	27.0	6″	4.52(1H,m),4.33(1H,m,ov.)	62.8

注：^{1}H NMR（400MHz, pyridine-d_5）；^{13}C NMR（100MHz, pyridine-d_5）。

097 人参皂醇
Ginsenjilinol

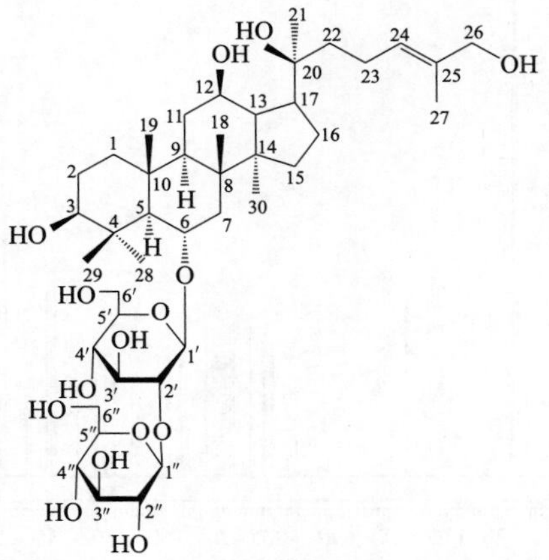

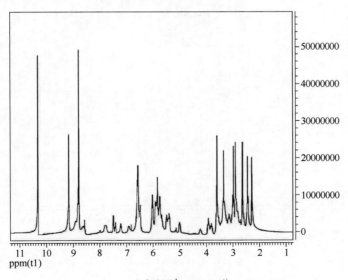

【中文名】 人参皂醇；(E)-6-O-[$β$-D-吡喃葡萄糖基-(1-2)-$β$-D-吡喃葡萄糖基]-24-烯-3$β$,6$α$,12$β$,20$β$,26-五醇

【英文名】 Ginsenjilinol；(E)-6-O-[$β$-D-Glucopyranosyl-(1-2)-$β$-D-glucopyranosyl]-24-ene-3$β$,6$α$,12$β$,20$β$,26-pentaol

【分子式】 $C_{42}H_{72}O_{15}$

【分子量】 816.5

【参考文献】 Wang H P，Yang X B，Yang X W，et al. Ginsenjilinol，a new proto-panaxatriol-type saponin with inhibitory activity on LPS-activated NO production in macrophage RAW 264.7 cells from the roots and rhizomes of *Panax ginseng* [J]. Journal of Asian Natural Products Research，2013，15（5）：579-87.

人参皂醇[1]H NMR 谱

^{1}H NMR of ginsenjilinol

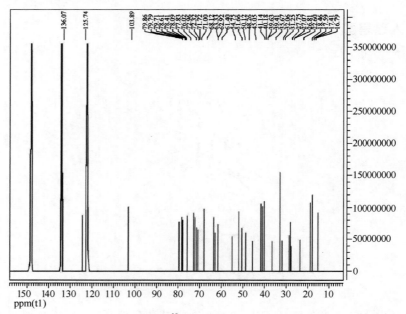

人参皂醇¹³C NMR 谱
¹³C NMR of ginsenjilinol

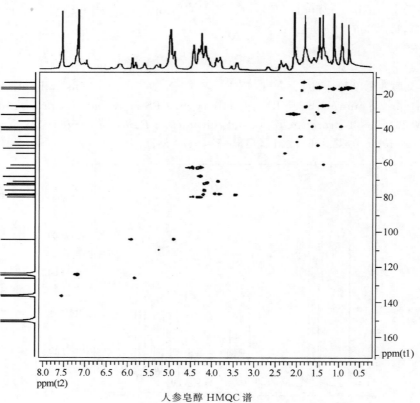

人参皂醇 HMQC 谱
HMQC of ginsenjilinol

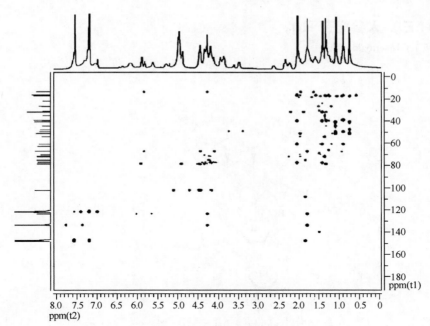

人参皂醇 HMBC 谱

HMBC of ginsenjilinol

人参皂醇的 ^{1}H NMR 和 ^{13}C NMR 数据

^{1}H NMR and ^{13}C NMR data of ginsenjilinol

序号	^{1}H NMR(δ)	^{13}C NMR(δ)	序号	^{1}H NMR(δ)	^{13}C NMR(δ)
1	0.95(1H,dt,J=13.6,3.7Hz)，1.61(1H,m)	39.4	22	1.67(1H,m),2.06(1H,m)	35.7
2	1.75(1H,m),1.83(1H,m)	27.7	23	2.39(1H,m),2.67(1H,m)	22.6
3	3.46(1H,dt,J=11.3,4.6Hz)	78.6	24	5.83(1H,t,J=6.1Hz)	125.7
4		40.2	25		136.1
5	1.36(1H,d,J=10.5Hz)	61.4	26	4.27(2H,s)	68.1
6	4.35(1H,dt,J=10.5,3.0Hz)	79.8	27	1.82(3H,s)	13.9
7	2.00(1H,dd,J=12.5,10.5Hz)，2.39(1H,dd,J=12.5,3.0Hz)	45.0	28	2.07(3H,s)	32.0
8		41.1	29	1.45(3H,s)	16.8
9	1.51(1H,dd,J=10.2,4.2Hz)	50.1	30	0.78(3H,s)	16.7
10		39.6	6-glc-1′	4.91(1H,d,J=7.4Hz)	103.9
11	1.49(1H,dd,J=10.2,9.0Hz),2.03(1H,dd,J=10.2,4.2Hz)	32.0	2′	4.45(1H,dd,J=8.6,7.2Hz)	79.7
			3′	4.33(1H,overlapped)	79.8
12	3.85(1H,brt,J=9.0Hz)	71.0	4′	4.11(1H,dd,J=8.6,9.0Hz)	71.7
13	2.00(1H,brdd,J=10.2,9.0Hz)	48.2	5′	3.84(1H,overlapped)	78.4
14		51.6	6′	4.47(1H,brd,J=11.4Hz),4.29(1H,overlapped)	63.3
15	1.11(1H,m),1.52(1H,m)	31.2	2′-glc-1″	5.91(1H,d,J=7.5Hz)	103.9
16	1.39(1H,m),1.78(1H,m)	27.0	2″	4.18(1H,dd,J=8.4,7.5Hz)	76.0
17	2.27(1H,brdd,J=12.7,10.2Hz)	54.7	3″	4.20(1H,overlapped)	78.1
18	1.12(3H,s)	17.6	4″	4.16(1H,dd,J=8.9,8.5Hz)	72.3
19	0.94(3H,s)	17.4	5″	3.93(1H,brdd,J=8.6,5.2Hz)	77.8
20		72.9	6″	4.46(1H,brd,J=11.6Hz)，4.28(1H,overlapped)	62.9
21	1.39(3H,s)	26.8			

注：^{1}H NMR （400MHz，pyridine-d_5）；^{13}C NMR （100MHz，pyridine-d_5）。

098 20（*E*）-人参皂苷 Rg₉

20(*E*)-Ginsenoside Rg₉

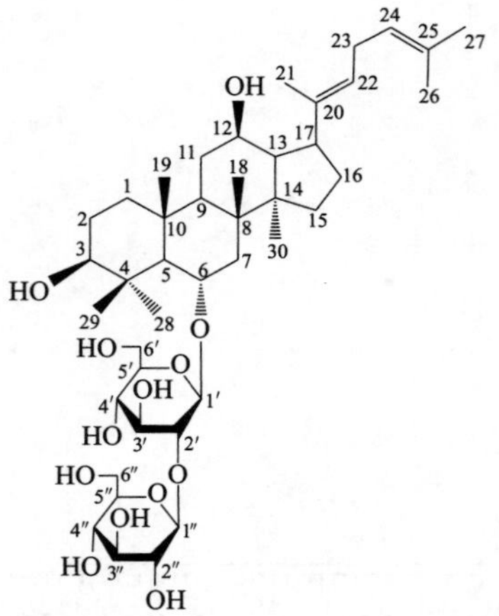

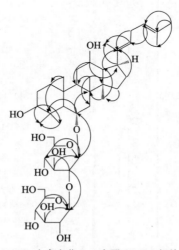

【中文名】 20(*E*)-人参皂苷 Rg₉；(*E*)-6-*O*-[β-D-吡喃葡萄糖基-（1-2）-β-D-吡吡喃葡萄糖基]-达玛-20（22）,24-二烯-3β,6α,12β-三醇

【英文名】 20(*E*)-Ginsenoside Rg₉；(*E*)-6-*O*-[β-D-Glucopyranosyl-（1-2）-β-D-glucopyranosyl]-dammar-20(22),24-diene-3β,6α,12β-triol

【分子式】 $C_{42}H_{70}O_{13}$

【分子量】 782.5

【参考文献】 Lee S M，Seo H K，Oh J，et al. Updating chemical profiling of red ginseng via the elucidation of two geometric isomers of ginsenosides Rg₉ and Rg₁₀ [J]. Food Chemistry，2013，141（4）：3920-3924.

20(*E*)-人参皂苷 Rg₉ 主要 HMBC 相关

Key HMBC correlations of 20(*E*)-ginsenoside Rg₉

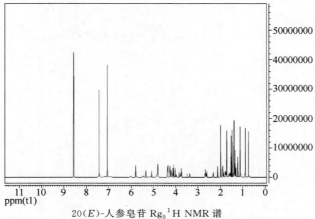

20(*E*)-人参皂苷 Rg₉ ¹H NMR 谱
¹H NMR of 20(*E*)-ginsenoside Rg₉

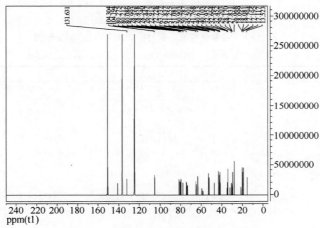

20(*E*)-人参皂苷 Rg₉ ¹³C NMR 谱
¹³C NMR of 20(*E*)-ginsenoside Rg₉

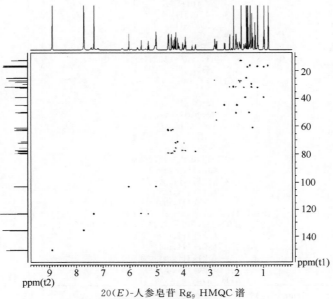

20(*E*)-人参皂苷 Rg₉ HMQC 谱
HMQC of 20(*E*)-ginsenoside Rg₉

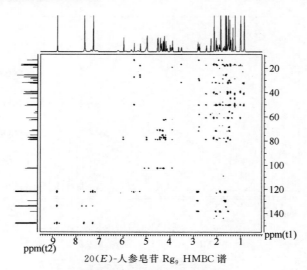

20(*E*)-人参皂苷 Rg₉ HMBC 谱

HMBC of 20(*E*)-ginsenoside Rg₉

20(*E*)-人参皂苷 Rg₉ 的¹H NMR 和¹³C NMR 数据

¹H NMR and ¹³C NMR data of 20(*E*)-ginsenoside Rg₉

序号	¹H NMR(δ)	¹³C NMR(δ)
1	1.66(1H,m),0.98(1H,m,ov.)	39.9
2	1.88(1H,m),1.83(1H,m,ov.)	27.8
3	3.48(1H,dd,$J=11.7,4.5$Hz)	79.0
4		40.1
5	1.40(1H,d,$J=9.9$Hz)	61.8
6	4.33(1H,m)	80.2
7	2.42(1H,dd,$J=13.5,3.5$Hz),1.97(1H,m)	45.5
8		41.8
9	1.52(1H,d,$J=2.7$Hz)	50.9
10		40.6
11	1.44(1H,m),2.01(1H,m)	32.7
12	3.91(1H,m)	72.9
13	2.01(1H,m)	51.1
14		51.3
15	2.01(1H,m),1.22(1H,m)	33.0
16	1.46(1H,m),1.87(1H,m)	29.2
17	2.74(1H,m)	50.8
18	1.21(3H,s)	18.1
19	0.98(3H,s)	18.1
20		140.5
21	1.82(3H,s)	13.5
22	5.48(1H,t,$J=7.2$Hz)	123.9
23	2.78(2H,q,$J=7.2$Hz)	28.2
24	5.22(1H,dt,$J=5.4,0.9$Hz)	124.2
25		131.6
26	1.62(3H,s)	26.1
27	1.58(3H,s)	17.8
28	2.09(3H,s)	32.5
29	1.49(3H,s)	17.1
30	0.83(3H,s)	17.2
6-glc-1′	4.49(1H,d,$J=7.2$Hz)	104.2
2′	4.49(1H,m,ov.)	80.1
3′	4.33(1H,m,ov.)	80.3
4′	4.14(1H,m)	72.1
5′	3.86(1H,m)	78.5
6′	4.49(1H,m,ov.),4.33(1H,m,ov.)	63.3
2′-glc-1″	5.93(1H,d,$J=7.2$Hz)	104.3
2″	4.21(1H,m)	76.4
3″	4.27(1H,m)	78.2
4″	4.21(1H,m)	72.7
5″	3.96(1H,m)	78.3
6″	4.49(1H,m,ov.),4.38(1H,m)	63.7

注：¹H NMR（900MHz, pyridine-*d*₅）；¹³C NMR（226MHz, pyridine-*d*₅）。

099 20（Z）-人参皂苷 Rg₉

20(*Z*)-Ginsenoside Rg₉

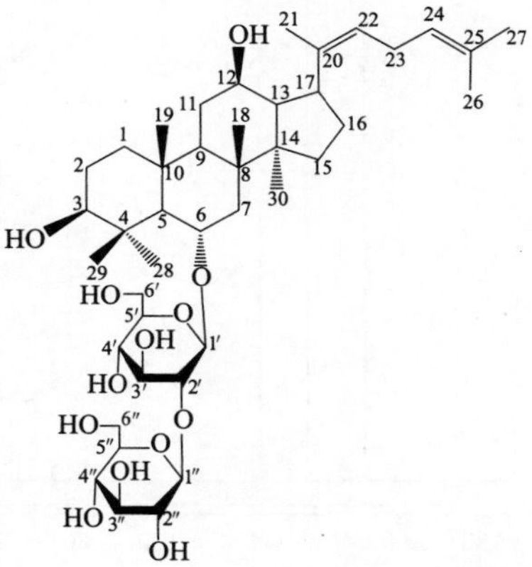

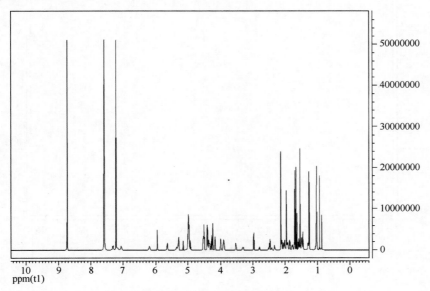

【中文名】 20(*Z*)-人参皂苷 Rg₉；(*Z*)-6-*O*-[β-D-吡喃葡萄糖基-(1-2)-β-D-吡喃葡萄糖基]-达玛-20(22),24-二烯-3β,6α,12β-三醇

【英文名】 20(*Z*)-Ginsenoside Rg₉；(*Z*)-6-*O*-[β-D-Glucopyranosyl-(1-2)-β-D-glucopyranosyl]-dammar-20(22),24-diene-3β,6α,12β-triol

【分子式】 $C_{42}H_{70}O_{13}$

【分子量】 782.5

【参考文献】 Lee S M, Seo H K, Oh J, et al. Updating chemical profiling of red ginseng via the elucidation of two geometric isomers of ginsenosides Rg₉ and Rg₁₀ [J]. Food Chemistry, 2013, 141 (4)：3920-3924.

20(*Z*)-人参皂苷 Rg₉ ¹H NMR 谱

¹H NMR of 20(*Z*)-ginsenoside Rg₉

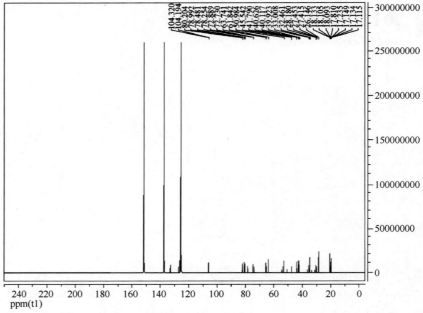

20(*Z*)-人参皂苷 Rg$_9$ ^{13}C NMR 谱
^{13}C NMR of 20(*Z*)-ginsenoside Rg$_9$

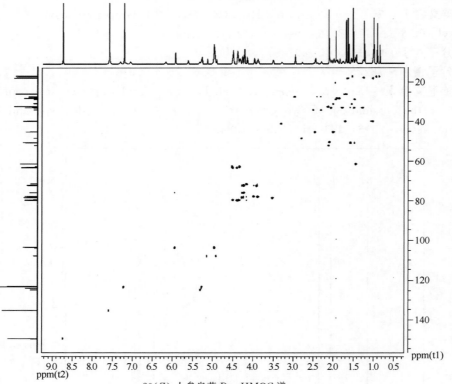

20(*Z*)-人参皂苷 Rg$_9$ HMQC 谱
HMQC of 20(*Z*)-ginsenoside Rg$_9$

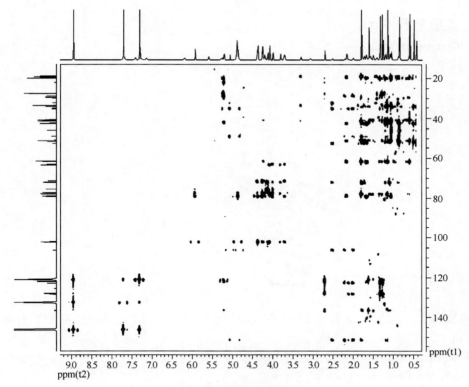

20(*Z*)-人参皂苷 Rg₉ HMBC 谱
HMBC of 20(*Z*)-ginsenoside Rg₉

20(*Z*)-人参皂苷 Rg₉ 的¹H NMR 和¹³C NMR 数据
¹H NMR and ¹³C NMR data of 20(*Z*)-ginsenoside Rg₉

序号	¹H NMR(δ)	¹³C NMR(δ)	序号	¹H NMR(δ)	¹³C NMR(δ)
1	1.68(1H,m),0.51(1H,m)	39.9	22	5.29(1H,t,J=7.2Hz)	124.5
2	1.83(1H,m),1.90(1H,m)	28.2	23	2.99(1H,m),2.42(1H,m)	27.4
3	3.49(1H,brd,J=9.0Hz)	79.0	24	5.30(1H,t,J=6.3Hz)	125.7
4		40.1	25		131.6
5	1.42(1H,d,J=9.9Hz)	61.8	26	1.67(3H,s)	26.1
6	4.33(1H,m)	80.2	27	1.21(3H,s)	17.7
7	2.43(1H,dd,J=12.6,2.7Hz),1.98(1H,m)	45.5	28	2.09(3H,s)	32.5
8		41.7	29	1.49(3H,s)	17.1
9	1.55(1H,m)	51.0	30	0.84(3H,s)	17.1
10		40.6	6-glc-1′	4.94(1H,d,J=7.2Hz)	104.2
11	1.44(1H,m),2.01(1H,m)	33.1	2′	4.49(1H,m,ov.)	80.1
12	3.91(1H,m)	72.8	3′	4.39(1H,m,ov.)	80.3
13	2.01(1H,m)	52.5	4′	4.15(1H,m)	72.1
14		51.6	5′	3.87(1H,m)	78.5
15	1.76(1H,m),1.26(1H,m)	33.0	6′	4.49(1H,m,ov.),4.33(1H,m,ov.)	63.3
16	1.52(1H,m),1.99(1H,m)	31.1	2′-glc-1″	5.93(1H,d,J=8.1Hz)	104.3
17	2.77(1H,m)	48.7	2″	4.22(1H,m)	76.5
18	1.61(3H,s)	18.1	3″	4.26(1H,m)	78.8
19	0.98(3H,s)	18.1	4″	4.22(1H,m)	72.7
20		140.2	5″	3.97(1H,m)	78.3
21	1.93(3H,s)	28.8	6″	4.49(1H,m,ov.),4.39(1H,m)	63.7

注：¹H NMR（900MHz, pyridine-d_5）；¹³C NMR（226MHz, pyridine-d_5）。

100 人参皂苷 Rg₁₀

Ginsenoside Rg₁₀

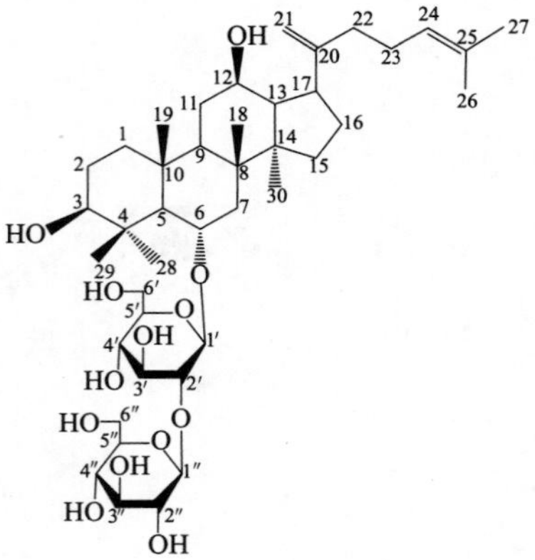

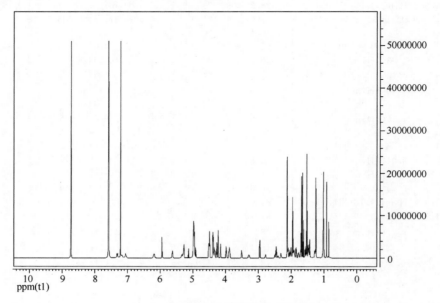

【中文名】 人参皂苷 Rg₁₀；6-O-[β-D-吡喃葡糖基-(1-2)-β-D-吡吡喃葡糖苷基]-达玛-20(21),24-二烯-3β,6α,12β-三醇

【英文名】 Ginsenoside Rg₁₀；6-O-[β-D-Glucopyranosyl-(1-2)-β-D-glucopyranosyl]-dammar-20(21),24-diene-3β,6α,12β-triol

【分子式】 $C_{42}H_{70}O_{13}$

【分子量】 782.5

【参考文献】 Lee S M，Seo H K，Oh J，et al. Updating chemical profiling of red ginseng via the elucidation of two geometric isomers of ginsenosides Rg₉ and Rg₁₀ [J]. Food Chemistry，2013，141（4）：3920-3924.

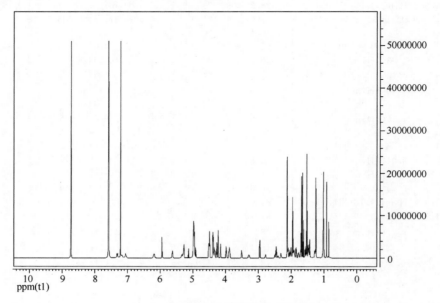

人参皂苷 Rg₁₀ ¹H NMR 谱

¹H NMR of ginsenoside Rg₁₀

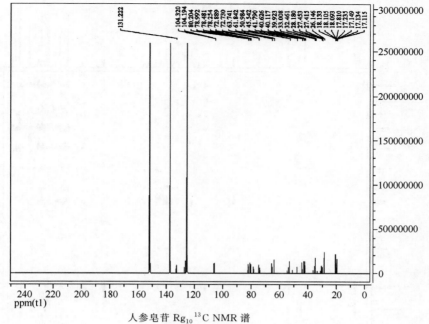

人参皂苷 Rg_{10} ^{13}C NMR 谱

^{13}C NMR of ginsenoside Rg_{10}

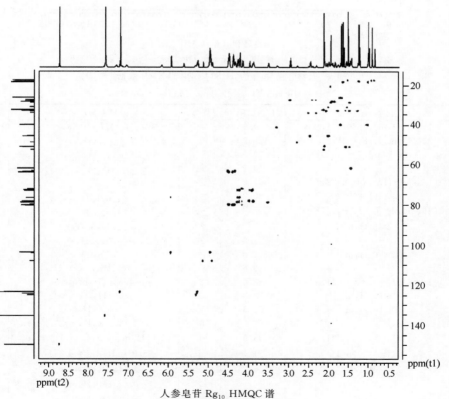

人参皂苷 Rg_{10} HMQC 谱

HMQC of ginsenoside Rg_{10}

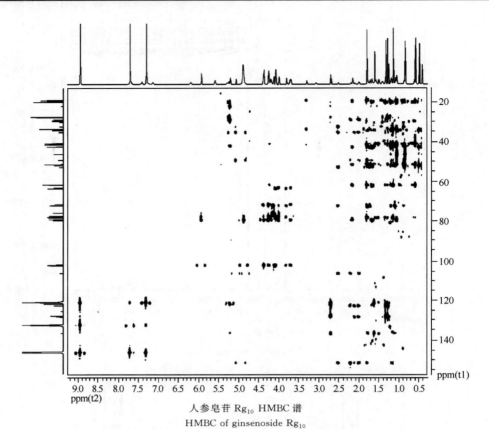

人参皂苷 Rg$_{10}$ HMBC 谱

HMBC of ginsenoside Rg$_{10}$

人参皂苷 Rg$_{10}$ 的^{1}H NMR 和^{13}C NMR 数据

^{1}H NMR and ^{13}C NMR data of ginsenoside Rg$_{10}$

序号	^{1}H NMR(δ)	^{13}C NMR(δ)	序号	^{1}H NMR(δ)	^{13}C NMR(δ)
1	1.67(1H,m),0.50(1H,m)	39.9	22	2.44(1H,td,J=12.6,2.7Hz),	33.1
2	1.82(1H,m),1.85(1H,m,ov.)	28.2		2.29(1H,m)	
3	3.49(1H,brd,J=9.0Hz)	79.0	23	2.94(2H,m)	27.4
4		40.1	24	5.28(1H,t,J=7.2Hz)	124.9
5	1.00(1H,d,J=9.9Hz)	61.8	25		131.2
6	4.33(1H,m)	80.2	26	1.67(3H,s)	26.1
7	2.45(1H,dd,J=12.6,2.7Hz),	45.5	27	1.22(3H,s)	17.8
	1.98(1H,m)		28	2.10(3H,s)	32.5
8		41.8	29	1.50(3H,s)	17.1
9	1.55(1H,m)	51.0	30	0.90(3H,s)	17.2
10		40.6	6-glc-1′	4.95(1H,d,J=8.1Hz)	104.2
11	1.46(1H,m),2.01(1H,m)	33.0	2′	4.50(1H,m,ov.)	80.1
12	3.91(1H,m)	72.9	3′	4.39(1H,m,ov.)	80.3
13	2.01(1H,m)	52.5	4′	4.15(1H,m)	72.1
14		51.6	5′	3.87(1H,m)	78.5
15	1.76(1H,m),1.26(1H,m)	33.0	6′	4.49(1H,m,ov.),4.33(1H,m,ov.)	63.3
16	1.52(1H,m),1.99(1H,m)	31.1	2′-glc-1″	5.94(1H,d,J=8.1Hz)	104.3
17	2.77(1H,m)	48.7	2″	4.22(1H,m)	76.5
18	1.63(3H,s)	18.1	3″	4.26(1H,m)	78.8
19	0.99(3H,s)	18.1	4″	4.22(1H,m)	72.7
20		155.8	5″	3.97(1H,m)	78.3
21	5.13(1H,s),4.91(1H,s)	108.5	6″	4.49(1H,m,ov.),4.39(1H,m)	63.7

注：^{1}H NMR（900MHz，pyridine-d_5）；^{13}C NMR（226MHz，pyridine-d_5）。

101 （E）-6-O-［α-L-吡喃鼠李糖基-（1-2）-β-D-吡喃葡萄糖基］-达玛-20（22）-烯-3β，6α，12β，25-四醇

（E）-6-O-［α-L-Rhamnopyranosyl-（1-2）-β-D-glucopyranosyl］-dammar-20（22）-ene-3β，6α，12β，25-tetraol

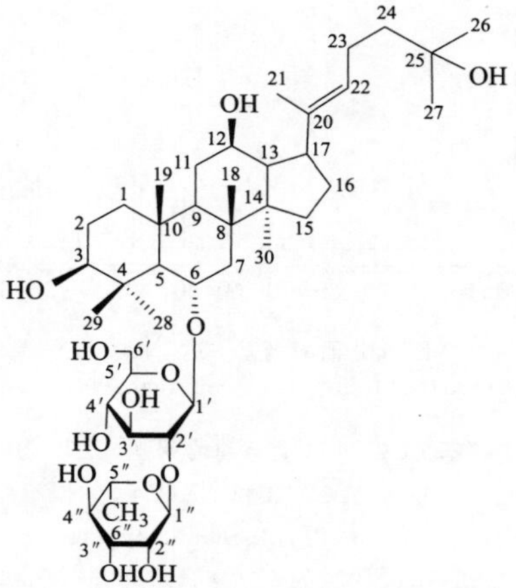

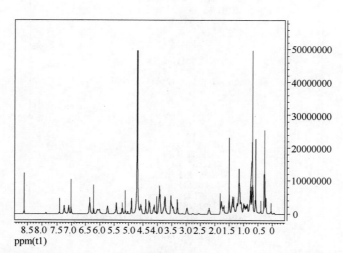

【中文名】 （E）-6-O-［α-L-吡喃鼠李糖基-（1-2）-β-D-吡喃葡萄糖基］-达玛-20（22）-烯-3β，6α，12β，25-四醇

【英文名】 （E）-6-O-［α-L-Rhamnopyranosyl-（1-2）-β-D-glucopyranosyl］-dammar-20（22）-ene-3β，6α，12β，25-tetraol

【分子式】 $C_{42}H_{72}O_{13}$

【分子量】 784.5

【参考文献】 李珂珂，杨秀伟. 人参茎叶中1个新三萜类天然产物 ［J］. 中草药，2015，46（02）：169-173.

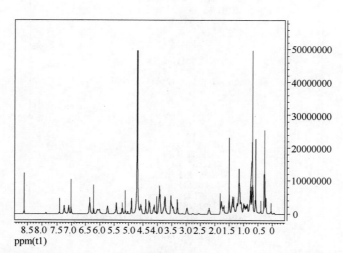

（E）-6-O-［α-L-吡喃鼠李糖基-（1-2）-β-D-吡喃葡萄糖基］-达玛-20（22）-烯-3β，6α，12β，25-四醇 ^{1}H NMR 谱

^{1}H NMR of （E）-6-O-［α-L-rhamnopyranosyl-（1-2）-β-D-glucopyranosyl］-dammar-20（22）-ene-3β，6α，12β，25-tetraol

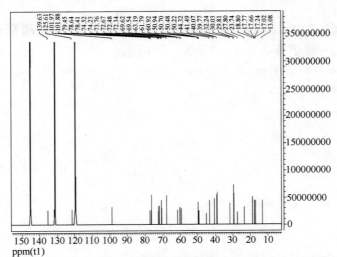

(E)-6-O-[α-L-吡喃鼠李糖基-(1-2)-β-D-吡喃葡萄糖基]-达玛-20(22)-烯-3β,6α,12β,25-四醇 ^{13}C NMR 谱
^{13}C NMR of (E)-6-O-[α-L-rhamnopyranosyl-(1-2)-β-D-glucopyranosyl]-dammar-20(22)-ene-3β,6α,12β,25-tetraol

(E)-6-O-[α-L-吡喃鼠李糖基-(1-2)-β-D-吡喃葡萄糖基]-达玛-20(22)-烯-3β,6α,12β,25-四醇的 ^{1}H NMR 和 ^{13}C NMR 数据

^{1}H NMR and ^{13}C NMR data of (E)-6-O-[α-L-rhamnopyranosyl-(1-2)-β-D-glucopyranosyl]-dammar-20(22)-ene-3β,6α,12β,25-tetraol

序号	^{1}H NMR(δ)	^{13}C NMR(δ)
1	0.92(1H,m),1.59(1H,brd,J=12.0Hz)	39.5
2	1.76(1H,m),1.85(1H,m)	28.7
3	3.47(1H,dd,J=10.2,5.3Hz)	78.3
4		40.0
5	1.19(1H,d,J=9.6Hz)	60.8
6	4.56(1H,dd,J=9.6,2.5Hz)	74.4
7	1.96(1H,m),2.24(1H,brd,J=9.6Hz)	46.2
8		41.4
9	1.54(1H,m)	50.1
10		39.7
11	1.32(1H,m),2.03(1H,m)	32.2
12	3.76(1H,m)	72.6
13	2.03(1H,m)	50.6
14		50.8
15	1.02(1H,m),1.44(1H,m)	32.6
16	1.23(1H,m),1.74(1H,m)	27.7
17	2.75(1H,m)	50.4
18	1.25(3H,s)	17.1
19	0.97(3H,s)	17.7
20		139.5
21	1.80(3H,s)	13.0
22	5.55(1H,t,J=13.6,6.9Hz)	125.5
23	2.26(1H,m),2.42(1H,m)	23.7
24	1.65(1H,m),1.84(1H,m)	44.3
25		69.5
26	1.36(3H,s)	29.7
27	1.39(3H,s)	29.9
28	2.11(3H,s)	32.1
29	1.36(3H,s)	17.6
30	0.96(3H,s)	16.9
6-glc-1'	5.25(1H,d,J=7.2Hz)	101.8
2'	4.35(1H,m)	79.4
3'	4.26(1H,m)	78.6
4'	4.17(1H,m)	72.4
5'	3.91(1H,m)	78.3
6'	4.51(1H,brd,J=11.2Hz),4.63(1H,m)	63.1
2'-ara(p)-1"	6.60(1H,brs)	101.9
2"	4.80(1H,brs)	72.3
3"	4.66(1H,m)	72.6
4"	4.34(1H,m)	74.1
5"	4.95(1H,m)	69.4
6"	1.77(3H,d,J=6.2Hz)	18.7

注：^{1}H NMR（400MHz，pyridine-d_5）；^{13}C NMR（100MHz，pyridine-d_5）。

102 三七皂苷 ST-8
Notoginsenoside ST-8

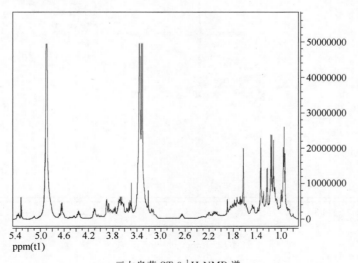

【中文名】 三七皂苷 ST-8；(E)-6-O-[α-L-吡喃鼠李糖基-(1-2)-β-D-吡喃葡萄糖基]-达玛-20(22)-烯-3β,6α,12β,24S,25-五醇

【英文名】 Notoginsenoside ST-8；(E)-6-O-[α-L-Rhamnopyranosyl-(1-2)-β-D-glucopyranosyl]-dammar-20(22)-ene-3β,6α,12β,24S,25-pentaol

【分子式】 $C_{42}H_{72}O_{14}$

【分子量】 800.5

【参考文献】 Xu W，Zhang J H，Liu X，et al. Two new dammarane-type triterpenoid saponins from ginseng medicinal fungal Substance [J]. Natural Product Research，2017，31 (10)：1107-1112.

三七皂苷 ST-8 ^{1}H NMR 谱

^{1}H NMR of notoginsenoside ST-8

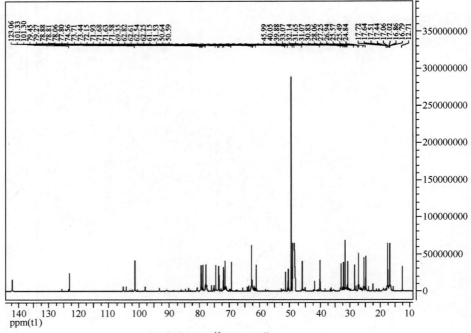

三七皂苷 ST-8 ^{13}C NMR 谱

^{13}C NMR of notoginsenoside ST-8

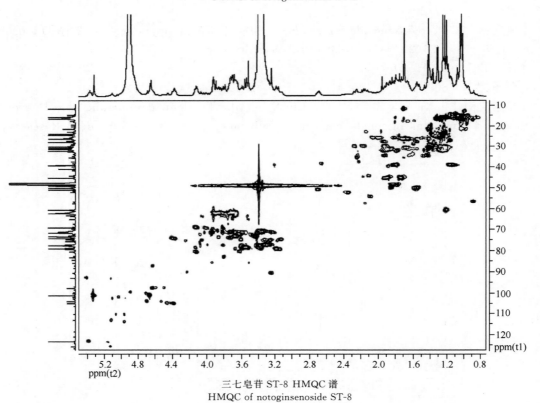

三七皂苷 ST-8 HMQC 谱

HMQC of notoginsenoside ST-8

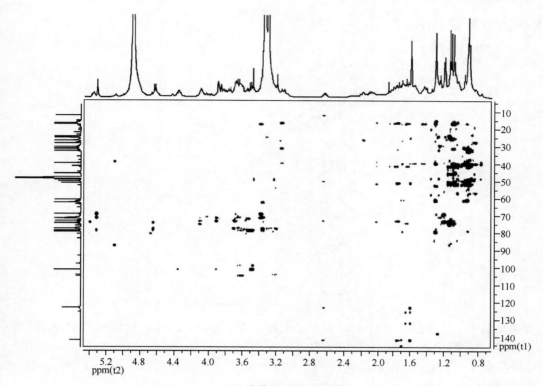

三七皂苷 ST-8 HMBC 谱

HMBC of notoginsenoside ST-8

三七皂苷 ST-8 的 ^{1}H NMR 和 ^{13}C NMR 数据

^{1}H NMR and ^{13}C NMR data of notoginsenoside ST-8

序号	^{1}H NMR(δ)	^{13}C NMR(δ)	序号	^{1}H NMR(δ)	^{13}C NMR(δ)
1	1.06(1H,m),1.74(1H,m)	40.0	22	5.37(1H,t,$J=9.0$Hz)	123.1
2	1.59(1H,m),1.64(1H,m)	27.3	23	2.08(1H,m),2.20(1H,m)	30.6
3	3.13(1H,dd,$J=12.0,6.0$Hz)	79.5	24	3.31(1H,m)	79.3
4		40.2	25		73.3
5	1.12(1H,m)	61.2	26	1.17(3H,s)	25.5
6	4.36(1H,m)	74.6	27	1.15(3H,s)	24.8
7	1.67(1H,m),1.82(1H,m)	46.0	28	1.34(3H,s)	31.6
8		41.9	29	0.95(3H,s)	16.9
9	1.48(1H,brd,$J=12.0$Hz)	50.6	30	0.94(3H,s)	17.0
10		40.0	6-glc-1′	4.65(1H,d,$J=7.8$Hz)	101.3
11	1.20(1H,m),1.78(1H,m)	32.1	2′	3.49(1H,m)	78.8
12	3.64(1H,m)	73.4	3′	3.53(1H,m)	78.9
13	1.78(1H,m)	50.6	4′	3.25(1H,m)	72.2
14		51.5	5′	3.31(1H,m)	77.8
15	1.14(1H,m),1.72(1H,m)	33.1	6′	3.70(1H,m),3.87(1H,m)	62.8
16	1.48(1H,m),1.87(1H,m)	28.6	2′-rham-1″	5.32(1H,brs)	101.3
17	2.65(1H,m)	51.5	2″	3.68(1H,m)	71.6
18	0.97(3H,s)	17.4	3″	3.90(1H,m)	71.9
19	1.13(3H,s)	17.1	4″	3.38(1H,m)	73.7
20		142.0	5″	4.10(1H,m)	69.3
21	1.63(3H,s)	12.7	6″	1.24(3H,d,$J=6.0$Hz)	17.7

注：^{1}H NMR（500MHz，methanol-d_4）；^{13}C NMR（125MHz，methanol-d_4）。

103 人参皂苷 Rh₂₂

Ginsenoside Rh₂₂

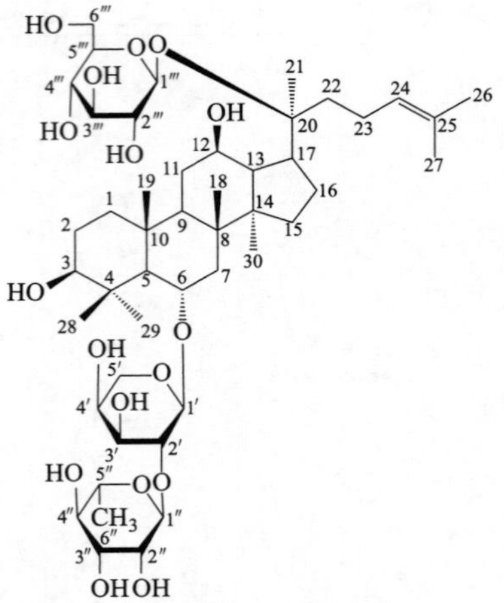

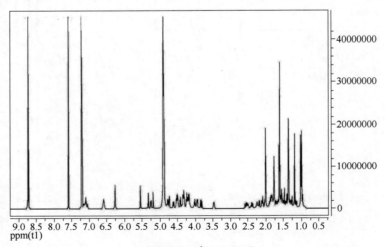

【中文名】　人参皂苷 Rh₂₂；6-*O*-［α-L-吡喃鼠李糖基-(1-2)-α-L-吡喃阿拉伯糖基］-20-*O*-β-D-吡喃葡萄糖基-达玛-24-烯-3β,6α,12β,20S-四醇

【英文名】　Ginsenoside Rh₂₂；6-*O*-［α-L-Rhamnopyranosyl-(1-2)-α-L-arabinopyranosyl］-20-*O*-β-D-glucopyranosyl-dammar-24-ene-3β,6α,12β,20S-tetraol

【分子式】　$C_{47}H_{80}O_{17}$

【分子量】　916.5

【参考文献】　李莎莎. 人参花蕾中化学成分及其稀有皂苷分离工艺的研究［D］. 大连：大连大学，2017，26-28.

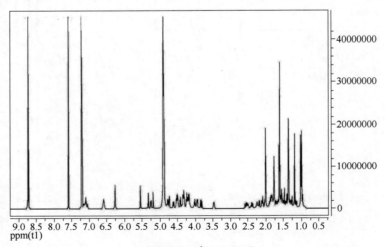

人参皂苷 Rh₂₂ ¹H NMR 谱

¹H NMR of ginsenoside Rh₂₂

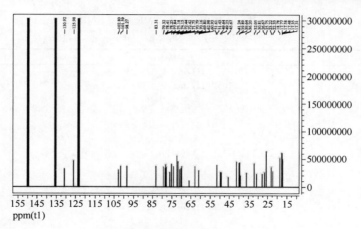

人参皂苷 Rh$_{22}$ ^{13}C NMR 谱

^{13}C NMR of ginsenoside Rh$_{22}$

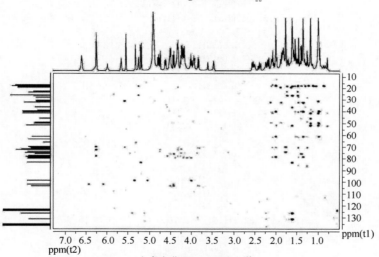

人参皂苷 Rh$_{22}$ HMQC 谱

HMQC of ginsenoside Rh$_{22}$

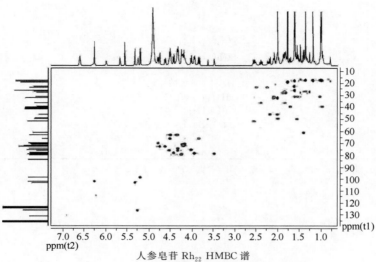

人参皂苷 Rh$_{22}$ HMBC 谱

HMBC of ginsenoside Rh$_{22}$

人参皂苷 Rh$_{22}$ 的^{1}H NMR 和^{13}C NMR 数据

^{1}H NMR and ^{13}C NMR data of ginsenoside Rh$_{22}$

序号	^{1}H NMR(δ)	^{13}C NMR(δ)
1	0.97(1H,m),1.72(1H,m)	39.4
2	1.82(1H,m),1.87(1H,m)	27.8
3	3.48(1H,m)	78.4
4		39.9
5	1.41(1H,d,$J=11.0$Hz)	60.9
6	4.53(1H,m)	75.8
7	2.01(1H,m),2.18(1H,dd,$J=12.0,3.0$Hz)	45.7
8		41.2
9	1.55(1H,m)	49.6
10		39.6
11	1.55(1H,m),1.61(1H,m)	31.0
12	4.17(1H,m)	70.2
13	2.07(1H,m)	49.2
14		51.4
15	1.02(1H,m),1.61(1H,m)	30.8
16	1.36(1H,m),1.84(1H,m)	26.7
17	2.56(1H,m)	51.6
18	1.18(3H,s)	17.6
19	0.99(3H,s)	17.3
20		83.3
21	1.62(3H,s)	22.3
22	1.85(1H,m),2.39(1H,m)	36.2
23	2.25(1H,m),2.50(1H,m)	23.2
24	5.26(1H,t,$J=7.5$Hz)	126.0
25		130.9
26	1.61(3H,s)	25.8
27	1.62(3H,s)	17.8
28	2.01(3H,s)	32.1
29	1.36(3H,s)	17.4
30	1.10(3H,s)	17.5
6-ara(p)-1′	5.32(1H,d,$J=4.5$Hz)	102.8
2′	4.42(1H,m)	77.8
3′	4.33(1H,m)	75.9
4′	4.22(1H,m)	70.8
5′	3.84(1H,m),4.50(1H,m)	66.0
2′-rha-1″	6.26(1H,brs)	101.6
2″	4.74(1H,m)	72.4
3″	4.62(1H,dd,$J=9.0,3.0$Hz)	72.4
4″	4.33(1H,m)	74.1
5″	4.78(1H,m)	69.8
6″	1.77(3H,s)	18.8
20-glc-1‴	5.20(1H,d,$J=8.0$Hz)	98.3
2‴	4.01(1H,t,$J=8.0$Hz)	75.2
3‴	4.25(1H,m)	79.3
4‴	4.14(1H,m)	71.7
5‴	3.94(1H,m)	78.3
6‴	4.34(1H,m),4.49(1H,m)	63.0

注：^{1}H NMR (500MHz, pyridine-d_5)；^{13}C NMR (125MHz, pyridine-d_5)。

104 人参皂苷 S₃

Ginsenoside S₃

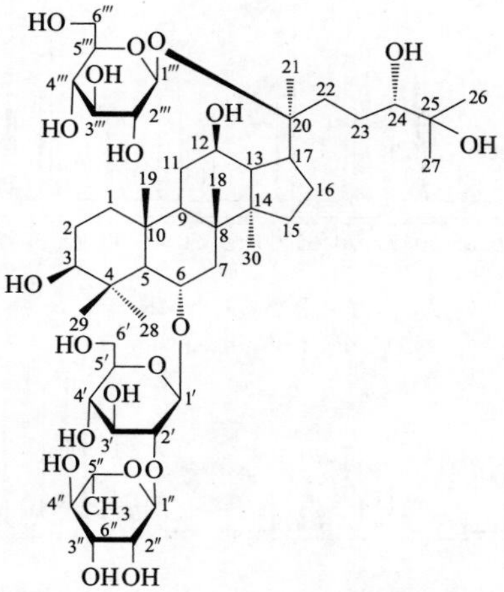

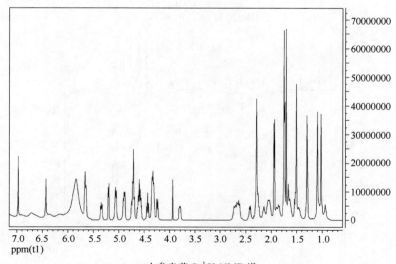

【中文名】 人参皂苷 S₃；6-O-[α-L-吡喃鼠李糖基-(1-2)-β-D-吡喃葡萄糖基]-20-O-β-D-吡喃葡萄糖基-达玛-3β,6α,12β,20S,24S,25-六醇

【英文名】 Ginsenoside S₃；6-O-[α-L-Rhamnopyranosyl-(1-2)-β-D-glucopyranosyl]-20-O-β-D-glucopyranosyl-dammar-3β,6α,12β,20S,24S,25-hexaol

【分子式】 $C_{48}H_{84}O_{20}$

【分子量】 980.6

【参考文献】 Qi Z，Li Z，Guan X，et al. Four novel dammarane-type triterpenoids from pearl knots of *Panax ginseng* Meyer cv. Silvatica [J]. Molecules，2019，24 (6)：1159.

人参皂苷 S₃ ¹H NMR 谱

¹H NMR of ginsenoside S₃

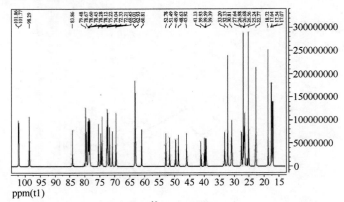

人参皂苷 S$_3$ ^{13}C NMR 谱

^{13}C NMR of ginsenoside S$_3$

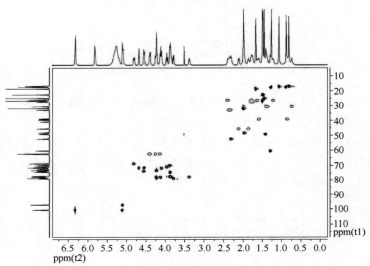

人参皂苷 S$_3$ HMQC 谱

HMQC of ginsenoside S$_3$

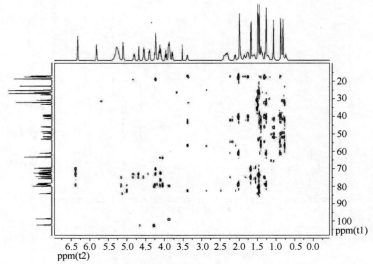

人参皂苷 S$_3$ HMBC 谱

HMBC of ginsenoside S$_3$

人参皂苷 S₃ 的 ^{1}H NMR 和 ^{13}C NMR 数据

^{1}H NMR and ^{13}C NMR data of ginsenoside S₃

序号	^{1}H NMR(δ)	^{13}C NMR(δ)
1	1.59(1H,m),0.86(1H,m)	39.4
2	1.76(2H,m)	27.6
3	3.40(1H,m)	78.5
4		39.9
5	1.30(1H,m)	60.8
6	4.58(1H,m)	74.5
7	2.12(1H,m),1.86(1H,m)	45.9
8		41.1
9	1.42(1H,m)	49.5
10		39.6
11	1.99(1H,m),1.38(1H,m)	30.8
12	3.91(1H,m)	70.6
13	1.97(1H,m)	48.6
14		51.5
15	1.41(1H,m),0.74(1H,m)	30.9
16	1.63(1H,m),1.22(1H,m)	26.7
17	2.32(1H,m)	52.8
18	1.08(3H,s)	17.2
19	0.89(3H,s)	17.5
20		83.9
21	1.49(3H,s)	22.8
22	2.35(2H,m)	33.2
23	2.41(1H,m),1.78(1H,m)	26.6
24	3.81(1H,m)	79.5
25		73.1
26	1.50(3H,s)	27.0
27	1.46(3H,s)	25.2
28	2.00(3H,s)	32.1
29	1.28(3H,s)	17.6
30	0.82(3H,s)	17.1
6-glc-1′	5.13(1H,m)	101.8
2′	4.14(1H,m)	78.7
3′	4.26(1H,m)	78.6
4′	4.12(1H,m)	72.5
5′	3.88(1H,m)	78.3
6′	4.42(1H,m),4.16(1H,m)	63.0
2′-rham-1″	6.35(1H,brs)	101.9
2″	4.70(1H,m)	72.3
3″	4.57(1H,m)	72.2
4″	4.25(1H,m)	74.0
5″	4.83(1H,td,J=9.2Hz,6.3Hz)	69.5
6″	1.68(3H,d,J=6.1Hz)	18.7
20-glc-1‴	5.12(1H,m)	98.3
2‴	3.89(1H,m)	75.2
3‴	4.25(1H,m)	79.3
4‴	3.98(1H,t,J=9.1Hz)	71.6
5‴	3.88(1H,m)	78.1
6‴	4.42(1H,m),4.28(1H,m)	62.9

注：^{1}H NMR（600MHz，pyridine-d_5）；^{13}C NMR（150MHz，pyridine-d_5）。

105　人参皂苷 S₄

Ginsenoside S₄

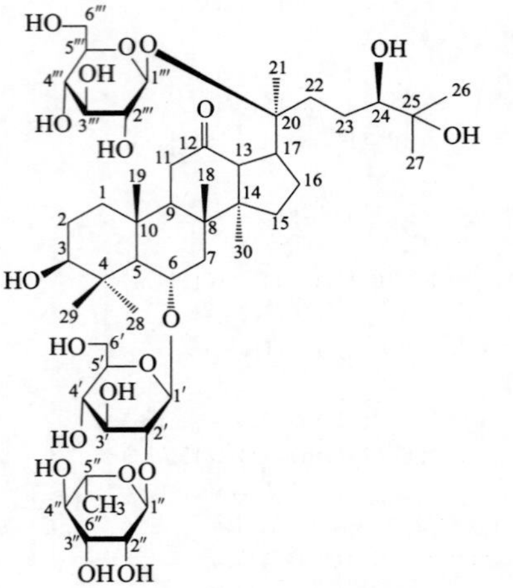

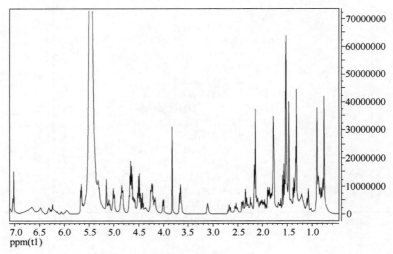

【中文名】　人参皂苷 S₄；6-O-［α-L-吡喃鼠李糖基-（1-2）-β-D-吡喃葡萄糖基］-20-O-β-D-吡喃葡萄糖基-达玛-12-酮-3β,6α,20S,24R,25-五醇

【英文名】　Ginsenoside S₄；6-O-［α-L-Rhamnopyranosyl-（1-2）-β-D-glucopyranosyl］-20-O-β-D-glucopyranosyl-dammar-12-one-3β,6α,20S,24R,25-pentaol

【分子式】　$C_{48}H_{82}O_{20}$

【分子量】　978.5

【参考文献】　Qi Z，Li Z，Guan X，et al. Four novel dammarane-type triterpenoids from pearl knots of *Panax ginseng* Meyer cv. Silvatica［J］. Molecules，2019，24（6）：1159.

人参皂苷 S₄ ¹H NMR 谱

¹H NMR of ginsenoside S₄

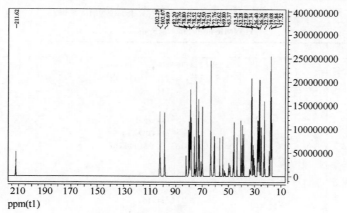

人参皂苷 S₄ ¹³C NMR 谱
¹³C NMR of ginsenoside S₄

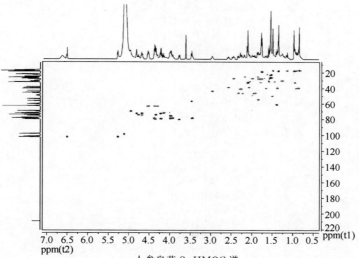

人参皂苷 S₄ HMQC 谱
HMQC of ginsenoside S₄

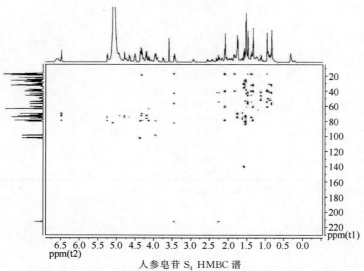

人参皂苷 S₄ HMBC 谱
HMBC of ginsenoside S₄

289

人参皂苷 S$_4$ 的^{1}H NMR 和^{13}C NMR 数据

^{1}H NMR and ^{13}C NMR data of ginsenoside S$_4$

序号	^{1}H NMR(δ)	^{13}C NMR(δ)
1	1.39(1H,m),0.87(1H,m)	39.4
2	1.77(1H,m),1.81(1H,m)	27.9
3	3.46(1H,m)	78.5
4		39.7
5	1.39(1H,m)	60.8
6	4.75(1H,m)	74.5
7	2.34(1H,m),1.92(1H,m)	45.8
8		42.1
9	1.84(1H,m)	54.3
10		40.0
11	2.27(2H,m)	40.5
12		211.6
13	3.47(1H,m)	56.8
14		56.4
15	1.80(1H,m),0.96(1H,m)	32.3
16	2.44(1H,m),1.99(1H,m)	27.3
17	2.96(1H,m)	43.5
18	1.49(3H,s)	17.5
19	0.98(3H,s)	17.8
20		82.2
21	1.53(3H,s)	22.8
22	2.57(1H,m),2.07(1H,m)	38.5
23	2.18(1H,m),1.85(1H,m)	25.2
24	3.77(1H,m)	80.2
25		73.3
26	1.55(3H,s)	26.4
27	1.54(3H,s)	26.4
28	2.10(3H,s)	32.5
29	1.35(3H,s)	17.8
30	0.85(3H,s)	17.2
6-glc-1′	5.25(1H,d,J=6.3Hz)	102.1
2′	3.97(1H,m)	78.7
3′	4.36(1H,m)	78.4
4′	4.21(1H,m)	72.9
5′	4.20(1H,m)	79.4
6′	4.51(1H,m),4.36(1H,m)	63.4
2′-rham-1″	6.48(1H,d,J=6.3Hz)	102.3
2″	4.80(1H,m)	72.8
3″	4.67(1H,m)	72.6
4″	4.30(1H,m)	74.5
5″	4.94(1H,m)	69.8
6″	1.76(3H,L,J=6.1Hz)	19.1
20-glc-1‴	5.10(1H,m)	98.7
2‴	3.96(1H,m)	76.0
3‴	4.36(1H,m)	79.8
4‴	4.14(1H,m)	72.2
5‴	3.97(1H,m)	78.8
6‴	4.51(1H,m),4.29(1H,m)	63.4

注：^{1}H NMR（600MHz, pyridine-d_5）；^{13}C NMR（150MHz, pyridine-d_5）。

106　人参皂苷 Rh₁₈

Ginsenoside Rh₁₈

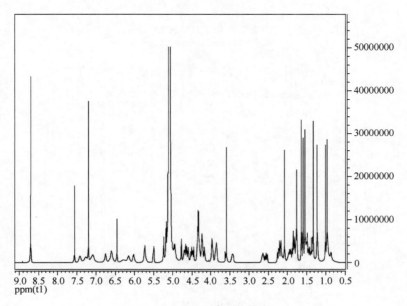

【中文名】　人参皂苷 Rh₁₈；6-O-[α-L-吡喃鼠李糖基-(1-2)-β-D-吡喃葡萄糖基]-20-O-β-D-吡喃葡萄糖基-达玛-12β,23(R)-环氧-24-烯-3β,6α,20S-三醇

【英文名】　Ginsenoside Rh₁₈；6-O-[α-L-Rhamnopyranosyl-(1-2)-β-D-glucopyranosyl]-20-O-β-D-glucopyranosyl-dammar-12β,23(R)-epoxy-24-ene-3β,6α,20S-triol

【分子式】　$C_{48}H_{80}O_{18}$

【分子量】　944.5

【参考文献】　Li K K，Yang X B，Yang X W，et al. New triterpenoids from the stems and leaves of *Panax ginseng* [J]. Fitoterapia，2012，83（6）：1030-1035.

人参皂苷 Rh₁₈ ¹H NMR 谱

¹H NMR of ginsenoside Rh₁₈

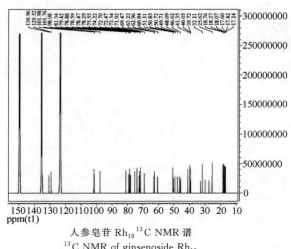

人参皂苷 Rh$_{18}$ ^{13}C NMR 谱

^{13}C NMR of ginsenoside Rh$_{18}$

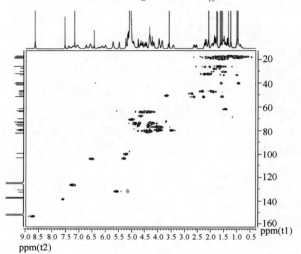

人参皂苷 Rh$_{18}$ HMQC 谱

HMQC of ginsenoside Rh$_{18}$

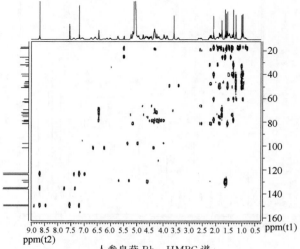

人参皂苷 Rh$_{18}$ HMBC 谱

HMBC of ginsenoside Rh$_{18}$

人参皂苷 Rh$_{18}$ 的 ^{1}H NMR 和 ^{13}C NMR 数据

^{1}H NMR and ^{13}C NMR data of ginsenoside Rh$_{18}$

序号	^{1}H NMR(δ)	^{13}C NMR(δ)
1	0.87(1H,m),1.52(1H,brd,$J=12.0$Hz)	39.7
2	1.72(1H,m),1.80(1H,m)	27.8
3	3.43(1H,dd,$J=11.2,5.2$Hz)	78.6
4		40.1
5	1.36(1H,overlap)	60.8
6	4.37(1H,m)	74.2
7	1.86(1H,m),2.24(1H,m)	46.6
8		41.4
9	1.37(1H,m)	50.7
10		39.5
11	1.34(1H,m),1.86(1H,m)	30.2
12	3.85(1H,m)	79.4
13	1.47(1H,m)	49.7
14		50.9
15	0.93(1H,m),1.42(1H,m)	33.1
16	1.48(1H,m),1.96(1H,m)	25.6
17	2.66(1H,s)	46.2
18	1.23(3H,s)	17.1
19	1.01(3H,s)	17.4
20		81.3
21	1.32(3H,s)	25.6
22	2.18(1H,m),2.57(1H,m)	51.1
23	4.54(1H,t,$J=8.7$Hz)	72.5
24	5.49(1H,t,$J=7.8$Hz)	129.5
25		131.0
26	1.59(3H,s)	25.8
27	1.64(3H,s)	18.3
28	2.08(3H,s)	32.1
29	1.54(3H,s)	17.6
30	0.96(3H,s)	18.1
6-glc-1′	5.23(1H,d,$J=6.8$Hz)	101.8
2′	4.34(1H,t,$J=8.2$Hz)	79.4
3′	4.29(1H,t,$J=8.2$Hz)	78.9
4′	4.24(1H,t,$J=8.4$Hz)	72.7
5′	3.97(1H,m)	78.3
6′	4.50(1H,brd,$J=10.6$Hz),4.62(1H,m)	63.2
2′-rham(p)-1″	6.46(1H,brs)	102.0
2″	4.77(1H,brs)	72.3
3″	4.66(1H,m)	72.5
4″	4.38(1H,m)	74.2
5″	4.94(1H,m)	69.5
6″	1.76(3H,d,$J=6.0$Hz)	18.8
20-glc-1‴	5.16(1H,d,$J=7.6$Hz)	98.1
2‴	4.24(1H,m)	75.6
3‴	4.32(1H,m)	79.0
4‴	4.32(1H,m)	71.9
5‴	3.94(1H,m)	78.5
6‴	4.34(1H,m),4.45(1H,brd,$J=10.6$Hz)	63.0

注：^{1}H NMR（400MHz，pyridine-d_5）；^{13}C NMR（100MHz，pyridine-d_5）。

107 丙二酸单酰基人参皂苷 Re
Malonyl-ginsenoside Re

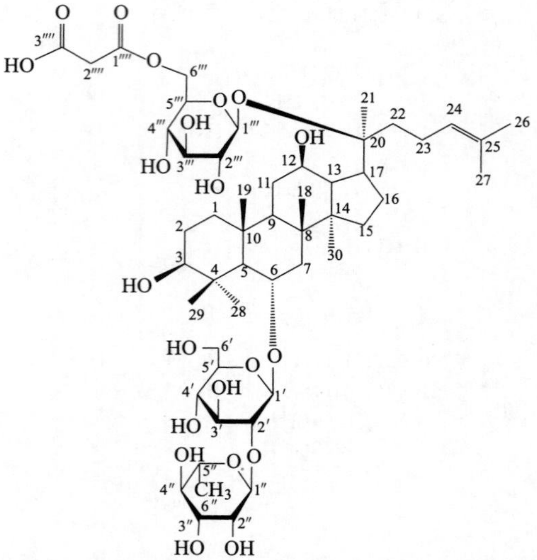

【中文名】 丙二酸单酰基人参皂苷 Re；6-O-[α-L-吡喃鼠李糖基-(1-2)-β-D-吡喃葡萄糖基]-20-O-(6-O-丙二酸单酰基)-β-D-吡喃葡萄糖基-达玛-24-烯-3β,6α,12β,20S-四醇

【英文名】 Malonyl-ginsenoside Re；6-O-[α-L-Rhamnopyranosyl(1-2)-β-D-glucopyranosyl]-20-O-(6-O-malonyl)-β-D-glucopyranosyl-dammar-24-ene-3β,6α,12β,20S-tetraol

【分子式】 $C_{51}H_{84}O_{21}$

【分子量】 1032.6

【参考文献】 Wang Y S，Jin Y P，Gao W，et al. Complete ^{1}H-NMR and ^{13}C-NMR spectral assignment of five malonyl ginsenosides from the fresh flower buds of *Panax ginseng* [J]. Journal of Ginseng Research，2016，40（3）：245-250.

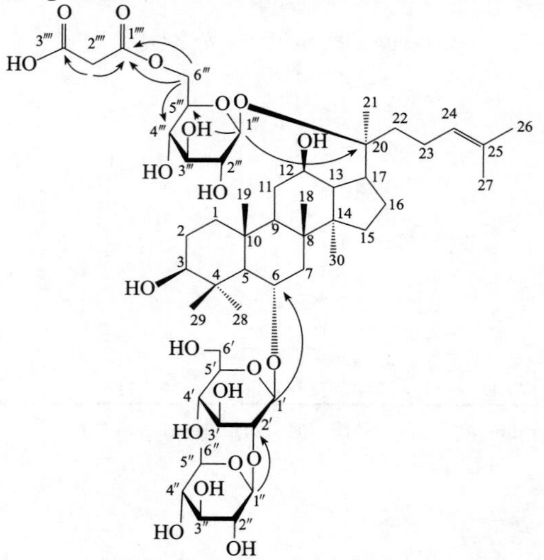

丙二酸单酰基人参皂苷 Re 主要 HMBC 相关
Key HMBC correlations of malonyl-ginsenoside Re

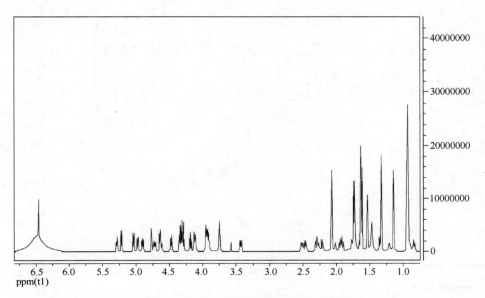

丙二酸单酰基人参皂苷 Re ^{1}H NMR 谱

^{1}H NMR of malonyl-ginsenoside Re

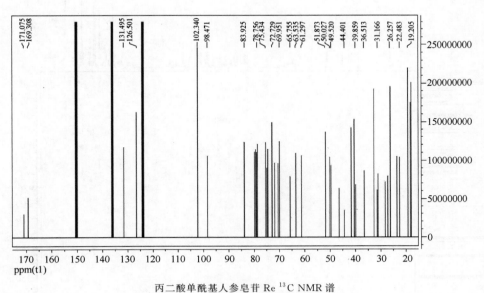

丙二酸单酰基人参皂苷 Re ^{13}C NMR 谱

^{13}C NMR of malonyl-ginsenoside Re

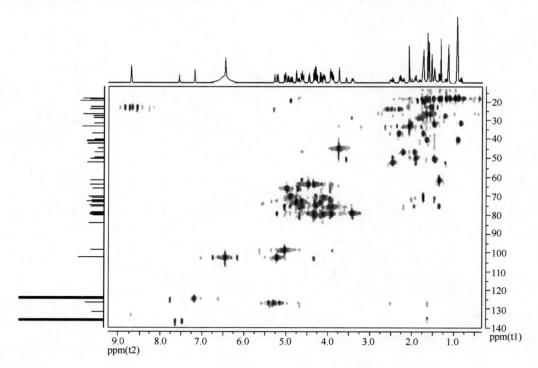

丙二酸单酰基人参皂苷 Re HMQC 谱

HMQC of malonyl-ginsenoside Re

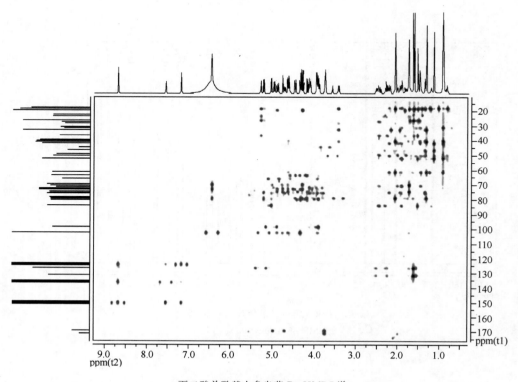

丙二酸单酰基人参皂苷 Re HMBC 谱

HMBC of malonyl-ginsenoside Re

丙二酸单酰基人参皂苷 Re 的 ^{1}H NMR 和 ^{13}C NMR 数据及 HMBC 的主要相关信息

^{1}H NMR and ^{13}C NMR data and HMBC correlations of malonyl-ginsenoside Re

序号	^{1}H NMR(δ)	^{13}C NMR(δ)	HMBC
1	0.93(1H,m),1.63(1H,m)	39.9	
2	1.74(1H,m),1.83(1H,m)	28.2	
3	3.43(1H,dd,$J=4.6,11.5$Hz)	78.9	
4		40.5	
5	1.36(1H,d,$J=10.7$Hz)	61.3	
6	4.65(1H,m)	75.1	
7	1.96(1H,m),2.22(1H,m)	46.4	
8		41.7	
9	1.48(1H,m)	50.0	
10		40.1	
11	1.47(1H,m),2.02(1H,m)	31.4	
12	4.11(1H,m)	70.6	
13	1.92(1H,m)	49.5	
14		51.9	
15	0.84(1H,m),1.44(1H,m)	31.2	
16	1.21(1H,m),1.74(1H,m)	27.2	
17	2.46(1H,m)	51.9	
18	1.15(3H,s)	17.7	
19	0.93(3H,s)	18.1	
20		83.9	
21	1.54(3H,s)	22.5	
22	1.73(1H,m),2.32(1H,m)	36.5	
23	2.30(1H,m),2.49(1H,m)	23.5	
24	5.28(1H,t-like)	126.5	
25		131.5	
26	1.62(3H,s)	26.3	
27	1.63(3H,s)	18.3	
28	2.07(3H,s)	32.7	
29	1.33(3H,s)	18.0	
30	0.93(3H,s)	17.8	
6-glc-1′	5.22(1H,d,$J=6.8$Hz)	102.3	C-6
2′	4.35(1H,m)	79.1	
3′	4.29(1H,m)	79.9	
4′	4.19(1H,m)	73.0	
5′	3.92(1H,m)	78.8	
6′	4.33(1H,m),3.47(1H,m)	63.5	
2′-rha-1″	6.46(1H,brs)	102.3	C-2′
2″	4.77(1H,brs)	72.9	
3″	4.64(1H,m)	72.7	
4″	4.30(1H,m)	74.6	
5″	4.90(1H,dt,$J=6.2,9.3$Hz)	70.0	
6″	1.74(3H,d,$J=6.1$Hz)	19.2	
20-glc-1‴	5.04(1H,d,$J=7.7$Hz)	98.5	C-20,5‴
2‴	3.93(1H,m)	75.4	
3‴	4.13(1H,m)	79.4	
4‴	3.95(1H,m)	71.9	
5‴	3.96(1H,m)	75.4	
6‴	4.71(1H,dd,$J=5.6,11.1$Hz),4.98(1H,d,$J=5.6$Hz)	65.8	C-1⁗,4‴
1⁗		169.3	
2⁗	3.75(2H,s)	44.4	C-1⁗,3⁗
3⁗		171.1	

注：^{1}H NMR（600MHz，pyridine-d_5）；^{13}C NMR（150MHz，pyridine-d_5）。

108 丙二酸单酰基人参皂苷 Re₁

Malonyl-ginsenoside Re₁

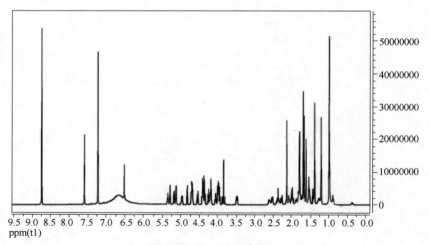

【中文名】 丙二酸单酰基人参皂苷 Re₁；6-O-[α-L-吡喃鼠李糖基-(1-2)-6-O-丙二酸单酰基-β-D-吡喃葡萄糖基]-20-O-β-D-吡喃葡萄糖基-达玛-24-烯-3β,6α,12β,20S-四醇

【英文名】 Malonyl-ginsenoside Re₁；6-O-[α-L-Rhamnopyranosyl-(1-2)-6-O-malonyl-β-D-glucopyranosyl]-20-O-β-D-glucopyranosyl-dammar-24-ene-3β,6α,12β,20S-tetraol

【分子式】 $C_{51}H_{84}O_{21}$

【分子量】 1032.6

【参考文献】 Qiu S，Yang W Z，Yao C L，et al. Malonylginsenosides with potential antidiabetic activities from the flower buds of *Panax ginseng* [J]. Journal of Natural Products，2017，80：899-908.

丙二酸单酰基人参皂苷 Re₁ ¹H NMR 谱

¹H NMR of malonyl-ginsenoside Re₁

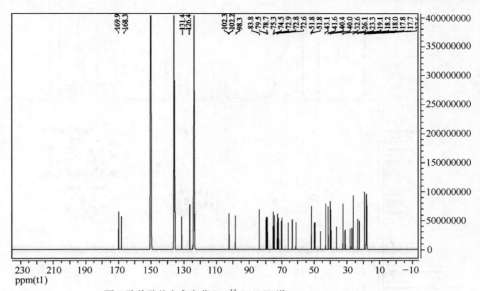

丙二酸单酰基人参皂苷 Re₁¹³C NMR 谱

¹³C NMR of malonyl-ginsenoside Re₁

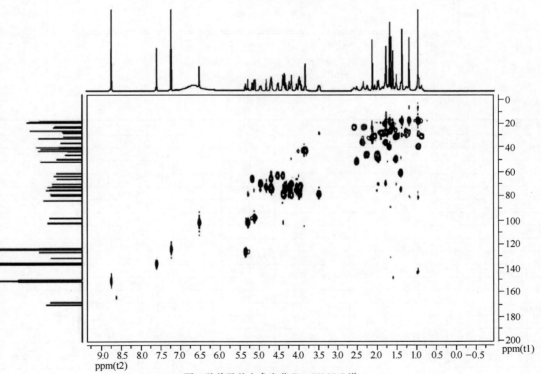

丙二酸单酰基人参皂苷 Re₁ HMQC 谱

HMQC of malonyl-ginsenoside Re₁

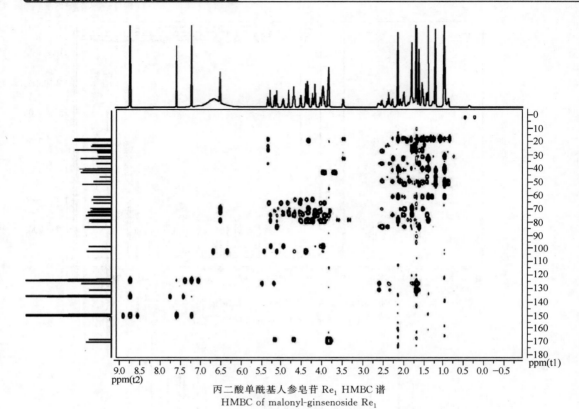

丙二酸单酰基人参皂苷 Re₁ HMBC 谱

HMBC of malonyl-ginsenoside Re₁

丙二酸单酰基人参皂苷 Re₁ 的¹H NMR 和¹³C NMR 数据

¹H NMR and ¹³C NMR data of malony-ginsenoside Re₁

序号	¹H NMR(δ)	¹³C NMR(δ)	序号	¹H NMR(δ)	¹³C NMR(δ)
1	1.70(1H,m),0.96(1H,m)	39.7	28	2.13(3H,s)	32.6
2	1.90(1H,m),1.85(1H,m)	28.1	29	1.37(3H,s)	17.6
3	3.47(1H,dd,J=11.7,4.8Hz)	78.7	30	0.98(3H,s)	17.7
4		40.4	6-glc-1′	5.28(1H,d,J=6.8Hz)	102.2
5	1.41(1H,m)	61.2	2′	4.39(1H,m)	78.9
6	4.69(1H,m)	75.0	3′	4.37(1H,m)	79.8
7	2.25(1H,m),1.99(1H,m)	46.3	4′	4.21(1H,m)	72.8
8		41.5	5′	4.04(1H,m)	75.3
9	1.53(1H,m)	49.9	6′	5.16(1H,dd,J=11.5,1.5Hz),	66.0
10		40.0		4.70(1H,m)	
11	2.06(1H,m),1.53(1H,m)	31.0	2′-rha-1″	6.52(1H,brs)	102.3
12	4.18(1H,m)	70.4	2″	4.81(1H,d,J=3.0Hz)	72.6
13	1.97(1H,m)	49.4	3″	4.70(1H,m)	72.9
14		51.8	4″	4.34(1H,m)	74.5
15	1.53(1H,m),0.83(1H,m)	31.3	5″	4.95(1H,dq,J=9.6,6.2Hz)	69.8
16	1.78(1H,m),1.27(1H,m)	27.0	6″	1.79(3H,d,J=6.5Hz)	19.1
17	2.52(1H,m)	51.8	20-glc-1‴	5.11(1H,d,J=7.8Hz)	98.3
18	1.20(3H,s)	17.8	2‴	3.99(1H,m)	75.3
19	0.98(3H,s)	18.0	3‴	4.17(1H,m)	79.5
20		83.8	4‴	4.23(1H,t,J=9.3Hz)	72.0
21	1.60(3H,s)	22.4	5‴	3.98(1H,m)	78.7
22	2.36(1H,m),1.78(1H,m)	36.4	6‴	4.53(1H,dd,J=11.7,2.7Hz),	63.4
23	2.59(1H,m),2.35(1H,m)	23.3		4.40(1H,m)	
24	5.34(1H,t,J=7.0Hz)	126.4	6′-Mal-1⁗		168.3
25		131.4	2⁗	3.83(2H,dd,J=21.2,15.6Hz)	43.1
26	1.66(3H,s)	26.1	3⁗		169.9
27	1.68(3H,s)	18.2			

注：¹H NMR（500MHz，pyridine-d_5）；¹³C NMR（125MHz，pyridine-d_5）。

109 丙二酸单酰基人参皂苷 Re₂

Malonyl-ginsenoside Re₂

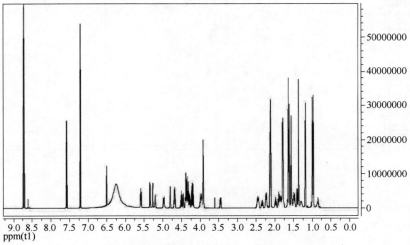

【中文名】 丙二酸单酰基人参皂苷 Re₂；6-O-[α-L-吡喃鼠李糖基-(1-2)-β-D-吡喃葡萄糖基]-20-O-(2-O-丙二酸单酰基)-β-D-吡喃葡萄糖基-达玛-24-烯-3β,6α,12β,20S-四醇

【英文名】 Malonyl-ginsenoside Re₂；6-O-[α-L-Rhamnopyranosyl(1-2)-β-D-glucopyranosyl]-20-O-(2-O-malonyl)-β-D-glucopyranosyl-dammar-24-ene-3β,6α,12β,20S-tetraol

【分子式】 $C_{51}H_{84}O_{21}$

【分子量】 1032.6

【参考文献】 Qiu S，Yang W Z，Yao C L，et al. Malonylginsenosides with potential antidiabetic activities from the flower buds of *Panax ginseng* [J]. Journal of Natural Products，2017，80：899-908.

丙二酸单酰基人参皂苷 Re₂ ¹H NMR 谱

¹H NMR of malonyl-ginsenoside Re₂

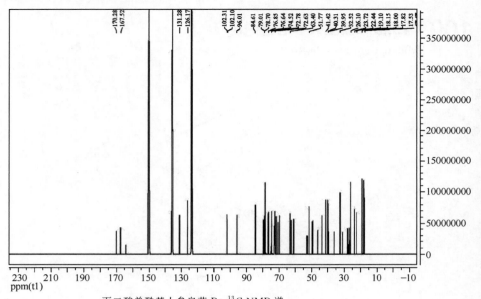

丙二酸单酰基人参皂苷 Re₂ ¹³C NMR 谱

^{13}C NMR of malonyl-ginsenoside Re$_2$

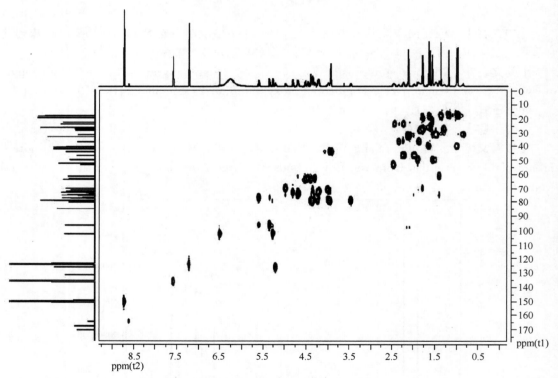

丙二酸单酰基人参皂苷 Re₂ HMQC 谱

HMQC of malonyl-ginsenoside Re$_2$

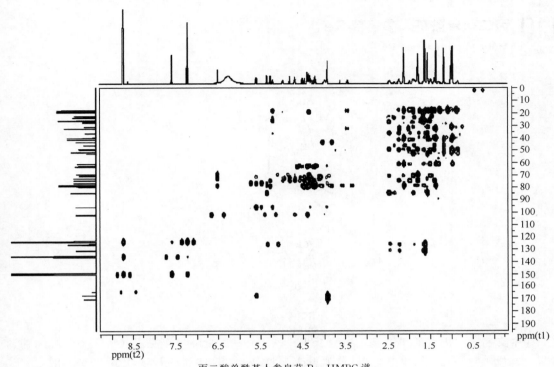

丙二酸单酰基人参皂苷 Re₂ HMBC 谱

HMBC of malonyl-ginsenoside Re₂

丙二酸单酰基人参皂苷 Re₂ ¹H NMR 和 ¹³C NMR 数据

¹H NMR and ¹³C NMR data of malonyl-ginsenoside Re₂

序号	¹H NMR(δ)	¹³C NMR(δ)	序号	¹H NMR(δ)	¹³C NMR(δ)
1	1.66(1H,m),1.00(1H,m)	39.6	28	2.12(3H,s)	32.5
2	1.90(1H,m),1.84(1H,m)	28.1	29	1.36(3H,s)	17.5
3	3.47(1H,dd,J=11.5,4.5Hz)	78.5	30	0.99(3H,s)	17.5
4		40.3	6-glc-1'	5.27(1H,d,J=7.0Hz)	102.1
5	1.40(1H,m)	61.1	2'	4.39(1H,m)	78.9
6	4.69(1H,m)	74.7	3'	4.37(1H,m)	79.8
7	2.26(1H,m),2.00(1H,m)	46.2	4'	4.24(1H,m)	72.8
8		41.4	5'	3.97(1H,m)	78.7
9	1.55(1H,m)	49.7	6'	4.46(1H,dd,J=11.8, 2.3Hz),4.29(1H,m)	62.7
10		39.9			
11	1.99(1H,m),1.55(1H,m)	31.0	2'-rha-1"	6.51(1H,brs)	102.3
12	4.00(1H,m)	70.8	2"	4.81(1H,dd, J=3.4,1.2Hz)	72.6
13	1.90(1H,m)	49.7			
14		51.8	3"	4.69(1H,m)	72.9
15	1.47(1H,m),0.83(1H,m)	31.2	4"	4.36(1H,m)	74.5
16	1.78(1H,m),1.29(1H,m)	27.0	5"	4.98(1H,dq,J=9.6,6.2Hz)	69.8
17	2.47(1H,m)	51.8	6"	1.79(3H,d,J=6.5Hz)	19.1
18	1.18(3H,s)	17.9	20-glc-1‴	5.35(1H,d,J=8.0Hz)	96.0
19	0.97(3H,s)	18.0	2‴	5.60(1H,dd,J=8.1,9.3Hz)	76.6
20		83.4	3‴	4.33(1H,m)	76.8
21	1.56(3H,s)	22.4	4‴	4.21(1H,m)	71.8
22	2.34(1H,m),1.87(1H,m)	36.3	5‴	3.96(1H,m)	78.8
23	2.44(1H,m),2.23(1H,m)	23.7	6‴	4.52(1H,dd,J=11.5,2.7Hz), 4.39(1H,m)	63.4
24	5.21(1H,t,J=7.0Hz)	126.2			
25		131.3	2‴-mal-1⁗		167.5
26	1.61(3H,s)	26.1	2⁗	3.92(2H,m)	43.6
27	1.64(3H,s)	18.1	3⁗		170.3

注：¹H NMR（500MHz，pyridine-d_5）；¹³C NMR（125MHz，pyridine-d_5）。

110 丙二酸单酰基人参皂苷 Re₃

Malonyl-ginsenoside Re₃

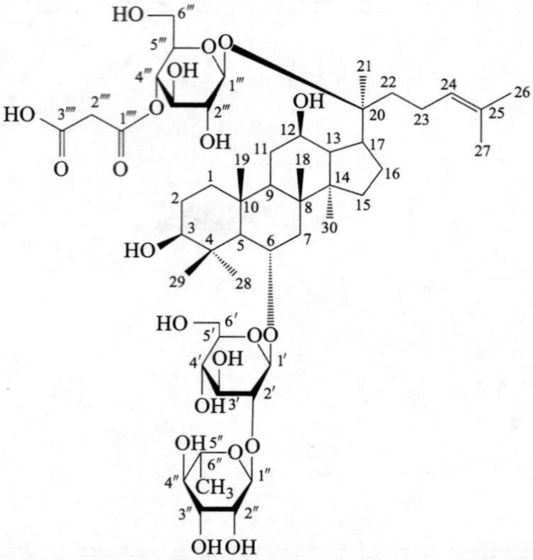

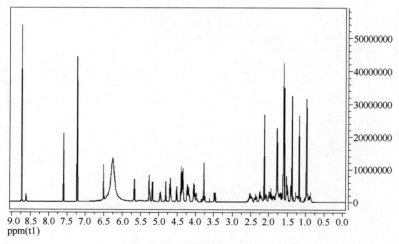

【中文名】 丙二酸单酰基人参皂苷 Re₃；6-*O*-[α-L-吡喃鼠李糖基-(1-2)-β-D-吡喃葡萄糖基]-20-*O*-(4-*O*-丙二酸单酰基)-β-D-吡喃葡萄糖基-达玛-24-烯-3β,6α,12β,20S-四醇

【英文名】 Malonyl-ginsenoside Re₃；6-*O*-[α-L-Rhamnopyranosyl-(1-2)-β-D-glucopy-ranosyl]-20-*O*-(4-*O*-malonyl)-β-D-glucopyranosyl-dammar-24-ene-3β,6α,12β,20S-tetraol

【分子式】 $C_{51}H_{84}O_{21}$

【分子量】 1032.6

【参考文献】 Qiu S，Yang W Z，Yao C L，et al. Malonylginsenosides with poten-tial antidiabetic activities from the flower buds of *Panax ginseng* [J]. Journal of Natural Products，2017，80：899-908.

丙二酸单酰基人参皂苷 Re₃ ¹H NMR 谱

¹H NMR of malonyl-ginsenoside Re₃

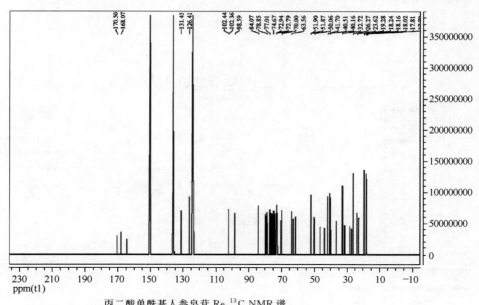

丙二酸单酰基人参皂苷 Re₃ ¹³C NMR 谱

¹³C NMR of malonyl-ginsenoside Re₃

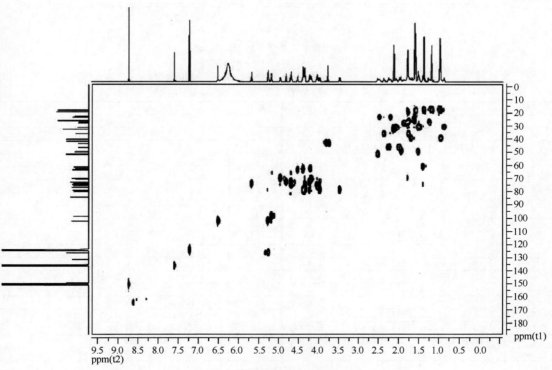

丙二酸单酰基人参皂苷 Re₃ HMQC 谱

HMQC of malonyl-ginsenoside Re₃

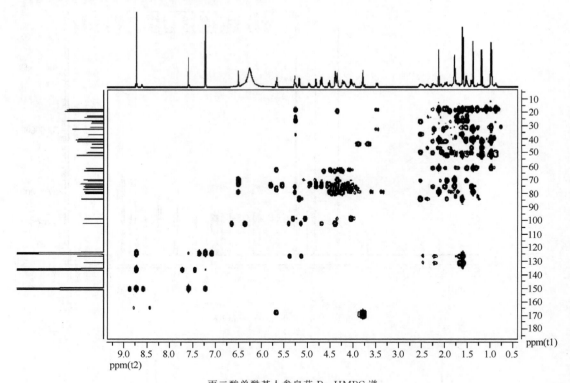

丙二酸单酰基人参皂苷 Re₃ HMBC 谱

HMBC of malonyl-ginsenoside Re₃

丙二酸单酰基人参皂苷 Re₃ ¹H NMR 和 ¹³C NMR 数据

¹H NMR and ¹³C NMR data of malonyl-ginsenoside Re₃

序号	¹H NMR(δ)	¹³C NMR(δ)	序号	¹H NMR(δ)	¹³C NMR(δ)
1	1.71(1H,m),0.96(1H,m)	39.7	27	1.58(3H,s)	18.1
2	1.88(1H,m),1.82(1H,m)	28.1	28	2.12(3H,s)	32.5
3	3.47(1H,dd,$J=11.5,4.5$Hz)	78.7	29	1.37(3H,s)	17.6
4		40.3	30	0.98(3H,s)	17.6
5	1.41(1H,m)	61.1	6-glc-1′	5.27(1H,d,$J=7.0$Hz)	102.1
6	4.68(1H,m)	74.9	2′	4.40(1H,m)	78.9
7	2.27(1H,dd,$J=12.4,3.2$Hz), 2.00(1H,m)	46.3	3′	4.39(1H,m)	79.8
			4′	4.22(1H,m)	72.8
8		41.5	5′	3.99(1H,m)	78.7
9	1.52(1H,m)	49.9	6′	4.38(1H,m),4.21(1H,m)	62.5
10		40.0	2′-rha-1″	6.51(1H,brs)	102.3
11	1.99(1H,m),1.55(1H,m)	31.0	2″	4.82(1H,dd,$J=3.4,1.1$Hz)	72.6
12	4.00(1H,m)	70.8	3″	4.70(1H,dd,$J=9.4,3.6$Hz)	72.9
13	1.90(1H,m)	49.7	4″	4.35(1H,m)	74.5
14		51.7	5″	4.97(1H,dq,$J=9.5,6.1$Hz)	69.8
15	1.49(1H,m),0.86(1H,m)	31.2	6″	1.79(3H,d,$J=6.5$Hz)	19.1
16	1.76(1H,m),1.24(1H,m)	27.0	20-glc-1‴	5.18(1H,d,$J=7.8$Hz)	98.4
17	2.53(1H,dd,$J=19.7,9.7$Hz)	51.7	2‴	4.05(1H,m)	75.4
18	1.18(3H,s)	17.8	3‴	4.37(1H,m)	76.3
19	0.97(3H,s)	18.0	4‴	5.68(1H,t,$J=9.6$Hz)	73.9
20		83.9	5‴	4.03(1H,m)	76.8
21	1.60(3H,s)	22.6	6‴	4.53(1H,dd,$J=11.5,$ 2.6Hz),4.40(H,m)	63.4
22	2.37(1H,m),1.76(1H,m)	36.3			
23	2.48(1H,m),2.21(1H,m)	23.4	4‴-mal-1⁗		167.9
24	5.26(1H,m)	126.2	2⁗	3.77(2H,dd,$J=$ 19.3,15.5Hz)	43.4
25		131.3			
26	1.60(3H,s)	26.1	3⁗		170.3

注：¹H NMR（500MHz, pyridine-d_5）；¹³C NMR（125MHz, pyridine-d_5）。

111 6-O-［β-D-吡喃葡萄糖基-（1-2）-β-D-吡喃葡萄糖基］-20-O-［β-D-吡喃葡萄糖基-（1-4）-β-D-吡喃葡萄糖基］-20（S）-原人参三醇

6-O-［β-D-Glucopyranosyl-（1-2）-β-D-glucopyranosyl］-20-O-［β-D-glucopyranosyl-（1-4）-β-D-glucopyranosyl］-20(S)-protopanaxatriol

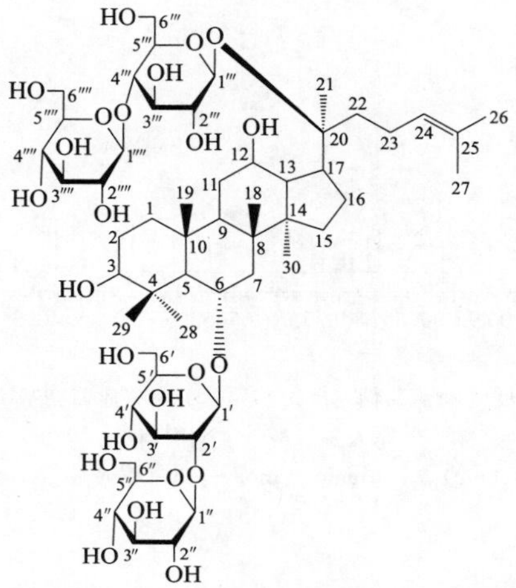

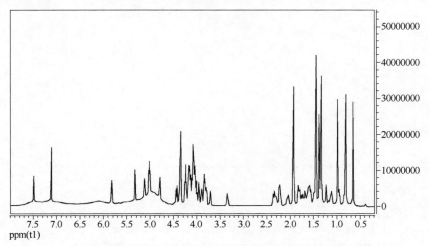

【中文名】　6-O-［β-D-吡喃葡萄糖基-(1-2)-β-D-吡喃葡萄糖基]-20-O-［β-D-吡喃葡萄糖基-(1-4)-β-D-吡喃葡萄糖基]-20(S)-原人参三醇

【英文名】　6-O-［β-D-Glucopyranosyl-(1-2)-β-D-glucopyranosyl]-20-O-［β-D-glucopyranosyl-(1-4)-β-D-glucopyranosyl]-20(S)-protopanaxatriol

【分子式】　$C_{54}H_{92}O_{24}$

【分子量】　1124.6

【参考文献】　王加付. 珠子参化学成分的研究［D］. 长春：吉林大学，2012，15-18.

6-O-［β-D-吡喃葡萄糖基-(1-2)-β-D-吡喃葡萄糖基]-20-O-［β-D-吡喃葡萄糖基-(1-4)-β-D-吡喃葡萄糖基]-20(S)-原人参三醇[1]H NMR 谱
^{1}H NMR of 6-O-［β-D-glucopyranosyl-(1-2)-β-D-glucopyranosyl]-20-O-［β-D-glucopyranosyl-(1-4)-β-D-glucopyranosyl]-20(S)-protopanaxatriol

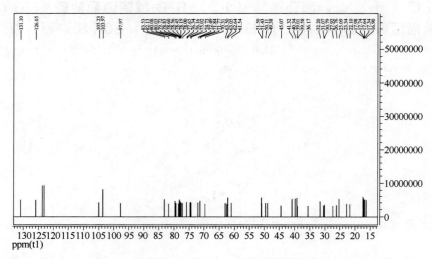

6-*O*-[*β*-D-吡喃葡萄糖基-(1-2)-*β*-D-吡喃葡萄糖基]-20-*O*-[*β*-D-吡喃葡萄糖基-(1-4)-*β*-D-吡喃葡萄糖基]-20(*S*)-原人参三醇[13]C NMR 谱

^{13}C NMR of 6-*O*-[*β*-D-glucopyranosyl-(1-2)-*β*-D-glucopyranosyl]-20-*O*-[*β*-D-glucopyranosyl-(1-4)-*β*-D-glucopyranosyl]-20(*S*)-protopanaxatriol

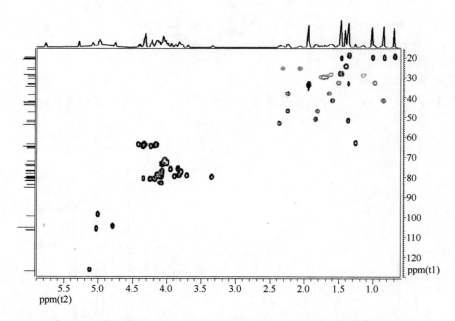

6-*O*-[*β*-D-吡喃葡萄糖基-(1-2)-*β*-D-吡喃葡萄糖基]-20-*O*-[*β*-D-吡喃葡萄糖基-(1-4)-*β*-D-吡喃葡萄糖基]-20(*S*)-原人参三醇 HMQC 谱

HMQC of 6-*O*-[*β*-D-glucopyranosyl-(1-2)-*β*-D-glucopyranosyl]-20-*O*-[*β*-D-glucopyranosyl-(1-4)-*β*-D-glucopyranosyl]-20(*S*)-protopanaxatriol

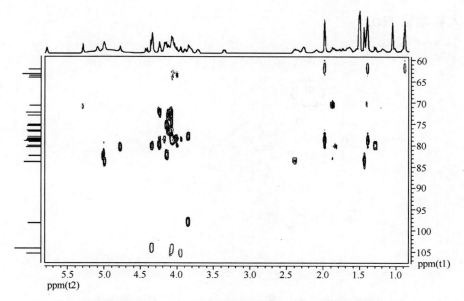

6-*O*-[*β*-D-吡喃葡萄糖基-(1-2)-*β*-D-吡喃葡萄糖基]-20-*O*-[*β*-D-吡喃葡萄糖基-(1-4)-*β*-D-吡喃葡萄糖基]-20(*S*)-原人参三醇 HMBC 谱

HMBC of 6-*O*-[*β*-D-glucopyranosyl-(1-2)-*β*-D-glucopyranosyl]-20-*O*-[*β*-D-glucopyranosyl-(1-4)-*β*-D-glucopyranosyl]-20(*S*)-protopanaxatriol

6-*O*-[*β*-D-吡喃葡萄糖基-(1-2)-*β*-D-吡喃葡萄糖基]-20-*O*-[*β*-D-吡喃葡萄糖基-(1-4)-*β*-D-吡喃葡萄糖基]-20(*S*)-原人参三醇 ^{13}C NMR 谱数据

^{13}C NMR data of 6-*O*-[*β*-D-glucopyranosyl-(1-2)-*β*-D-glucopyranosyl]-20-*O*-[*β*-D-glucopyranosyl-(1-4)-*β*-D-glucopyranosyl]-20(*S*)-protopanaxatriol

序号	^{13}C NMR(δ)	序号	^{13}C NMR(δ)
1	39.6	28	32.2
2	27.9	29	16.9
3	78.8	30	17.3
4	40.3	6-glc-1′	104.0
5	61.5	2′	79.7
6	80.1	3′	80.0
7	45.1	4′	71.8
8	41.3	5′	78.2
9	50.1	6′	63.1
10	39.8	2′-glc-1″	104.0
11	31.1	2″	76.2
12	70.2	3″	78.5
13	49.4	4″	72.5
14	51.5	5″	78.0
15	30.8	6″	63.5
16	26.8	20-glc-1‴	98.0
17	51.4	2‴	74.7
18	17.8	3‴	78.6
19	17.6	4‴	82.1
20	83.5	5‴	76.3
21	22.3	6‴	62.7
22	36.2	4‴-glc-1⁗	105.2
23	23.2	2⁗	75.0
24	126.1	3⁗	78.6
25	131.1	4⁗	71.8
26	25.9	5⁗	77.7
27	17.9	6⁗	62.7

注：^{13}C NMR（150MHz，pyridine-d_5）。

112 人参皂苷 Re₈

Ginsenoside Re₈

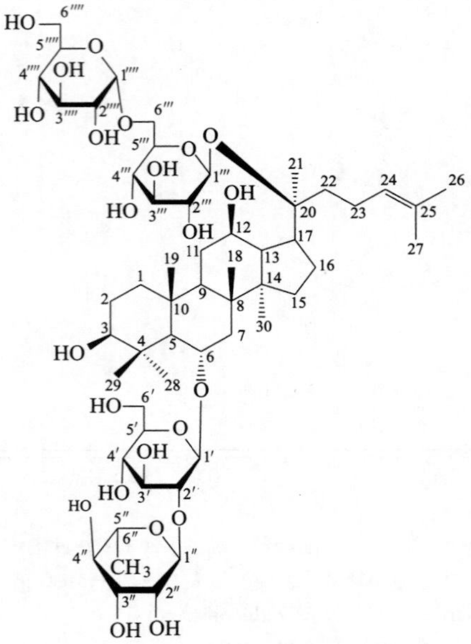

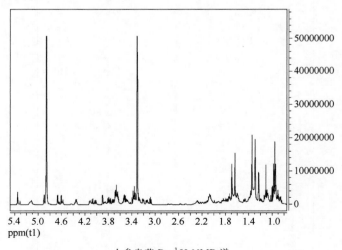

【中文名】 人参皂苷 Re₈；6-*O*-[*α*-L-吡喃鼠李糖基-(1-2)-*β*-D-吡喃葡萄糖基]-20-*O*-[*α*-D-吡喃葡萄糖基-(1-6)-*β*-D-吡喃葡萄糖基]-达玛-24-烯-3*β*,6*α*,12*β*,20S-四醇

【英文名】 Ginsenoside Re₈；6-*O*-[*α*-L-Rhamnopyranosyl-(1-2)-*β*-D-glucopyranosyl]-20-*O*-[*α*-D-glucopyranosyl-(1-6)-*β*-D-glucopyranosyl]-dammar-24-ene-3*β*,6*α*,12*β*,20S-tetraol

【分子式】 $C_{54}H_{92}O_{23}$

【分子量】 1108.6

【参考文献】 Xu W，Zhang J H，Liu X，et al. Two new dammarane-type triterpenoid saponins from ginseng medicinal fungal substance [J]. Natural Product Research，2017，31（10）：1107-1112.

人参皂苷 Re₈ ^{1}H NMR 谱

^{1}H NMR of ginsenoside Re₈

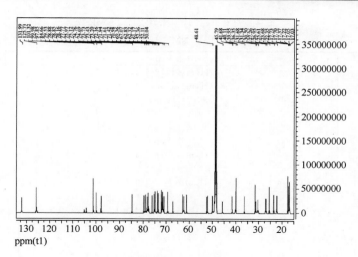

人参皂苷 Re$_8$ ^{13}C NMR 谱

^{13}C NMR of ginsenoside Re$_8$

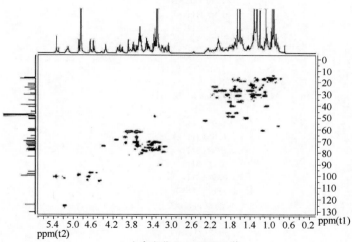

人参皂苷 Re$_8$ HMQC 谱

HMQC of ginsenoside Re$_8$

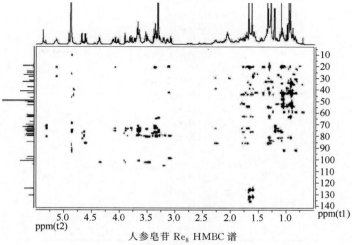

人参皂苷 Re$_8$ HMBC 谱

HMBC of ginsenoside Re$_8$

人参皂苷 Re$_8$ 的^{1}H NMR 和^{13}C NMR 数据

^{1}H NMR and ^{13}C NMR data of ginsenoside Re$_8$

序号	^{1}H NMR(δ)	^{13}C NMR(δ)
1	1.04(1H,m),1.74(1H,m)	40.0
2	1.58(1H,m),1.65(1H,m)	27.3
3	3.12(1H,m)	79.5
4		40.1
5	1.12(1H,m)	61.2
6	4.36(1H,m)	74.7
7	1.65(1H,m),1.73(1H,m)	45.8
8		41.7
9	1.43(1H,brd,J=12.0Hz)	50.0
10		40.0
11	1.20(1H,m),1.82(1H,m)	30.5
12	3.68(1H,m)	71.3
13	1.72(1H,m)	48.9
14		52.1
15	1.08(1H,m),1.63(1H,m)	31.3
16	1.36(1H,m),1.92(1H,m)	27.0
17	2.29(1H,m)	52.6
18	0.97(3H,s)	17.4
19	1.09(3H,s)	17.2
20		84.7
21	1.36(3H,s)	22.3
22	1.58(1H,m),1.78(1H,m)	36.4
23	1.68(1H,m),2.08(1H,m)	23.7
24	5.14(1H,t,J=6.0Hz)	125.7
25		132.1
26	1.69(3H,s)	25.6
27	1.63(3H,s)	17.7
28	1.34(3H,s)	37.7
29	0.96(3H,s)	17.0
30	0.94(3H,s)	17.0
6-glc-1′	4.63(1H,d,J=7.8Hz)	101.3
2′	3.48(1H,m)	78.9
3′	3.52(1H,m)	78.9
4′	3.35(1H,m)	72.2
5′	3.30(1H,m)	77.8
6′	3.65(1H,m),3.85(1H,dd,J=12.0,6.0Hz)	62.8
2′-rham-1″	5.31(1H,brs)	101.3
2″	3.72(1H,m)	71.6
3″	3.90(1H,m)	71.9
4″	3.38(1H,m)	73.7
5″	4.11(1H,m)	69.4
6″	1.23(3H,d,J=6.0Hz)	17.7
20-glc-1‴	4.61(1H,d,J=7.8Hz)	97.9
2‴	3.11(1H,m)	75.1
3‴	3.35(1H,m)	78.2
4‴	3.42(1H,m)	70.9
5‴	3.42(1H,m)	76.0
6‴	3.67(1H,m),3.92(1H,m)	66.9
6‴-glc-1⁗	4.86(1H,d,J=4.2Hz)	100.0
2⁗	3.65(1H,m)	73.2
3⁗	3.65(1H,m)	74.8
4⁗	3.31(1H,m)	71.4
5⁗	3.38(1H,m)	73.4
6⁗	3.66(1H,m),3.79(1H,dd,J=12.0,6.0Hz)	62.3

注：^{1}H NMR （500MHz，methanol-d_4）；^{13}C NMR （125MHz，methanol-d_4）。

113 （*E*）-达玛-20（22），25-二烯-3*β*，6*α*，12*β*，24S-四醇
（*E*）-Dammar-20（22），25-diene-3*β*，6*α*，12*β*，24*S*-tetrol

【中文名】　（*E*）-达玛-20(22),25-二烯-3*β*,6*α*,12*β*,24S-四醇

【英文名】　（*E*）-Dammar-20(22),25-diene-3*β*,6*α*,12*β*,24*S*-tetrol

【分子式】　$C_{30}H_{50}O_4$

【分子量】　474.4

【参考文献】　Li K K，Yang X B，Yang X W，et al. New triterpenoids from the stems and leaves of *Panax ginseng* [J]．Fitoterapia，2012，83（6）：1030-1035.

（*E*）-达玛-20(22),25-二烯-3*β*,6*α*,12*β*,24S-四醇的[1]H NMR 和[13]C NMR 数据

^{1}H NMR and ^{13}C NMR data of （*E*）-dammar-20(22),25-diene-3*β*,6*α*,12*β*,24*S*-tetrol

序号	^{1}H NMR(δ)	^{13}C NMR(δ)
1	1.07(1H,m),1.63(1H,m)	39.4
2	1.77(1H,m),1.90(1H,m)	28.4
3	3.54(1H,t,$J=5.2$Hz)	78.4
4		40.4
5	1.24(1H,d,$J=10.4$Hz)	61.8
6	4.42(1H,m)	67.7
7	1.97(1H,m),2.07(1H,m)	47.7
8		41.5
9	1.51(1H,m)	50.4
10		39.5
11	1.39(1H,m),2.04(1H,m)	32.6
12	3.95(1H,m)	72.6
13	1.96(1H,m)	50.8
14		50.8
15	1.43(1H,m),1.62(1H,m)	32.2
16	1.51(1H,m),1.76(1H,m)	28.2
17	2.84(1H,m)	51.0
18	1.45(3H,s)	17.5
19	1.15(3H,s)	17.6
20		142.1
21	1.83(3H,s)	13.5
22	5.67(1H,t,$J=6.4$Hz)	121.4
23	2.38(1H,m),2.56(1H,m)	34.4
24	4.33(1H,m)	75.0
25		149.5
26	4.95(1H,brs),5.26(1H,brs)	110.3
27	1.87(3H,s)	18.6
28	2.04(3H,s)	32.0
29	0.96(3H,s)	16.5
30	1.01(3H,s)	17.1

注：^{1}H NMR（400MHz，pyridine-d_5）；^{13}C NMR（100MHz，pyridine-d_5）。

114 26-羟基-24（E）-20（S）-原人参三醇

26-Hydroxy-24(*E*)-20(*S*)-protopanaxtriol

【中文名】 26-羟基-24(*E*)-20(*S*)-原人参三醇

【英文名】 26-Hydroxy-24(*E*)-20(*S*)-protopanaxtriol

【分子式】 $C_{30}H_{52}O_5$

【分子量】 492.4

【参考文献】 Ma H Y，Gao H Y，Huang J，et al. Three new triterpenoids from *Panax ginseng* exhibit cytotoxicity against human A549 and Hep-3B cell lines [J]. Journal of Natural Medicines，2012，66（3）：576-82.

26-羟基-24(*E*)-20(*S*)-原人参三醇的[1]H NMR 和[13]C NMR 数据

^{1}H NMR and ^{13}C NMR data of 26-hydroxy-24(*E*)-20(*S*)-protopanaxtriol

序号	^{1}H NMR(δ)	^{13}C NMR(δ)
1	1.68(1H,overlap),1.02(1H,overlap)	39.3
2	1.92(1H,overlap),1.88(1H,overlap)	28.1
3	3.52(1H,dd,J=12.0,6.0Hz)	78.5
4		40.3
5	1.24(H,d,J=10.5Hz)	61.8
6	4.42(1H,td,J=15.0,6.0Hz)	67.7
7	1.99(1H,dd,J=17.5,4.0Hz),1.92(H,dd,J=17.5,5.0Hz)	47.4
8		41.1
9	1.60(1H,overlap)	50.1
10		39.3
11	2.17(1H,dd,J=6.6,3.0Hz),1.59(1H,overlap)	32.0
12	3.94(1H,m)	71.1
13	2.04(1H,overlap)	48.2
14		51.6
15	1.58(1H,overlap),1.05(1H,overlap)	31.3
16	1.87(1H,overlap),1.38(1H,overlap)	26.8
17	2.35(1H,dd,J=9.0,3.0Hz)	54.7
18	1.10(3H,s)	17.4
19	1.00(3H,s)	17.5
20		73.0
21	1.44(3H,s)	27.1
22	2.10(1H,overlap),1.75(1H,overlap)	35.7
23	2.70(1H,m),2.38(1H,m)	22.6
24	5.86(1H,t,J=6.0Hz)	125.7
25		136.2
26	1.83(2H,s)	68.2
27	4.31(3H,brs)	14.0
28	2.00(3H,s)	32.0
29	1.47(3H,s)	16.4
30	0.97(3H,s)	17.0

注：^{1}H NMR（600MHz，pyridine-d_5）；^{13}C NMR（150MHz，pyridine-d_5）。

115 （Z）-达玛-20（22）-烯-3β，6α，12β，25-四醇

（Z）-Dammar-20(22)-ene-3β,6α,12β,25-tetraol

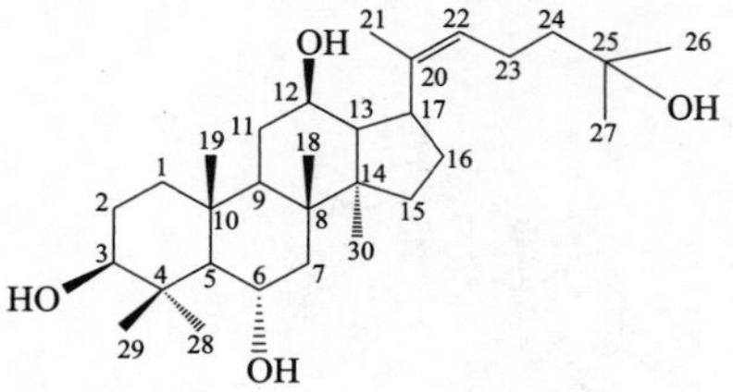

【中文名】 （Z）-达玛-20(22)-烯-3β,6α,12β,25-四醇

【英文名】 （Z）-Dammar-20(22)-ene-3β,6α,12β,25-tetraol

【分子式】 $C_{30}H_{52}O_4$

【分子量】 476.4

【参考文献】 马丽媛，杨秀伟. 人参茎叶总皂苷酸水解产物化学成分研究 [J]. 中草药，2015，46（17）：2522-2533.

（Z）-达玛-20(22)-烯-3β,6α,12β,25-四醇的 ^{13}C NMR 数据

^{13}C NMR data of （Z）-dammar-20(22)-ene-3β,6α,12β,25-tetraol

序号	^{13}C NMR(δ)
1	39.8
2	28.7
3	78.8
4	40.7
5	62.2
6	68.0
7	48.0
8	41.8
9	51.5
10	39.9
11	33.0
12	72.8
13	50.9
14	51.1
15	32.3
16	33.0
17	50.9
18	18.0
19	17.8
20	139.4
21	19.6
22	126.4
23	23.6
24	45.4
25	70.0
26	30.2
27	30.4
28	28.5
29	16.9
30	17.4

116 （E）-达玛-25-乙氧基-20（22）-烯-3β，6α，12β-三醇

（E）-Dammar-25-ethoxy-20（22）-ene-3β,6α,12β-triol

【中文名】　（E）-达玛-25-乙氧基-20(22)-烯-3β,6α,12β-三醇

【英文名】　（E）-Dammar-25-ethoxy-20(22)-ene-3β,6α,12β-triol

【分子式】　$C_{32}H_{56}O_4$

【分子量】　504.4

【参考文献】　Yang X W，Ma L Y，Zhou Q L，et al. SIRT1 activator isolated from artificial gastric juice incubate of total saponins in stemsand leaves of *Panax ginseng* [J]. Bioorganic & Medicinal Chemistry Letters，2018，28：240-243.

（E）-达玛-25-乙氧基-20(22)-烯-3β,6α,12β-三醇的[1]H NMR 和[13]C NMR 数据

^{1}H NMR and ^{13}C NMR data of (E)-dammar-25-ethoxy-20(22)-ene-3β,6α,12β-triol

序号	^{1}H NMR(δ)	^{13}C NMR(δ)
1	1.05(1H,m),1.70(1H,m)	39.6
2	1.95(1H,m),1.88(1H,m)	28.3
3	3.54(1H,dd,J=11.8,4.2Hz)	78.6
4		40.5
5	1.25(1H,d,J=10.5Hz)	62.0
6	4.43(1H,td,J=10.5,4.3Hz)	67.9
7	1.95(1H,dd,J=12.8Hz,J=10.5Hz),2.01(1H,brd,J=12.8Hz)	47.9
8		41.6
9	1.62(1H,dd,J=13.1,2.3Hz)	50.7
10		39.7
11	2.05(1H,brt,J=10.7Hz),1.52(1H,brdd,J=13.1,2.3Hz)	32.5
12	3.95(1H,dt,J=10.7,4.7Hz)	72.8
13	2.03(1H,t,J=10.7Hz)	50.8
14		51.0
15	1.99(1H,m),1.04(1H,m)	32.8
16	1.95(1H,m),1 25(1H,m)	29.0
17	2.81(1H,dt,J=14.8,6.3Hz)	50.7
18	1.19(3H,s)	17.6
19	1.04(3H,s)	17.8
20		140.0
21	1.83(3H,s)	13.2
22	5.52(1H,t,J=7.0Hz)	125.3
23	2.15(1H,m),1.28(1H,m)	23.1
24	1.53(1H,td,J=11.4,2.1Hz),1.58(1H,td,J=11.4,2.1Hz)	40.5
25		74.2
26	1.13(3H,s)	25.9
27	1.13(3H,s)	25.9
28	2.00(3H,s)	32.1
29	1.46(3H,s)	16.6
30	1.00(3H,s)	17.3
OCH$_2$CH$_3$	3.31(2H,dd,J=13.9,6.9Hz)	56.6
OCH$_2$CH$_3$	1.15(3H,t,J=6.9Hz)	16.7

注：^{1}H NMR（400Hz，pyridine-d_5）；^{13}C NMR（100Hz，pyridine-d_5）。

117 （Z）-20（R）-达玛-24（25）-烯-3β，6α，12β，20，27-五醇

(Z)-20(R)-Dammar-24(25)-ene-3β,6α,12β,20,27-pentol

【中文名】　（Z）-20（R）-达玛-24（25）-烯-3β，6α，12β，20，27-五醇

【英文名】　(Z)-20(R)-Dammar-24(25)-ene-3β,6α,12β,20,27-pentol

【分子式】　$C_{30}H_{52}O_5$

【分子量】　492.4

【参考文献】　Yang X W，Ma L Y，Zhou Q L，et al．SIRT1 activator isolated from artificial gastric juice incubate of total saponins in stemsand leaves of *Panax ginseng* ［J］. Bioorganic & Medicinal Chemistry Letters，2018，28：240-243.

（Z）-20（R）-达玛-24（25）-烯-3β，6α，12β，20，27-五醇的 ^{1}H NMR 和 ^{13}C NMR 数据

^{1}H NMR and ^{13}C NMR data of (Z)-20(R)-dammar-24(25)-ene-3β,6α,12β,20,27-pentol

序号	^{1}H NMR(δ)	^{13}C NMR(δ)
1	1.05(1H,m),1.70(1H,m)	39.5
2	1.95(1H,m),1.87(1H,m)	28.3
3	3.55(1H,brd,$J=11.0$Hz)	78.6
4		40.5
5	1.26(1H,d,$J=10.5$Hz)	61.9
6	4.40(1H,td,$J=10.5,4.3$Hz)	67.9
7	1.94(1H,dd,$J=12.8,10.5$Hz),2.01(1H,brd,$J=12.8$Hz)	47.7
8		41.4
9	1.65(1H,dd,$J=12.6,6.6$Hz)	50.3
10		39.5
11	2.18(1H,brdd,$J=11.1,6.6$Hz),1.58(1H,brdd,$J=12.6,11.1$Hz)	32.4
12	3.95(1H,dt,$J=11.1,4.4$Hz)	71.1
13	2.02(1H,t,$J=11.1$Hz)	49.1
14		51.9
15	1.62(1H,t,$J=10.2$Hz),1.05(1H,t,$J=10.2$Hz)	31.6
16	1.89(1H,m),1.31(1H,m)	26.8
17	2.36(1H,dt,$J=11.1,7.3$Hz)	50.8
18	1.17(3H,s)	17.6
19	1.05(3H,s)	17.8
20		73.2
21	1.38(3H,s)	22.9
22	1.73(1H,m),1.78(1H,m)	43.8
23	2.63(1H,brdd,$J=13.0,7.4$Hz),1.39(1H,m)	22.4
24	5.49(1H,t,$J=7.4$Hz)	127.8
25		136.4
26	2.05(3H,s)	22.1
27	4.55(2H,brs)	61.0
28	2.02(3H,s)	32.2
29	1.47(3H,s)	16.7
30	0.99(3H,s)	17.5

注：^{1}H NMR（400Hz，pyridine-d_5）；^{13}C NMR（100Hz，pyridine-d_5）。

118 达玛-25-烯-24-酮-3β，6α，12β，20S-四醇

Dammar-25-ene-24-one-3β,6α,12β,20S-tetraol

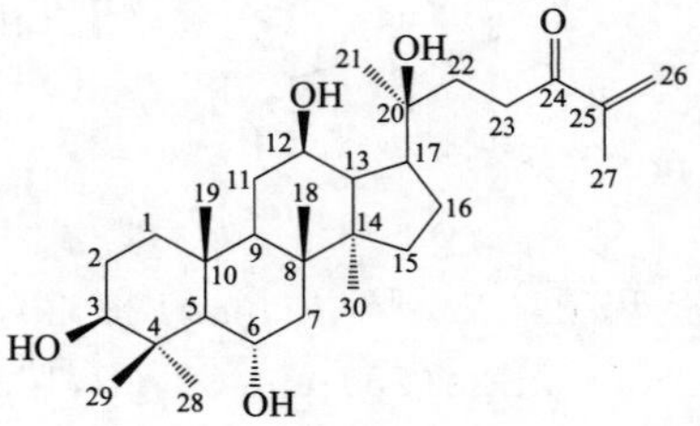

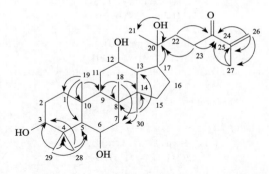

【中文名】 达玛-25-烯-24-酮-3β,6α,12β,20S-四醇

【英文名】 Dammar-25-ene-24-one-3β,6α,12β,20S-tetraol

【分子式】 $C_{30}H_{50}O_5$

【分子量】 490.4

【参考文献】 Shang J H，Xu G W，Zhu H T，et al. Anti-inflammatory and cyto-toxic triterpenes from the rot roots of *Panax notoginseng* [J]. Natural Products and Bio-prospecting，2019，9（4）：287-295.

达玛-25-烯-24-酮-3β,6α,12β,20S-四醇主要 HMBC 相关

Key HMBC correlations of dammar-25-ene-24-one-3β,6α,12β,20S-tetraol

达玛-25-烯-24-酮-3β,6α,12β,20S-四醇的 ¹H NMR 和 ¹³C NMR 数据及 HMBC 主要相关信息

¹H NMR and ¹³C NMR data and HMBC correlations of dammar-25-ene-24-one-3β,6α,12β,20S-tetraol

序号	¹H NMR(δ)	¹³C NMR(δ)	HMBC
1	1.68(1H,m),1.03(1H,m)	39.8	
2	1.93(1H,m),1.86(1H,m)	28.6	
3	3.54(1H,d,J=10.8Hz)	78.9	
4		40.8	
5	1.23(1H,d,J=10.4Hz)	62.2	
6	4.43(1H,t,J=8.5Hz)	68.1	
7	1.98(1H,m),1.91(1H,m)	48.0	
8		41.6	
9	1.60(1H,m)	50.6	
10		39.8	
11	2.16(1H,m),1.25(1H,m)	32.6	
12	3.95(1H,t,J=10.8Hz)	71.6	

续表

序号	^{1}H NMR(δ)	^{13}C NMR(δ)	HMBC
13	2.09(1H,t,J=10.9Hz)	48.6	
14		52.1	
15	1.58(2H,m)	31.8	
16	1.88(1H,m),1.42(1H,m)	27.3	
17	2.37(1H,m)	55.2	C-20
18	1.01(3H,s)	18.0	C-7,8,9,14
19	1.10(3H,s)	17.9	C-1,5,9,10
20		72.9	
21	1.38(3H,s)	27.5	
22	3.31(1H,m),3.02(1H,m)	33.2	
23	2.39(1H,m),2.05(1H,m)	30.5	C-20,24
24		203.2	
25		145.2	
26	6.06(1H,s),5.66(1H,s)	124.9	C-24,25,27
27	1.89(3H,s)	18.3	C-24,25
28	2.02(3H,s)	32.4	C-3,4,5
29	1.47(3H,s)	17.0	C-3,4,5
30	0.97(3H,s)	17.5	C-7,8,13,14
OH-3	5.79(1H,s)		
OH-6	5.32(1H,s)		
OH-12	7.39(1H,s)		
OH-20	7.02		

注：^{1}H NMR（600MHz，pyridine-d_5）；^{13}C NMR（150MHz，pyridine-d_5）。

119 达玛-25-烯-3，12-二酮-6α，20S，24R-三醇
Dammar-25-ene-3,12-dione-6α,20S,24R-triol

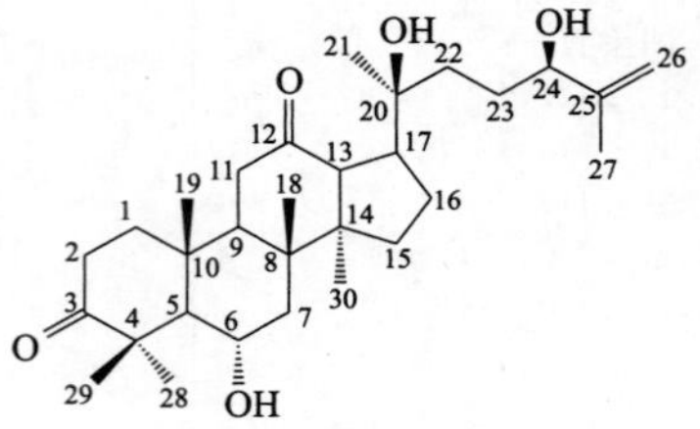

【中文名】 达玛-25-烯-3,12-二酮-6α,20S,24R-三醇

【英文名】 Dammar-25-ene-3,12-dione-6α,20S,24R-triol

【分子式】 $C_{30}H_{48}O_5$

【分子量】 488.4

【参考文献】 Shang J H，Xu G W，Zhu H T，et al. Anti-inflammatory and cytotoxic triterpenes from the rot roots of *Panax notoginseng* [J]. Natural Products and Bioprospecting，2019，9（4）：287-295.

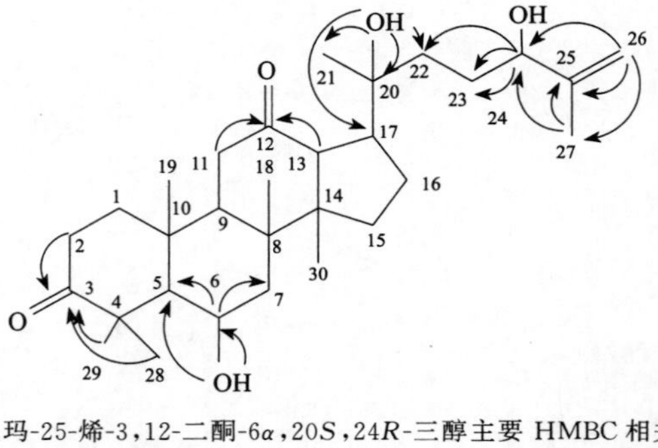

达玛-25-烯-3,12-二酮-6α,20S,24R-三醇主要 HMBC 相关
Key HMBC correlations of dammar-25-ene-3,12-dione-6α,20S,24R-triol

达玛-25-烯-3,12-二酮-6α,20S,24R-三醇的^{1}H NMR 和^{13}C NMR 数据及 HMBC 主要相关信息

^{1}H NMR and ^{13}C NMR data and HMBC correlations of dammar-25-ene-3,12-dione-6α,20S,24R-triol

序号	^{1}H NMR(δ)	^{13}C NMR(δ)	HMBC
1	1.55(2H,m)	39.7	
2	2.81(1H,m),2.30(1H,m)	33.5	C-3
3		218.7	
4		48.1	
5	1.95(1H,d,J=10.8Hz)	59.1	
6	4.27(1H,m)	67.2	C-5,7
7	1.93(1H,m),1.89(1H,m)	45.1	
8		41.6	
9	1.99(1H,dd,J=13.0,4.3Hz)	53.5	
10		38.6	
11	2.31(2H,m)	40.6	C-12
12		211.4	

序号	¹H NMR(δ)	¹³C NMR(δ)	HMBC
13	3.43(1H,d,J=9.6Hz)	56.5	C-12
14		56.3	
15	1.88(1H,m),1.19(1H,m)	32.6	
16	2.16(1H,m),1.88(1H,m)	24.9	
17	2.78(1H,m)	44.4	
18	1.24(3H,s)	16.3	
19	0.82(3H,s)	17.9	
20		73.7	
21	1.47(3H,s)	27.4	
22	2.15(1H,m),1.88(1H,m)	38.9	
23	2.19(1H,m),2.02(1H,m)	31.4	
24	4.42(1H,t,J=6.0Hz)	76.5	C-22,23
25		150.4	
26	5.25(1H,m),4.97(1H,m)	110.8	C-24,25,27
27	1.92(3H,s)	18.4	C-24,25
28	1.67(3H,s)	32.4	C-3
29	1.70(3H,s)	20.3	C-3
30	0.91(3H,s)	17.4	

注：¹H NMR（600MHz，pyridine-d_5）；¹³C NMR（150MHz，pyridine-d_5）。

120 达玛-23-烯-3-酮-25-过氧羟基-6α，12β，20S-三醇

Dammar-23-ene-3-one-25-hydroperoxyl-6α,12β,20S-triol

【中文名】 达玛-23-烯-3-酮-25-过氧羟基-6α,12β,20S-三醇

【英文名】 Dammar-23-ene-3-one-25-hydroperoxyl-6α,12β,20S-triol

【分子式】 $C_{30}H_{50}O_6$

【分子量】 506.4

【参考文献】 Shang J H，Sun W J，Zhu H T，et al. New hydroperoxylated and 20,24-epoxylated dammarane triterpenes from the rot roots of *Panax notoginseng* [J]. Journal of Ginseng Research，2020，44（3）：405-412.

达玛-23-烯-3-酮-25-过氧羟基-6α,12β,20S-三醇的[1]H NMR 和[13]C NMR 数据

^{1}H NMR and ^{13}C NMR data of dammar-23-ene-3-one-25-hydroperoxyl-6α,12β,20S-triol

序号	^{1}H NMR(δ)	^{13}C NMR(δ)
1	1.61(1H,m),1.76(1H,m)	40.4
2	2.31(1H,m),2.84(1H,m)	33.8
3		219.2
4		48.2
5	1.96(1H,d,J=10.6Hz)	59.5
6	4.25(1H,m)	67.3
7	1.92(2H,m)	45.9
8		41.0
9	1.71(1H,m)	49.3
10		38.6
11	1.61(1H,m),2.12(1H,m)	33.3
12	3.95(1H,m)	71.3
13	2.08(1H,m)	49.1
14		52.2
15	1.08(1H,m),1.63(1H,m)	31.7
16	1.48(1H,m),1.88(1H,m)	27.2
17	2.40(1H,dt,J=18.0,7.2Hz)	54.5
18	1.00(3H,s)	17.4
19	0.88(3H,s)	18.4
20		73.8
21	1.45(3H,s)	28.2
22	2.47(1H,dd,J=13.8,4.8Hz),2.81(1H,m)	40.8
23	6.28(1H,m)	127.7
24	6.09(1H,d,J=16.0Hz)	138.1
25		81.8
26	1.59(3H,s)	25.6
27	1.59(3H,s)	25.8
28	1.70(3H,s)	32.6
29	1.73(3H,s)	20.5
30	1.34(3H,s)	16.6

注：^{1}H NMR（600MHz，pyridine-d_5）；^{13}C NMR（150MHz，pyridine-d_5）。

121 达玛-23-烯-12-酮-25-过氧羟基-3β，6α，20S-三醇

Dammar-23-ene-12-one-25-hydroperoxyl-3β,6α,20S-triol

【中文名】 达玛-23-烯-12-酮-25-过氧羟基-3β,6α,20S-三醇

【英文名】 Dammar-23-ene-12-one-25-hydroperoxyl-3β,6α,20S-triol

【分子式】 $C_{30}H_{50}O_6$

【分子量】 506.4

【参考文献】 Shang J H，Sun W J，Zhu H J，et al. New hydroperoxylated and 20, 24-epoxylated dammarane triterpenes from the rot roots of *Panax notoginseng* [J]. Journal of Ginseng Research，2020，44（3）：405-412.

达玛-23-烯-12-酮-25-过氧羟基-3β,6α,20S-三醇的[1]H NMR 和[13]C NMR 数据

^{1}H NMR and ^{13}C NMR data of dammar-23-ene-12-one-25-hydroperoxyl-3β,6α,20S-triol

序号	^{1}H NMR(δ)	^{13}C NMR(δ)
1	0.96(1H,m),1.44(1H,m)	39.4
2	1.87(2H,m)	28.4
3	3.51(1H,dt,$J=11.5,4.6$Hz)	78.6
4		40.8
5	1.25(1H,d,$J=10.5$Hz)	62.0
6	4.47(1H,m)	68.1
7	1.97(2H,m)	47.2
8		42.1
9	1.91(1H,m)	54.4
10		40.0
11	2.37(1H,m),2.40(1H,m)	40.5
12		212.3
13	3.37(1H,d,$J=9.7$Hz)	56.7
14		56.0
15	1.18(1H,m),1.91(1H,m)	32.3
16	1.90(1H,m),2.09(1H,m)	25.0
17	2.74(1H,m)	44.8
18	1.32(3H,s)	17.9
19	0.91(3H,s)	17.8
20		74.0
21	1.46(3H,s)	27.6
22	2.48(1H,dd,$J=13.2,4.8$Hz),2.59(1H,dd,$J=13.5,5.9$Hz)	46.0
23	6.16(1H,m)	127.2
24	6.06(1H,d,$J=15.8$Hz)	138.7
25		81.7
26	1.55(3H,s)	25.5
27	1.55(3H,s)	25.7
28	2.00(3H,s)	32.3
29	1.46(3H,s)	16.9
30	1.02(3H,s)	17.7

注：^{1}H NMR（600MHz，pyridine-d_5）；^{13}C NMR（150MHz，pyridine-d_5）。

122 达玛-12β，23R-环氧-24-烯-3β，6α，20S-三醇

Dammar-12β,23R-epoxy-24-ene-3β,6α,20S-triol

【中文名】	达玛-12β,23R-环氧-24-烯-3β,6α,20S-三醇
【英文名】	Dammar-12β,23R-epoxy-24-ene-3β,6α,20S-triol
【分子式】	$C_{30}H_{50}O_4$
【分子量】	474.4

【参考文献】 Li K K，Yang X B，Yang X W，et al. New triterpenoids from the stems and leaves of *Panax ginseng* [J]. Fitoterapia，2012，83（6）：1030-1035.

达玛-12β,23R-环氧-24-烯-3β,6α,20S-三醇的^{1}H NMR 和^{13}C NMR 数据

^{1}H NMR and ^{13}C NMR data of dammar-12β,23R-epoxy-24-ene-3β,6α,20S-triol

序号	^{1}H NMR(δ)	^{13}C NMR(δ)
1	1.05(1H,m),1.67(1H,m)	39.4
2	1.69(1H,m),1.89(1H,m)	28.1
3	3.53(1H,dd,$J=11.1,5.6$Hz)	78.4
4		40.4
5	1.25(1H,overlap)	61.7
6	4.42(1H,m)	67.7
7	1.91(1H,m),2.33(1H,m)	47.6
8		41.0
9	1.64(1H,m)	50.5
10		39.6
11	1.40(1H,m),2.01(1H,m)	30.1
12	3.62(1H,m)	80.2
13	1.62(1H,m)	49.5
14		51.2
15	1.10(1H,m),1.56(1H,m)	32.5
16	1.31(1H,m),1.67(1H,m)	25.5
17	2.89(1H,m)	48.6
18	1.10(3H,s)	16.5
19	0.99(3H,s)	16.9
20		73.5
21	1.44(3H,s)	24.8
22	2.34(1H,m),2.78(1H,m)	55.0
23	4.76(1H,ddd,$J=14.6,6.7,3.4$Hz)	72.4
24	5.53(1H,t,$J=7.5$Hz)	129.7
25		130.9
26	1.65(3H,s)	26.8
27	1.68(3H,s)	18.4
28	1.98(3H,s)	31.9
29	1.48(3H,s)	17.2
30	0.97(3H,s)	17.7

注：^{1}H NMR（400MHz，pyridine-d_5）；^{13}C NMR（100MHz，pyridine-d_5）。

123 6α-羟基-22，23，24，25，26，27-去六碳达玛-3，12，20-三酮

6α-Hydroxy-22，23，24，25，26，27-hexanordammar-3，12，20-trione

【中文名】 6α-羟基-22,23,24,25,26,27-去六碳达玛-3,12,20-三酮

【英文名】 6α-Hydroxy-22,23,24,25,26,27-hexanordammar-3,12,20-trione

【分子式】 $C_{24}H_{36}O_4$

【分子量】 388.3

【参考文献】 Shang J H，Sun W J，Zhu H T，et al. New hydroperoxylated and 20，24-epoxylated dammarane triterpenes from the rot roots of *Panax notoginseng* ［J］. Journal of Ginseng Research，2020，44（3）：405-412.

6α-羟基-22,23,24,25,26,27-去六碳达玛-3,12,20-三酮的^{1}H NMR 和^{13}C NMR 数据

^{1}H NMR and ^{13}C NMR data of 6α-hydroxy-22,23,24,25,26,27-hexanordammar-3,12,20-trione

序号	^{1}H NMR(δ)	^{13}C NMR(δ)
1	1.48(1H,m),2.25(1H,m)	39.2
2	2.27(1H,m),2.77(1H,m)	33.1
3		218.2
4		47.7
5	1.91(1H,m)	58.5
6	4.25(1H,m)	66.6
7	1.86(2H,m)	44.4
8		40.8
9	1.90(1H,m)	52.0
10		38.1
11	1.89(1H,m),2.24(1H,m)	39.1
12		209.0
13	3.27(1H,d,$J=12.0$Hz)	57.5
14		54.4
15	1.13(1H,m),1.72(1H,m)	31.5
16	1.71(1H,m),1.97(1H,m)	25.5
17	3.37(1H,m)	47.5
18	1.13(3H,s)	15.7
19	0.78(3H,s)	17.3
20		209.9
21	2.22(3H,s)	29.9
28	1.68(3H,s)	19.9
29	1.64(3H,s)	32.0
30	0.82(3H,s)	16.8

注：^{1}H NMR（500 MHz，pyridine-d_5）；^{13}C NMR（125 MHz，pyridine-d_5）。

124 3-O-β-D-吡喃葡萄糖基-20（S）-原人参三醇
3-O-β-D-Glucopyranosyl-20(S)-protopanaxtriol

【中文名】 3-O-β-D-吡喃葡萄糖基-20(S)-原人参三醇

【英文名】 3-O-β-D-Glucopyranosyl-20(S)-protopanaxtriol

【分子式】 $C_{36}H_{62}O_9$

【分子量】 638.4

【参考文献】 Ma H Y，Gao H Y，Huang J，et al. Three new triterpenoids from *Panax ginseng* exhibit cytotoxicity against human A549 and Hep-3B cell lines [J]. Journal of Natural Medicines，2012，66（3）：576-582.

3-O-β-D-吡喃葡萄糖基-20(S)-原人参三醇的[1]H NMR 和[13]C NMR 数据

^{1}H NMR and ^{13}C NMR data of 3-O-β-D-glucopyranosyl-20(S)-protopanaxtriol

序号	^{1}H NMR(δ)	^{13}C NMR(δ)
1	1.56(1H,m),0.90(1H,m)	38.8
2	1.60(1H,m),1.43(1H,overlap)	27.0
3	3.50(1H,dd,J=12.0,4.6Hz)	89.4
4		39.0
5	1.19(1H,d,J=10.2Hz)	61.7
6	4.37(1H,td,J=10.2,3.0Hz)	67.5
7	2.04(1H,overlap),1.98(1H,t,J=10.8Hz)	47.4
8		40.5
9	1.55(1H,overlap)	50.0
10		41.0
11	2.07(1H,overlap),1.56(1H,overlap)	31.3
12	13.96(1H,m)	70.9
13	2.04(1H,overlap)	48.2
14		51.6
15	1.64(1H,overlap),1.09(1H,overlap)	31.4
16	1.77(1H,m),1.35(1H,m)	26.8
17	2.36(1H,overlap)	54.7
18	1.08(3H,s)	17.4
19	0.95(3H,s)	17.3
20		72.9
21	1.43(3H,s)	26.5
22	2.05(1H,overlap),1.71(1H,m)	35.8
23	2.63(1H,m),2.30(1H,overlap)	23.0
24	5.34(1H,t,J=6.0Hz)	126.2
25		130.7
26	1.67(3H,s)	25.8
27	1.64(3H,s)	17.6
28	2.10(3H,s)	32.0
29	1.43(3H,s)	16.9
30	1.00(3H,s)	17.0
3-glc-1′	5.03(1H,t,J=7.8Hz)	107.2
2′	4.11(1H,m)	75.9
3′	4.28(1H,overlap)	78.7
4′	4.25(1H,overlap)	71.8
5′	4.03(1H,m)	78.3
6′	4.62(1H,dd,J=11.5,2.5Hz),4.44(1H,dd,J=11.5,5.4Hz)	63.0

注：^{1}H NMR（600MHz，pyridine-d_5）；^{13}C NMR（150MHz，pyridine-d_5）。

125 人参皂苷 LS₁

Ginsenoside LS₁

【中文名】 人参皂苷 LS₁；20-O-β-D-吡喃葡萄糖基-达玛-23(24),25(26)-二烯-3β,6α, 12β,20S-四醇

【英文名】 Ginsenoside LS₁；20-O-β-D-Glucopyranosyl-dammar-23(24),25(26)-diene-3β, 6α,12β,20S-tetraol

【分子式】 $C_{36}H_{60}O_9$

【分子量】 636.4

【参考文献】 Li F，Cao Y F，Luo Y Y，et al. Two new triterpenoid saponins derived from the leaves of *Panax ginseng* and their antiinflammatory activity [J]. Journal of Ginseng Research，2019，43 (4)：600-605.

人参皂苷 LS₁ 的 ¹H NMR 和 ¹³C NMR 数据

¹H NMR and ¹³C NMR data of ginsenoside LS₁

序号	¹H NMR(δ)	¹³C NMR(δ)
1	1.05(1H,m),1.73(1H,m)	39.4
2	1.86(1H,m),1.96(1H,overlap)	28.2
3	3.53(1H,dd,J=11.4,4.6Hz)	78.6
4		40.4
5	1.23(1H,d,J=10.4Hz)	61.8
6	4.42(1H,m)	67.8
7	1.86(1H,overlap),1.98(1H,overlap)	47.4
8		41.3
9	1.58(1H,overlap)	49.9
10		39.4
11	1.57(1H,overlap),2.13(1H,overlap)	31.0
12	3.97(1H,m)	70.7
13	2.04(1H,overlap)	49.2
14		51.6
15	0.98(1H,overlap),1.57(1H,overlap)	30.7
16	1.42(1H,overlap),1.78(1H,overlap)	26.6
17	2.39(1H,m)	52.3
18	1.05(3H,s)	17.5
19	1.15(3H,s)	17.5
20		83.3
21	1.59(3H,s)	23.6
22	2.85(1H,dd,J=14.2,8.6Hz),3.10(1H,dd,J=14.2,6.5Hz)	40.2
23	6.08(1H,m)	127.5
24	6.42(1H,d,J=15.6Hz)	136.0
25		142.6
26	5.04(3H,s),4.98(3H,s)	115.0
27	1.93(3H,s)	19.0
28	1.99(3H,s)	32.1
29	1.47(3H,s)	16.6
30	0.91(3H,s)	17.2
20-glc-1′	5.20(1H,d,J=7.7Hz)	98.4
2′	4.00(1H,t,J=8.6Hz)	75.4
3′	4.23(1H,t,J=9.0Hz)	78.8
4′	4.16(1H,t,J=9.0Hz)	71.6
5′	4.16(1H,m)	78.5
6′	4.34(1H,dd,J=11.8,5.4Hz),4.51(1H,dd,J=11.8,1.8Hz)	62.9

注：¹H NMR (600MHz, pyridine-d_5)；¹³C NMR (150MHz, pyridine-d_5)。

126 3-甲酰氧基-20-*O*-β-D-吡喃葡萄糖基-20（S）-原人参三醇

3-Formyloxy-20-*O*-β-D-glucopyranosyl-20(*S*)-protopanaxtriol

【中文名】 3-甲酰氧基-20-*O*-β-D-吡喃葡萄糖基-20(*S*)-原人参三醇

【英文名】 3-Formyloxy-20-*O*-β-D-glucopyranosyl-20(*S*)-protopanaxtriol

【分子式】 $C_{37}H_{62}O_{10}$

【分子量】 666.4

【参考文献】 Ma H Y, Gao H Y, Huang J, et al. Three new triterpenoids from *Panax ginseng* exhibit cytotoxicity against human A549 and Hep-3B cell lines [J]. Journal of Natural Medicines, 2012, 66 (3): 576-582.

3-甲酰氧基-20-*O*-β-D-吡喃葡萄糖基-20(*S*)-原人参三醇的[1]H NMR 和[13]C NMR 数据

^{1}H NMR and ^{13}C NMR data of 3-formyloxy-20-*O*-β-D-glucopyranosyl-20(*S*)-protopanaxtriol

序号	^{1}H NMR(δ)	^{13}C NMR(δ)
1	1.53(1H,m),0.83(1H,td,J=9.8,3.4Hz)	38.5
2	1.58(1H,m),1.43(1H,overlap)	30.9
3	4.76(1H,dd,J=11.4,4.8Hz)	81.4
4		38.8
5	1.14(1H,d,J=10.8Hz)	61.3
6	4.30(1H,overlap)	67.4
7	1.86(1H,d,J=10.8,2.4Hz),1.81(1H,overlap)	47.4
8		41.2
9	1.47(1H,overlap)	49.7
10		39.1
11	1.96(1H,overlap),1.45(1H,overlap)	30.8
12	4.13(1H,m)	70.2
13	1.92(1H,overlap)	49.2
14		51.7
15	1.58(1H,overlap),0.97(1H,m)	31.0
16	1.78(1H,overlap),1.29(1H,m)	26.7
17	2.50(1H,dd,J=10.8,8.0Hz)	51.4
18	1.60(3H,s)	17.9
19	0.93(3H,s)	17.4
20		83.4
21	1.60(3H,s)	22.4
22	2.35(1H,td,J=13.8,3.8Hz),1.76(1H,overlap)	36.2
23	2.48(1H,m),2.22(1H,m)	23.3
24	5.21(1H,t,J=6.0Hz)	126.1
25		131.1
26	1.59(3H,s)	25.9
27	1.11(3H,s)	17.4
28	1.60(3H,s)	31.3
29	1.29(3H,s)	17.1
30	0.95(3H,s)	17.4
HCO	8.42(1H,s)	162.1
20-glc-1′	5.16(1H,d,J=7.8Hz)	98.4
2′	3.97(1H,t,J=8.3Hz)	75.3
3′	4.21(1H,t,J=8.3Hz)	79.5
4′	4.15(1H,t,J=8.3Hz)	71.7
5′	3.90(1H,ddd,J=8.3,5.3,2.5Hz)	78.5
6′	4.30(1H,overlap),4.46(1H,dd,J=5.7,11.2Hz)	63.0

注：^{1}H NMR（600MHz, pyridine-d_5）；^{13}C NMR（150MHz, pyridine-d_5）。

127 三七皂苷 Ab₁

Notoginsenoside Ab₁

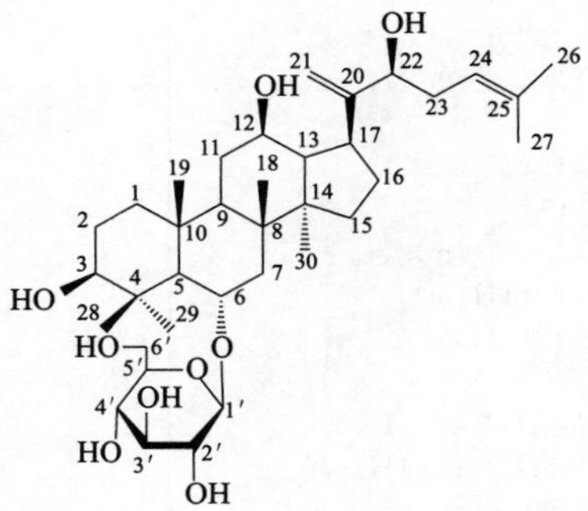

【中文名】 三七皂苷 Ab₁；6-O-β-D-吡喃葡萄糖基-达玛-20(21),24-二烯-3β,6α,12β,22S-四醇

【英文名】 Notoginsenoside Ab₁；6-O-β-D-Glucopyranosyl-dammar-20(21),24-diene-3β,6α,12β,22S-tetraol

【分子式】 $C_{36}H_{60}O_9$

【分子量】 636.4

【参考文献】 Li Q，Yuan M R，Li X H，et al. New dammarane-type triterpenoid saponins from *Panax notoginseng* saponins [J]. Journal of Ginseng Research，2020，44：673-679.

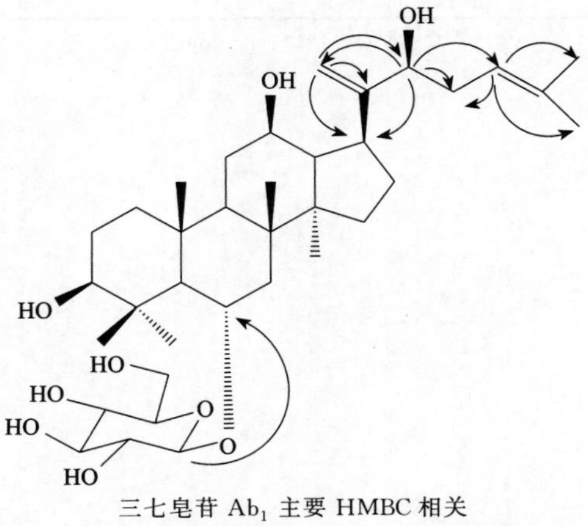

三七皂苷 Ab₁ 主要 HMBC 相关
Key HMBC correlations of notoginsenoside Ab₁

三七皂苷 Ab₁ 的¹H NMR 和¹³C NMR 数据及 HMBC 主要相关信息

^{1}H NMR and ^{13}C NMR data and HMBC correlations of notoginsenoside Ab$_1$

序号	^{1}H NMR(δ)	^{13}C NMR(δ)	HMBC
1	1.70(1H,m),1.05(1H,m)	39.9	
2	1.94(1H,m),1.87(1H,m)	28.4	
3	3.55(1H,m)	79.0	
4		40.9	
5	1.46(1H,m)	61.8	
6	4.46(1H,m)	80.5	
7	2.59(1H,m),1.98(1H,m)	45.8	
8		41.7	
9	1.59(1H,m)	51.1	
10		40.1	
11	1.50(2H,m)	32.7	
12	4.29(1H,m)	80.2	
13	2.13(1H,m)	59.1	
14		52.2	
15	1.92(1H,m),1.26(1H,m)	33.4	
16	2.16(1H,m),1.60(1H,m)	34.7	
17	3.05(1H,m)	40.2	
18	1.25(3H,s)	17.8	
19	1.04(3H,s)	18.2	
20		160.2	
21	5.31(2H,d,J=12.5Hz)	111.2	C-17,20,22
22	4.52(1H,m)	77.0	C-17,21,23,24
23	2.73(1H,m),2.54(1H,m)	36.3	
24	5.42(1H,t,J=6.9Hz)	122.4	C-23,26,27
25		132.8	
26	1.71(3H,s)	26.4	
27	1.65(3H,s)	18.6	
28	2.10(3H,s)	32.2	
29	1.63(3H,s)	16.8	
30	0.88(3H,s)	17.1	
6-glc-1′	5.07(1H,d,J=8.0Hz)	106.5	C-6
2′	3.99(1H,m)	73.0	
3′	3.99(1H,m)	78.7	
4′	4.26(1H,m)	72.3	
5′	4.13(1H,m)	75.9	
6′	4.57(1H,m),4.41(1H,m)	63.5	

注：^{1}H NMR （500MHz, pyridine-d_5）；^{13}C NMR （125MHz, pyridine-d_5）。

128 三七皂苷 Ab₃

Notoginsenoside Ab₃

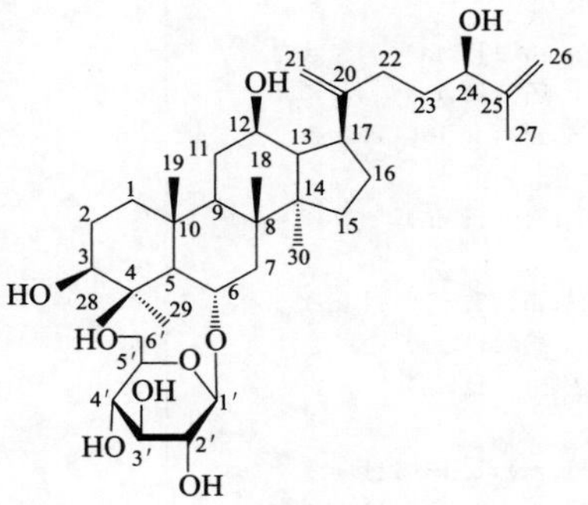

【中文名】 三七皂苷 Ab₃；6-O-β-D-吡喃葡萄糖基-达玛-20(21),25-二烯-3β,6α,12β, 24R-四醇

【英文名】 Notoginsenoside Ab₃；6-O-β-D-Glucopyranosyl-dammar-20(21),25-diene-3β, 6α,12β,24R-tetraol

【分子式】 $C_{36}H_{60}O_9$

【分子量】 636.4

【参考文献】 Li Q，Yuan M R，Li X H，et al. New dammarane-type triterpenoid saponins from *Panax notoginseng* saponins [J]. Journal of Ginseng Research，2020，44：673-679.

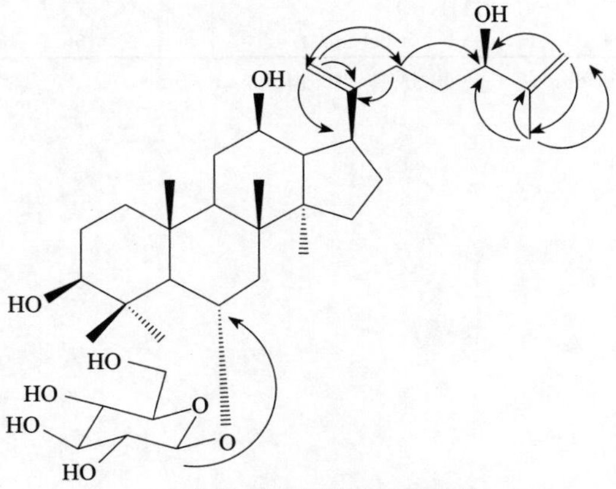

三七皂苷 Ab₃ 主要 HMBC 相关
Key HMBC correlations of notoginsenoside Ab₃

三七皂苷 Ab₃ 的¹H NMR 和¹³C NMR 数据及 HMBC 主要相关信息

¹H NMR and ¹³C NMR data and HMBC correlations of notoginsenoside Ab₃

序号	¹H NMR(δ)	¹³C NMR(δ)	HMBC
1	1.71(1H,m),1.05(1H,m)	40.4	
2	1.95(1H,m),1.88(1H,m)	28.4	
3	3.55(1H,m)	79.0	
4		40.9	
5	1.46(1H,m)	61.9	
6	4.45(1H,m)	80.6	
7	2.55(1H,m),1.96(1H,m)	45.8	
8		41.7	
9	1.58(1H,m)	51.1	
10		40.2	
11	1.98(1H,m),1.57(1H,m)	31.5	
12	4.28(1H,m)	80.2	
13	2.16(1H,m)	52.8	
14		51.6	
15	1.76(1H,m),1.16(1H,m)	33.0	
16	2.18(1H,m),2.05(1H,m)	35.1	
17	2.29(1H,m)	48.7	
18	1.24(3H,s)	17.8	
19	1.05(3H,s)	18.2	
20		156.5	
21	5.15(1H,s),4.97(1H,s)	108.4	C-17,20,22
22	2.77(1H,m),2.51(1H,m)	33.1	C-20,21,24
23	2.06(1H,m),2.46(1H,m)	33.2	
24	4.46(1H,m)	75.5	
25		150.0	
26	5.29(1H,s),4.96(1H,s)	110.5	C-24,27
27	1.91(3H,s)	18.7	C-24,25,26
28	2.10(3H,s)	32.2	
29	1.63(3H,s)	16.8	
30	0.82(3H,s)	17.2	
6-glc-1′	5.05(1H,d,J=7.8Hz)	106.4	C-6
2′	3.91(1H,m)	73.0	
3′	3.98(1H,m)	78.6	
4′	4.27(1H,m)	72.3	
5′	4.13(1H,m)	75.9	
6′	4.54(1H,m),4.44(1H,m)	63.5	

注：¹H NMR（500MHz, pyridine-d_5）；¹³C NMR（125MHz, pyridine-d_5）。

129 三七皂苷 Ab₂

Notoginsenoside Ab₂

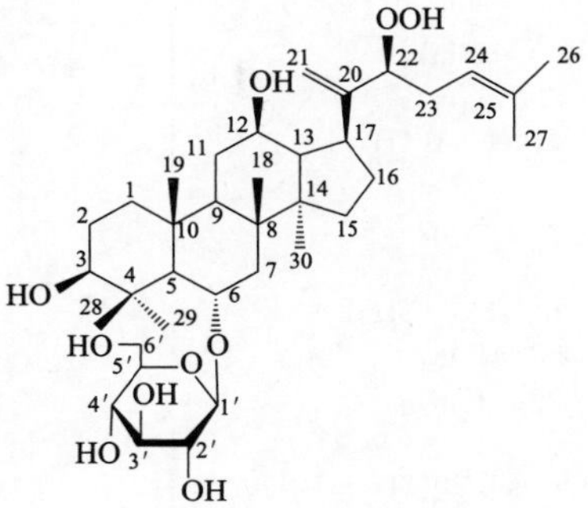

【中文名】 三七皂苷 Ab₂；6-O-β-D-吡喃葡萄糖基-达玛-20(21)，24-二烯-22S-过氧羟基-3β,6α,12β-三醇

【英文名】 Notoginsenoside Ab₂；6-O-β-D-Glucopyranosyl-dammar-20(21),24-diene-22S-hydroperoxyl-3β,6α,12β-triol

【分子式】 $C_{36}H_{60}O_{10}$

【分子量】 652.4

【参考文献】 Li Q，Yuan M R，Li X H，et al. New dammarane-type triterpenoid saponins from *Panax notoginseng* saponins [J]. Journal of Ginseng Research，2020，44：673-679.

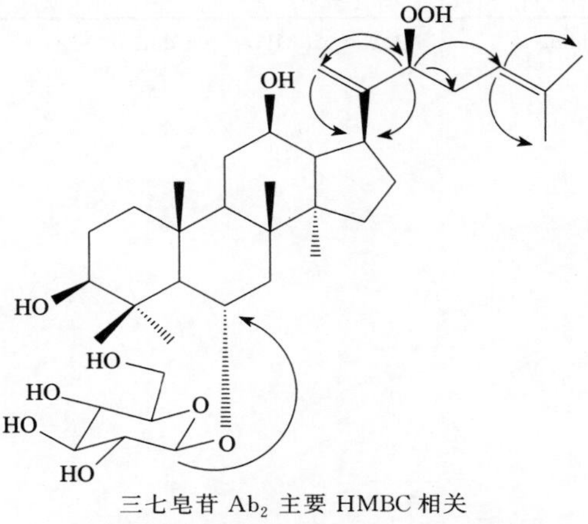

三七皂苷 Ab₂ 主要 HMBC 相关

Key HMBC correlations of notoginsenoside Ab₂

三七皂苷 Ab$_2$ 的^{1}H NMR 和^{13}C NMR 数据及 HMBC 主要相关信息

^{1}H NMR and ^{13}C NMR data and HMBC correlations of notoginsenoside Ab$_2$

序号	^{1}H NMR(δ)	^{13}C NMR(δ)	HMBC
1	1.65(1H,m),1.02(1H,m)	39.7	
2	1.91(1H,m),1.84(1H,m)	28.2	
3	3.52(1H,m)	78.7	
4		40.7	
5	1.43(1H,m)	61.7	
6	4.45(1H,m)	80.2	
7	2.57(1H,m),1.94(1H,m)	45.6	
8		41.5	
9	1.59(1H,m)	50.9	
10		40.0	
11	1.88(1H,m),1.52(1H,m)	32.8	
12	4.25(1H,m)	80.0	
13	2.29(1H,m)	55.4	
14		51.7	
15	1.52(1H,m),1.22(1H,m)	32.9	
16	2.21(1H,m),1.43(1H,m)	35.9	
17	2.91(1H,m)	38.4	
18	1.28(3H,s)	17.6	
19	1.03(3H,s)	18.1	
20		156.3	
21	5.29(2H,d,$J=12.5$Hz)	113.9	C-17,22
22	4.71(1H,t,$J=7.1$Hz)	91.3	C-17,21,23,24
23	2.60(1H,m),2.32(1H,m)	31.3	
24	5.34(1H,t,$J=6.9$Hz)	121.1	C-26,27
25		133.4	
26	1.65(3H,s)	26.1	
27	1.59(3H,s)	18.3	
28	2.08(3H,s)	32.0	
29	1.60(3H,s)	16.7	
30	0.82(3H,s)	16.9	
6-glc-1′	5.04(1H,d,$J=7.8$Hz)	106.3	C-6
2′	3.93(1H,m)	73.2	
3′	3.96(1H,m)	78.5	
4′	4.22(1H,m)	72.1	
5′	4.10(1H,m)	75.7	
6′	4.54(1H,m),4.36(1H,m)	63.4	

注：^{1}H NMR（500MHz，pyridine-d_5）；^{13}C NMR（125MHz，pyridine-d_5）。

130 三七皂苷 N₁

Notoginsenoside N₁

【中文名】　三七皂苷 N₁；6-*O*-β-D-吡喃葡萄糖基-达玛-24-烯-12-酮-3β,6α,20S-三醇

【英文名】　Notoginsenoside N₁；6-*O*-β-D-Glucopyranosyl-dammar-24-ene-12-one-3β,6α,20S-triol

【分子式】　$C_{36}H_{60}O_9$

【分子量】　636.4

【参考文献】　Zheng Y R，Fan C L，Chen Y，et al. Anti-inflammatory，anti-angio-genetic and antiviral activities of dammarane-type triterpenoid saponins from the roots of *Panax notoginseng* [J]. Food & Function，2022，13：3590-3602.

三七皂苷 N₁ 的 ^{1}H NMR 和 ^{13}C NMR 数据

^{1}H NMR and ^{13}C NMR data of notoginsenoside N₁

序号	^{1}H NMR(δ)	^{13}C NMR(δ)
1	0.95(1H),1.43(1H)	39.3
2	1.87(2H)	28.1
3	3.52(1H,brd,$J=11.5$Hz)	78.6
4		40.7
5	1.45(1H)	61.4
6	4.52(1H)	80.0
7	2.61(1H),1.91(1H)	44.7
8		41.9
9	1.87(1H)	54.4
10		40.0
11	2.34(2H)	40.4
12		212.2
13	3.33(1H,d,$J=9.6$Hz)	56.6
14		55.9
15	1.25(1H),1.97(1H)	32.2
16	2.01(1H),1.78(1H)	24.8
17	2.69(1H)	44.5
18	1.37(3H,s)	17.7
19	1.04(3H,s)	18.0
20		73.5
21	1.43(3H,s)	26.9
22	1.77(2H)	42.2
23	2.41(1H),2.27(1H)	23.9
24	5.27(3H,t,$J=6.0$Hz)	126.2
25		131.2
26	1.67(3H,s)	26.1
27	1.62(3H,s)	17.4
28	2.08(3H,s)	31.9
29	1.62(3H,s)	16.6
30	0.77(3H,s)	17.6
6-glc-1'	5.07(1H,d,$J=7.7$Hz)	106.3
2'	4.12(1H,t,$J=8.2$Hz)	75.7
3'	4.25(1H)	80.2
4'	4.25(1H)	72.1
5'	3.96(1H)	78.6
6'	4.52(1H),4.37(1H)	63.3

注：^{1}H NMR（600 MHz，pyridine-*d*₅）；^{13}C NMR（150 MHz，pyridine-*d*₅）。

131 3-酮-20（S）-人参皂苷 Rh₁

3-One-20(S)-ginsenoside Rh₁

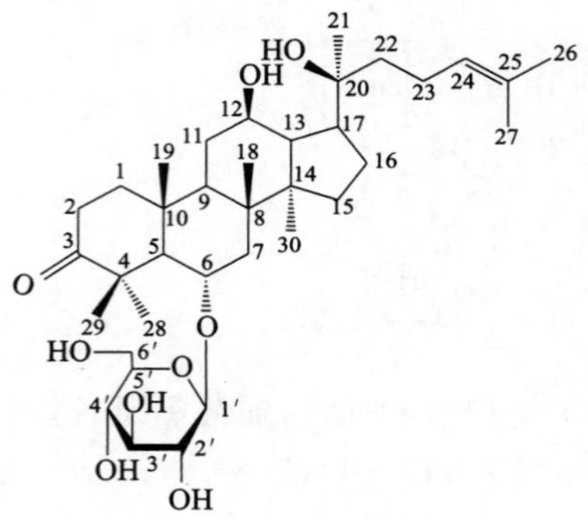

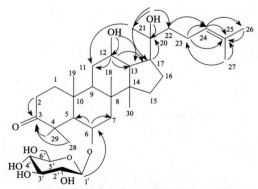

【中文名】　3-酮-20(S)-人参皂苷 Rh₁；6-O-β-D-吡喃葡萄糖基-达玛-24-烯-3-酮-6α，12β，20S-三醇

【英文名】　3-One-20(S)-ginsenoside Rh₁；6-O-β-D-Glucopyranosyl-dammar-24-ene-3-one-6α,12β,20S-triol

【分子式】　$C_{36}H_{60}O_9$

【分子量】　636.4

【参考文献】　Shang J H，Xu G W，Zhu H T，et al. Anti-inflammatory and cytotoxic triterpenes from the rot roots of *Panax notoginseng*［J］. Natural Products and Bioprospecting，2019，9（4）：287-295.

3-酮-20(S)-人参皂苷 Rh₁ 主要 HMBC 相关

Key HMBC correlations of 3-one-20(S)-ginsenoside Rh₁

3-酮-20(S)-人参皂苷 Rh₁ 的¹H NMR 和¹³C NMR 数据及 HMBC 主要相关信息

¹H NMR and¹³C NMR data and HMBC correlations of 3-one-20(S)-ginsenoside Rh₁

序号	¹H NMR(δ)	¹³C NMR(δ)	HMBC
1	1.75(1H,m),1.56(1H,m)	40.5	
2	2.83(1H,m),2.31(1H,m)	33.7	C-3
3		219.0	
4		48.6	C-3
5	2.15(1H,d,J=10.6Hz)	58.4	
6	4.29(1H,td,J=10.7,3.8Hz)	79.8	C-5,7
7	26.64(1H,dd,J=12.9,3.8Hz);1.93(1H,d,J=12.1Hz)	43.8	
8		40.7	
9	2.06(1H,m)	48.8	
10		38.9	
11	2.04(1H,m),2.15(1H,m)	33.3	
12	3.90(1H,m)	71.2	C-11,13
13	1.66(1H,m)	49.3	
14		52.2	
15	1.69(1H,m),1.28(1H,m)	31.7	
16	1.84(1H,m),1.38(1H,m)	27.3	
17	2.34(1H,m)	55.1	C-20
18	1.13(3H,s)	16.5	
19	0.88(3H,s)	18.7	
20		73.5	
21	1.43(3H,s)	27.5	
22	2.05(1H,m),2.71(1H,m)	36.3	
23	2.62(1H,m),2.29(1H,m)	23.5	C-24,25
24	5.35(1H,tt,J=7.1,1.2Hz)	126.8	C-25,26
25		131.3	
26	1.68(3H,s)	26.3	C-25
27	1.64(3H,s)	18.2	C-23,25
28	1.79(3H,s)	32.3	
29	1.89(3H,s)	20.2	
30	0.88(3H,s)	17.1	
6-glc-1'	5.04(1H,d,J=7.8Hz)	105.8	C-6
2'	4.08(1H,m)	75.9	
3'	4.25(1H,m)	80.1	
4'	4.23(1H,m)	72.4	
5'	3.96(1H,m)	78.6	
6'	4.57(1H,d,J=11.3Hz),4.38(1H,m)	63.6	

注：¹H NMR（600MHz，pyridine-d_5）；¹³C NMR（150MHz，pyridine-d_5）。

132 3-酮-20（S）-人参皂苷 Rh₆

3-One-20(S)-ginsenoside Rh₆

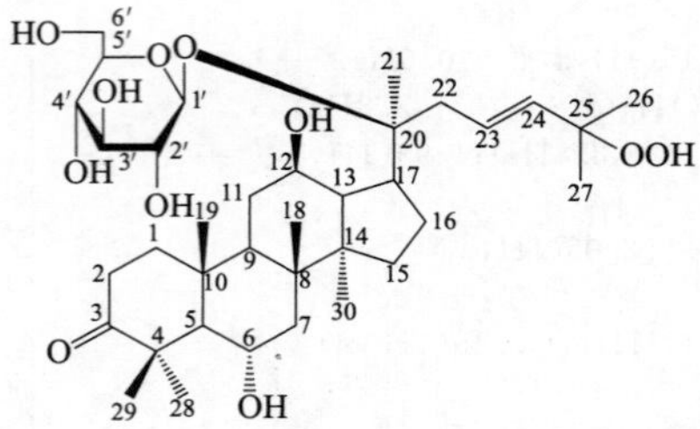

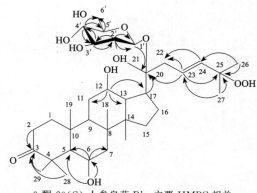

【中文名】　3-酮-20(S)-人参皂苷 Rh₆；20-O-β-D-吡喃葡萄糖基-达玛-3-酮-23(24)-烯-25-过氧羟基-6α,12β,20S-三醇

【英文名】　3-One-20(S)-ginsenoside Rh₆；20-O-β-D-Glucopyranosyl-dammar-3-one-23(24)-ene-25-hydroperoxyl-6α,12β,20S-triol

【分子式】　$C_{36}H_{60}O_{11}$

【分子量】　668.4

【参考文献】　Shang J H, Xu G W, Zhu H T, et al. Anti-inflammatory and cyto-toxic triterpenes from the rot roots of *Panax notoginseng* [J]. Natural Products and Bio-prospecting, 2019, 9 (4): 287-295.

3-酮-20(S)-人参皂苷 Rh₆ 主要 HMBC 相关

Key HMBC correlations of 3-one-20(S)-ginsenoside Rh₆

3-酮-20(S)-人参皂苷 Rh$_6$ 的 ^{1}H NMR 和 ^{13}C NMR 数据及 HMBC 主要相关信息

^{1}H NMR and ^{13}C NMR data and HMBC correlations of 3-one-20(S)-ginsenoside Rh$_6$

序号	^{1}H NMR(δ)	^{13}C NMR(δ)	HMBC
1	1.80(1H,m),1.59(1H,m)	40.3	
2	2.80(1H,m),2.32(1H,m)	33.8	C-3
3		219.1	
4		48.1	
5	1.93(1H,m)	59.5	
6	4.23(1H,m)	67.3	C-5,7
7	1.88(2H,m)	45.8	
8		41.0	
9	1.66(1H,m)	49.0	
10		38.6	
11	2.03(1H,m),1.53(1H,m)	32.2	
12	4.03(1H,m)	70.7	C-11,13-17
13	2.01(1H,m)	49.8	
14		51.9	
15	1.51(1H,m),1.01(1H,m)	31.1	
16	1.80(1H,m),1.44(1H,m)	26.8	
17	2.49(1H,m)	52.5	C-20
18	0.88(3H,s)	18.2	
19	0.74(3H,s)	17.5	
20		83.5	
21	1.62(3H,s)	23.7	
22	3.08(1H,dd,J=14.1,6.1Hz);2.76(1H,m)	40.3	
23	6.21(1H,m)	127.0	C-22,25
24	6.08(1H,d,J=15.7Hz)	138.6	
25		81.8	
26	1.59(3H,s)	25.6	C-24,25
27	1.60(3H,s)	25.9	C-23,25
28	1.68(3H,s)	32.6	
29	1.73(3H,m)	20.5	
30	1.09(3H,s)	16.7	
20-glc-1′	5.26(1H,d,J=7.7Hz)	98.8	C-20
2′	4.04(1H,m)	75.8	C-1′,3′
3′	4.27(1H,m)	79.4	C-2′,4′
4′	4.17(1H,m)	72.1	C-3′,5′,6′
5′	4.03(1H,m)	78.8	C-6′
6′	4.55(1H,d,J=11.4Hz),4.35(1H,m)	63.5	
OH-6	5.71(1H,s)		
OH-12	7.40(1H,s)		
OOH-25	14.37(1H,s)		

注：^{1}H NMR（600MHz，pyridine-d_5）；^{13}C NMR（150MHz，pyridine-d_5）。

133 三七皂苷 P₁

Notoginsenoside P₁

【中文名】 三七皂苷 P₁；6-O-β-D-吡喃葡萄糖基-达玛-12β,21-环氧-21-甲氧基-24-烯-3β,6α-二醇

【英文名】 Notoginsenoside P₁；6-O-β-D-Glucopyranosyl-dammar-12β,21-epoxy-21-methoxy-24-ene-3β,6α-diol

【分子式】 $C_{37}H_{62}O_9$

【分子量】 650.4

【参考文献】 倪开岭，韩立峰，赵楠，等. 三七根茎中的 1 个新达玛烷型三萜皂苷[J]. 中草药，2019，50（10）：2273-2278.

三七皂苷 P₁ 的 ¹H NMR 和 ¹³C NMR 数据

¹H NMR and ¹³C NMR data of notoginsenoside P₁

序号	¹H NMR(δ)	¹³C NMR(δ)
1	1.72(1H,m),1.04(1H,m)	39.8
2	2.04(1H,m),1.89(1H,m)	28.0
3	3.53(1H,m)	78.5
4		40.4
5	1.46(1H,d,J=10.7Hz)	61.6
6	4.24(1H,m)	79.7
7	2.55(1H,dd,J=12.7,3.0Hz),2.01(1H,overlapped)	46.1
8		42.4
9	1.56(1H,m)	51.8
10		40.2
11	2.00(1H,m),1.41(1H,m)	28.6
12	3.83(1H,m)	70.0
13	1.45(1H,m)	45.4
14		47.9
15	1.69(1H,m),1.08(1H,m)	32.1
16	1.59(1H,m),1.44(1H,m)	24.0
17	2.41(1H,m)	33.3
18	1.22(3H,s)	18.0
19	1.08(3H,s)	18.0
20	2.06(1H,m)	42.1
21	4.86(1H,brs)	102.5
22	1.55(2H,m)	25.7
23	2.20(1H,m),2.06(1H,m)	27.9
24	5.25(1H,t,J=7.2Hz)	125.2
25		131.6
26	1.69(3H,s)	25.8
27	1.60(3H,s)	17.8
28	2.08(3H,s)	31.8
29	1.61(3H,s)	16.4
30	0.80(3H,s)	17.2
—OCH₃	3.46(3H,s)	54.7
6-glc-1′	5.05(1H,d,J=7.8Hz)	105.9
2′	4.09(1H,m)	75.5
3′	4.24(1H,m)	79.7
4′	4.21(1H,m)	71.9
5′	3.93(1H,m)	78.1
6′	4.52(1H,m),4.36(1H,m)	63.1

注：¹H NMR（500MHz，pyridine-d_5）；¹³C NMR（125MHz，pyridine-d_5）。

134 20（S）-人参皂苷 Rf₂

20(*S*)-Ginsenoside Rf₂

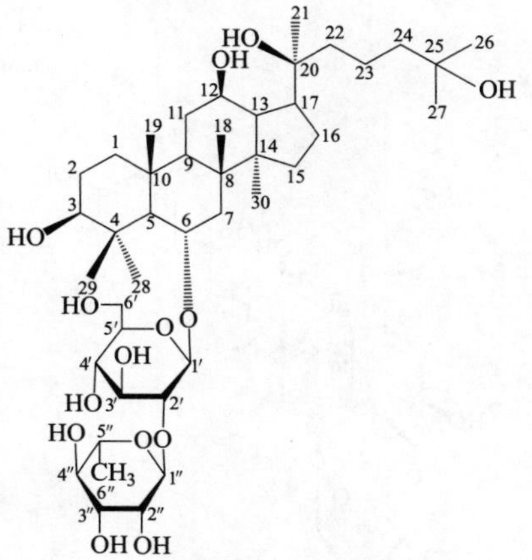

【中文名】 20（*S*）-人参皂苷 Rf₂；6-*O*-[α-L-吡喃鼠李糖基-(1-2)-β-D-吡喃葡萄糖基]-达玛-3β,6α,12β,20S,25-五醇

【英文名】 20（*S*）-Ginsenoside Rf₂；6-*O*-[α-L-Rhamnopyranosyl-(1-2)-β-D-glucopyranosyl]-dammar-3β,6α,12β,20S,25-pentaol

【分子式】 $C_{42}H_{74}O_{14}$

【分子量】 802.5

【参考文献】 杨秀伟，李珂珂，周琪乐．人参茎叶中1个新皂苷20（*S*）-人参皂苷 Rf₂ [J]．中草药，2015，46（21）：3137-3145.

20(*S*)-人参皂苷 Rf₂ 的¹³C NMR 数据

¹³C NMR data of 20(*S*)-ginsenoside Rf₂

序号	¹³C NMR(δ)	序号	¹³C NMR(δ)
1	39.7	22	36.4
2	27.7	23	19.2
3	79.4	24	46.1
4	40.0	25	69.9
5	60.9	26	30.2
6	74.5	27	30.5
7	45.9	28	32.2
8	41.2	29	17.0
9	49.7	30	17.6
10	40.0	6-glc-1′	101.8
11	32.2	2′	79.4
12	70.9	3′	78.7
13	48.3	4′	72.7
14	51.8	5′	78.4
15	31.3	6′	63.2
16	27.0	2′-rham(p)-1″	101.9
17	54.7	2″	72.5
18	17.6	3″	72.3
19	17.7	4″	74.2
20	72.5	5″	69.5
21	27.2	6″	18.8

注：¹³C NMR（100MHz，pyridine-d_5）。

135 25-羟基-20（E）-人参皂苷 Rg₉

25-Hydroxy-20(*E*)-Ginsenoside Rg₉

【中文名】　25-羟基-20(*E*)-人参皂苷 Rg₉；(*E*)-6-*O*-[β-D-吡喃葡萄糖基-(1-2)-β-D-吡喃葡萄糖基]-达玛-20(22)-烯-3β,6α,12β,25-四醇

【英文名】　25-Hydroxy-20(*E*)-Ginsenoside Rg₉；(*E*)-6-*O*-[β-D-Glucopyranosyl-(1-2)-β-D-glucopyranosyl]-dammar-20(22)-ene-3β,6α,12β,25-tetraol

【分子式】　$C_{42}H_{72}O_{14}$

【分子量】　800.5

【参考文献】　Lee S M. The mechanism of acid-catalyzed conversion of ginsenoside Rf and two new 25-hydroxylated ginsenosides [J]. Phytochemistry Letters，2014，10：209-214.

25-羟基-20(*E*)-人参皂苷 Rg₉ 的 ¹H NMR 和 ¹³C NMR 数据

¹H NMR and ¹³C NMR data of 25-hydroxy-20(*E*)-ginsenoside Rg₉

序号	¹H NMR(δ)	¹³C NMR(δ)
1	1.67(1H,m),1.99(1H,m)	39.8
2	1.82(1H,m),1.89(1H,m)	28.2
3	3.49(1H,m)	79.0
4		40.1
5	1.40(1H,d,$J=10.5$Hz)	61.8
6	4.33(1H,ov.)	80.2
7	2.43(1H,dd,$J=12.6,2.8$Hz),1.97(1H,t,$J=11.2$Hz)	45.5
8		41.8
9	1.52(1H,m)	50.9
10		40.6
11	1.44(1H,m),1.98(1H,m)	32.6
12	3.88(1H,m)	72.9
13	1.98(1H,m)	51.0
14		51.2
15	1.21(1H,ov.),1.72(1H,ov.)	32.9
16	1.87(1H,ov.),1.47(1H,ov.)	29.1
17	2.75(1H,m)	50.7

序号	^{1}H NMR(δ)	^{13}C NMR(δ)
18	1.23(3H,s)	17.8
19	0.98(3H,s)	18.1
20		139.9
21	1.83(3H,s)	13.4
22	5.58(1H,t,J=7.0Hz)	125.9
23	2.37(2H,m)	24.1
24	1.75(2H,ov.)	44.6
25		69.9
26	1.36(3H,s)	30.1
27	1.37(3H,s)	30.4
28	2.10(3H,s)	32.4
29	1.49(3H,s)	17.1
30	0.83(3H,s)	17.2
6-glc-1′	4.94(1H,d,J=7.7Hz)	104.2
2′	4.49(1H,m ov.)	80.0
3′	4.37(1H,m ov.)	80.3
4′	4.14(1H,t,J=9.1Hz)	72.1
5′	3.86(1H,m)	78.5
6′	4.49(1H,m ov.),4.33(1H,m ov.)	63.3
2′-glc-1″	5.94(1H,d,J=7.7Hz)	104.3
2″	4.21(1H,m)	76.4
3″	4.26(1H,m)	78.8
4″	4.22(1H,m)	72.7
5″	3.97(1H,m)	78.3
6″	4.49(1H,m ov.),4.37(1H,m ov.)	63.7

注：^{1}H NMR（700MHz，pyridine-d_5）；^{13}C NMR（176MHz，pyridine-d_5）。

136 25-羟基-20（Z）-人参皂苷 Rg₉

25-Hydroxy-20(*Z*)-Ginsenoside Rg₉

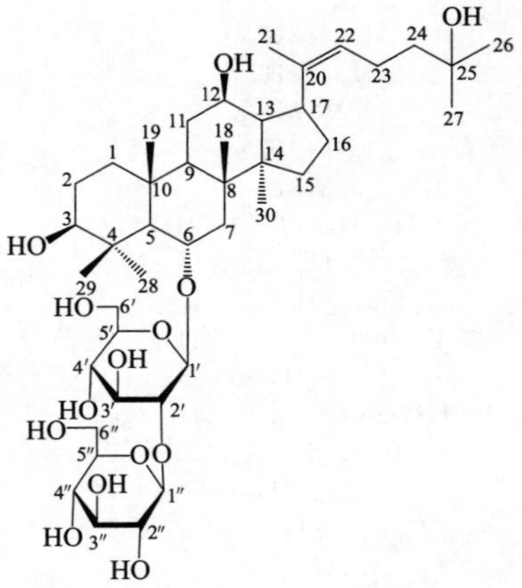

【中文名】 25-羟基-20(*Z*)-人参皂苷 Rg₉；(*Z*)-6-*O*-[β-D-吡喃葡萄糖基-(1-2)-β-D-吡喃葡萄糖基]-达玛-20(22)-烯-3β,6α,12β,25-四醇

【英文名】 25-Hydroxy-20(*Z*)-Ginsenoside Rg₉；(*Z*)-6-*O*-[β-D-Glucopyranosyl-(1-2)-β-D-glucopyranosyl]-dammar-20(22)-ene-3β,6α,12β,25-tetraol

【分子式】 $C_{42}H_{72}O_{14}$

【分子量】 800.5

【参考文献】 Lee S M. The mechanism of acid-catalyzed conversion of ginsenoside Rf and two new 25-hydroxylated ginsenosides [J]. Phytochemistry Letters，2014，10：209-214.

25-羟基-20(*Z*)-人参皂苷 Rg₉ 的 ¹H NMR 和¹³C NMR 数据

¹H NMR and ¹³C NMR data of 25-hydroxy-20(*Z*)-ginsenoside Rg₉

序号	¹H NMR(δ)	¹³C NMR(δ)
1	1.69(1H,m),1.01(1H,m)	39.9
2	1.84(1H,m),1.90(1H,m)	28.2
3	3.49(1H,m)	79.0
4		40.1
5	1.41(1H,ov.)	61.8
6	4.34(1H,ov.)	80.2
7	2.44(1H,dd,J=12.6,2.8Hz),1.98(1H,t,J=11.6Hz)	45.5
8		41.8
9	1.52(1H,m)	50.9
10		40.6
11	1.46(1H,m),2.19(1H,m)	32.9
12	3.88(1H,m)	72.8
13	2.03(1H,m)	49.5
14		71.5
15	1.22(1H,ov.),1.75(1H,m)	33.0

续表

序号	^{1}H NMR(δ)	^{13}C NMR(δ)
16	1.91(1H,ov.),1.44(1H,ov.)	28.7
17	2.09(1H,m ov.)	50.7
18	1.23(3H,s)	17.8
19	0.99(3H,s)	18.0
20		139.5
21	1.94(3H,s)	20.4
22	5.35(1H,t,$J=7.0$Hz)	126.4
23	2.50(1H,m),2.54(1H,m)	23.6
24	1.80(2H,m ov.)	45.4
25		70.0
26	1.40(3H,s ov.)	30.3
27	1.40(3H,s ov.)	30.4
28	2.10(3H,s)	32.4
29	1.50(3H,s)	17.1
30	0.85(3H,s)	17.2
6-glc-1′	4.95(1H,d,$J=7.7$Hz)	104.2
2′	4.50(1H,m ov.)	80.1
3′	4.39(1H,m ov.)	80.3
4′	4.15(1H,t,$J=9.1$Hz)	72.1
5′	3.88(1H,m)	78.5
6′	4.32(1H,m ov.),4.51(1H,m ov.)	63.3
2′-glc-1″	5.93(1H,d,$J=7.7$Hz)	104.3
2″	4.22(1H,m)	76.5
3″	4.28(1H,m)	78.8
4″	4.22(1H,m ov.)	72.7
5″	3.98(1H,m)	78.3
6″	4.37(1H,m ov.),4.50(1H,m)	63.7

注：^{1}H NMR (700MHz, pyridine-d_5)；^{13}C NMR (176MHz, pyridine-d_5)。

137 12-O-葡萄糖人参皂苷 Rh₄

12-*O*-Glucoginsenoside-Rh₄

【中文名】 12-*O*-葡萄糖人参皂苷 Rh₄；（*E*）-6-*O*-β-D-吡喃葡萄糖基-12-*O*-β-D-吡喃葡萄糖基-达玛-20(22)，24-二烯-3β，6α，12β-三醇

【英文名】 12-*O*-Glucoginsenoside-Rh₄；（*E*）-6-*O*-β-D-Glucopyranosyl-12-*O*-β-D-glucopyranosyl-dammar-20(22)，24-diene-3β，6α，12β-triol

【分子式】 $C_{42}H_{70}O_{13}$

【分子量】 782.5

【参考文献】 Cho J G，Lee D Y，Shrestha S，et al. Three new ginsenosides from the heat-processed roots of *Panax ginseng* [J]. Chemistry of Natural Compounds，2013，49（5）：882-887.

12-*O*-葡萄糖人参皂苷 Rh₄ 的 ^{13}C NMR 数据

^{13}C NMR data of 12-*O*-glucoginsenoside-Rh₄

序号	^{13}C NMR(δ)	序号	^{13}C NMR(δ)
1	39.7	22	123.7
2	28.5	23	27.2
3	78.7	24	124.5
4	40.3	25	130.8
5	61.6	26	25.8
6	79.9	27	17.8
7	45.3	28	32.2
8	41.6	29	16.8
9	50.7	30	17.0
10	39.9	6-glc-1′	103.8
11	32.8	2′	76.1
12	80.0	3′	78.7
13	50.4	4′	72.4
14	51.3	5′	79.8
15	32.8	6′	63.1
16	27.9	12-glc-1″	103.9
17	52.2	2″	76.1
18	17.6	3″	77.8
19	17.8	4″	71.9
20	139.7	5″	78.1
21	21.0	6″	63.4

注：^{13}C NMR（100MHz，pyridine-d_5）。

138 拟人参皂苷 Rt₃

Pseudoginsenoside Rt₃

【中文名】 拟人参皂苷 Rt₃；6-O-β-D-吡喃木糖基-20-O-β-D-吡喃葡萄糖基-达玛-24-烯-3β,6α,12β,20S-四醇

【英文名】 Pseudoginsenoside Rt₃；6-O-β-D-Xylopyranosyl-20-O-β-D-glucopyranosyl-dammar-24-ene-3β,6α,12β,20S-tetraol

【分子式】 $C_{41}H_{70}O_{13}$

【分子量】 770.5

【参考文献】 Lee D G，Lee J，Yang S，et al. Identification of dammarane-type triterpenoid saponins from the root of *Panax ginseng* [J]. Natural Product Sciences，2015，21（2）：111-121.

拟人参皂苷 Rt₃ 的 ¹H NMR 和 ¹³C NMR 数据

¹H NMR and ¹³C NMR data of pseudoginsenoside Rt₃

序号	¹H NMR(δ)	¹³C NMR(δ)	序号	¹H NMR(δ)	¹³C NMR(δ)
1	0.75(1H),1.50(1H)	40.2	22	1.78(1H),2.45(1H)	36.5
2	1.75(1H),2.03(1H)	27.2	23	2.22(1H),2.54(1H)	22.5
3	3.48(1H)	79.7	24	5.27(1H)	126.4
4		39.9	25		131.5
5	1.45(1H)	61.9	26	1.57(3H)	26.2
6	4.35(1H)	80.7	27	1.60(3H)	17.8
7	1.78(1H),2.51(1H)	46.2	28	2.15(3H)	31.4
8		40.7	29	1.35(3H)	18.0
9	1.57(1H)	51.9	30	0.82(3H)	18.3
10		40.7	6-xyl(p)-1′	5.17(1H,m,d,$J=8.0$Hz)	106.4
11	1.45(1H),1.93(1H)	31.4	2′	4.09(1H)	75.6
12	4.01(1H)	70.9	3′	4.27(1H)	78.8
13	2.02(1H)	51.9	4′	4.25(1H)	72.3
14		50.5	5′	4.36(2H)	65.8
15	1.15(1H),1.65(1H)	31.4	20-glc-1″	5.10(1H,d,$J=8.0$Hz)	98.8
16	1.37(1H),1.84(1H)	26.2	2″	3.97(1H)	75.9
17	2.42(1H)	51.4	3″	4.18(1H)	79.7
18	1.15(3H)	17.0	4″	4.12(1H)	72.0
19	0.98(3H)	17.3	5″	4.05(1H)	79.2
20		83.8	6″	4.45(1H),4.28(1H)	63.3
21	1.51(3H)	23.2			

注：¹H NMR（500MHz，pyridine-d_5）。

139 越南参皂苷 R₁₅

Vinaginsenoside R₁₅

【中文名】 越南参皂苷 R₁₅；6-O-β-D-吡喃葡萄糖基-20-O-β-D-吡喃葡萄糖基-达玛-23-烯-3β,6α,12β,20S,25-五醇

【英文名】 Vinaginsenoside R₁₅；6-O-β-D-Glucopyranosyl-20-O-β-D-glucopyranosyl-dammar-23-ene-3β,6α,12β,20S,25-pentaol

【分子式】 C₄₂H₇₂O₁₅

【分子量】 816.5

【参考文献】 Lee D G，Lee J，Yang S，et al. Identification of dammarane-type triterpenoid saponins from the root of *Panax ginseng* [J]. Natural Product Sciences，2015，21（2）：111-121.

越南参皂苷 R₁₅ 的¹H NMR 和¹³C NMR 数据

¹H NMR and¹³C NMR data of vinaginsenoside R₁₅

序号	¹H NMR(δ)	¹³C NMR(δ)	序号	¹H NMR(δ)	¹³C NMR(δ)
1	0.78(1H),1.46(1H)	39.7	22	2.42(1H),2.72(1H)	40.8
2	1.78(1H),1.95(1H)	28.3	23	6.31(1H)	123.7
3	3.41(1H)	80.1	24	6.01(1H)	142.6
4		39.7	25		70.4
5	1.21(1H)	61.9	26	1.55(3H)	31.5
6	4.51(1H)	80.5	27	1.52(3H)	32.2
7	1.91(1H),2.45(1H)	45.5	28	2.07(3H)	32.6
8		39.9	29	1.32(3H)	18.0
9	1.53(1H)	49.6	30	0.94(3H)	18.1
10		40.8	6-glc-1′	5.05(1H,d,J=8.0Hz)	106.4
11	1.45(1H),2.01(1H)	31.1	2′	4.26(1H)	75.9
12	4.05(1H)	70.1	3′	4.22(1H)	78.8
13	2.08(1H)	50.4	4′	4.11(1H)	72.1
14		52.7	5′	3.96(1H)	78.8
15	1.09(1H),1.54(1H)	31.5	6′	4.36(1H),4.50(1H)	63.5
16	1.45(1H),1.77(1H)	26.9	20-glc-1″	5.19(1H,d,J=8.0Hz)	98.8
17	2.40(1H)	52.7	2″	3.99(1H)	75.8
18	1.21(3H)	16.8	3″	4.26(1H)	79.8
19	1.09(3H)	17.4	4″	4.21(1H)	72.7
20		83.7	5″	4.02(1H)	79.1
21	1.56(3H)	23.0	6″	4.50(1H),4.29(1H)	63.4

注：¹H NMR（500MHz，pyridine-d₅）。

140 3-O-α-L-吡喃阿拉伯糖基-6-O-β-D-吡喃阿拉伯糖基-达玛-12，24-二烯-3α，6β，15α-三醇

3-O-α-L-Arabinopyranosyl-6-O-β-D-arabinopyranosyl-dammar-12，24-diene-3α，6β，15α-triol

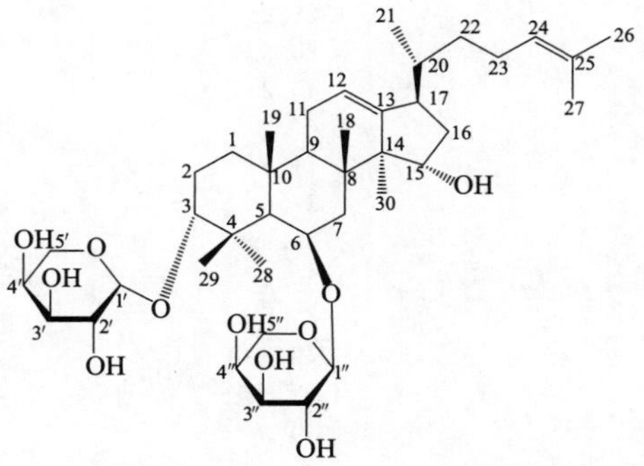

【中文名】 3-O-α-L-吡喃阿拉伯糖基-6-O-β-D-吡喃阿拉伯糖基-达玛-12,24-二烯-3α，6β，15α-三醇

【英文名】 3-O-α-L-Arabinopyranosyl-6-O-β-D-arabinopyranosyl-dammar-12,24-diene-3α，6β，15α-triol

【分子式】 $C_{40}H_{66}O_{11}$

【分子量】 722.5

【参考文献】 Ali M，Sultana S. New dammarane-type triterpenoids from the roots of *Panax ginseng* C. A. Meyer [J]. Acta Poloniae Pharmaceutica：Drug Research，2017，74 (4)：1131-1141.

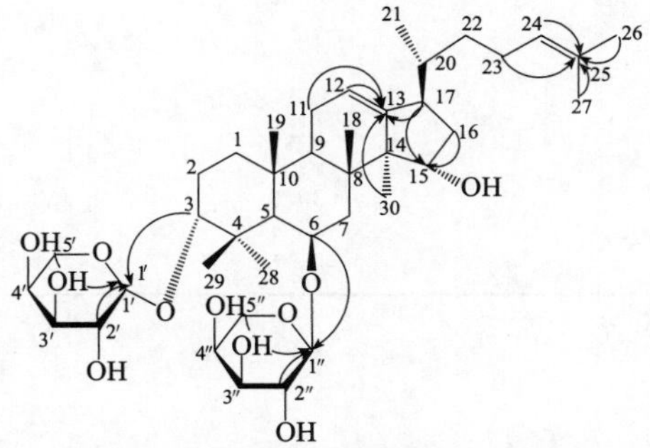

3-O-α-L-吡喃阿拉伯糖基-6-O-β-D-吡喃阿拉伯糖基-达玛-12,24-二烯-3α,6β,15α-三醇主要 HMBC 相关

Key HMBC correlations of 3-O-α-L-arabinopyranosyl-6-O-β-D-arabinopyranosyl-dammar-12,24-diene-3α,6β,15α-triol

3-*O*-α-L-吡喃阿拉伯糖基-6-*O*-β-D-吡喃阿拉伯糖基-达玛-12,24-二烯-3α,6β,15α-三醇的
^{13}C NMR 数据及 HMBC 的主要相关信息

^{13}C NMR data and HMBC correlations of 3-*O*-α-L-arabinopyranosyl-6-*O*-β-
D-arabinopyranosyl-dammar-12,24-diene-3α,6β,15α-triol

序号	^{13}C NMR(δ)	HMBC
1	38.5	
2	28.9	
3	80.3	C-1′
4	40.2	
5	57.9	
6	71.8	C-1″
7	32.6	
8	39.9	
9	50.1	
10	36.5	
11	23.3	C-13
12	126.5	C-13
13	132.7	
14	51.8	
15	76.9	
16	30.9	C-15
17	53.5	C-13,15
18	17.3	
19	17.4	
20	39.7	
21	24.3	
22	31.4	
23	27.8	C-25
24	126.3	C-25
25	132.6	
26	26.5	C-25
27	19.7	C-25
28	22.9	
29	29.6	
30	16.7	C-13
3-ara(p)-1′	38.5	
2′	28.9	C-1′
3′	80.3	
4′	40.2	
5′	57.9	C-1′
6-ara(p)-1″	71.8	
2″	32.6	C-1″
3″	39.9	
4″	50.1	
5″	36.5	C-1″

注：^{13}C NMR（100MHz，DMSO-d_6）。

141 3-O-α-L-吡喃阿拉伯糖基-6-O-β-D-吡喃阿拉伯糖基-达玛-24-烯-3α，6β，16α，20S-四醇

3-O-α-L-Arabinopyranosyl-6-O-β-D-arabinopyranosyl-dammar-24-ene-3α，6β，16α，20S-tetraol

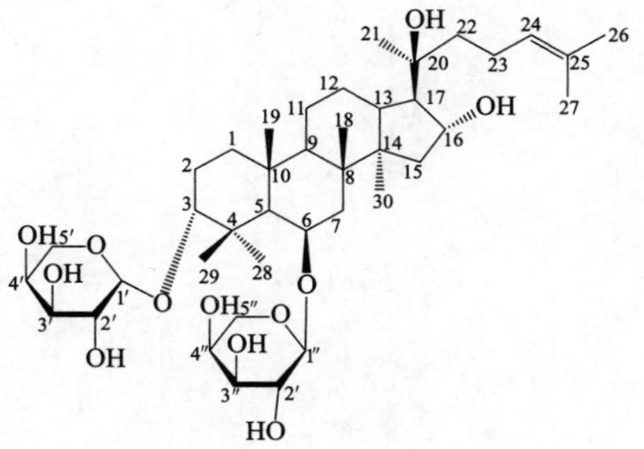

【中文名】 3-O-α-L-吡喃阿拉伯糖基-6-O-β-D-吡喃阿拉伯糖基-达玛-24-烯-3α，6β，16α，20S-四醇

【英文名】 3-O-α-L-Arabinopyranosyl-6-O-β-D-arabinopyranosyl-dammar-24-ene-3α，6β，16α，20S-tetraol

【分子式】 $C_{40}H_{68}O_{12}$

【分子量】 740.5

【参考文献】 Ali M，Sultana S. New dammarane-type triterpenoids from the roots of *Panax ginseng* C. A. Meyer［J］. Acta Poloniae Pharmaceutica：Drug Research，2017，74（4），1131-1141.

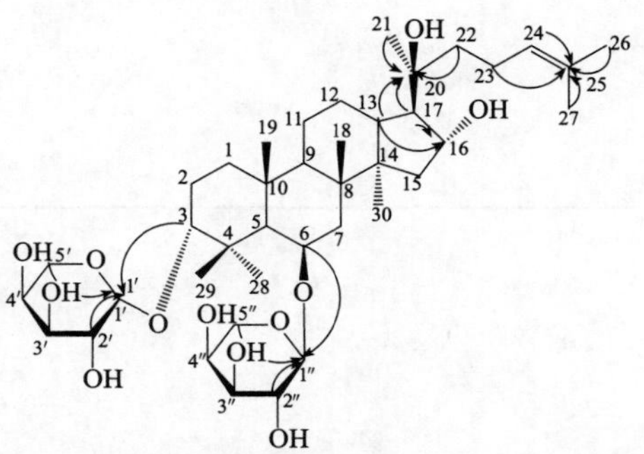

3-O-α-L-吡喃阿拉伯糖基-6-O-β-D-吡喃阿拉伯糖基-达玛-24-烯-3α，6β，16α，20S-四醇主要 HMBC 相关

Key HMBC correlations of 3-O-α-L-arabinopyranosyl-6-O-β-D-arabinopyranosyl-dammar-24-ene-3α，6β，16α，20S-tetraol

3-O-α-L-吡喃阿拉伯糖基-6-O-β-D-吡喃阿拉伯糖基-达玛-24-烯-3α,6β,16α，
20S-四醇 ^{13}C NMR 数据及 HMBC 的主要相关信息

^{13}C NMR data and HMBC correlations of 3-O-α-L-arabinopyranosyl-6-O-β-D-
arabinopyranosyl-dammar-24-ene-3α,6β,16α,20S-tetraol

序号	^{13}C NMR(δ)	HMBC
1	38.79	
2	28.71	
3	81.29	C-1′
4	38.62	
5	55.56	
6	72.41	C-1″
7	34.43	
8	40.11	
9	50.93	
10	36.21	
11	21.45	
12	25.62	
13	42.14	C-16,20
14	49.46	
15	31.09	
16	69.85	
17	48.01	C-16,20
18	15.31	
19	22.11	
20	71.99	
21	28.92	C-20
22	30.63	C-20
23	25.71	C-25
24	125.26	C-25
25	130.11	
26	17.51	C-25
27	25.52	C-25
28	25.52	
29	15.98	
30	16.76	
3-ara(p)-1′	103.86	
2′	76.81	C-1′
3′	76.11	
4′	69.72	
5′	61.03	C-1′
6-ara(p)-1″	103.61	
2″	76.52	C-1″
3″	75.25	
4″	69.96	
5″	60.82	C-1″

注：^{13}C NMR （100MHz，DMSO-d_6）。

142 人参皂苷 MT₁

Ginsenoside MT₁

【中文名】 人参皂苷 MT$_1$；20-O-[$α$-L-吡喃鼠李糖基-(1-2)-$β$-D-吡喃葡萄糖基]-达玛-3$β$,6$α$,12$β$,20S-四醇

【英文名】 Ginsenoside MT$_1$；20-O-[$α$-L-Rhamnopyranosyl-(1-2)-$β$-D-glucopyranosyl]-dammar-3$β$,6$α$,12$β$,20S-tetraol

【分子式】 $C_{42}H_{72}O_{13}$

【分子量】 784.50

【参考文献】 Jeon B M, Baek J I, Kim M S, et al. Characterization of a novel ginsenoside MT$_1$ produced by an enzymatic transrhamnosylation of protopanaxatriol-type ginsenosides Re [J]. Biomolecules, 2020, 10 (4): 525.

人参皂苷 MT$_1$ 的 ^{1}H NMR 和 ^{13}C NMR 数据

^{1}H NMR and ^{13}C NMR data of ginsenoside MT$_1$

序号	^{1}H NMR($δ$)	^{13}C NMR($δ$)	序号	^{1}H NMR($δ$)	^{13}C NMR($δ$)
1	1.73(1H,m),1.06(1H,m)	39.4	27	1.65(3H,s)	17.9
2	1.93(1H,m),1.88(1H,m)	28.2	28	2.02(3H,s)	32.0
3	3.56(1H,t-like,J=5.6Hz)	78.4	29	1.48(3H,s)	16.5
4		40.4	30	1.17(3H,s)	17.3
5	1.27(1H,d,J=10.5Hz)	61.8	3-OH	5.76(1H,d,J=5.6Hz)	
6	4.40(1H,overlapped)	67.8	6-OH	5.28(1H,overlapped)	
7	2.04(1H,m),1.90(1H,m)	47.5	12-OH	5.58(1H,overlapped)	
8		41.2	20-glc-1′	5.25(1H,d,J=6.3Hz)	96.7
9	1.67(1H,m)	49.7	2′	4.29(1H,overlapped)	76.6
10		39.3	3′	4.29(1H,overlapped)	79.8
11	2.20(1H,m),1.55(1H,m)	31.1	4′	4.09(1H,t,J=9.1Hz)	71.6
12	4.11(1H,m)	70.7	5′	3.88(1H,m)	78.4
13	2.00(1H,m)	49.0	6′	4.40(1H,overlapped),4.25(1H,m)	62.5
14		51.6	2′-rham-1″	6.61(1H,s)	101.4
15	1.58(1H,m),1.03(1H,m)	30.9	2″	4.79(1H,brs)	72.5
16	1.95(1H,m),1.44(1H,m)	26.7	3″	4.64(1H,t,J=4.9Hz)	72.6
17	2.77(1H,dd,J=18.2Hz,J=10.5Hz)	53.3	4″	4.40(1H,overlapped)	74.2
18	1.12(3H,s)	17.4	5″	4.89(1H,dd,J=9.1Hz,J=5.6Hz)	69.4
19	1.05(3H,s)	17.5	6″	1.83(1H,d,J=5.6Hz)	19.0
20		84.0	3′-OH	7.50(1H,brs)	
21	1.59(3H,s)	22.8	4′-OH	7.40(1H,d,J=4.2Hz)	
22	2.45(1H,m),1.98(1H,m)	35.9	6′-OH	5.90(1H,brs)	
23	2.29(2H,m)	24.0	2″-OH	6.76(1H,d,J=4.2Hz)	
24	5.38(1H,overlapped)	126.0	3″-OH	6.46(1H,brs)	
25		131.0	4″-OH	6.81(1H,d,J=3.5)	
26	1.62(3H,s)	25.8			

注：^{1}H NMR(700MHz,pyridine-d_5)；^{13}C NMR(175MHz,pyridine-d_5)。

143 （3β，6α，12β）-6-O-β-D-吡喃葡萄糖基-20-O-β-D-吡喃葡萄糖基-达玛-25-烯-3，12-二羟基-24-磺酸

(3β,6α,12β)-6-O-β-D-Glucopyranosyl-20-O-β-D-glucopyranosyl-dammar-25-ene-3,12-dihydroxy-24-sulfonic acid

【中文名】 （3β,6α,12β)-6-O-β-D-吡喃葡萄糖基-20-O-β-D-吡喃葡萄糖基-达玛-25-烯-3,12-二羟基-24-磺酸

【英文名】 （3β,6α,12β)-6-O-β-D-Glucopyranosyl-20-O-β-D-glucopyranosyl-dammar-25-ene-3,12-dihydroxy-24-sulfonic acid

【分子式】 $C_{42}H_{72}O_{17}S$

【分子量】 880.4

【参考文献】 Zhang L，Shen H，Xu J，et al. UPLC-QTOF-MS/MS-guided isolation and purification of sulfur-containing derivatives from sulfur-fumigated edible herbs，a case study on *ginseng* [J]. Food Chemistry，2018，246：202-210.

（3β,6α,12β)-6-O-β-D-吡喃葡萄糖基-20-O-β-D-吡喃葡萄糖基-达玛-25-烯-3,12-二羟基-24-磺酸[1]H NMR 和[13]C NMR 数据
^{1}H NMR and ^{13}C NMR data of （3β,6α,12β)-6-O-β-D-glucopyranosyl-20-O-β-D-glucopyranosyl-dammar-25-ene-3,12-dihydroxy-24-sulfonic acid

序号	^{1}H NMR(δ)	^{13}C NMR(δ)	序号	^{1}H NMR(δ)	^{13}C NMR(δ)
1	0.93(1H,m),1.57(1H,m)	38.5	22	1.29(1H,m),1.53(1H,m)	32.2
2	1.42(1H,m),1.46(1H,m)	26.9	23	1.52(1H,m),2.04(1H,m)	23.3
3	2.91(1H,m)	77.2	24	3.05(1H,dd,$J=5.5$,4.8Hz)	67.8
4		39.1	25		142.5
5	0.95(1H,d,$J=11.5$Hz)	60.4	26	4.70(3H,s),4.80(3H,s)	114.2
6	3.88(1H,m)	78.8	27	1.70(3H,s)	20.0
7	1.42(1H,m),1.92(1H,m)	43.9	28	1.21(3H,s)	30.8
8		40.4	29	0.87(3H,s)	15.5
9	1.29(1H,m)	48.9	30	0.81(3H,s)	16.8
10		39.0	6-glc-1′	4.18(1H,d,$J=7.1$Hz)	104.6
11	1.08(1H,m),1.62(1H,m)	30.6	2′	3.14(1H,m)	74.1
12	3.48(1H,m)	69.6	3′	3.06(1H,m)	76.6
13	1.56(overlapped)	48.1	4′	3.14(1H,m)	70.6
14		50.7	5′	2.95(1H,m)	74.2
15	0.94(1H,m),1.35(1H,m)	30.1	6′	3.60(1H,m),3.66(1H,m)	61.5
16	1.15(1H,m),1.75(1H,m)	26.0	20-glc-1″	4.40(1H,d,$J=7.6$Hz)	97.0
17	2.11(1H,m)	51.4	2″	3.03(1H,m)	70.3
18	0.91(3H,s)	17.0	3″	3.14(1H,m)	77.5
19	0.86(3H,s)	17.1	4″	3.14(1H,m)	70.5
20		82.4	5″	2.85(1H,m)	73.9
21	1.21(3H,s)	21.9	6″	3.32(1H,m),3.40(1H,m)	60.4

注：^{1}H NMR （800MHz，pyridine-d_5）。

144 珠子参皂苷 F₆

Majoroside F₆

【中文名】 珠子参皂苷 F₆；6-O-[α-L-吡喃鼠李糖基-(1-2)-β-D-吡喃葡萄糖基]-20-O-β-D-吡喃葡萄糖基-达玛-23-烯-3β,6α,12β,20S,25-五醇

【英文名】 Majoroside F₆；6-O-[α-L-Rhamnopyranosyl-(1-2)-β-D-glucopyranosyl]-20-O-β-D-glucopyranosyl-dammar-23-ene-3β,6α,12β,20S,25-pentaol

【分子式】 $C_{48}H_{82}O_{19}$

【分子量】 962.5

【参考文献】 Lee D G，Lee J，Yang S，et al. Identification of dammarane-type triterpenoid saponins from the root of *Panax ginseng* [J]. Natural Product Sciences，2015，21（2）：111-121.

珠子参皂苷 F₆ 的 ¹H NMR 和 ¹³C NMR 数据

¹H NMR and ¹³C NMR data of majoroside F₆

序号	¹H NMR(δ)	¹³C NMR(δ)	序号	¹H NMR(δ)	¹³C NMR(δ)
1	0.82(1H),1.45(1H)	39.9	25		69.9
2	1.79(1H),1.97(1H)	27.2	26	1.55(3H)	31.3
3	3.49(1H)	78.8	27	1.52(3H)	31.3
4		40.1	28	2.11(3H)	31.5
5	1.49(1H)	61.3	29	1.11(3H)	18.0
6	4.37(1H)	79.1	30	0.94(3H)	18.1
7	1.88(1H),2.45(1H)	46.4	6-glc-1′	5.18(1H,d,J=7.5Hz)	102.4
8		40.4	2′	4.25(1H)	79.1
9	1.53(1H)	49.0	3′	4.21(1H)	78.8
10		40.6	4′	4.12(1H)	72.1
11	1.50(1H),2.09(1H)	31.3	5′	3.87(1H)	78.8
12	3.90(1H)	70.4	6′	4.35(1H),4.42(1H)	63.4
13	2.06(1H)	49.5	2′-rham-1″	6.49(1H,brs)	102.4
14		50.0	2″	4.53(1H)	72.7
15	0.97(1H),1.52(1H)	31.5	3″	4.58(1H)	72.9
16	1.32(1H),1.77(1H)	26.2	4″	4.17(1H)	74.6
17	2.36(1H)	52.0	5″	4.79(1H)	69.9
18	0.94(3H)	17.5	6″	1.77(3H)	19.2
19	1.04(3H)	17.7	20-glc-1‴	5.27(1H,d,J=7.5Hz)	98.8
20		83.7	2‴	3.95(1H)	75.1
21	1.52(3H)	23.1	3‴	4.20(1H)	79.8
22	2.45(1H),2.75(1H)	39.9	4‴	4.16(1H)	72.7
23	6.31(1H)	123.7	5‴	3.90(1H)	79.1
24	6.01(1H)	142.6	6‴	4.39(1H),4.31(1H)	63.6

注：¹H NMR（500MHz，pyridine-d_5）。

145 人参皂苷 Re₇
Ginsenoside Re₇

【中文名】　人参皂苷 Re₇；6-O-[α-L-吡喃鼠李糖基-(1-2)-β-D-吡喃葡萄糖基]-20-O-β-D-吡喃葡萄糖基-达玛-22-烯-3β,6α,12β,20S,25S-五醇

【英文名】　Ginsenoside Re₇；6-O-[α-L-Rhamnopyranosyl-(1-2)-β-D-glucopyranosyl]-20-O-β-D-glucopyranosyl-dammar-22-ene-3β,6α,12β,20S,25S-pentaol

【分子式】　$C_{48}H_{82}O_{19}$

【分子量】　962.5

【参考文献】　Lee D G，Lee A Y，Kim K T，et al. Novel dammarane-type triterpene saponins from *Panax ginseng* root [J]. Chemical and Pharmaceutical Bulletin，2015，63，927-934.

人参皂苷 Re₇ 的 ^{1}H NMR 和 ^{13}C NMR 数据

^{1}H NMR and ^{13}C NMR data of ginsenoside Re₇

序号	^{1}H NMR(δ)	^{13}C NMR(δ)	序号	^{1}H NMR(δ)	^{13}C NMR(δ)
1	0.75(1H),1.50(1H)	40.0	25		81.9
2	1.75(1H),2.03(1H)	28.3	26	1.57(3H)	25.8
3	3.48(1H)	80.1	27	1.60(3H)	25.9
4		39.9	28	2.15(3H)	33.3
5	1.45(1H)	61.4	29	1.35(3H)	17.7
6	4.35(1H)	76.3	30	0.82(3H)	17.7
7	1.78(1H),2.51(1H)	46.3	6-glc-1'	5.25(1H)	102.4
8		40.8	2'	4.00(1H)	79.8
9	1.57(1H)	49.5	3'	4.21(1H)	79.7
10		40.5	4'	4.18(1H)	71.9
11	1.45(1H),1.93(1H)	31.1	5'	3.98(1H)	78.6
12	4.01(1H)	70.1	6'	4.50(1H),4.38(1H)	63.6
13	2.02(1H)	50.0	2'-rham-1"	6.49(1H)	102.4
14		52.2	2"	4.51(1H)	72.8
15	1.15(1H),1.65(1H)	31.1	3"	4.67(1H)	72.9
16	1.37(1H),1.84(1H)	23.3	4"	4.22(1H)	74.7
17	2.42(1H)	50.5	5"	4.93(1H)	70.5
18	1.15(3H)	18.1	6"	1.77(3H)	19.2
19	0.98(3H)	18.0	20-glc-1‴	5.19(1H)	98.8
20		83.7	2‴	3.98(1H)	74.7
21	1.51(3H)	18.3	3‴	4.22(1H)	79.2
22	5.70(1H)	127.0	4‴	4.20(1H)	72.1
23	6.16(1H)	138.7	5‴	3.97(1H)	78.8
24	2.22(1H),2.54(1H)	39.8	6‴	4.36(1H),4.23(1H)	63.4

注：^{1}H NMR（500MHz，pyridine-d_5）。

146 6-O-［α-L-吡喃鼠李糖基-（1-2）-β-D-吡喃葡萄糖基］-20-O-β-D-吡喃葡萄糖基-达玛-24-酮-25-烯-3β，6α，12β，20S-四醇

6-O-［α-L-Rhamnopyranosyl-（1-2）-β-D-glucopyranosyl］-20-O-β-D-glucopyranosyl-dammar-24-one-25-ene-3β,6α,12β,20S-tetraol

【中文名】　6-O-［α-L-吡喃鼠李糖基-(1-2)-β-D-吡喃葡萄糖基］-20-O-β-D-吡喃葡萄糖基-达玛-24-酮-25-烯-3β,6α,12β,20S-四醇

【英文名】　6-O-［α-L-Rhamnopyranosyl-(1-2)-β-D-glucopyranosyl］-20-O-β-D-glucopyranosyl-dammar-24-one-25-ene-3β,6α,12β,20S-tetraol

【分子式】　$C_{48}H_{80}O_{19}$

【分子量】　960.5

【参考文献】　Lee D G，Lee J，Yang S，et al．Identification of dammarane-type triterpenoid saponins from the root of *Panax ginseng* ［J］．Natural Product Sciences，2015，21（2）：111-121.

6-O-［α-L-吡喃鼠李糖基-(1-2)-β-D-吡喃葡萄糖基］-20-O-β-D-吡喃葡萄糖基-达玛-24-酮-25-烯-3β,6α,12β,20S-四醇的¹H NMR 和¹³C NMR 数据

¹H NMR and¹³C NMR data of 6-O-［α-L-rhamnopyranosyl-(1-2)-β-D-glucopyranosyl］-20-O-β-D-glucopyranosyl-dammar-24-one-25-ene-3β,6α,12β,20S-tetraol

序号	¹H NMR(δ)	¹³C NMR(δ)
1	0.81(1H),1.54(1H)	40.1
2	1.82(1H),2.19(1H)	27.3
3	3.54(1H)	79.8
4		39.9
5	1.51(1H)	61.3
6	4.63(1H)	78.8
7	1.84(1H),2.46(1H)	46.3
8		40.1
9	1.52(1H)	50.1
10		40.1
11	1.43(1H),1.87(1H)	32.6
12	4.03(1H)	70.9

序号	^{1}H NMR(δ)	^{13}C NMR(δ)
13	1.95(1H)	52.0
14		50.0
15	1.02(1H),1.67(1H)	33.3
16	1.35(1H),1.85(1H)	27.2
17	2.54(1H)	52.6
18	0.94(3H)	17.6
19	1.02(3H)	17.7
20		83.8
21	1.54(3H)	23.3
22	2.08(1H),2.71(1H)	31.1
23	3.08(1H),3.45(1H)	32.3
24		203.0
25		144.9
26	5.74(1H),6.31(1H)	124.4
27	1.86(3H)	17.6
28	2.12(3H)	31.2
29	1.57(3H)	18.3
30	0.91(3H)	18.1
6-glc-1′	5.17(1H,d,J=7.5Hz)	102.4
2′	4.35(1H)	79.4
3′	4.24(1H)	78.8
4′	4.17(1H)	72.0
5′	3.96(1H)	79.2
6′	4.32(1H),4.48(1H)	63.3
2′-rham-1″	6.47(1H,brs)	102.4
2″	4.51(1H)	72.7
3″	4.62(1H)	72.9
4″	4.21(1H)	74.6
5″	4.87(1H)	70.0
6″	1.77(3H)	19.2
20-glc-1‴	5.25(1H,d,J=7.5Hz)	98.8
2‴	4.01(1H)	75.0
3‴	4.21(1H)	79.8
4‴	4.15(1H)	73.0
5‴	3.97(1H)	79.4
6‴	4.42(1H),4.35(1H)	63.5

注：^{1}H NMR（500MHz，pyridine-d_5）。

147 6‴-O-乙酰基人参皂苷 Rg₃

6‴-O-Acetyl ginsenoside Rg₃

【中文名】 6‴-O-乙酰基人参皂苷 Rg₃；6-O-[β-D-吡喃葡萄糖基-(1-4)-β-D-吡喃葡萄糖基]-20-O-β-D-(6-O-乙酰基)吡喃葡萄糖基-达玛-24-烯-3β,6α,12β,20S-四醇

【英文名】 6‴-O-Acetyl ginsenoside Rg₃；6-O-[β-D-Glucopyranosyl-(1-4)-β-D-glucopyranosyl]-20-O-β-D-(6-O-acetyl)glucopyranosyl-dammar-24-ene-3β,6α,12β,20S-tetraol

【分子式】 $C_{50}H_{84}O_{20}$

【分子量】 1004.6

【参考文献】 Lee D G, Lee A Y, Kim K T, et al. Novel dammarane-type triterpene saponins from *Panax ginseng* root [J]. Chemical and Pharmaceutical Bulletin, 2015，63，927-934.

6‴-O-乙酰基人参皂苷 Rg₃ 的 ^1H NMR 和 ^{13}C NMR 数据

^1H NMR and ^{13}C NMR data of 6‴-O-acetyl ginsenoside Rg₃

序号	^1H NMR(δ)	^{13}C NMR(δ)	序号	^1H NMR(δ)	^{13}C NMR(δ)
1	0.81(1H),1.54(1H)	40.0	26	5.74,6.31	26.3
2	1.82(1H),2.19(1H)	28.3	27	1.86(3H)	18.1
3	3.54(1H)	80.7	28	2.12(3H)	32.3
4		40.3	29	1.57(3H)	17.1
5	1.51(1H)	62.0	30	0.91(3H)	17.7
6	4.63(1H)	79.3	COCH₃		171.6
7	1.84(1H),2.46(1H)	46.0	COCH₃	2.05(3H)	21.5
8		40.8	6-glc-1′	5.00(1H)	106.3
9	1.52(1H)	49.7	2′	4.11(1H)	75.6
10		41.7	3′	4.21(1H)	78.8
11	1.43(1H),1.87(1H)	32.1	4′	4.25(1H)	76.0
12	4.03(1H)	70.9	5′	4.02(1H)	78.6
13	1.95(1H)	52.0	6′	4.35(1H),4.23(1H)	63.3
14		52.2	4′-glc-1″	5.01(1H)	106.4
15	1.02(1H),1.67(1H)	31.4	2″	4.19(1H)	75.6
16	1.35(1H),1.85(1H)	23.9	3″	4.49(1H)	79.3
17	2.54(1H)	50.5	4″	4.11(1H)	72.4
18	0.94(3H)	18.4	5″	3.99(1H)	78.8
19	1.02(3H)	18.1	6″	4.49(1H),4.27(1H)	63.6
20		83.9	20-glc-1‴	5.18(1H)	98.8
21	1.54(3H)	18.1	2‴	4.08(1H)	75.7
22	2.08(1H),2.71(1H)	36.6	3‴	4.20(1H)	79.7
23	3.08(1H),3.45(1H)	23.1	4‴	4.23(1H)	72.0
24		126.5	5‴	4.05(1H)	75.9
25		131.6	6‴	5.05(1H),4.62(1H)	65.8

注：^1H NMR (500MHz，pyridine-d_5)。

148 人参皂苷 Rg₁₈
Ginsenoside Rg₁₈

【中文名】　人参皂苷 Rg₁₈；6-O-β-D-吡喃葡萄糖基-20-O-［α-L-吡喃鼠李糖基-(1-2)-β-D-吡喃葡萄糖基]-达玛-24-烯-3β,6α,12β,20S-四醇

【英文名】　Ginsenoside Rg₁₈；6-O-β-D-Glucopyranosyl-20-O-［α-L-rhamnopyranosyl-(1-2)-β-D-glucopyranosyl]-dammar-24-ene-3β,6α,12β,20S-tetraol

【分子式】　$C_{48}H_{82}O_{18}$

【分子量】　946.6

【参考文献】　Lee D G，Lee A Y，Kim K T，et al．Novel dammarane-type triterpene saponins from *Panax ginseng* root ［J］．Chemical and Pharmaceutical Bulletin，2015，63，927-934.

人参皂苷 Rg₁₈ 的¹H NMR 和¹³C NMR 数据
¹H NMR and ¹³C NMR data of ginsenoside Rg₁₈

序号	¹H NMR(δ)	¹³C NMR(δ)	序号	¹H NMR(δ)	¹³C NMR(δ)
1	0.74(1H),1.51(1H)	39.9	25		131.5
2	1.81(1H),2.15(1H)	28.4	26	1.59(3H)	26.2
3	3.52(1H)	79.8	27	1.55(3H)	18.0
4		41.6	28	2.10(3H)	32.2
5	1.45(1H)	61.9	29	1.64(3H)	18.2
6	4.63(1H)	78.8	30	0.87(3H)	18.2
7	1.95(1H),2.54(1H)	45.6	6-glc-1′	5.01(1H)	106.5
8		41.7	2′	4.10(1H)	75.7
9	1.56(1H)	51.9	3′	4.22(1H)	78.8
10		39.9	4′	4.24(1H)	72.4
11	1.41(1H),1.95(1H)	31.4	5′	4.01(1H)	78.6
12	3.95(1H)	70.8	6′	4.50(1H),4.34(1H)	63.6
13	1.99(1H)	50.5	20-glc-1″	5.19(1H)	98.8
14		51.9	2″	3.99(1H)	79.0
15	1.16(1H),1.72(1H)	31.4	3″	4.20(1H)	79.6
16	1.42(1H),1.85(1H)	23.8	4″	4.20(1H)	72.0
17	2.45(1H)	52.2	5″	4.00(1H)	76.0
18	1.05(3H)	18.3	6″	4.37(1H),4.21(1H)	63.3
19	0.92(3H)	18.1	2″-rham-1‴	6.48(1H)	102.4
20		83.9	2‴	4.50(1H)	72.8
21	1.58(3H)	19.3	3‴	4.37(1H)	73.1
22	1.79(1H),2.33(1H)	36.5	4‴	4.33(1H)	74.7
23	2.24(1H),2.51(1H)	22.9	5‴	4.35(1H)	70.1
24	5.26(1H)	126.4	6‴	1.61(3H)	19.3

注：¹H NMR（500MHz，pyridine-d_5）。

149

3-O-［β-D-吡喃阿拉伯糖基-（2-1）-α-L-吡喃阿拉伯糖基］-6-O-β-L-吡喃阿拉伯糖基-达玛-12，24-二烯-3α，6β-二醇

3-O-[β-D-Arabinopyranosyl-(2-1)-α-L-arabinopyranosyl]-6-O-β-L-arabinopyranosyl-dammar-12,24-diene-3α,6β-diol

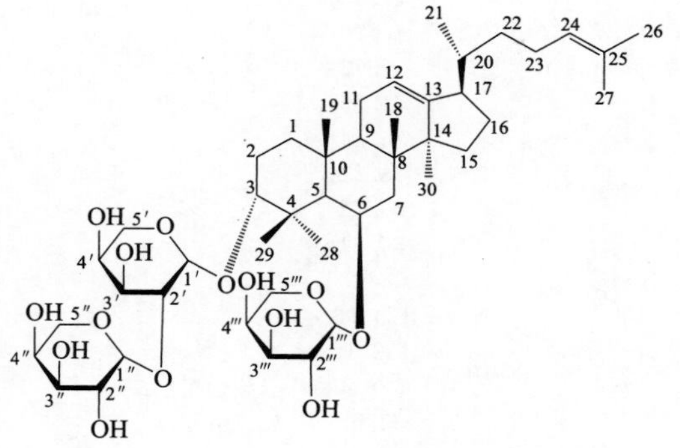

【中文名】　3-O-[β-D-吡喃阿拉伯糖基-(2-1)-α-L-吡喃阿拉伯糖基]-6-O-β-L-吡喃阿拉伯糖基-达玛-12,24-二烯-3α,6β-二醇

【英文名】　3-O-[β-D-Arabinopyranosyl-(2-1)-α-L-arabinopyranosyl]-6-O-β-L-arabinopyranosyl-dammar-12,24-diene-3α,6β-diol

【分子式】　$C_{45}H_{74}O_{14}$

【分子量】　838.5

【参考文献】　Ali M，Sultana S. New dammarane-type triterpenoids from the roots of *Panax ginseng* C. A. Meyer [J]. Acta Poloniae Pharmaceutica：Drug Research，2017，74 (4)：1131-1141.

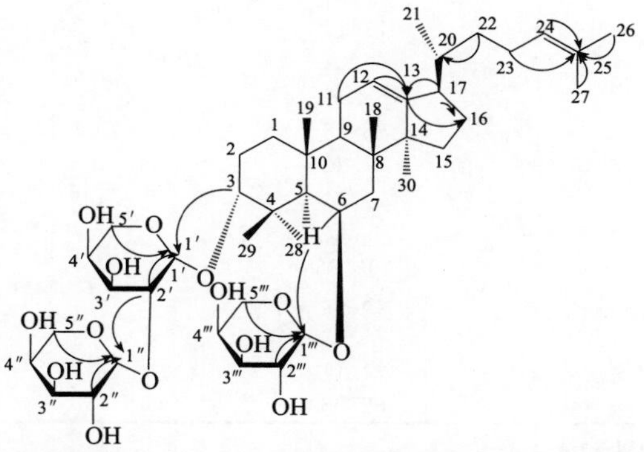

3-O-[β-D-吡喃阿拉伯糖基-(2-1)-α-L-吡喃阿拉伯糖基]-6-O-β-L-吡喃阿拉伯糖基-达玛-12,24-二烯-3α,6β-二醇主要 HMBC 相关

Key HMBC correlations of 3-O-[β-D-arabinopyranosyl-(2-1)-α-L-arabinopyranosyl]-6-O-β-L-arabinopyranosyl-dammar-12,24-diene-3α,6β-diol

3-O-[β-D-吡喃阿拉伯糖基-(2-1)-α-L-吡喃阿拉伯糖基]-6-O-β-L-吡喃阿拉伯糖基-达玛-12,24-二烯-3α,6β-二醇^{13}C NMR 数据及 HMBC 的主要相关信息

^{13}C NMR data and HMBC correlations of 3-O-[β-D-arabinopyranosyl-(2-1)-α-L-arabinopyranosyl]-6-O-β-L-arabinopyranosyl-dammar-12,24-diene-3α,6β-diol

序号	^{13}C NMR(δ)	HMBC
1	35.12	
2	28.16	
3	79.95	C-1'
4	40.79	
5	57.73	
6	71.35	C-1‴
7	36.14	
8	38.21	
9	53.22	
10	36.31	
11	23.45	C-13
12	124.93	C-13
13	132.15	
14	52.11	
15	33.53	
16	32.21	
17	51.63	C-13
18	16.37	
19	19.44	
20	26.15	
21	28.62	
22	32.83	
23	27.97	C-25
24	124.81	C-25
25	132.35	
26	27.42	C-25
27	17.96	C-25
28	17.42	
29	16.93	
30	17.16	
3-ara(p)-1'	105.56	
2'	79.03	C-1',1″
3'	77.91	
4'	71.73	
5'	63.22	C-1'
2'-ara(p)-1″	104.71	
2″	78.38	C-1″
3″	77.72	
4″	71.41	
5″	63.25	C-1″
6-ara(p)-1‴	106.85	
2‴	76.44	C-1‴
3‴	74.52	
4‴	74.11	
5‴	62.95	C-1‴

注：^{13}C NMR（100MHz，DMSO-d_6）。

第2章

奥克梯隆型三萜皂苷（元）

150 12-核糖基-拟人参皂苷元 DQ

12-Riboside-pseudoginsengenin DQ

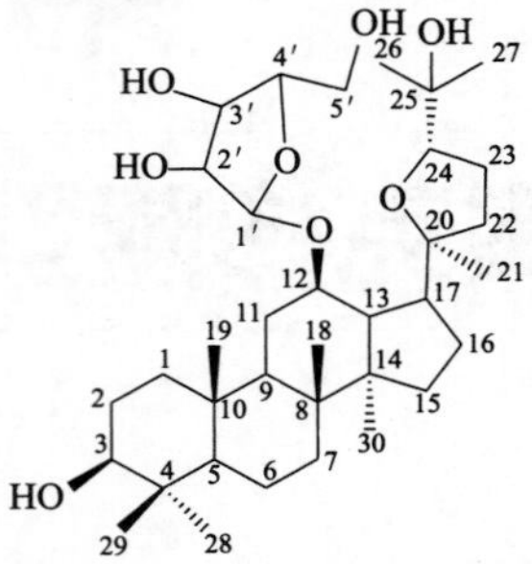

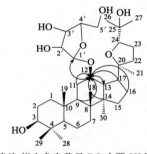

【中文名】 12-核糖基-拟人参皂苷元 DQ；（20S，24S）-12-O-α-D-呋喃核糖基-达玛-20,24-环氧-3β,12β,25-三醇

【英文名】 12-Riboside-pseudoginsengenin DQ；（20S，24S）-12-O-α-D-furanoribosyl-dammar-20,24-epoxy-3β,12β,25-triol

【分子式】 $C_{35}H_{60}O_8$

【分子量】 608.4

【参考文献】 王振洲. RPDQ 抗肿瘤作用及其药代动力学研究 [D]. 长春：吉林大学，2019，30-33.

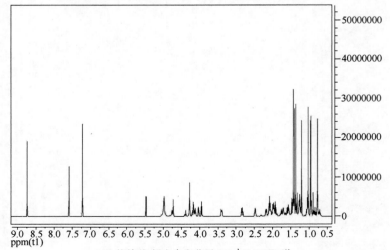

12-核糖基-拟人参皂苷元 DQ 主要 HMBC 相关

Key HMBC correlations of 12-riboside-pseudoginsengenin DQ

12-核糖基-拟人参皂苷元 DQ ^{1}H NMR 谱

^{1}H NMR of 12-riboside-pseudoginsengenin DQ

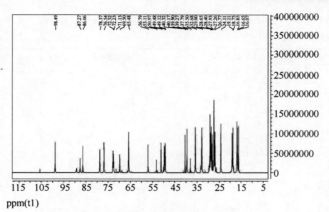

12-核糖基-拟人参皂苷元 DQ ^{13}C NMR 谱

^{13}C NMR of 12-riboside-pseudoginsengenin DQ

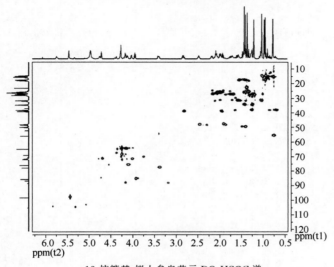

12-核糖基-拟人参皂苷元 DQ HSQC 谱

HSQC of 12-riboside-pseudoginsengenin DQ

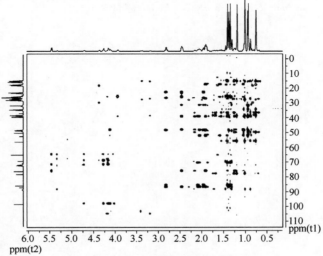

12-核糖基-拟人参皂苷元 DQ HMBC 谱

HMBC of 12-riboside-pseudoginsengenin DQ

12-核糖基-拟人参苷元 DQ 的 ^{1}H NMR 和 ^{13}C NMR 数据及 HMBC 的主要相关信息

^{1}H NMR and ^{13}C NMR data and HMBC correlations of 12-riboside-pseudoginsengenin DQ

序号	^{1}H NMR(δ)	^{13}C NMR(δ)	HMBC
1	1.27(1H,m),0.71(2H,m)	39.3	C-2,3,5,9,10,19
2	1.26(2H,m)	28.4	
3	3.40(1H,m)	78.4	C-1,4,28,29
4		39.9	
5	0.76(1H,m)	56.8	C-3,6,9,10,19,28
6	1.57(1H,m),1.44(1H,m)	19.1	C-4,5
7	1.46(1H,m),1.27(1H,m)	35.5	C-5,8,9,10,11,14,18
8		40.3	
9	1.436(1H,m)	51.0	C-1,5,12,14,18
10		37.8	
11	2.12(1H,m),1.43(1H,m)	33.1	C-5,8,9,10,12,18
12	4.14(1H,d,J=6.1Hz)	76.5	C-13,14,1$'$
13	2.48(1H,m)	49.5	C-8,11,15,16,17,20
14		53.1	
15	1.61(1H,m),1.06(1H,m)	32.7	C-8,9,11,14,16,30
16	2.00(1H,m),1.96(1H,m)	28.4	C-8,13,12,14,15,16,17,20,30
17	1.93(1H,m)	49.1	C-12,13,14,15,20,30
18	0.95(3H,s)	16.1	
19	0.82(3H,s)	16.9	C-1,5,9,10
20		87.3	
21	1.36(3H,s)	26.8	C-22
22	2.00(1H,m),1.74(1H,m)	32.6	C-17,20,23,24,27
23	2.17(1H,m),1.75(1H,m)	28.5	C-22,24,25
24	3.95(1H,m)	86.1	C-26,27
25		71.1	
26	1.33(3H,s)	27.0	C-24,25,20,22,21,17
27	1.21(3H,s)	29.0	C-24,25,26
28	1.26(3H,s)	28.5	C-3,4,5,29
29	1.03(3H,s)	16.7	C-3,4,5,28
30	0.97(3H,s)	18.8	C-8,13,14,15
12-rib-1$'$	5.47(1H,d,J=7.0Hz)	98.5	C-12,5$'$,3$'$,2$'$
2$'$	4.03(1H,m)	72.5	C-1$'$,5$'$
3$'$	4.77(1H,m)	72.2	C-1$'$,2$'$,4$'$,5$'$
4$'$	4.28(1H,m)	69.5	C-1$'$,2$'$,4$'$,5$'$
5$'$	4.27(1H,d,J=5.8Hz),4.17(1H,d,J=5.8Hz)	65.5	C-1$'$,2$'$,4$'$,5$'$

注：^{1}H NMR（600MHz，pyridine-d_5）；^{13}C NMR（150MHz，pyridine-d_5）。

151 （20S，24R）-达玛-20，24-环氧-25-烯-3β，6α，12β-三醇

(20S,24R)-Dammar-20,24-epoxy-25-ene-3β,6α,12β-triol

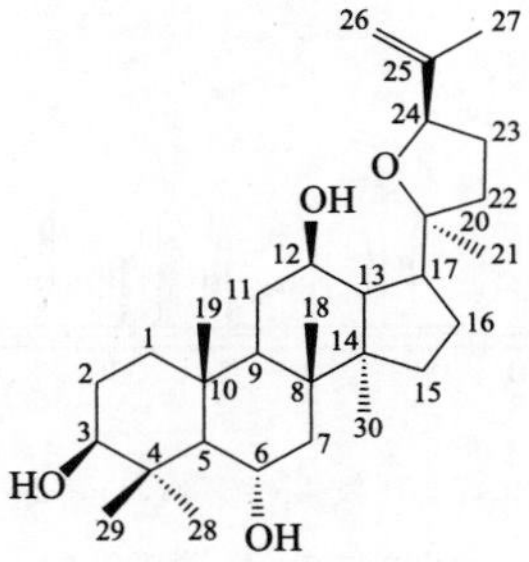

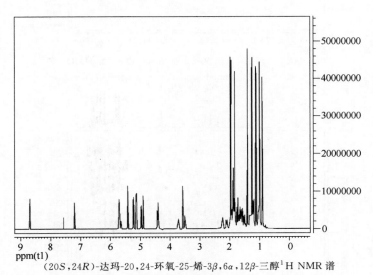

【中文名】 （20S,24R)-达玛-20,24-环氧-25-烯-3β,6α,12β-三醇

【英文名】 （20S,24R)-Dammar-20,24-epoxy-25-ene-3β,6α,12β-triol

【分子式】 $C_{30}H_{50}O_4$

【分子量】 474.4

【参考文献】 Ma L Y，Yang X W．Six new dammarane-type triterpenes from acidic hydrolysate of the stems-leaves of *Panax ginseng* and their inhibitory-activities against three human cancer cell lines [J]．Phytochemistry Letters，2015，13：406-412.

（20S,24R)-达玛-20,24-环氧-25-烯-3β,6α,12β-三醇 ^{1}H NMR 谱

^{1}H NMR of （20S,24R)-dammar-20,24-epoxy-25-ene-3β,6α,12β-triol

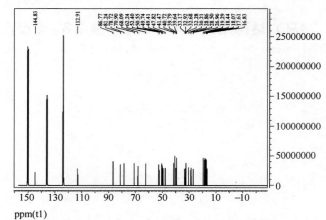

（20S,24R）-达玛-20,24-环氧-25-烯-3β,6α,12β-三醇 ¹³C NMR 谱

¹³C NMR of（20S,24R）-dammar-20,24-epoxy-25-ene-3β,6α,12β-triol

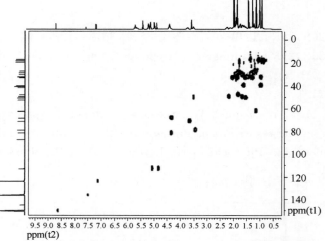

（20S,24R）-达玛-20,24-环氧-25-烯-3β,6α,12β-三醇 HMQC 谱

HMQC of（20S,24R）-dammar-20,24-epoxy-25-ene-3β,6α,12β-triol

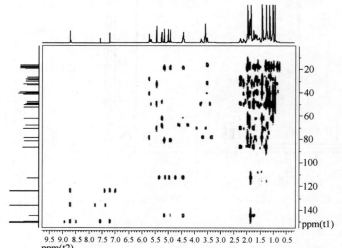

（20S,24R）-达玛-20,24-环氧-25-烯-3β,6α,12β-三醇 HMBC 谱

HMBC of（20S,24R）-dammar-20,24-epoxy-25-ene-3β,6α,12β-triol

（20*S*,24*R*)-达玛-20,24-环氧-25-烯-3β,6α,12β-三醇的 ^{1}H NMR 和 ^{13}C NMR 数据

^{1}H NMR and ^{13}C NMR data of (20*S*,24*R*)-dammar-20,24-epoxy-25-ene-3β,6α,12β-triol

序号	^{1}H NMR(δ)	^{13}C NMR(δ)
1	0.99(1H,m),1.49(1H,m)	39.6
2	1.52(1H,m),1.88(1H,m)	28.5
3	3.51(1H,m)	78.7
4		40.7
5	1.21(1H,d,*J*=10.5Hz)	62.2
6	4.41(1H,m)	68.1
7	1.94(1H,m),1.89(1H,m)	47.8
8		41.4
9	1.59(1H,m)	50.5
10		39.8
11	1.33(1H,m),1.89(1H,m)	33.2
12	3.73(1H,m)	70.9
13	1.59(1H,m)	49.7
14		52.4
15	1.22(1H,m),1.60(1H,m)	32.9
16	1.49(1H,m),1.89(1H,m)	28.8
17	2.23(1H,m)	49.4
18	1.13(3H,s)	17.6
19	1.00(3H,s)	18.0
20		86.7
21	1.26(3H,s)	26.9
22	2.11(1H,m),1.62(1H,m)	32.6
23	1.66(1H,m),1.21(1H,m)	30.2
24	4.41(1H,m)	81.2
25		144.8
26	4.90(3H,s),5.13(3H,s)	112.9
27	1.84(3H,s)	19.3
28	1.96(3H,s)	32.3
29	1.42(3H,s)	16.8
30	0.92(3H,s)	18.4

注：^{1}H NMR（400MHz，pyridine-d_5）；^{13}C NMR（100MHz，pyridine-d_5）。

152 （20S，24S）-达玛-20，24-环氧-25-烯-3β，6α，12β-三醇

(20S,24S)-Dammar-20,24-epoxy-25-ene-3β,6a,12β-triol

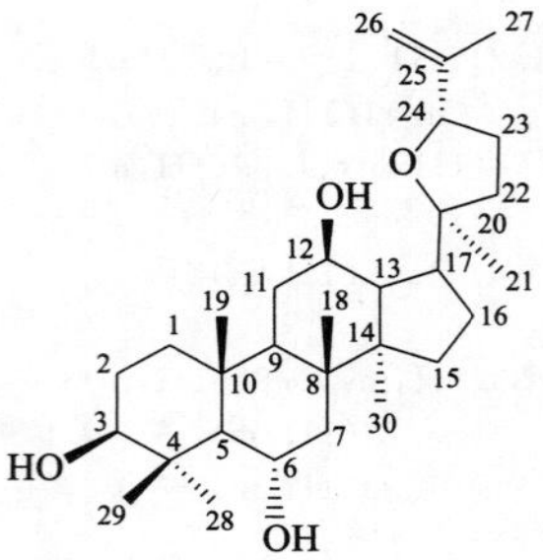

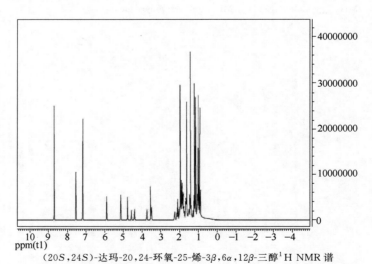

【中文名】 （20S,24S)-达玛-20,24-环氧-25-烯-3β,6α,12β-三醇

【英文名】 （20S,24S)-Dammar-20,24-epoxy-25-ene-3β,6α,12β-triol

【分子式】 $C_{30}H_{50}O_4$

【分子量】 474.4

【参考文献】 Ma L Y, Yang X W. Six new dammarane-type triterpenes from acidic hydrolysate of the stems-leaves of *Panax ginseng* and their inhibitory-activities against three human cancer cell lines [J]. Phytochemistry Letters，2015，13：406-412.

（20S,24S)-达玛-20,24-环氧-25-烯-3β,6α,12β-三醇[1]H NMR 谱

^{1}H NMR of （20S,24S)-dammar-20,24-epoxy-25-ene-3β,6α,12β-triol

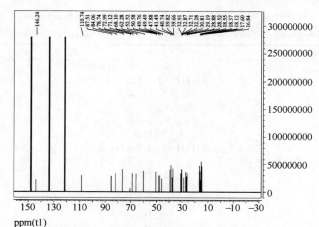

（20S，24S）-达玛-20，24-环氧-25-烯-3β，6α，12β-三醇¹³C NMR 谱
¹³C NMR of（20S，24S）-dammar-20，24-epoxy-25-ene-3β，6α，12β-triol

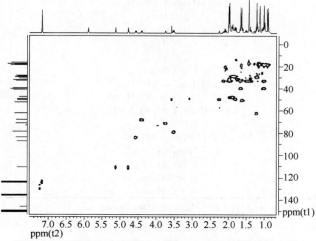

（20S，24S）-达玛-20，24-环氧-25-烯-3β，6α，12β-三醇 HMQC 谱
HMQC of（20S，24S）-dammar-20，24-epoxy-25-ene-3β，6α，12β-triol

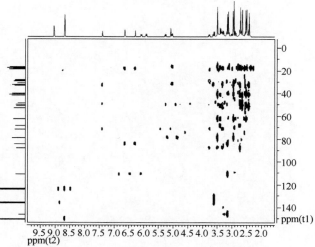

（20S，24S）-达玛-20，24-环氧-25-烯-3β，6α，12β-三醇 HMBC 谱
HMBC of（20S，24S）-dammar-20，24-epoxy-25-ene-3β，6α，12β-triol

(20S,24S)-达玛-20,24-环氧-25-烯-3β,6α,12β-三醇的 ^{1}H NMR 和 ^{13}C NMR 数据

^{1}H NMR and ^{13}C NMR data of (20S,24S)-dammar-20,24-epoxy-25-ene-3β,6α,12β-triol

序号	^{1}H NMR(δ)	^{13}C NMR(δ)
1	0.99(1H,m),1.50(1H,m)	40.8
2	1.94(1H,m),1.82(1H,m)	28.9
3	3.52(1H,m)	78.8
4		39.8
5	1.24(1H,m)	62.3
6	4.42(1H,m)	68.1
7	1.94(1H,m),1.90(1H,m)	47.9
8		41.5
9	1.62(1H,m)	50.6
10		39.7
11	1.41(1H,m),1.68(1H,m)	32.9
12	3.76(1H,m)	71.1
13	1.82(1H,m)	49.8
14		52.5
15	1.20(1H,m),1.62(1H,m)	32.7
16	1.40(1H,m),1.83(1H,m)	28.5
17	2.26(1H,m)	49.5
18	1.14(3H,s)	17.6
19	1.02(3H,s)	18.1
20		87.5
21	1.21(3H,s)	29.2
22	2.16(1H,m),1.51(1H,m)	32.9
23	1.80(1H,m),1.41(1H,m)	30.8
24	4.56(1H,dd,$J=5.6,11.0$Hz)	84.1
25		146.2
26	4.79(1H,s),5.13(1H,s)	110.7
27	1.64(3H,s)	18.6
28	1.99(3H,s)	32.3
29	1.44(3H,s)	16.8
30	0.92(3H,s)	18.4

注：^{1}H NMR（400MHz, pyridine-d_5）；^{13}C NMR（100MHz, pyridine-d_5）。

153 （20R，24S）-达玛-20，24-环氧-3β，6α，12β，25-四醇

（20R，24S）-Dammar-20，24-epoxy-3β，6α，12β，25-tetraol

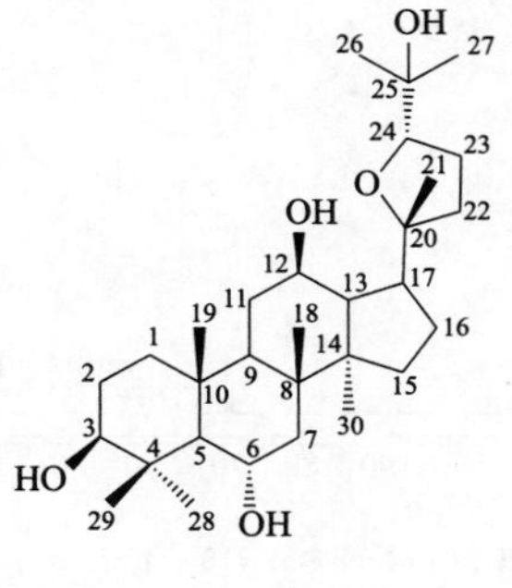

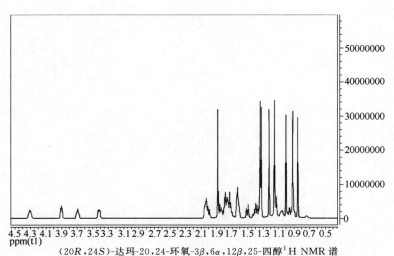

【中文名】 （20R，24S）-达玛-20,24-环氧-3β,6α,12β,25-四醇

【英文名】 （20R，24S）-Dammar-20,24-epoxy-3β,6α,12β,25-tetraol

【分子式】 $C_{30}H_{52}O_5$

【分子量】 492.4

【参考文献】 杨洁. 奥克梯隆型人参皂苷的半合成及生物活性研究［D］. 长春：吉林大学，2016，90.

（20R，24S）-达玛-20,24-环氧-3β,6α,12β,25-四醇[1]H NMR 谱

^{1}H NMR of （20R，24S）-dammar-20,24-epoxy-3β,6α,12β,25-tetraol

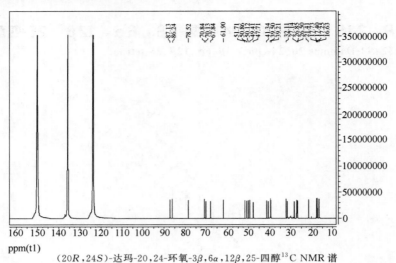

（20R,24S)-达玛-20,24-环氧-3β,6α,12β,25-四醇¹³C NMR 谱

¹³C NMR of (20R,24S)-dammar-20,24-epoxy-3β,6α,12β,25-tetraol

（20R,24S)-达玛-20,24-环氧-3β,6α,12β,25-四醇的¹H NMR 和¹³C NMR 数据

¹H NMR and ¹³C NMR data of (20R,24S)-dammar-20,24-epoxy-3β,6α,12β,25-tetraol

序号	¹H NMR(δ)	¹³C NMR(δ)
1	1.63(1H),0.93(1H)	39.5
2	1.76(1H),1.73(1H)	28.2
3	3.41(1H)	78.5
4		40.4
5	1.37(1H)	61.9
6	4.30(1H)	67.8
7	2.03(1H),1.78(1H)	47.7
8		41.3
9	1.51(1H)	50.1
10		39.5
11	2.01(1H),1.41(1H)	31.6
12	3.69(1H)	70.8
13	1.71(1H)	49.4
14		51.7
15	1.13(1H),0.96(1H)	31.5
16	1.85(1H),1.75(1H)	26.5
17	1.99(1H)	50.8
18	1.00(3H)	17.4
19	0.91(3H)	17.7
20		86.2
21	1.15(3H)	21.4
22	1.64(1H),1.62(1H)	39.2
23	1.70(1H),1.06(1H)	27.0
24	3.91(1H)	87.1
25		70.1
26	1.32(3H)	26.8
27	1.22(3H)	27.1
28	1.88(3H)	32.1
29	1.34(3H)	16.6
30	0.85(3H)	17.2

注：¹H NMR（600MHz, pyridine-d_5）；¹³C NMR（150MHz, pyridine-d_5）。

154 （20R，24R）-达玛-20，24-环氧-3β，6α，12β，25-四醇

（20R，24R）-Dammar-20，24-epoxy-3β，6α，12β，25-tetraol

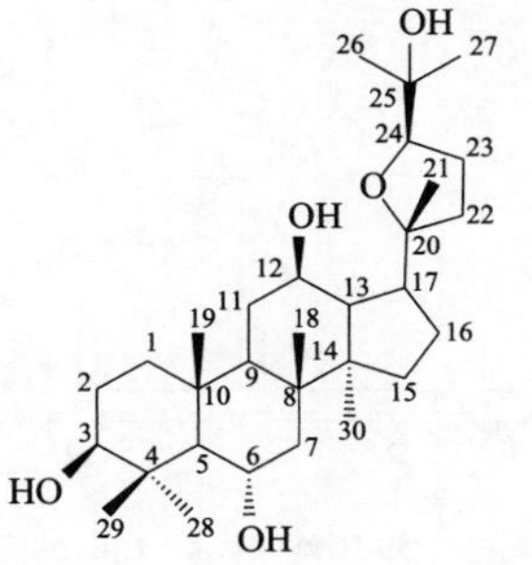

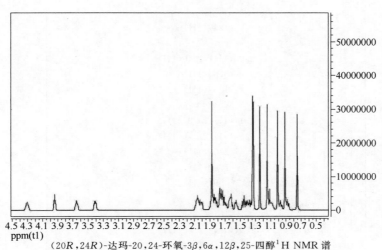

【中文名】 （20R，24R）-达玛-20,24-环氧-3β,6α,12β,25-四醇

【英文名】 （20R，24R）-Dammar-20,24-epoxy-3β,6α,12β,25-tetraol

【分子式】 $C_{30}H_{52}O_5$

【分子量】 492.4

【参考文献】 杨洁. 奥克梯隆型人参皂苷的半合成及生物活性研究［D］. 长春：吉林大学，2016，90.

（20R，24R）-达玛-20,24-环氧-3β,6α,12β,25-四醇[1]H NMR 谱

^{1}H NMR of （20R，24R）-dammar-20,24-epoxy-3β,6α,12β,25-tetraol

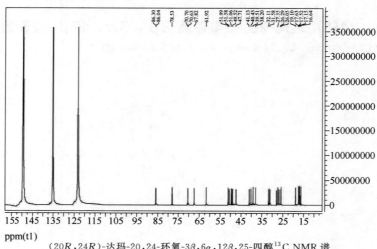

（20R，24R)-达玛-20，24-环氧-3β，6α，12β，25-四醇 ^{13}C NMR 谱

^{13}C NMR of (20R，24R)-dammar-20，24-epoxy-3β，6α，12β，25-tetraol

（20R，24R)-达玛-20，24-环氧-3β，6α，12β，25-四醇的 ^{1}H NMR 和 ^{13}C NMR 数据

^{1}H NMR and ^{13}C NMR data of (20R，24R)-dammar-20，24-epoxy-3β，6α，12β，25-tetraol

序号	^{1}H NMR(δ)	^{13}C NMR(δ)
1	1.64(1H)，0.88(1H)	39.5
2	1.81(1H)，1.74(1H)	28.2
3	3.40(1H)	78.5
4		40.4
5	1.36(1H)	61.9
6	4.30(1H)	67.8
7	2.06(1H)，1.73(1H)	47.7
8		41.3
9	1.47(1H)	50.0
10		39.5
11	2.05(1H)，1.40(1H)	31.5
12	3.65(1H)	70.6
13	1.69(1H)	49.5
14		51.5
15	1.11(1H)，0.97(1H)	31.2
16	1.84(1H)，1.76(1H)	26.0
17	2.03(1H)	50.9
18	1.00(3H)	17.5
19	0.91(3H)	17.6
20		86.3
21	1.14(3H)	19.1
22	1.61(1H)，1.55(1H)	38.2
23	1.82(1H)，1.11(1H)	27.0
24	3.95(1H)	86.0
25		70.7
26	1.32(3H)	26.2
27	1.24(3H)	27.5
28	1.87(3H)	32.0
29	1.33(3H)	16.6
30	0.75(3H)	17.1

注：^{1}H NMR (600MHz，pyridine-d_5)；^{13}C NMR (150MHz，pyridine-d_5)。

155 （20R，24S）-6-O-β-D-吡喃葡萄糖基-达玛-20，24-环氧-3β，6α，12β，25-四醇

（20R，24S）-6-O-β-D-Glucopyranosyl-dammar-20，24-epoxy-3β，6α，12β，25-tetraol

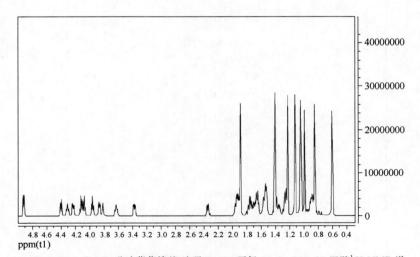

【中文名】　（20R，24S）-6-O-β-D-吡喃葡萄糖基-达玛-20，24-环氧-3β，6α，12β，25-四醇

【英文名】　（20R，24S）-6-O-β-D-Glucopyranosyl-dammar-20，24-epoxy-3β，6α，12β，25-tetraol

【分子式】　$C_{36}H_{62}O_{10}$

【分子量】　654.4

【参考文献】　杨洁. 奥克梯隆型人参皂苷的半合成及生物活性研究 [D]. 长春：吉林大学，2016，96.

（20R，24S）-6-O-β-D-吡喃葡萄糖基-达玛-20，24-环氧-3β，6α，12β，25-四醇 ^{1}H NMR 谱

^{1}H NMR of （20R，24S）-6-O-β-D-glucopyranosyl-dammar-20，24-epoxy-3β，6α，12β，25-tetraol

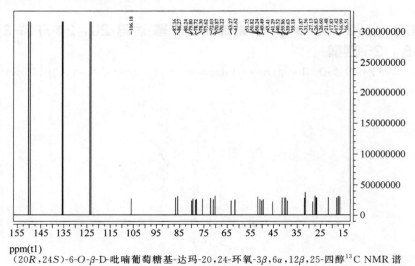

（20R,24S)-6-O-β-D-吡喃葡萄糖基-达玛-20,24-环氧-3β,6α,12β,25-四醇¹³C NMR 谱

^{13}C NMR of （20R,24S)-6-O-β-D-glucopyranosyl-dammar-20,24-epoxy-3β,6α,12β,25-tetraol

（20R,24S)-6-O-β-D-吡喃葡萄糖基-达玛-20,24-环氧-3β,6α,12β,25-四醇的¹H NMR 和¹³C NMR 数据

^{1}H NMR and ^{13}C NMR data of （20R,24S)-6-O-β-D-glucopyranosyl-dammar-20,24-epoxy-3β,6α,12β,25-tetraol

序号	^{1}H NMR(δ)	^{13}C NMR(δ)
1	1.59(1H),0.96(1H)	39.6
2	1.80(1H),1.74(1H)	28.0
3	3.42(1H)	78.7
4		40.5
5	1.34(1H)	61.6
6	4.34(1H)	80.2
7	2.39(1H),1.82(1H)	45.4
8		41.3
9	1.46(1H)	50.2
10		39.8
11	2.01(1H),1.35(1H)	31.6
12	3.67(1H)	70.9
13	1.72(1H)	49.4
14		51.7
15	1.44(1H),0.99(1H)	31.5
16	1.99(1H),1.75(1H)	26.6
17	1.98(1H)	50.8
18	1.07(3H)	17.4
19	0.93(3H)	17.8
20		86.3
21	1.14(3H)	21.5
22	1.61(1H),1.59(1H)	39.2
23	1.63(1H),0.98(1H)	27.0
24	3.90(1H)	87.2
25		70.2
26	1.32(3H)	26.8
27	1.22(3H)	27.1
28	1.96(3H)	31.8
29	1.49(3H)	16.5
30	0.70(3H)	17.0
6-glc-1′	4.92(1H)	106.1
2′	3.99(1H)	75.6
3′	4.16(1H)	79.8
4′	4.11(1H)	72.0
5′	3.82(1H)	78.3
6′	4.26(1H),4.42(1H)	63.2

注：^{1}H NMR (600MHz, pyridine-d_5)；^{13}C NMR (150MHz, pyridine-d_5)。

156 （20R，24R）-6-O-β-D-吡喃葡萄糖基-达玛-20，24-环氧-3β，6α，12β，25-四醇

（20R,24R）-6-O-β-D-Glucopyranosyl-dammar-20,24-epoxy-3β,6α,12β,25-tetraol

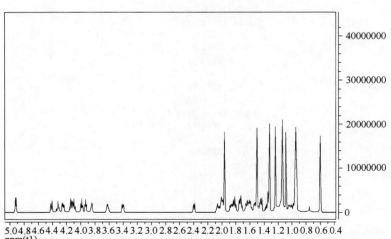

【中文名】　（20R,24R)-6-O-β-D-吡喃葡萄糖基-达玛-20,24-环氧-3β,6α,12β,25-四醇

【英文名】　（20R,24R)-6-O-β-D-Glucopyranosyl-dammar-20,24-epoxy-3β,6α,12β,25-te-traol

【分子式】　$C_{36}H_{62}O_{10}$

【分子量】　654.4

【参考文献】　杨洁.奥克梯隆型人参皂苷的半合成及生物活性研究［D］.长春：吉林大学，2016，95.

（20R,24R)-6-O-β-D-吡喃葡萄糖基-达玛-20,24-环氧-3β,6α,12β,25-四醇[1]H NMR 谱

^{1}H NMR of（20R,24R)-6-O-β-D-glucopyranosyl-dammar-20,24-epoxy-3β,6α,12β,25-tetraol

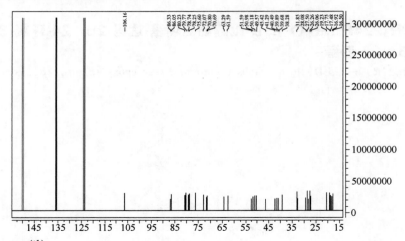

（20R,24R）-6-O-β-D-吡喃葡萄糖基-达玛-20,24-环氧-3β,6α,12β,25-四醇 ^{13}C NMR 谱

^{13}C NMR of （20R,24R）-6-O-β-D-glucopyranosyl-dammar-20,24-epoxy-3β,6α,12β,25-tetraol

（20R,24R）-6-O-β-D-吡喃葡萄糖基-达玛-20,24-环氧-3β,6α,12β,25-四醇的 ^{1}H NMR 和 ^{13}C NMR 数据

^{1}H NMR and ^{13}C NMR data of （20R,24R）-6-O-β-D-glucopyranosyl-dammar-20,24-epoxy-3β,6α,12β,25-tetraol

序号	^{1}H NMR(δ)	^{13}C NMR(δ)
1	1.64(1H),0.97(1H)	39.6
2	1.80(1H),1.75(1H)	28.0
3	3.41(1H)	78.7
4		40.5
5	1.32(1H)	61.6
6	4.33(1H)	80.2
7	2.35(1H),1.80(1H)	45.3
8		41.2
9	1.42(1H)	50.1
10		39.8
11	2.02(1H),1.42(1H)	31.3
12	3.64(1H)	70.7
13	1.72(1H)	49.5
14		51.6
15	1.49(1H),0.93(1H)	31.5
16	2.06(1H),1.84(1H)	26.0
17	2.01(1H)	50.9
18	1.07(3H)	17.4
19	0.93(3H)	17.7
20		86.3
21	1.13(3H)	19.2
22	1,59(1H),1.53(1H)	38.2
23	2.06(1H),1.84(1H)	27.0
24	3.96(1H)	86.0
25		70.8
26	1.31(3H)	26.2
27	1.24(3H)	27.5
28	1.94(3H)	31.8
29	1.49(3H)	16.5
30	0.60(3H)	16.9
6-glc-1$'$	4.91(1H)	106.1
2$'$	3.99(1H)	75.6
3$'$	4.16(1H)	79.8
4$'$	4.11(1H)	72.0
5$'$	3.82(1H)	78.3
6$'$	4.25(1H),4.42(1H)	63.2

注：^{1}H NMR（600MHz，pyridine-d_5）；^{13}C NMR（150MHz，pyridine-d_5）。

157 24（R）-珠子参苷 R₁

24(*R*)-majoroside R₁

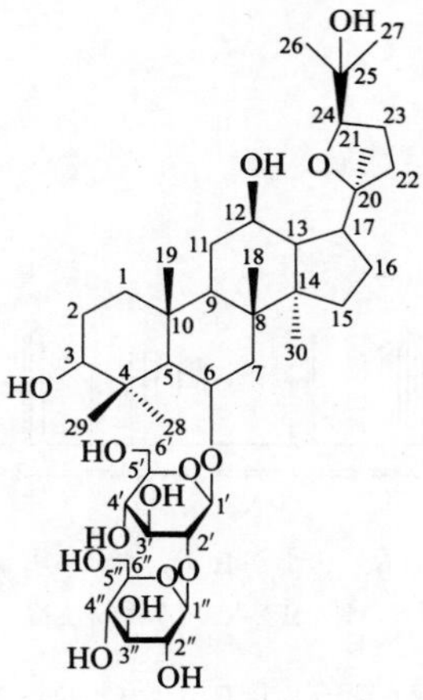

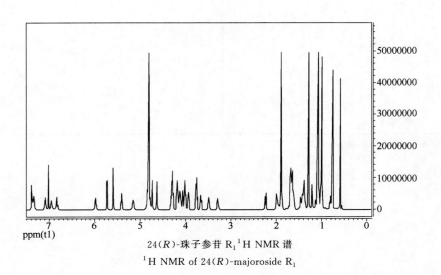

【中文名】　24(*R*)-珠子参苷 R₁；(20*S*,24*R*)-6-*O*-[β-D-吡喃葡萄糖基(1-2)-β-D-吡喃葡萄糖基]-达玛-20,24-环氧-3β,6α,12β,25-四醇

【英文名】　24(*R*)-Majoroside R₁；(20*S*,24*R*)-6-*O*-[β-D-Glucopyranosyl-(1-2)-β-D-glucopyranosyl]-dammar-20,24-epoxy-3β,6α,12β,25-tetraol

【分子式】　$C_{42}H_{72}O_{15}$

【分子量】　816.5

【参考文献】　王加付. 珠子参化学成分的研究［D］. 长春：吉林大学，2012，12-14.

24(*R*)-珠子参苷 R₁ ¹H NMR 谱

¹H NMR of 24(*R*)-majoroside R₁

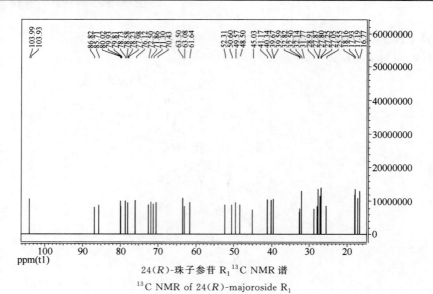

24(*R*)-珠子参苷 R$_1$ ^{13}C NMR 谱

^{13}C NMR of 24(*R*)-majoroside R$_1$

24(*R*)-珠子参苷 R$_1$ 的 ^{13}C NMR 数据

^{13}C NMR data of 24(*R*)-majoroside R$_1$

序号	^{13}C NMR(δ)	序号	^{13}C NMR(δ)
1	39.6	22	32.8
2	27.8	23	28.9
3	78.0	24	85.7
4	40.3	25	70.4
5	61.6	26	27.1
6	79.8	27	27.9
7	45.0	28	32.1
8	41.2	29	16.8
9	50.6	30	18.2
10	39.7	6-glc-1′	103.9
11	31.8	2′	79.9
12	71.3	3′	78.6
13	48.5	4′	71.9
14	52.3	5′	80.0
15	32.5	6′	63.1
16	25.6	2′-glc-1″	104.0
17	49.6	2″	76.1
18	17.9	3″	78.2
19	17.2	4″	72.5
20	86.8	5″	78.7
21	27.3	6″	63.5

注：^{13}C NMR（150MHz，pyridine-d_5）。

158 （20S，24R）-达玛-3β-乙酰氧基-20，24-环氧-6α，12β，25-三醇

（20S，24R）-Dammar-3β-acetoxy-20，24-epoxy-6α，12β，25-triol

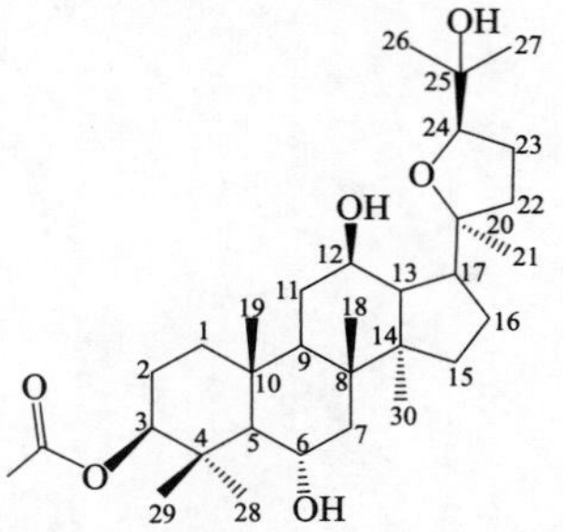

【中文名】 （20S，24R）-达玛-3β-乙酰氧基-20，24-环氧-6α，12β，25-三醇

【英文名】 （20S，24R）-Dammar-3β-acetoxy-20，24-epoxy-6α，12β，25-triol

【分子式】 $C_{32}H_{54}O_6$

【分子量】 534.4

【参考文献】 马丽媛，杨秀伟. 人参茎叶总皂苷酸水解产物化学成分研究［J］. 中草药，2015，46（17）：2522-2533.

（20S，24R）-达玛-3β-乙酰氧基-20，24-环氧-6α，12β，25-三醇的[13]C NMR 数据

^{13}C NMR data of （20S，24R）-dammar-3β-acetoxy-20，24-epoxy-6α，12β，25-triol

序号	^{13}C NMR(δ)
1	38.9
2	24.2
3	81.5
4	39.2
5	61.7
6	67.7
7	47.7
8	39.4
9	50.0
10	41.4
11	31.5
12	70.5
13	49.8
14	51.6
15	31.6
16	25.7
17	55.3
18	17.7
19	17.8
20	77.2
21	19.9
22	36.1
23	17.6
24	36.9
25	73.4
26	33.5
27	27.7
28	31.5
29	16.8
30	17.3
COCH₃	171.0
COCH₃	21.5

第3章

齐墩果烷型三萜皂苷（元）

159 人参皂苷-Ro-6′-O-丁酯
Ginsenoside-Ro-6′-O-butyl ester

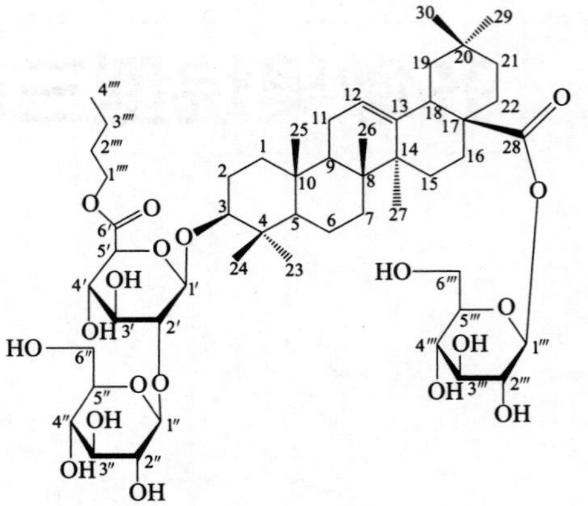

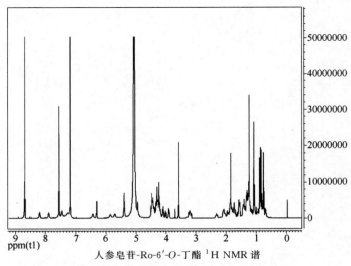

【中文名】 人参皂苷-Ro-6′-O-丁酯；3-O-[β-D-吡喃葡萄糖基-（1-2）-6′-O-丁酯-β-D-吡喃葡萄糖基]-28-O-β-D-吡喃葡萄糖基-齐墩果酸

【英文名】 Ginsenoside-Ro-6′-O-butyl ester；3-O-[β-D-Glucopyranosyl-（1-2）-6′-O-n-butyl ester-β-D-glucuronopyranosyl]-28-O-β-D-glucopyranosy-oleanolic acid

【分子式】 $C_{52}H_{84}O_{19}$

【分子量】 1012.5

【参考文献】 Zhou Q L，Yang X W. Four new ginsenosides from red ginseng with inhibitory activity on melanogenesis in melanoma cells [J]. Bioorganic & Medicinal Chemistry Letters，2015，25（16）：3112-3116.

人参皂苷-Ro-6′-O-丁酯 ^{1}H NMR 谱

^{1}H NMR of ginsenoside-Ro-6′-O-butyl ester

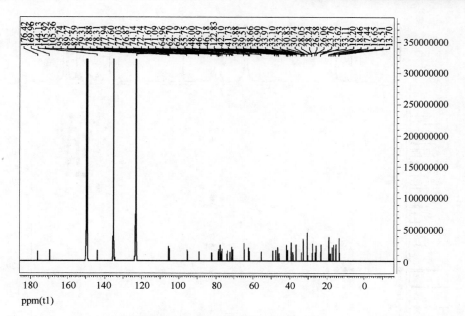

人参皂苷-Ro-6′-*O*-丁酯 ¹³C NMR 谱
¹³C NMR of ginsenoside-Ro-6′-*O*-butyl ester

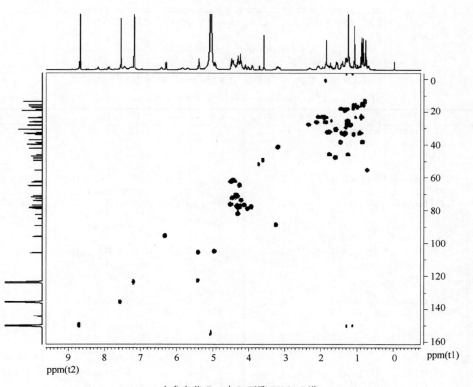

人参皂苷-Ro-6′-*O*-丁酯 HMQC 谱
HMQC of ginsenoside-Ro-6′-*O*-butyl ester

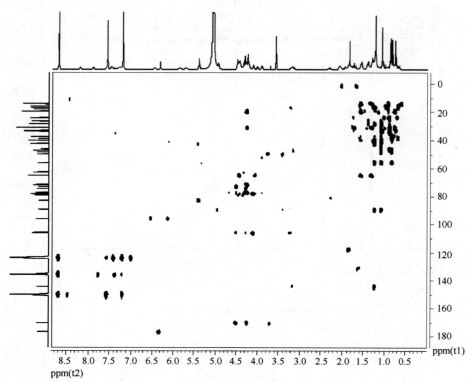

人参皂苷-Ro-6′-*O*-丁酯 HMBC 谱

HMBC of ginsenoside-Ro-6′-*O*-butyl ester

人参皂苷-Ro-6′-*O*-丁酯的¹H NMR 和¹³C NMR 数据

¹H NMR and ¹³C NMR data of ginsenoside-Ro-6′-*O*-butyl ester

序号	¹H NMR(δ)	¹³C NMR(δ)	序号	¹H NMR(δ)	¹³C NMR(δ)
1	1.43(1H,m),0.82(1H,m)	38.7	27	1.23(3H,s)	26.1
2	2.08(1H,m),1.83(1H,m)	26.6	28		176.4
3	3.23(1H,dd,J=11.6,4.4Hz)	89.3	29	0.86(3H,s)	23.6
4		39.5	30	0.89(3H,s)	33.1
5	0.68(1H,brd,J=11.6Hz)	55.7	3-glc-1′	4.95(1H,d,J=7.6Hz)	105.4
6	1.42(1H,m),1.31(1H,m)	18.5	2′	4.30(1H,m)	82.6
7	1.78(1H,m),1.31(1H,m)	33.1	3′	4.31(1H,m)	77.6
8		39.9	4′	4.43(1H,m)	72.7
9	1.58(1H,m)	48.0	5′	4.49(1H,m)	76.9
10		36.9	6′		169.9
11	2.06(1H,m),1.92(1H,m)	23.8	2′-glc-1″	5.38(1H,d,J=7.6Hz)	105.9
12	5.40(1H,brs)	122.2	2″	4.11(1H,m)	77.0
13		144.1	3″	4.25(1H,m)	77.9
14		42.1	4″	4.30(1H,m)	71.7
15	2.32(1H,m),1.16(1H,m)	28.2	5″	3.91(1H,m)	78.3
16	2.06(1H,m),1.95(1H,m)	23.4	6″	4.46(1H,m,ov.),4.35(1H,m)	62.7
17		47.0	28-glc-1‴	6.32(1H,d,J=8.0Hz)	95.7
18	3.17(1H,m)	41.7	2‴	4.20(1H,m)	74.1
19	1.74(1H,m),1.22(1H,m)	46.2	3‴	4.32(1H,m)	79.3
20		30.7	4‴	4.33(1H,m)	71.1
21	1.35(1H,m),1.06(1H,m)	34.0	5‴	4.02(1H,m)	78.9
22	1.30(1H,m),0.93(1H,m)	32.5	6‴	4.52(1H,m),4.45(1H,m,ov.)	62.2
23	1.23(3H,s)	28.1	1⁗	4.24(2H,t,J=6.3Hz)	65.0
24	1.07(3H,s)	16.7	2⁗	1.56(2H,m)	30.8
25	0.83(3H,s)	15.5	3⁗	1.31(2H,m)	19.2
26	1.07(3H,s)	17.4	4⁗	0.75(3H,t,J=7.3Hz)	13.7

注：¹H NMR（400MHz，pyridine-d_5）；¹³C NMR（100MHz，pyridine-d_5）。

160 金盏花苷 B

Calenduloside B

【中文名】 金盏花苷 B；3-O-[β-D-吡喃半乳糖基-(1-4)-β-D-吡喃葡萄糖基]-齐墩果酸-28-O-α-D-吡喃葡萄糖苷

【英文名】 Calenduloside B；3-O-[β-D-Glactopyranosyl-(1-4)-β-D-glucopyranosyl]-oleanolic acid-28-O-α-D-glucopyranoside

【分子式】 $C_{48}H_{78}O_{18}$

【分子量】 942.5

【参考文献】 Lee D G，Lee J，Yang S，et al. Identification of dammarane-type triterpenoid saponins from the root of *Panax ginseng* [J]. Natural Product Sciences，2015，21（2）：111-121.

金盏花苷 B 的 ^{1}H NMR 和 ^{13}C NMR 数据及 HMBC 的主要相关信息

^{1}H NMR and ^{13}C NMR data and HMBC correlations of calenduloside B

序号	^{1}H NMR(δ)	^{13}C NMR(δ)	序号	^{1}H NMR(δ)	^{13}C NMR(δ)
1	0.85(1H),1.45(1H)	39.1	25	0.92(3H)	16.0
2	1.84(1H),2.12(1H)	28.7	26	1.02(3H)	17.1
3	3.24(1H)	89.9	27	1.31(3H)	26.6
4		39.1	28		177.0
5	0.76(1H)	56.3	29	0.94(3H)	33.6
6	1.28(1H),1.48(1H)	18.3	30	1.01(3H)	24.2
7	1.27(1H),1.42(1H)	33.5	3-glc-1'	4.47(1H,d,J=7.5Hz)	105.8
8		40.0	2'	4.05(1H)	83.8
9	1.61(1H)	49.9	3'	4.21(1H)	80.3
10		37.4	4'	4.19(1H)	78.9
11	1.94(1H),2.13(1H)	24.1	5'	4.03(1H)	79.8
12	5.36(1H)	123.8	6'	4.41(1H),4.56(1H)	63.0
13		144.6	28-glc-1'''	6.31(1H,d,J=7.5Hz)	96.2
14		52.6	2'''	4.35(1H)	73.3
15	1.12(1H),2.14(1H)	28.7	3'''	4.54(1H)	79.4
16	1.85(2H)	23.9	4'''	4.49(1H)	72.2
17		46.7	5'''	4.57(1H)	78.6
18	3.42(1H)	42.2	6'''	3.92(1H),4.12(1H)	62.7
19	1.84(2H)	47.5	4'-gal-1''	4.91(1H,m,d,J=7.5Hz)	106.3
20		31.3	2''	4.54(1H)	77.5
21	1.23(1H),1.47(1H)	34.5	3''	4.64(1H)	79.8
22	1.82(1H),2.04(1H)	33.6	4''	4.27(1H)	72.2
23	1.26(3H)	28.6	5''	4.25(1H)	78.5
24	1.06(3H)	16.5	6''	3.92(2H)	63.3

注：^{1}H NMR（500MHz，pyridine-d_5）。